建筑类"十三五"规划教材
第二届山东省高校优秀教材一等奖
山东省职业教育科研成果一等奖

建筑材料与检测

王光炎 季 楠 编著

天津大学出版社
TIANJIN UNIVERSITY PRESS

内容提要

本书根据高职高专和应用型本科的教学改革的需要,采用模块式编写体例,满足土木工程大类专业人才培养目标及教学改革要求,以材料(砌体材料、水泥混凝土材料、金属材料、防水材料、保温材料、装饰材料等)为载体,根据建筑与市政工程施工现场的就业岗位群,围绕材料性能、规格及检测、管理的内容,采用现行的土木工程建设规范和建材标准编写而成。

书中除课程导入外,共分土木工程材料的基本性质、砌体材料及其检测、普通水泥混凝土及其检测、金属材料及其检测、防水材料及其检测、保温隔热材料及其检测、建筑装饰材料及其检测等七个模块。为了满足学生后续职业发展需要,书中设置了部分拓展知识,各个学校可根据所在区域对学生就业技术技能的不同需求和课时自行安排。

本书可作为高职高专院校土建大类和应用型本科土木工程专业的教学用书,也可供职工大学、函授大学、电视大学等其他类型学校的相关专业选用以及有关土木工程类专业技术人员参考。

图书在版编目(CIP)数据

建筑材料与检测／王光炎,季楠编著.—天津:
天津大学出版社,2017.5(2020.10重印)
ISBN 978-7-5618-5841-7

Ⅰ.①建… Ⅱ.①王…②季… Ⅲ.①建筑材料－检
测－高等职业教育－教材 Ⅳ.①TU502

中国版本图书馆 CIP 数据核字(2017)第 128523 号

出版发行	天津大学出版社	
地　　址	天津市卫津路 92 号天津大学内(邮编:300072)	
电　　话	发行部:022-27403647　邮购部:022-27402742	
网　　址	www.tjupress.com.cn	
印　　刷	北京虎彩文化传播有限公司	
经　　销	全国各地新华书店	
开　　本	185mm×260mm	
印　　张	22.75	
字　　数	568 千	
版　　次	2017 年 7 月第 1 版	
印　　次	2020 年 10 月第 2 次	
定　　价	49.00 元	

前　言

本书是根据现行的高职高专土建类专业教学基本要求编写的,符合技术技能人才培养目标、工学结合的人才培养模式以及与之相适应的知识、技能和素质结构的教学要求。土木工程材料多种多样,本书主要介绍了工程中常见的材料及其检测,并对近年来的一些新型材料单独划分模块,主要包括砌体材料、普通水泥混凝土材料、钢材、防水材料、保温材料、装饰材料等。该教材通俗易懂,图文并茂,理实一体,注重实践,采用了在材料方面最新颁布的国家标准和工程建设规范,以工程项目岗位工作人员应具备的基本知识为基础,既保证教材内容的系统性和完整性,又注重理论联系实际、解决实际问题能力的培养;既注重内容的先进性、实用性,又便于实施项目案例教学和实践教学。根据现代高职和应用型本科教育的现状及学生特点,采用模块化编写体例,编写内容和形式新颖,模块设有模块概述、知识目标、技能目标、工程导入、模块导图、拓展与实训等内容,方便学生自学。教师可以采用"做中学、学中做"的教学模式,实现所学即所用。

本书可作为高职高专院校土建大类和应用型本科土木工程专业的教学用书,也可供职工大学、函授大学、电视大学等其他类型学校的相关专业选用以及有关土木工程类专业技术人员参考。

本书建议学时为 90 学时,在教学过程中应根据各专业的特点对教学内容加以适当调整,并依据土木工程材料的发展,结合一定的工程实例组织教学。各模块参考授课学时和试验学时见下表。

各模块学时建议分配表

序号	内容	授课学时	试验学时
0	课程导入	2	
1	土木工程材料的基本性质	4	2
2	砌体材料及其检测	18	10
3	普通水泥混凝土及其检测	16	8
4	金属材料及其检测	8	2
5	防水材料及其检测	4	2
6	保温隔热材料及其检测	4	2
7	建筑装饰材料及其检测	6	2
合计		62	28

在编写过程中,山东天元建设集团有限公司赵新明同志提供了大量工程案例和材料检测资料,并提出了编写意见和建议。本书还参阅和引用了一些优秀教材的内容,吸收了国内外众多专家学者的最新研究成果,参考和引用了历年全国职考培训教材与考试题的相关内容,借鉴了国内外土木工程材料方面的大量资料和相关企业的实例,在此对各位同行以及资料的提供者深表谢意!

由于编者经验和水平有限,缺点和错误在所难免,恳请专家和广大读者不吝赐教、批评指正,以便我们在今后的工作中改进和完善。

编　者

2017 年 4 月

目　　录

模块0　课程导入

【模块概述】

　　本模块介绍了土木工程材料的课程定位、对应的职业岗位、材料员和试验员的岗位职责及考证内容、本门课程的学习内容和学习目标、学生的学习方法、课程的考核评价方法、土木工程材料的分类以及在工程中的选用原则、材料的检测与技术标准、土木工程材料的发展状况和发展趋势。

【知识目标】

　　(1)能正确表述本课程的定位。

　　(2)能正确表述建筑材料的分类及选用原则。

　　(3)能正确表述本课程的内容和目标。

　　(4)能熟练表述本课程的学习方法和要求。

　　(5)能正确表述本课程的发展状况和考核方法。

【技能目标】

　　(1)能正确领悟本课程的性质及与其他课程的关系。

　　(2)能正确领悟建筑材料的选用原则及分类。

　　(3)能基本领悟本课程的学习内容。

　　(4)能正确领悟本课程各部分内容的目标。

　　(5)能正确领悟各学习方法在本课程中的应用。

　　(6)能正确认识本课程的发展。

　　(7)能正确理解并适应本课程的考核办法。

【课时建议】

　　2课时。

【教学准备】

　　准备一些常见的土木工程材料实物、图片或参观土木工程材料陈列室、大型建材市场。

【教法建议】

　　集中讲授、卡片法、小组讨论法、观看录像、拓展训练。

　　在土木工程和建筑工程中使用的材料统称为土木工程材料,有时也简称建筑材料(building materials)。保温材料、隔热材料、高强度材料、高性能材料、纳米材料、会呼吸的材料等都属于新型材料。

　　建筑业是国民经济的支柱产业之一,而建筑材料和制品是建筑业重要的物质基础。

　　土木工程材料长期承受风吹、日晒、雨淋、磨损、腐蚀等,性能会逐渐变化,土木工程材料的合理选用和应用至关重要,首先应当安全、经久耐用。土木工程材料用量大,品种多,直接影响工程的造价,通常土木工程材料费占工程总造价的 50% 以上,因此在考虑技术性能的同时,必须兼顾其经济性。

土木工程材料的性能、质量、品种和规格直接影响着土建工程的结构形式和施工方法,如图 0.1、图 0.2 所示。各种建筑物和构筑物的质量及造价在很大程度上取决于正确地检测、选择和合理地使用土木工程材料。新结构形式的出现往往是新型建筑材料产生的结果。因此,土木工程材料的科学研究及其生产工艺的迅速发展对于现代化经济建设具有十分重要的意义。

图 0.1　金字塔　　　　　　　　　　　图 0.2　埃菲尔铁塔

0.1　课程定位

土木工程材料的检测与应用是施工现场每个工程技术人员必须具备的能力,检测的准确性、应用的合理性与建筑工程的质量和造价密切相关。土木工程材料是建筑工程技术、工程造价、建筑工程管理、工程监理等专业框架教学计划中的必修课程之一。其课程定位见表 0.1。

表 0.1　课程定位

课程性质	必修课程、专业基础课程
课程功能	培养学生根据材料的性能、质量标准、检测方法和设计要求,合理检测、应用建筑材料的能力,为后续课程学习提供建筑材料的基础知识
前导课程	无

续表

课程性质	必修课程、专业基础课程
平行课程	建筑工程识图与绘图、建筑物理、建筑工程测量
后续课程	建筑构造与识图、建筑结构与识图、土石方工程施工、基础工程施工、砌体结构工程施工、防水工程施工、装饰装修工程施工、钢筋混凝土结构工程施工、建筑工程计量与计价、工程项目管理等

0.2　对应岗位

建筑施工现场常见的岗位有：施工员、材料员、试验员、安全员、质量员、预算员、资料员、测量员等。以上岗位中与土木工程材料检测、应用、试验操作相关的主要有施工员、材料员、试验员等。

0.2.1　施工员岗位对土木工程材料知识的掌握要求

土木工程施工员需掌握土木工程材料的基本性质，胶凝材料、水泥混凝土、砂浆、砌体材料、建筑钢材、防水材料及其他土木工程材料的基本理论知识，材料取样方法、检测方法，应用注意事项等。

0.2.2　材料员岗位对土木工程材料知识的掌握要求

土木工程材料员基础知识：各类土木工程材料基本知识、周转材料检测及应用等。

土木工程材料员管理实务：材料员岗位职责及职业道德，工程造价与材料消耗定额管理，材料计划管理、材料采购管理、材料供应及运输管理、材料储备与仓库管理，施工现场材料与工具管理等。

0.2.3　试验员岗位对土木工程材料知识的掌握要求

土木工程试验员基础知识：水泥、钢材、砂石材料、混凝土、建筑砂浆、防水材料等常用建筑材料的主要品种、质量标准、主要技术性能、取样方法和检测方法。

土木工程试验员管理实务：掌握无损检测、土工试验、常用土木工程材料的试验方法。

0.3　岗位考证介绍

土木工程材料与检测对应的岗位资格证主要有材料员证和试验员证，其考取主要由当地省级建设主管部门和中国建设教育协会举办。材料员、试验员的岗位职责和考证内容见表 0.2、表 0.3。

表 0.2　材料员岗位职责及考证内容

岗位职责	考证内容
（1）认真执行安全生产的规章制度和防火规定 （2）根据施工组织设计和材料预算制度实施采购计划，确保工程进度 （3）熟悉图纸，对建筑材料做到心中有数，进料应和进度同步 （4）所购材料、构件、设备的质量、规格、型号必须符合设计要求，由于采购、保管原因而影响工程质量或造成质安事故的，承担经济、法律责任。负责向资料员提供材料质保资料 （5）负责建立材料管理制度，做到分类保管，对易燃易爆物品专地隔离存放，严格进出料管理，建立材料账册	考试科目： （1）材料员专业基础知识。多采用标准化试题，内容有建筑识图、建筑构造、建筑材料的基本性质、气硬性无机胶凝材料、水泥、混凝土、建筑砂浆、墙体材料、建筑钢材、木材、建筑塑料、涂料与胶黏剂、防水材料、绝热材料和吸声材料、建筑装饰材料、材料管理知识等 （2）材料员专业管理实务。分两部分，第一部分为标准化试题；第二部分为案例分析题

表 0.3　试验员岗位职责及考证内容

岗位职责	考证内容
（1）严格遵守各项规章制度，服从工作安排 （2）严格按照试验规程进行操作，并对试验数据的真实性、有效性负责 （3）试验要有始有终，试验完成后要将试验场地收拾干净，仪器擦洗干净，东西摆放整齐 （4）严格遵守安全操作规程，不得乱接电线，不留隐患，发现安全问题及时报告并采取措施 （5）正确使用、检测各种仪器设备，发现异常应及时报告 （6）认真填写原始记录，严禁弄虚作假	考试科目： （1）岗位实务。基础理论知识、建筑材料基本知识、专业试验方法及评定规定、材料及行业标准 （2）现场实际操作（水泥、混凝土、钢筋）

0.4　课程内容及目标

0.4.1　课程内容

本课程以材料种类为载体，设计了 7 个模块，每个模块均以"材料的性质及质量标准、材料的检测、材料的应用"等任务引领组织教学，培养学生利用相应的技术标准和规范对材料进行正确检测和合理应用的能力，为顺利完成"熟悉土木工程材料标准与应用"这一典型工作任务奠定基础。

"材料的性质及质量标准"部分介绍材料的各种性质和质量标准。

"材料的检测"部分主要介绍材料的取样方法、性能测试，培养学生进行材料取样及检验的技能。

"材料的应用"部分主要介绍材料的合理应用,培养学生合理应用各种材料的能力。

0.4.2　课程目标

(1)能够熟知常用建筑材料的性能、规格、用途。

(2)能正确地存储、运输、选择、应用材料。

(3)能正确利用相应的技术标准和规范对材料进行取样、检测和应用。

(4)培养绿色材料、环保材料和材料可持续发展的意识,能跟随新材料的发展步伐。

(5)具有较好的坚持原则、团队协作精神,养成用数据说话和诚实守信的优秀品质。

(6)能够利用土木工程材料基本知识分析和解决材料应用中的实际问题。

【教学提示】

观看录像:水泥、石子、砂子、钢材等材料的存储、取样及应用。

0.5　学习方法

土木工程材料是建筑工程技术、工程造价、建筑工程管理、工程监理等专业的一门必修课和岗位技能基础课,它既是一种应用技术,又是学习建筑构造与识图、建筑施工类课程(如土石方工程施工、基础工程施工、砌体结构工程施工、防水工程施工、装饰装修工程施工、钢筋混凝土结构工程施工等)、建筑结构与识图及建筑力学、钢筋放样与计算、建筑工程计量与计价等计算类课程的基础。在学习过程中,应注意以下几点。

(1)土木工程材料与物理、化学、数学、力学等课程有密切的关系,学习时应运用这些基础知识分析和研究有关问题。

(2)注意理解材料的主要性质,还要理解它为什么具有这样的性质,从而更好地应用材料。

(3)材料实训是鉴定材料质量和熟悉材料性质的主要手段,是学好本课程的重要环节,必须认真上好实训课,及时填写实训报告。

(4)按时完成课内外作业,上实训课前必须充分预习。

(5)充分利用到建材销售市场调研,到建材生产工厂、建筑施工现场参观和实习的机会,了解常用材料的品种、规格、使用和贮存的情况。

(6)经常阅读有关报纸杂志和网络上介绍的建筑材料的新产品、新标准及发展趋势。

本课程的学习方法总结如下。

(1)着重学好主要内容——材料的性质和应用。

(2)注意了解不同材料的本质和内在联系。

(3)重视实训课——本课程的实践环节。

材料的生产与组成是基础,要理解它的结构与构造;材料的性质与应用是核心,同类材料用对比法,不同材料用关联法,检测和应用用实验法。

0.6　本课程考核方法

0.6.1　形成性评价

在教学过程中对学生的学习态度和各类作业、任务的完成情况,材料销售市场有关材料品种、规格、售价等的调研报告进行评价。

0.6.2　总结性评价

在教学活动结束时,对学生整体技能的掌握情况进行评价。

在课程考核中,建议平时的学习态度占20%,书面作业占20%,市场调研报告占20%,总结性评价占40%。

实训考核采用独立考核的方式,单独计算成绩。如需要合并考核,建议平时的学习态度占20%,书面作业占10%,市场调研报告占10%,实训占30%,总结性评价占30%。

0.7　土木工程材料的分类及选用原则

0.7.1　土木工程材料的分类

土木工程材料的种类繁多,可以按照不同的分类方法对它进行分类。土木工程材料根据材料来源不同,可分为天然材料及人造材料;根据使用部位不同,可分为承重材料、屋面材料、墙体材料和地面材料等;根据建筑功能不同,可分为结构材料、装饰材料和某些专用材料等。

目前,常用两种分类方法,一种是根据组成物质的种类及化学成分进行分类,见表0.4;一种是根据建筑功能和用途的不同进行分类,见表0.5。

表 0.4　土木工程材料的分类一

分　类		实　例
无机材料	非金属材料	天然石材(砂子、石子、各种岩石加工的石材等)
		烧土制品(黏土砖、瓦、空心砖、锦砖、瓷器等)
		胶凝材料(石灰、石膏、水玻璃、水泥等)
		玻璃及熔融制品(玻璃、玻璃棉、岩棉、膨胀珍珠岩等)
		混凝土及硅酸盐制品(普通混凝土、砂浆及硅酸盐制品等)
	金属材料	黑色金属(钢、铁、不锈钢等)
		有色金属(铝、铜等及其合金)

续表

分　类		实　例
有机材料	植物材料	木材、竹材、植物纤维及其制品
	沥青材料	石油沥青、煤沥青、沥青制品
	合成高分子材料	塑料、涂料、胶黏剂、合成橡胶等
复合材料	金属材料与非金属材料复合	钢筋混凝土、预应力钢筋混凝土、钢纤维混凝土等
	非金属材料与有机材料复合	玻璃纤维增强塑料、聚合物混凝土、沥青混合料、水泥刨花板等
	金属材料与有机材料复合	轻质金属夹心板、铝塑板等

表 0.5　土木工程材料的分类二

分　类	实　例
结构材料	木材、竹材、石材、水泥、混凝土、金属、砖瓦、陶瓷、玻璃、工程塑料、复合材料等
装饰材料	涂料、油漆、镀层、壁纸、各色瓷砖、具有特殊效果的玻璃等
防水材料	沥青、塑料、橡胶、金属、聚乙烯胶泥等
吸声材料	多孔石膏板、塑料吸音板、膨胀珍珠岩等
绝热材料	塑料、橡胶、泡沫混凝土等
卫生工程材料	金属管道、塑料、陶瓷等

0.7.2　土木工程材料的选用原则

（1）材料质量符合产品标准，技术指标满足工程设计要求。

（2）材料易得，运储及施工方便，费用较低。

（3）尽可能发挥材料的建筑功能，推陈出新，不断创造出优美和谐的室内外环境和体现时代特色，以最大限度地满足人们物质生活与精神生活要求的新型建筑材料。

（4）物尽其用、节约能源、降低建筑能耗，减少污染，实现可持续发展的战略目标。

【教学提示】

小组讨论：（1）用卡片法书写建筑工程或所在教学楼中常见的建筑材料并进行归类。

　　　　　（2）为什么采用这样的原则来选用建材？

0.8　土木工程材料的检测与技术标准

目前我国绝大多数土木工程材料都有相应的技术标准，土木工程材料的技术标准是产品质量的技术依据。为了保证材料的质量、现代化生产和科学管理，必须对材料产品的技术要求制定统一的执行标准。其内容包括：产品规格、分类、技术要求、检验方法、验收规则、标志和储存注意事项等方面。

0.8.1　我国的技术标准

0.8.1.1　我国技术标准的划分

我国的技术标准划分为国家标准、行业（或部）标准、地方（地区）标准和企业标准 4 个级别。

1）国家标准

国家标准分为国家强制性标准（代号 GB）、国家推荐性标准（代号 GB/T）和建筑工程国家标准（代号 GBJ）。强制性标准是在全国范围内必须执行的技术指导文件，产品的技术指标都不得低于标准中规定的要求。推荐性标准在执行时也可采用其他相关标准的规定。建筑工程国家标准是涉及建设行业相关技术内容的国家标准。如《通用硅酸盐水泥》GB 175—2007、《水泥水化热测定方法》GB/T 12959—2008。

2）行业（或部）标准

行业（或部）标准也是全国性的指导文件，是各行业为了规范本行业的产品质量而制定的技术标准，包括建筑工程行业标准（代号 JGJ）、建筑材料行业标准（代号 JC）、冶金工业行业标准（代号 YB）、交通行业标准（代号 JT）等。如《普通混凝土用砂、石质量及检验方法标准》JGJ 52—2006、《建筑生石灰》JC/T 479—2013。

3）地方（地区）标准

地方（地区）标准分为地方强制性标准（代号 DB）和地方推荐性标准（代号 DB/T），适于在该地区使用。如山东省地方规范《聚苯板薄抹灰外墙外保温系统质量控制技术规范》DB 37/T 726—2007、《节能居住建筑评价与标识》DB 37/T 725—2007。

4）企业标准

企业标准指适用于本企业，由企业制定的技术文件（代号 QB）。企业标准所定的技术要求应不低于类似（或相关）产品的国家标准。如《KC 建筑复合保温装饰板》QB/74466809—7·3—2011。

0.8.1.2　我国土木工程材料技术标准的基本表示方法

我国土木工程材料技术标准的表示由 4 部分组成，即标准名称、部门代号、标准编号和批准年份。

《通用硅酸盐水泥》　　　　　GB　　　　　175　　　　　—　　　　　2007

标准名称　　+　　部门代号　　+　　标准编号　　+　　批准年份

如：国家标准（强制性）——《钢筋混凝土用钢　第 2 部分：热轧带肋钢筋》（GB 1499.2—2007）；

国家标准（推荐性）——《低碳钢热轧圆盘条》（GB/T 701—2008）；

建设行业标准——《普通混凝土配合比设计规程》（JGJ 55—2011）；

福建省工程建设地方标准——《预拌砂浆生产与应用技术规程》（DG/TJ 08—502—2000）。

0.8.2　国际标准

随着我国企业越来越多地参与国际土木工程投标,建设工程中有时还涉及一些国外标准,这些标准中包括一些在国际上有影响的协会标准和公司标准,如美国材料与试验协会"ASTM"标准,一些工业先进国家的国家标准或区域性标准,如德国工业"DIN"标准、英国的"BS"标准、日本的"JIS"标准以及一些其他国际标准,如国际标准化组织制定发布的"ISO"系列国际化标准。

ASA— American Standard Association　美国标准

ASTM—American Society for Testing Materials　美国材料与试验协会标准

BS—British Standard　英国标准

DIN—Deutsch Industrie Normen　德国工业标准

ISO—International Standard Organization　国际标准协会标准

0.9　发展概况

土木工程材料是随着社会生产力的发展而发展的,其发展历程大致可分为三个阶段:天然材料→人工材料→复合材料。

在原始时代,人类穴居巢处。随着社会生产力的发展,人类进入能制造简单工具的石器、铁器时代,开始挖土、凿石为洞,伐竹木搭棚,利用天然材料建造简陋的房屋,这一阶段是漫长的,建筑技术和建筑材料发展缓慢。到人类能够用黏土烧制砖、瓦,用岩石烧制石灰、石膏之后,建筑材料才由天然材料进入人工材料阶段,为较大规模地建造房屋创造了基本条件。到18世纪中叶,建筑钢材、水泥、混凝土相继问世,19世纪钢筋混凝土问世并成为主要结构材料,为现代建筑奠定了基础。进入20世纪后,社会生产力突飞猛进,材料科学与工程学形成并不断发展,土木工程材料的性能和质量不断改善,品种不断增加,出现了一批新型建筑材料,如预应力混凝土、高分子材料、复合材料等,以有机材料为主的化学建材开始异军突起,一些具有特殊功能的新型建筑材料,如绝热材料、吸声隔声材料、各种装饰材料、耐热防火材料、防水抗渗材料以及防爆、防辐射材料等应运而生。

为适应建筑工业化、提高工程质量和降低成本,21世纪的建材发展趋势如下。

(1)发展轻质、高强材料,以减小结构尺寸,减轻结构自重,满足更大跨度、更高高度建筑的要求。

(2)发展节能材料,以降低生产与使用中的能耗和减轻大气污染。

(3)发展新的功能材料和多功能材料,以满足建筑功能上的更高要求。

(4)发展适合机械化施工的材料与构件,以加快施工进度。

(5)发展工业废料建材,以改善环境,变废为宝。

(6)发展绿色环保建材,以使用户用得放心。

【思考】

建筑材料今后的发展方向是什么? 什么样的材料才是绿色建材?

模块 1　土木工程材料的基本性质

【模块概述】

土木工程材料的性质通常是指其对环境作用的抵抗能力或在环境条件作用下的表现。材料的性质与质量在很大程度上决定了工程的性能与质量。

土木工程材料的性质可分为基本性质和特殊性质两大部分。材料的基本性质是指土木工程中通常考虑的最基本的、共有的性质，归纳起来主要有物理性质、力学性质、耐久性等。材料的特殊性质则是指材料本身的不同于别的材料的性质，是材料的具体使用特点的体现。本模块仅就土木工程材料共有的基本性质进行讲解，对于各类材料的特殊性质将在有关章节进行叙述。

【知识目标】

(1)了解土木工程材料的基本组成、结构和构造及其与材料的基本性质的关系。

(2)熟练掌握土木工程材料的基本力学性质。

(3)掌握土木工程材料的基本物理性质。

(4)掌握土木工程材料耐久性的基本概念。

【技能目标】

(1)能够识别常用工程材料的结构形式和构造。

(2)能对工程材料的基本力学性质进行检测试验。

【课时建议】

6 课时。

【工程导入】

某市自来水公司一号水池建于山上，1980 年 1 月交付使用，1989 年 6 月 20 日池壁突然崩塌，造成 39 人死亡，6 人受伤的特大事故。该水池使用的是冷却水，输入池内的水温度达 41 ℃。该水池为预应力装配式钢筋混凝土圆形结构，池壁由 132 块预制钢筋混凝土板拼装而成，接口处部分有泥土。板块间接缝处用细石混凝土二次浇筑，外绕钢丝，再喷射砂浆保温层，池内壁未设计防渗层，只要求在接缝处向两侧各延伸 5 cm 的范围内刷两道素水泥浆。

事故原因分析如下。

(1)池内水温高，增加了对池壁的腐蚀作用，导致池壁结构过早破损。

(2)预制板接缝面未打毛，清洗不彻底，故部分留有泥土；且接缝混凝土振捣不实，部分有蜂窝麻面，抗渗能力大大降低，使水分浸入池壁，并与钢丝发生电化学反应。事实上所有钢丝已严重锈蚀，有效截面减小，抗拉强度下降，以致断裂，使池壁倒塌。

(3)在设计方面亦存在考虑不周，且对钢丝严重锈蚀未能及时发现等问题。

1.1　材料的组成与结构状态

1.1.1　材料的组成及其对材料性质的影响

材料的组成是指材料的化学成分或矿物成分。它不仅影响着材料的化学性质,而且是决定材料的物理力学性质的重要因素。

1.1.1.1　化学组成

化学组成是指构成材料的化学元素及化合物的种类与数量。当材料处于某一环境中时,材料与环境中的物质间必然要按化学变化规律发生作用。如混凝土受到酸、盐类物质的侵蚀作用;木材遇到火焰时的耐燃、耐火性能;钢材和其他金属材料的锈蚀等都属于化学作用。材料在各种化学作用下表现出的性质都是由其化学组成所决定的。

1.1.1.2　矿物组成

这里的矿物是指无机非金属材料中具有特定的晶体结构、特定的物理力学性能的组织结构。矿物组成是指构成材料的矿物的种类和数量。某些材料如天然石材、无机胶凝材料,其矿物组成是决定其性质的主要因素。例如,在硅酸盐水泥中,矿物熟料硅酸三钙含量高,则其硬化速度较快,强度较高。

从宏观组成层次讲,人工复合的材料如混凝土、建筑涂料等是由各种原材料配合而成的,因此影响这类材料性质的主要因素是其原材料的品质及配合比例。

1.1.2　材料的结构及其对材料性质的影响

1.1.2.1　宏观结构

材料的宏观结构是指肉眼能观察到的外部和内部的结构。土木工程材料常见的结构形式有:密实结构、多孔结构、纤维结构、层状结构、散粒结构、纹理结构。

1)密实结构

密实结构的材料内部基本上无孔隙,结构致密。这类材料的特点是强度和硬度较高,吸水性小,抗渗性和抗冻性较好,耐磨性较好,绝热性差,如钢材、天然石材、玻璃钢等。

2)多孔结构

多孔结构的材料内部存在大体上呈均匀分布的、独立的或部分相通的孔隙,孔隙率较高,孔隙又有大孔和微孔之分。具有多孔结构的材料,其性质取决于孔隙的特征、多少、大小及分布情况。一般来说,这类材料的强度较低,抗渗性和抗冻性较差,绝热性较好,如加气混凝土、石膏制品、烧结普通砖等。

3)纤维结构

纤维结构的材料内部组成有方向性,纵向较紧密而横向疏松,组织中存在相当多的孔隙。这类材料的性质具有明显的方向性,一般平行于纤维方向的强度较高,导热性较好,如木材、竹、玻璃纤维、石棉等。

4）层状结构

层状结构的材料具有叠合结构，它是用胶结料将不同的片材或具有各向异性的片材胶合而成整体，其每一层的材料性质不同，但叠合成层状结构的材料后，可获得平面各向同性，更重要的是可以显著提高材料的强度、硬度、绝热或装饰等性质，扩大其使用范围，如胶合板、纸面石膏板、塑料贴面板等。

5）散粒结构

散粒结构指呈松散颗粒状的材料，有密实颗粒与轻质多孔颗粒之分。前者如砂子、石子等，因致密，强度高，适合做混凝土集料；后者如陶粒、膨胀珍珠岩等，因具多孔结构，适合做绝热材料。散粒结构的材料颗粒间存在大量的空隙，其空隙率主要取决于颗粒大小的搭配。其用作混凝土集料时，要求紧密堆积，轻质多孔粒状材料用作保温填充料时，则空隙率大一些为好。

6）纹理结构

天然材料在生长或形成过程中，自然生成的天然纹理，如木材、大理石、花岗石等板材；或人工制造材料时特意造成的纹理，如瓷质彩胎砖、人造花岗石板材等，这些天然或人工造成的纹理使材料具有良好的装饰性。为了提高建筑材料的外观美，目前广泛采用仿真技术，已研制出多种纹理的装饰材料。

1.1.2.2 亚微观结构

亚微观结构是指光学显微镜和一般扫描透射电子显微镜所能观察到的结构，是介于宏观和微观之间的结构。其尺度范围在 $10^{-9} \sim 10^{-3}$ m。材料的显微结构根据其尺度范围可分为显微结构和纳米结构。其中，显微结构是指用光学显微镜所能观察到的结构，其尺度范围在 $10^{-7} \sim 10^{-3}$ m。对土木工程材料的显微结构，应根据具体材料分类研究。对于水泥混凝土，通常研究水泥石的孔隙结构及界面特性等；对于金属材料，通常研究其金相组织，即晶界及晶粒尺寸等；对于木材，通常研究木纤维、管胞、髓线等组织的结构。材料在显微结构层次上的差异对材料的性能有着显著的影响。例如，钢材的晶粒尺寸越小，钢材的强度越高。又如混凝土中毛细孔的数量减少、孔径减小，将使混凝土的强度和抗渗性等提高。因此，对于土木工程材料而言，从显微结构层次上研究并改善材料的性能十分重要。

材料的纳米结构是指一般扫描透射电子显微镜所能观察到的结构。其尺度范围在 $10^{-9} \sim 10^{-7}$ m。材料的纳米结构是 20 世纪 80 年代末期引起人们广泛关注的一个尺度。其基本结构单元有团簇、纳米微粒、人造原子等。由于纳米微粒和纳米固体有小尺寸效应、表面界面效应等基本特性，由纳米微粒组成的纳米材料具有许多奇异的物理和化学性能，因而得到了迅速发展，在土木工程中得到了应用，例如磁性液体、纳米涂料等。通常胶体中的颗粒直径为 1 ~ 100 nm，其结构是典型的纳米结构。

1.1.2.3 微观结构

材料的微观结构是指物相的种类、形态、大小及其分布特征。它与材料的强度、硬度、弹塑性、熔点、导电性、导热性等重要性质有着密切的关系。土木工程材料的使用状态均为固体，固体材料的相结构基本上可分为晶体、非晶体两类，不同结构的材料具有不同的特性。

1）晶体

构成晶体的质点（原子、离子、分子）按一定的规则在空间呈有规律的排列。因此晶体具有一定的几何外形，显示各向异性。但实际应用的晶体材料通常是由许多细小的晶粒杂乱排列组成的，故晶体材料在宏观上显示为各向同性。

晶体内质点的相对密集程度和质点间的结合力对晶体材料的性质有着重要的影响。例如在硅酸盐矿物材料（如陶瓷）的复杂晶体结构（基本单元为硅氧四面体）中，质点的相对密集程度不高，且质点间大多以共价键联结，变形能力小，呈现出脆性。

2）非晶体

非晶体又称无定形物质，是相对于晶体而言的。在非晶体中，组成物质的原子和分子之间的空间排列不呈现周期性和平移对称性，其结构完全不具有长程有序，只存在着短程有序。非晶体包括玻璃体和凝胶等。

将熔融的物质迅速冷却（急冷），使其内部质点来不及进行有规则的排列就凝固了，这样形成的物质结构即为玻璃体，又称无定形体。玻璃体无固定的几何外形，具有各向同性，被破坏时无清楚的解理面，被加热时无固定的熔点，只出现软化现象。同时，因玻璃体是在快速急冷下形成的，故内应力较大，具有明显的脆性，如玻璃。

由于玻璃体在凝固时质点来不及进行定向排列，质点间的能量只能以内能形式储存起来，因此玻璃体具有化学不稳定性，亦即存在化学潜能，在一定的条件下，易与其他物质发生化学反应。例如，粉煤灰、水淬粒化高炉矿渣、火山灰等均属玻璃体。它们常被大量用作硅酸盐水泥的掺和料，以改善水泥的性质。

1.1.3　材料的构造及其对材料性质的影响

材料的构造是指具有特定性质的材料结构单元间的互相组合搭配情况。构造这一概念与结构相比，更强调相同材料或不同材料间的搭配组合关系。如材料的孔隙、岩石的层理、木材的纹理、疵病等，这些结构的特征、大小、尺寸及形态决定了材料特有的一些性质。如孔隙是开口、细微且连通的，则材料易吸水、吸湿，耐久性较差；若孔隙是封闭的，其吸水性会大大下降，抗渗性则提高。所以，对同种材料来讲，其构造越密实、越均匀，强度越高，表观密度越大。

【例 1.1】　材料的微观结构对性能的影响。

现象：某工程灌浆材料采用水泥净浆，为了达到较好的施工性能，配合物中要求加入硅粉，并对硅粉的化学组成和细度提出要求，但施工单位将硅粉误解为磨细石英粉，生产中加入的磨细石英粉的化学组成和细度均满足要求。在实际使用中效果不好，水泥浆体成分不均。

原因分析：硅粉又称硅灰，是硅铁厂从烟尘中回收的副产品，其化学组成为 SiO_2，微观结构为表面光滑的玻璃体，能改善水泥净浆的施工性能。磨细石英粉的化学组成也为 SiO_2，微观结构为晶体，表面粗糙，对水泥净浆的施工性能有副作用。硅粉和磨细石英粉虽然化学成分相同，但细度不同，微观结构不同，导致材料的性能差异明显。

1.2 材料的基本物理性质

在土建结构物中,土木工程材料要承受各种不同的作用,因而要求土木工程材料具有相应的不同性质。如用于土建结构物的材料要受到各种外力的作用,因此,选用的材料应具有所需要的力学性能。又如根据土建结构物不同部位的使用要求,有些材料应具有防水、绝热、吸声、黏结等性能。某些土建结构物要求材料具有耐热、耐腐蚀等性能。此外,对于长期暴露在大气中的材料,如路面材料,要求材料能经受风吹、日晒、雨淋、冰冻引起的温度变化、湿度变化及反复冻融等的破坏作用。为了保证土建结构物的耐久性,要求土木工程师必须熟悉和掌握各种材料的物理性质和力学性质,在工程设计与施工中正确地选择和合理地使用材料。

1.2.1 材料的真实密度、表观密度与堆积密度

密度是指物质单位体积的质量,单位为 g/cm^3 或 kg/m^3。由于材料所处的体积状况不同,故有真实密度、表观密度和堆积密度之分。

1.2.1.1 真实密度(True Density)

真实密度是材料在规定条件((105 ± 5)℃下烘干至恒重,温度 20 ℃)、绝对密实状态(绝对密实状态是指不包括任何孔隙在内)下单位体积所具有的质量,按式(1-1)计算:

$$\rho = \frac{m_s}{V_s} \tag{1-1}$$

式中　ρ——真实密度(g/cm^3);

　　　m_s——材料矿质实体的质量(g);

　　　V_s——材料矿质实体的体积(cm^3)。

除了钢材、玻璃等少数密度接近于真实密度的材料外,绝大多数材料都有一些孔隙。在测定有孔隙的材料的密度时,应把材料磨成细粉(粒径小于 0.20 mm),经干燥后用李氏密度瓶测定其实体体积。材料磨得愈细,测定的密度值愈精确。

技术提示:材料的真实密度仅与其微观结构和组成有关,而与其自然状态无关。

知识拓展:对于砂石,因其孔隙很小,若不经磨细,直接用排水法测定的密度称为视密度。即对于本身不绝对密实的材料,用排液法测得的密度称为视密度或视比重。

1.2.1.2 表观密度(Apparent Density)

表观密度是材料单位体积(含材料的实体矿物及不吸水的闭口孔隙,但不包括能吸水的开口孔隙在内)所具有的质量,按式(1-2)计算:

$$\rho_\alpha = \frac{m_s}{V_s + V_n} \tag{1-2}$$

式中　ρ_α——表观密度(kg/m^3 或 g/cm^3);

　　　m_s、V_s——意义同式(1-1)(m_s 的单位 kg 或 g,V_s 单位 m^3 或 cm^3);

　　　V_n——材料不吸水的闭口孔隙的体积(m^3 或 cm^3)。

技术提示：材料的表观密度不仅与材料的微观结构和组成有关，还与其宏观结构特征及含水状况等有关。因此，材料在不同的环境状态下，表观密度的大小可能不同。

知识拓展：材料内部的孔隙包括开口孔隙和闭口孔隙，整体材料的外观体积称为材料的表观体积。外形规则材料的表观体积可通过量具测量计算得到，比如各种砌块、砖；外形不规则材料的表观体积用静水天平置换法（有些材料表面应预先涂蜡，封闭开口）得到，按此计算得到的表观密度也称为体积密度。

1.2.1.3 堆积密度

堆积密度（旧称松散容重）是材料在粉状、粒状或纤维状态下单位体积（包含颗粒的孔隙及颗粒之间的空隙）所具有的质量，按式(1-3)计算：

$$\rho_0' = \frac{m}{V_0} \tag{1-3}$$

式中 ρ_0'——堆积密度(kg/m^3)；

　　　　m——材料的质量(kg)；

　　　　V_0——材料的堆积体积(m^3)。

技术提示：材料的堆积密度不仅与材料的微观结构和组成有关，与颗粒的宏观结构、含水状态等亦有关，而且与颗粒间的空隙或颗粒被压实的程度等因素有关。

知识拓展：散粒材料的堆积体积可用已标定容积的容器测得。砂子、石子的堆积体积即用此法求得。堆积密度与堆积状态有关，若以捣实体积计算，则称紧密堆积密度。

在土木工程中，计算材料用量、构件自重、配料及确定堆放空间时经常要用到材料的真实密度、表观密度和堆积密度等数据。常用土木工程材料的有关数据见表 1.1。

表 1.1 常用土木工程材料的真实密度、表观密度、堆积密度和孔隙率

材料	真实密度 $\rho/(g/cm^3)$	表观密度 $\rho/(kg/m^3)$	堆积密度 $\rho/(kg/m^3)$	孔隙率 $P/\%$
石灰岩	2.60	1 800 ~ 2 600	—	—
花岗岩	2.80	2 500 ~ 2 700	—	0.5 ~ 3.0
碎石(石灰岩)	2.60	—	1 400 ~ 1 700	—
砂	2.60	—	1 450 ~ 1 650	—
黏土	2.60	—	1 600 ~ 1 800	—
普通黏土砖	2.50	1 600 ~ 1 800	—	20 ~ 40
空心黏土砖	2.50	1 000 ~ 1 400	—	—
水泥	2.50	—	1 200 ~ 1 300	—
普通混凝土	3.10	2 100 ~ 2 600	—	5 ~ 20
轻骨料混凝土	—	800 ~ 1 900	—	—
木材	1.55	400 ~ 800	—	55 ~ 75
钢材	7.85	7 850	—	0
泡沫塑料	—	20 ~ 50	—	—
玻璃	2.55	—	—	—

1.2.2 材料的密实度与孔隙率

1.2.2.1 密实度

密实度是材料被固体物质所充实的程度,也就是固体物质的体积占总体积的比例。密实度反映了材料的致密程度,以 D 表示:

$$D = \frac{V_s}{V} \times 100\% \tag{1-4}$$

含有孔隙的固体材料的密实度均小于 1。材料的很多性能,如强度、吸水性、耐久性、导热性等均与其密实度有关。

1.2.2.2 孔隙率

孔隙率是材料的孔隙体积(包括不吸水的闭口孔隙,能吸水的开口孔隙)与总体积之比,以 P 表示,可用式(1-5)计算:

$$P = \frac{V - V_s}{V} \times 100\% \tag{1-5}$$

孔隙率与密实度的关系为

$$P + D = 1 \tag{1-6}$$

孔隙率的大小直接反映了材料的致密程度。材料内部的孔隙可分为连通的孔隙和封闭的孔隙,连通的孔隙不仅彼此贯通且与外界相通,而封闭的孔隙彼此不连通且与外界隔绝。孔隙按其尺寸大小又可分为粗孔和细孔。孔隙率的大小及孔隙本身的特征与材料的许多重要性质,如强度、吸水性、抗渗性、抗冻性和导热性等都有密切关系。一般而言,孔隙率小,且连通孔较少的材料,其吸水性较小,强度较高,抗渗性和抗冻性较好。几种常用土木工程材料的孔隙率见表1.1。

1.2.3 材料与水有关的性质

1.2.3.1 亲水性与憎水性

材料在空气中与水接触时,根据是否能被水润湿,可将材料分为亲水性和憎水性(或称疏水性)两大类。

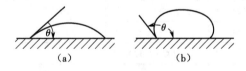

图 1.1 材料润湿示意图

(a)$\theta \leqslant 90°$ (b)$\theta > 90°$

材料被水润湿的程度可用润湿角表示,如图 1.1 所示。润湿角是在材料、水和空气三相的交点处,水滴表面切线与水和固体接触面之间的夹角,角愈小,则该材料能被水所润湿的程度愈高。一般认为,润湿角 ≤90°[如图 1.1(a)所示]的材料为亲水性材料。反之,润湿角 >90°,表明该材料不能被水润湿,称为憎水性材料[如图 1.1(b)所示]。

大多数土木工程材料,如石料、集料、砖、混凝土、木材等都属于亲水性材料,表面均能被水润湿,且能通过毛细管作用将水吸入材料的毛细管内部。

沥青、石蜡等属于憎水性材料,表面不能被水润湿。该类材料一般能阻止水分渗入毛细管中,因而能降低材料的吸水性。憎水性材料不仅可用作防水材料,而且可用于亲水性材料的表面处理,以降低其吸水性。

1.2.3.2 吸湿性

材料在潮湿的空气中吸收空气中水分的性质称为吸湿性。吸湿性的大小用含水率表示。

材料所含水的质量占材料干燥质量的百分数称为材料的含水率,可按式(1-7)计算:

$$W_{含} = \frac{m_{含} - m_{干}}{m_{干}} \times 100\% \tag{1-7}$$

式中 $W_{含}$——材料的含水率(%);

       $m_{含}$——材料含水时的质量(g);

       $m_{干}$——材料干燥至恒重时的质量(g)。

材料的含水率大小除与材料本身的特性有关外,还与周围环境的温度、湿度有关。气温越低、相对湿度越大,材料的含水率也就越大。

随着空气湿度的变化,材料既能在空气中吸收水分,又可向外界扩散水分,最终材料中的水分与周围空气的湿度达到平衡,这时材料的含水率称为平衡含水率。平衡含水率并不是固定不变的,它随环境的温度和湿度的变化而改变。材料吸水达到饱和状态时的含水率即为吸水率。

1.2.3.3 吸水性

材料在浸水状态下吸入水分的能力称为吸水性。吸水性的大小以吸水率表示。吸水率用有质量吸水率和体积吸水率表示。

1)质量吸水率

质量吸水率是材料所吸收水分的质量占材料干燥质量的百分数,按式(1-8)计算:

$$W_{质} = \frac{m_{湿} - m_{干}}{m_{干}} \times 100\% \tag{1-8}$$

式中 $W_{质}$——材料的质量吸水率(%);

       $m_{湿}$——材料饱水后的质量(g);

       $m_{干}$——材料干燥至恒重时的质量(g)。

2)体积吸水率

体积吸水率是材料所吸收水分的体积占干燥自然体积的百分数,是材料被水充实的程度,按式(1-9)计算:

$$W_{体} = \frac{V_{水}}{V_1} = \frac{m_{湿} - m_{干}}{V_1} \cdot \frac{1}{\rho_w} \times 100\% \tag{1-9}$$

式中 $W_{体}$——材料的体积吸水率(%);

       $V_{水}$——材料饱水时水的体积(cm³);

       V_1——干燥材料在自然状态下的体积(cm³);

       ρ_w——水的密度(g/cm³)。

质量吸水率与体积吸水率存在如下关系:

$$W_{体} = W_{质}\rho_0 \frac{1}{\rho_w} \tag{1-10}$$

材料的吸水性不仅与材料的亲水性或憎水性有关,而且与孔隙率的大小及孔隙特征有关。一般孔隙率愈大,吸水性愈强。封闭的孔隙,水分不易进入;粗大开口的孔隙,水分又不易存留,故材料的体积吸水率常小于孔隙率。

某些轻质材料,如加气混凝土、软木等,由于具有很多开口且微小的孔隙,所以质量吸水率往往超过100%,即湿质量为干质量的几倍,在这种情况下,最好用体积吸水率表示其吸水性。

技术提示:水在材料中将对材料的性质产生不良的影响,它使材料的表观密度和导热性增大,强度降低,体积膨胀。因此,吸水率大对材料的性能是不利的。

1.2.3.4 耐水性

材料长期在饱和水作用下不被破坏,强度也不显著降低的性质称为耐水性。材料的耐水性用软化系数表示,可按式(1-11)计算:

$$K_{软} = \frac{f_{饱}}{f_{干}} \tag{1-11}$$

式中 $K_{软}$——材料的软化系数;

$f_{饱}$——材料在饱水状态下的抗压强度(MPa);

$f_{干}$——材料在干燥状态下的抗压强度(MPa)。

软化系数的大小表明材料浸水后强度降低的程度,一般波动在 0 ~ 1 之间。软化系数越小,说明材料饱水后的强度降低越多,耐水性越差。经常位于水中或受潮严重的重要结构物的材料,其软化系数不宜小于 0.85;受潮较轻或次要结构物的材料,其软化系数不宜小于 0.70。软化系数大于 0.80 的材料,通常可以被认为是耐水的材料。

1.2.3.5 抗渗性

材料抵抗压力水渗透的性质称为抗渗性(或不透水性),可用渗透系数 K 表示。

达西定律表明,在一定时间内,透过材料试件的水量与试件的断面积及水头差(液压)成正比,与试件的厚度成反比,即

$$W = K\frac{h}{d}At \quad 或 \quad K = \frac{Wd}{Ath} \tag{1-12}$$

式中 K——渗透系数[mL/(cm^2·s)];

W——透过材料试件的水量(mL);

t——透水时间(s);

A——透水面积(cm^2);

h——静水压力水头(cm);

d——试件的厚度(cm)。

渗透系数反映了材料抵抗压力水渗透的性质,渗透系数越大,材料的抗渗性越差。

技术提示:材料抗渗性的好坏与材料的孔隙率和孔隙特征有密切关系。孔隙率很小而且是封闭孔隙的材料具有较好的抗渗性。地下建筑及水工构筑物因常受到压力水的作用,

故要求材料具有一定的抗渗性;对于防水材料,则要求具有更好的抗渗性。材料抵抗其他液体渗透的性质也属于抗渗性。

1.2.3.6　抗冻性

材料在饱水状态下能经受多次冻结和融化作用(冻融循环)而不被破坏,强度也不严重降低的性质称为抗冻性。通常在 −15 ℃的温度(水在微小的毛细管中低于 −15 ℃才能冻结)下冻结后,再在 20 ℃的水中融化,这样的过程为一次冻融循环。

材料经多次冻融交替作用后,表面将出现剥落、裂纹,产生质量损失,强度也会降低。因为材料孔隙内的水结冰时体积膨胀,引起材料被破坏。

抗冻性良好的材料抵抗温度变化、干湿交替等破坏作用的性能也较好。所以,抗冻性常作为考查材料耐久性的一个指标。处于温暖地区的土建结构物,虽无冰冻作用,但为抵抗大气的作用,确保土建结构物的耐久性,有时对材料也提出一定的抗冻性要求。

1.2.4　材料的热工性质

土木工程材料除了须满足必要的强度及其他性能的要求外,为了节约土建结构物的使用能耗以及为生产和生活创造适宜的条件,常要求土木工程材料具有一定的热工性质,以维持室内温度。常用材料的热工性质有导热性、热容量、比热容等。

1.2.4.1　导热性

材料传导热量的能力称为导热性。材料导热能力的大小可用热导率(λ)表示。热导率在数值上等于厚度为 1 m 的材料,当其相对表面的温度差为 1 K 时,其单位面积(1 m²)单位时间(1 s)所通过的热量,可用式(1-13)表示:

$$\lambda = \frac{Q\delta}{At(T_2 - T_1)} \tag{1-13}$$

式中　λ——热导率[W/(m·K)];

　　　Q——传导的热量(J);

　　　A——热传导面积(m²);

　　　δ——材料厚度(m);

　　　t——热传导时间(s);

　　　($T_2 - T_1$)——材料两侧温差(K)。

材料的热导率越小,绝热性能越好。各种土木工程材料的热导率差别很大,在 0.035 ~ 3.5 W/(m·K)之间,如泡沫塑料 $\lambda = 0.035$ W/(m·K),而大理石 $\lambda = 0.35$ W/(m·K)。热导率与材料的孔隙构造有密切关系。由于密闭空气的热导率很小[$\lambda = 0.023$ W/(m·K)],所以孔隙率较大的材料热导率较小,但如孔隙粗大或贯通,由于对流作用的影响,材料的热导率反而增大。材料受潮或受冻后,其热导率会大大提高。这是由于水和冰的热导率比空气的热导率大很多[分别为 0.58 W/(m·K)和 2.20 W/(m·K)]。因此,绝热材料应经常处于干燥状态,以利于发挥材料的绝热效能。

1.2.4.2　热容量和比热容

材料被加热时吸收热量,被冷却时放出热量的性质称为热容量。热容量的大小用比热容(也称热容量系数,简称比热)表示。比热容表示 1 g 材料温度升高 1 K 所吸收的热量,或降低 1 K 所放出的热量。材料吸收或放出的热量可由式(1-14)、式(1-15)计算:

$$Q = cm(T_2 - T_1) \tag{1-14}$$

$$c = \frac{Q}{m(T_2 - T_1)} \tag{1-15}$$

式中　Q——材料吸收或放出的热量(J);

　　　　c——材料的比热[J/(g·K)];

　　　　m——材料的质量(g);

　　　　$(T_2 - T_1)$——材料受热或受冷前后的温差(K)。

比热是反映材料的吸热或放热能力大小的物理量。不同材料的比热不同,即使是同一种材料,所处物态不同,比热也不同,例如,水的比热为 4.186 J/(g·K),而结冰后比热则是 2.093 J/(g·K)。

材料的比热对保持土建结构物内部温度稳定有很大意义。比热大的材料能在热流变动或采暖设备供热不均匀时,缓和室内的温度波动。常用土木工程材料的比热见表 1.2。

表 1.2　常用土木工程材料的比热

材料名称	钢材	混凝土	松木	烧结普通砖	花岗岩	密闭空气	水
比　热/[J/(g·K)]	0.48	0.84	2.72	0.88	0.92	1.00	4.18
热导率/[W/(m·K)]	58	1.51	1.17 ~ 0.35	0.80	3.49	0.023	0.58

1.2.4.3　材料的保温隔热性能

在建筑热工中常把 $1/\lambda$ 称为材料的热阻,用 R 表示,单位为(m·K)/W。热导率(λ)和热阻(R)都是评定土木工程材料保温隔热性能的重要指标。人们习惯把防止室内热量的散失称为保温,把防止外部热量的进入称为隔热,将保温隔热统称为绝热。

材料的热导率愈小,热阻值就愈大,则材料的导热性能愈差,其保温隔热性能就愈好,常将 $\lambda \leqslant 0.175$ W/(m·K)的材料称为绝热材料。

1.3　材料的力学性质

1.3.1　材料的强度

材料的力学性质主要是指材料在外力(荷载)作用下抵抗破坏和变形的能力。

材料在外力(荷载)作用下抵抗破坏的能力称为强度,以材料受外力破坏时单位面积所承受的力表示。

材料在土建结构物中所承的外力主要有拉力、压力、弯曲力及剪力等。材料抵抗这些外力破坏的能力分别称为抗拉、抗压、抗弯和抗剪等强度。这些强度一般通过静力试验来测定,因而总称为静力强度。各种强度的分类见表1.3。

表1.3　各种强度的分类　　　　　　　　　MPa

岩石名称	抗压强度	抗剪强度	抗拉强度
花岗岩	100～250	14～50	7～25
闪长岩	150～300	—	15～30
灰长岩	150～300	—	15～30
玄武岩	150～300	20～60	10～30
砂岩	20～170	8～40	4～25
页岩	5～100	3～30	2～10
石灰岩	30～250	10～50	5～25
白云岩	30～250	—	15～25
片麻岩	50～200	—	5～20
板岩	100～200	15～30	7～20
大理岩	100～250	—	7～20
石英岩	150～300	20～60	10～30

材料的静力强度实际上只是在特定条件下测定的强度值。为了使试验结果比较准确而且具有互相比较的意义,每个国家都规定有统一的标准试验方法。测定材料的强度时,必须严格按照标准试验方法进行。

大部分土木工程材料根据其极限强度的大小,划分若干不同的强度等级或标号。如混凝土按抗压强度有 C15,C20,C25,C30,C35,C40,C45,C50,C55,C60,C65,C70,C75,C80 等14个强度等级,普通水泥按抗压强度及抗折强度分为 32.5,…,62.5 等强度等级。将土木工程材料划分为若干强度等级或标号,对掌握材料的性能,合理选用材料,正确进行设计和控制工程质量,是十分重要的。

1.3.2　材料的弹性、塑性、黏性

材料在外力作用下发生变形,当外力消失后,材料的形变即可消失并能完全恢复原来形状的性质称为弹性。外力消失后瞬间即可完全消失的变形称为弹性变形。这种变形属于可逆变形,其数值的大小与外力成正比,称为弹性模量。在弹性变形范围内,弹性模量 E 为常数,即

$$E = \sigma/\varepsilon \tag{1-16}$$

式中　σ——材料的应力(MPa);

ε——材料的应变;

E——材料的弹性模量(MPa)。

弹性模量是衡量材料抵抗变形能力的一个指标,E 愈大,材料愈不易变形。

在外力作用下材料发生变形,如果外力消失,仍保持变形后的形状尺寸,并且不产生裂缝的性质称为塑性。这种不能消失的变形称为塑性变形(或永久变形)。

许多材料受力不大时,仅发生弹性变形,受力超过一定限度后,即发生塑性变形。如建筑钢材,当外力小于弹性极限时,仅发生弹性变形;若外力大于弹性极限,则除了弹性变形外,还发生塑性变形。有的材料在受力时弹性变形和塑性变形同时发生,如果外力消失,则弹性形变可以消失,而塑性形变不能消失(如混凝土),这种变形为弹塑性变形。

沥青及沥青混合料在荷载作用下的变形具有随温度和荷载作用时间而变的特性。

在外力作用下,当外力达到一定限度后材料突然被破坏,无明显的塑性变形的性质称为脆性。

脆性材料抵抗冲击荷载或震动作用的能力很差。其抗压强度比抗拉强度高得多,如混凝土、玻璃、砖、石、陶瓷等。

在冲击荷载、震动作用下,材料承受较大的变形也不致被破坏的性能称为韧性。

1.3.3　材料的硬度、耐磨性

硬度是材料表面能抵抗其他较硬物体压入或刻划的能力。不同材料的硬度测定方法不同。按刻划法,矿物硬度分为 10 级(莫氏硬度),硬度递增的顺序为:滑石 1,石膏 2,方解石 3,萤石 4,磷灰石 5,正长石 6,石英 7,黄玉 8,刚玉 9,金刚石 10。木材、混凝土、钢材等的硬度常用钢球压入法测定(布氏硬度 HB)。一般而言,硬度大的材料耐磨性较强,但不易加工。

耐磨性是材料具有的一定抵抗磨损的能力,常用磨损率 B 表示:

$$B = \frac{m_1 - m_2}{A} \tag{1-17}$$

式中　m_1, m_2——试件被磨损前、后的质量(g);

　　　A——试件受磨损的面积(cm^2)。

用于道路、地面、踏步等部位的材料均应考虑其硬度和耐磨性。一般来说,强度较高且密实的材料,硬度较大,耐磨性较好。

1.4　材料的耐久性

材料在使用过程中能抵抗周围各种介质侵蚀而不破坏,也不易失去原有性能的性质称为耐久性。

耐久性是材料的一种综合性质,诸如抗冻性、抗风化性、抗老化性、耐化学腐蚀性等均属耐久性的范围。此外,材料的强度、抗渗性、耐磨性等也与材料的耐久性有密切关系。

材料在使用过程中除受到各种外力的作用外,还长期受到周围环境等各种自然因素的破坏作用。这些破坏作用一般可分为物理作用、化学作用、生物作用等。

(1)物理作用包括材料的干湿变化、温度变化及冻融变化等。这些变化可引起材料的收缩和膨胀,长时期或反复作用会使材料逐渐被破坏。如水泥混凝土的热胀冷缩。

(2)化学作用包括酸、碱、盐等物质的水溶液及气体对材料产生的侵蚀作用,使材料产生质的变化而破坏。例如钢筋的锈蚀、沥青与沥青混合料的老化等。

(3)生物作用是昆虫、菌类等对材料所产生的蛀蚀、腐朽等破坏作用。如木材及植物纤维材料的腐烂等。

一般土木工程材料,如石材、砖瓦、陶瓷、水泥混凝土、沥青混凝土等,暴露在大气中时,主要受到大气的物理作用;当材料处于水位变化区或水中时,还受到环境的化学侵蚀作用。金属材料在大气中易被锈蚀。沥青及高分子材料在阳光、空气及辐射的作用下,会逐渐老化、变质而被破坏。

为了提高材料的耐久性,延长建筑的使用寿命和减少维修费用,可根据使用情况和材料特点采取相应的措施。如设法减轻大气或周围介质对材料的破坏作用(降低湿度,排除侵蚀性物质等);提高材料对外界作用的抵抗性(提高材料的密度,采取防腐措施等);也可用其他材料保护主体材料免受破坏(覆面、抹灰、刷涂料等)。

知识拓展:工程中改善材料耐久性的主要措施有:根据使用环境选择材料的品种;采取各种方法提高材料的密实度,控制材料的孔隙率与其他特征;改善材料的表面状态,增强其抵抗环境作用的能力。

【模块导图】

本模块知识重点串联如图 1.2 所示。

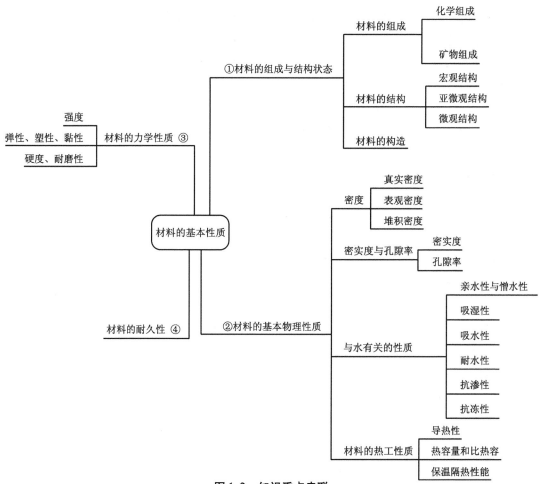

图 1.2　知识重点串联

【拓展与实训】

【职业能力训练】

一、单项选择题

1. 孔隙率增大,材料的( )降低。

A. 密度　　　　　　　B. 表观密度　　　　　C. 憎水性　　　　　　D. 抗冻性

2. 材料在水中吸收水分的性质称为( )。

A. 吸水性　　　　　　B. 吸湿性　　　　　　C. 耐水性　　　　　　D. 渗透性

3. 对于同一材料,各种密度参数的大小排列为( )。

A. 密度 > 堆积密度 > 表观密度　　　　　　B. 密度 > 表观密度 > 堆积密度

C. 堆积密度 > 密度 > 表观密度　　　　　　D. 表观密度 > 堆积密度 > 密度

4. 憎水性材料的润湿角( )。

A. ≤90°　　　　　　 B. >90°　　　　　　 C. =0°

5. 当某材料的孔隙率增大时,其吸水率( )。

A. 增大　　　　　　　B. 减小　　　　　　　C. 不变化　　　　　　D. 不一定

6. 材料的耐水性指材料( )而不被破坏,强度也不显著降低的性质。

A. 在水作用下　　　　　　　　　　　　　　B. 在压力水作用下

C. 长期在饱和水作用下　　　　　　　　　　D. 长期在潮湿环境下

7. 材料的抗渗性是指材料抵抗( )渗透的性质。

A. 水　　　　　　　　 B. 潮气　　　　　　　C. 压力水　　　　　　D. 饱和水

8. 一块砖重 2 625 g,其含水率为 5%,该湿砖所含水量为( )。

A. 131. 25 g　　　　　 B. 129. 76 g　　　　　C. 130. 34 g　　　　　D. 125 g

9. 含水率为 5% 的砂 220 g,将其干燥后的质量为( )。

A. 209 g　　　　　　　B. 200 g　　　　　　　C. 209. 52 g　　　　　D. 210 g

10. 关于材料的导热系数,以下哪个不正确? ( )

A. 表观密度小,导热系数小　　　　　　　　B. 含水率高,导热系数大

C. 孔隙不连通,导热系数大　　　　　　　　D. 固体比空气导热系数大

二、多项选择题

1. 下列性质属于力学性质的有( )。

A. 强度　　　　　　　B. 硬度　　　　　　　C. 弹性　　　　　　　D. 脆性

2. 下列材料中,属于复合材料的有( )。

A. 钢筋混凝土　　　　B. 沥青混凝土　　　　C. 建筑石油沥青　　　D. 建筑塑料

3. 下列材料的性能与密实度有关的有( )。

A. 强度　　　　　　　B. 吸水性　　　　　　C. 耐久性　　　　　　D. 导热性

4. 下列关于孔隙的说法正确的有( )。

A. 开口孔隙对吸水、透水、吸声有利

B. 开口孔隙对材料的抗渗、抗冻有利

C.微小而均匀的闭口孔隙可降低材料的导热系数

D.孔隙率大,则密实度小

5.下列关于材料密度的说法,正确的有(　　　)。

A.材料的真实密度仅与其微观结构有关,而与其自然状态无关

B.材料在不同的环境状态下,表观密度的大小可能不同

C.堆积密度与堆积状态有关

D.堆积密度与材料颗粒的宏观结构有关,与材料颗粒的微观结构无关

【工程模拟训练】

现象:某施工队原使用普通烧结黏土砖,后改用表观密度为700 kg/m³的加气混凝土砌块。在抹灰前采用同样的方式往墙上浇水,发现原使用的普通烧结黏土砖易吸足水量,加气混凝土砌块虽表面看来浇水不少,实则吸水不多,请分析原因。

原因分析:加气混凝土砌块虽多孔,但其气孔大多数为"墨水瓶"结构,肚大口小,毛细管作用差,只有少数孔是水分蒸发形成的毛细孔,因此吸水及导湿均缓慢。材料的吸水性不仅要看孔数量多少,还需看孔的结构。

【链接职考】

2013年二级建造师考题:(多选题)

1.混凝土的耐久性包括(　　　)等指标。

A.抗渗性　　　　　B.抗冻性　　　　　C.和易性　　　　　D.碳化

E.黏结性

2012年二级建造师考题:(单选题)

2.土基达到最大干密度时所对应的含水量称为(　　　)。

A.最大含水量　　　B.最小含水量　　　C.最佳含水量　　　D.天然含水量

模块 2　砌体材料及其检测

【模块概述】

砌体材料是组成建筑的基本材料。随着建筑材料科学的发展以及节约能源、节省土地资源的需要,近些年来在砌体材料方面涌现出了各种材质的各具特色的石材、板材、块材。在本模块中,除了对于砌体材料的分类及强度等级等相关基本知识进行了简要的介绍外,重点介绍了各种砌体材料,如多孔砖、空心砖、胶凝材料(气硬性胶凝材料和水硬性胶凝材料)、砌筑砂浆等的技术性能及检测。

【知识目标】

(1)知道天然石材的类型,能正确陈述天然石材的性能和在建筑工程中的应用。

(2)能区分常见砌墙砖、砌块的类型、质量等级、强度等级和规格。

(3)掌握石膏、石灰和水玻璃的生产、技术性质及应用。

(4)能陈述水泥的定义及分类,专用水泥和特种水泥的特点及性能。

(5)能比较分析气硬性胶凝材料和水硬性胶凝材料的异同点。

(6)认识砌筑砂浆的技术性能,掌握配合比的设计方法及步骤。了解防水砂浆、抹面砂浆和特种砂浆等的性能。

(7)对各种砌体材料的特点进行正确的归纳。

【技能目标】

(1)具有分析天然石材的性能差异及对其进行检测的能力。

(2)具有检测砌墙砖的尺寸偏差、外观质量、强度等级等性能的能力。

(3)具有对各种硅酸盐水泥进行抽样和主要技术指标检测,并对水泥是否合格做出正确的判断的能力。

(4)具备独立处理水泥、砂浆等的技术指标检验数据和正确填写试验报告的能力。

(5)具备正确选择和使用各种砌体材料的能力。

(6)具备储运和验收各种石材、水泥和砌筑材料的能力。

【课时建议】

28 课时。

【工程导入】

某工地现配制 M10 砂浆砌筑砖墙,把水泥直接倒在砂堆上,再人工搅拌。该砌体灰缝饱满度及黏结性均差,请分析原因。

原因分析如下。

砂浆的均匀性可能有问题。把水泥直接倒在砂堆上,采用人工搅拌的方式往往导致混合不够均匀,使强度波动大,宜将其加入搅拌机中搅拌。

仅以水泥与砂配制砂浆,使用少量水泥虽可满足强度要求,但往往流动性及保水性较差,使砌体饱满度及黏结性较差,影响砌体强度,可掺入少量石灰膏、石灰粉或微沫剂等,以改善砂浆的和易性。

2.1 砌筑用石材及其检测

石材是最古老的土木工程材料之一,建筑石材有天然石材和人造石材两大类。天然石材是从天然岩体中开采出来的,经加工或未经过加工而成的块状、板状或特定形状的材料。人造石材是利用各种加工方法制造的具有类似天然石材的性质、纹理和质感的合成材料,例如人造大理石、花岗石等。由于人造石材可以人为控制其性能、形状、花色图案等,并具有质轻、强度高、耐腐蚀、施工方便等优点,在现代建筑中得到广泛应用。

石材具有很高的抗压强度、良好的耐磨性和耐久性、经加工后表面美观富于装饰性、资源分布广、蕴藏量丰富、便于就地取材、生产成本低等优点,是古今土木工程中修筑城垣、桥梁、房屋、道路及水利工程的主要材料。国内外许多著名的古建筑,如意大利的比萨斜塔、埃及的金字塔、我国的赵州桥等都是由天然石材建造而成的。虽然石材作为结构材料已在很大程度上被钢筋混凝土、钢材所取代,但在现代建筑中,特别是在建筑装饰中得到了广泛的应用。

2.1.1 建筑中常用的天然岩石

岩石是由不同地质作用所形成的天然固态矿物的集合体,组成岩石的矿物称为造岩矿物。由单一造岩矿物组成的岩石叫单矿岩,如石灰岩是由方解石矿物组成的。由两种或两种以上造岩矿物组成的岩石叫多矿岩,如花岗岩是由长石、石英、云母等几种矿物组成的。天然岩石按照地质形成条件分为岩浆岩、沉积岩和变质岩三大类,它们具有不同的结构、构造和性质。

2.1.1.1 岩浆岩

岩浆岩又称火成岩,它是熔融岩浆由地壳内部上升、冷却而成的。根据冷却条件的不同,岩浆岩又分为以下三类。

1)深成岩

深成岩是地表深处的岩浆受上部覆盖层的压力作用,缓慢且较均匀地冷却而形成的岩石。其特点是矿物完全结晶、晶粒较粗、构造致密、抗压强度高、表观密度大、孔隙小、吸水率小、抗冻性和耐久性好。建筑上常用的深成岩有花岗岩、正长岩、辉长岩、橄榄岩、闪长岩等,主要用于砌筑基础、勒脚、踏步、挡土墙等。经磨光的花岗石板材装饰效果好,可用于外墙面、柱面和地面装饰。

2)喷出岩

喷出岩是岩浆喷出地表后,在压力骤减和冷却较快的条件下形成的岩石。其特点是结晶不完全,有玻璃质结构。当喷出的岩浆所形成的岩层很厚时,其结构致密,性能接近深成岩;当喷出凝固成比较薄的岩层时,常呈多孔构造,接近火山岩。工程上常用的喷出岩有玄武岩、安山岩和辉绿岩等。玄武岩和辉绿岩十分坚硬,难以加工,常用作耐酸和耐热材料,也是生产铸石和岩棉的原料。

3)火山岩

火山岩是岩浆被喷到空中,在压力骤减和急速冷却的条件下形成的多孔散粒状岩石。火山岩为玻璃体结构且多呈多孔构造,如火山灰、火山渣、浮石和火山凝灰岩等。火山灰、火山渣可作为水泥的混合材料,浮石是配制轻质混凝土的一种天然轻骨料。火山凝灰岩容易分割,可用于砌筑墙体等。

2.1.1.2 沉积岩

沉积岩也称水成岩,是地表的各种岩石经长期风化、搬运、沉积和再造作用而成的。沉积岩的主要特征是呈层状构造,体积密度小,孔隙率和吸水率较大,强度低,耐久性较差。沉积岩在地表分布很广,容易加工,应用较为广泛。根据生成条件,沉积岩可分为以下三种。

1)机械沉积岩

机械沉积岩又称碎屑岩,是自然风化后的岩石碎屑经风、雨、冰川、沉积等机械力的作用而重新压实或胶结而成的岩石,如砂岩、砾岩、页岩等。

2)化学沉积岩

化学沉积岩是岩石风化后溶解于水中,经聚积、沉积、重结晶、化学反应等过程而形成的岩石,如石膏、白云石、菱镁矿等。

3)有机沉积岩

有机沉积岩是由各种有机体的残骸沉积而成的岩石,如石灰岩、硅藻土等。硅藻土的颜色为白色、灰白色、灰色和浅灰褐色等,有细腻、松散、质轻、多孔、吸水性和渗透性强等特点。其常用作保温材料、过滤材料及水玻璃材料。

2.1.1.3 变质岩

变质岩是原有的岩石经变质形成的岩石,即原岩在固态下发生矿物成分、结构构造变化形成的新岩石。所谓变质作用是在地层的压力或温度作用下,原岩石在固体状态下发生再结晶作用,矿物成分、结构构造以至化学成分发生部分或全部改变而形成的新岩石。建筑中常用的变质岩有大理岩、石英岩、片麻岩等。

1)大理岩

大理岩经人工加工后称大理石,因最初产于云南大理而得名,是由石灰岩、白云石经变质而成的具有致密结晶结构的岩石,呈块状构造。大理岩质地密实但硬度不高,锯切、雕刻性能好,表面磨光后十分美观,是高级的装饰材料。

2)石英岩

石英岩是由硅质砂岩变质而成的,呈块状构造。其质地均匀致密,硬度大,抗压强度高达250～400 MPa,加工困难,但耐久性好。石英岩板材在建筑上常用作饰面材料、耐酸衬板或用于地面、踏步等部位。

3）片麻岩

片麻岩是由花岗岩变质而成的,其矿物组成与花岗岩相近,呈片麻状或带状构造。垂直于片理方向抗压强度为 120 ~ 200 MPa,沿片理方向易于开采和加工,吸水性强,抗冻性和耐久性差。其通常加工成毛石或碎石,用于不重要的工程,也可做建筑石料和铺路材料。

2.1.2　天然石材的技术性质

天然石材因形成条件不同,常含有不同种类的杂质,矿物成分也有所变化,所以,即使是同一类岩石,它们的性质也可能有很大的差异。因此,在使用时必须进行检查和鉴定,以保证工程的质量和安全。天然石材的技术性质可分为物理性质、力学性质和工艺性质。

2.1.2.1　物理性质

1）表观密度

天然石材根据表观密度大小可分为如下两种。

(1)轻质石材:表观密度≤1 800 kg/m³。可作为建筑物的基础、贴面、地面、屋外墙、桥梁和水工构筑物。

(2)重质石材:表观密度 >1 800 kg/m³。常用作墙体材料。

石材的表观密度与其矿物组成和孔隙率有关,表观密度的大小常间接反映石材的致密程度与孔隙多少。在通常情况下,同种石材的表观密度愈大,则抗压强度愈高,吸水率愈小,耐久性愈好,导热性愈好。

2）吸水性

吸水率低于 1.5% 的岩石称为低吸水性岩石,介于 1.5% ~3.0% 的称为中吸水性岩石,吸水率高于 3.0% 的称为高吸水性岩石。岩石吸水率的大小与其孔隙率及孔隙特征有关。岩浆深成岩以及许多变质岩的孔隙率都很小,故而吸水率也很小,例如花岗岩的吸水率通常小于 0.5% 。沉积岩由于形成条件、密实程度与胶结情况有所不同,孔隙率与孔隙特征的变动很大,这导致石材吸水率的波动也很大,例如致密的石灰岩吸水率可小于 1% ,而多孔的贝壳石灰岩吸水率可高达 15% 。

石材的吸水性对其强度与耐水性有很大影响。石材吸水后,会降低颗粒之间的黏结力,从而使强度降低。有些岩石还容易被水溶蚀,因此,吸水性强与易溶的岩石,其耐水性较差。

3）耐水性

石材的耐水性以软化系数表示。岩石中含有较多的黏土或易溶物质时,软化系数较小,耐水性较差。根据软化系数大小,可将石材分为高、中、低三个等级。软化系数 > 0.90 的为高耐水性,软化系数在 0.75 ~ 0.90 之间的为中耐水性,软化系数在 0.60 ~ 0.75 之间的为低耐水性,软化系数 < 0.60 者,不允许用于重要建筑物中。

4）抗冻性

石材的抗冻性是其抵抗冻融破坏的能力,是衡量石材耐久性的重要指标。其值用石材在水饱和状态下按规范要求所能经受的冻融循环次数表示。将石材在 -15 ℃ 的温度下冻结后,再在 20 ℃ 的水中融化,这样的过程为一次冻融循环。能经受的冻融循环次数越多,则抗冻性越好。石材的抗冻性与吸水性有密切的关系,吸水率大的石材抗冻性差。根据经验,吸水率 <0.5% 的石材被认为是抗冻的。一般室外工程饰面石材的抗冻循环应多于 25 次。

5)耐热性

石材的耐热性与其化学成分及矿物组成有关。石材经高温后由于热胀冷缩、体积变化而产生内应力或因组成矿物发生分解和变异等导致结构被破坏。如含有石膏的石材,在 100 ℃ 以上就开始被破坏;含有碳酸镁的石材,温度高于 725 ℃ 会被破坏;含有碳酸钙的石材,温度达 827 ℃ 时开始被破坏。由石英与其他矿物所组成的结晶石材,如花岗岩等,当温度达到 700 ℃ 以上时,由于石英受热发生膨胀,强度迅速下降。

6)安全性

少数天然石材中可能含有某些放射性元素,如镭—226,钍—232、钾—40 等,若超过国家规定的标准是不安全的,会对人体健康产生危害。

2.1.2.2　力学性质

天然石材的力学性质主要包括抗压强度、冲击韧性、硬度及耐磨性等。

1)抗压强度

石材的抗压强度是以三个边长为 70 mm 的立方体试块的抗压破坏强度的平均值表示的。根据《砌体结构设计规范》(GB 50003—2011)的规定,石材共分为 7 个强度等级:MU100,MU80,MU60,MU50,MU40,MU30,MU20。抗压试件也可采用表 2.1 所列的各种边长尺寸的立方体,但应将其试验结果乘以相应的换算系数。

表 2.1　石材强度等级的换算系数

立方体边长/mm	200	150	100	70	50
换算系数	1.43	1.28	1.14	1.00	0.86

2)冲击韧性

石材的冲击韧性取决于岩石的矿物组成与构造。石英岩、硅质砂岩脆性较大。含暗色矿物较多的辉长岩、辉绿岩等具有较高的韧性。通常,晶体结构的岩石较非晶体结构的岩石具有较高的韧性。

3)硬度

硬度取决于石材的组成矿物的硬度与构造。凡由致密、坚硬的矿物组成的石材,硬度就高。岩石的硬度以莫氏硬度表示。

4)耐磨性

耐磨性是石材在使用条件下抵抗摩擦、边缘剪切以及冲击等联合作用的能力。石材的耐磨性可用磨耗率表示。石材的耐磨性取决于其矿物组成、结构及构造。凡是可能遭受磨损作用的场所,例如台阶、人行道、地面、楼梯踏步等,可能遭受磨耗作用的场所,例如道路路面的碎石等,应采用具有高耐磨性的石材。

2.1.2.3　工艺性质

石材的工艺性质主要指其开采和加工过程的难易程度及可能性,包括加工性、磨光性与抗钻性等。

1)加工性

石材的加工性主要是岩石开采、锯解、切割、凿琢、磨光和抛光等加工工艺的难易程度。凡强度、硬度、韧性较高的石材,不易加工;质脆而粗糙,有颗粒交错结构,含有层状或片状构造以及业已风化的岩石,都难以满足加工要求。

2)磨光性

磨光性指石材能否磨成平整光滑表面的性质。致密、均匀、细粒的岩石一般都有良好的磨光性,可以磨成光滑亮洁的表面。疏松多孔、有鳞片状构造的岩石磨光性不好。

3)抗钻性

抗钻性指石材钻孔时难易程度的性质。影响抗钻性的因素很复杂,一般石材的强度越高、硬度越大,越不易钻孔。

由于用途和使用条件的不同,石材的性质及所要求的指标均有所不同。工程中用于基础、桥梁、隧道以及石砌工程的石材,一般规定其抗压强度、抗冻性与耐水性必须达到一定指标。建筑工程中常用天然石材的技术性能可参见表2.2。

表 2.2　建筑中常用天然石材的性能及用途

名称	主要质量指标			主要用途
	项目		指标	
花岗岩	表观密度/(kg/m³)		2 300 ~ 2 800	基础、桥墩、堤坝、拱石、阶石、路面、海港结构、基座、勒脚、窗台、装饰石材等
	强度/MPa	抗压	120 ~ 250	
		抗折	8.5 ~ 15.0	
		抗剪	13 ~ 19	
	吸水率/%		<1.0	
	膨胀系数(×10⁻⁶)/℃		5.6 ~ 7.34	
	平均质量磨耗率/%		2.4 ~ 12.2	
	耐用年限/年		75 ~ 200	
石灰岩	表观密度/(kg/m³)		1 000 ~ 2 700	墙身、桥墩、基础、阶石、路面、石灰及粉刷材料的原料等
	强度/MPa	抗压	22.0 ~ 140.0	
		抗折	1.8 ~ 20	
		抗剪	7.0 ~ 14.0	
	吸水率/%		2 ~ 6	
	膨胀系数(×10⁻⁶)/℃		6.75 ~ 6.77	
	平均质量磨耗率/%		8	
	耐用年限/年		20 ~ 40	

续表

名称	主要质量指标			主要用途
	项目		指标	
砂岩	表观密度/(kg/m³)		2 200 ~ 2 700	基础、墙身、衬面、阶石、人行道、纪念碑及其他装饰石材等
	强度/MPa	抗压	47 ~ 140	
		抗折	3.5 ~ 14	
		抗剪	8.5 ~ 18	
	吸水率/%		0.2 ~ 12.0	
	膨胀系数(×10⁻⁶)/℃		9.02 ~ 11.2	
	平均质量磨耗率/%		12	
	耐用年限/年		20 ~ 200	
大理岩	表观密度/(kg/m³)		2 500 ~ 2 700	装饰材料、踏步、地面、墙面、柱面、柜台、栏杆、电气绝缘板等
	强度/MPa	抗压	47 ~ 140	
		抗折	2.5 ~ 16	
		抗剪	8 ~ 12	
	吸水率/%		<10	
	膨胀系数(×10⁻⁶)/℃		6.5 ~ 11.2	
	平均质量磨耗率/%		12	
	耐用年限/年		30 ~ 100	

2.1.3 天然石材的加工类型

建筑上使用的天然石材分为砌筑石材、板材和颗粒状石料等。

2.1.3.1 砌筑石材

1)毛石

毛石是在采石场爆破后直接得到的形状不规则的石块。其按表面的平整程度分为乱毛石和平毛石两类。建筑用毛石,一般要求石块中部厚度不小于 150 mm,长度为 300 ~ 400 mm,质量为 20 ~ 30 kg,其强度不宜小于 10 MPa,软化系数不应小于 0.8。毛石常用于砌筑基础、勒脚、墙身、堤坝、挡土墙等,也可配制片石混凝土等。

2)料石

料石是人工加工成的较为规则的,具有一定规格的六面体石材。料石按表面加工的平整程度可分为以下 4 种:毛料石、粗料石、半细料石和细料石。料石常用致密的砂岩、石灰岩、花岗岩等开采凿制,至少应有一个面的边角整齐,以便相互合缝。料石常用于砌筑墙身、地坪、踏步、拱和纪念碑等;形状复杂的料石制品可用于柱头、柱基、窗台板、栏杆和其他装饰品等。

(1)毛料石。

毛料石外形大致方正,一般不加工或仅稍加修整,厚度不应小于 200 mm,叠砌面的凹入深度不大于 25 mm。

（2）粗料石。

粗料石截面的宽度和高度大于 200 mm，且大于或等于长度的 1/4，叠砌面和接砌面的表面凹入深度不大于 20 mm，外露面及相接周边的表面凹入深度不大于 20 mm。

（3）细料石。

经过细加工，规格尺寸同粗料石，叠砌面和接砌面的表面凹入深度不大于 10 mm，外露面及相接周边的表面凹入深度不大于 2 mm 的为细料石。

料石各面的加工要求见表 2.3。

表 2.3　料石各面的加工要求

项目	料石种类	外露面及相接周边的表面①凹入深度	叠砌面和接砌面的表面凹入深度
1	细料石	≤2 mm	≤10 mm
2	粗料石	≤20 mm	≤20 mm
3	毛料石	稍加修整	≤25 mm

注①：相接周边的表面指叠砌面、接砌面与外露面相接处 20～30 mm 范围内的部分。

2.1.3.2　板材

1）大理石板材

大理石板材是大理石荒料经锯切、研磨、抛光等加工后的石板。大理石板材主要用于建筑物室内饰面；用于室外时，因大理石抗风化能力差，易受空气中 SO_2 的腐蚀，而使表面层失去光泽，变色并逐渐破损。通常，只有汉白玉、艾叶青等少数几种致密、质纯的品种可用于室外。

2）花岗石板材

花岗石板材是由深成岩中的花岗岩、闪长岩、辉长岩、辉绿岩等荒料加工而成的石板。该类板材的品种、质地、花色繁多。由于花岗石板材质感丰富，具有华丽高贵的装饰效果，且质地坚硬、耐久性好，所以是室内外高级饰面材料。其可用于各类高级建筑物的墙、柱、地、楼梯、台阶等的表面装饰及服务台、展示台及家具等。

【例 2.1】　为什么天然大理石一般不宜作为建筑物外部的饰面材料？

【解析】　多数大理石的抗风化性较差，不耐酸。由于大理石的主要化学成分是 $CaCO_3$，容易受环境或空气中的酸性物质（CO_2、SO_2 等）的侵蚀作用，侵蚀后的表面会失去光泽，甚至出现斑孔，故一般不宜作为室外装饰。少数较纯净的大理石（如汉白玉、艾叶青等）具有性能较稳定的特性，故可用于室外装饰。

2.1.3.3　颗粒状石料

1）碎石

碎石是由天然岩石（或卵石）经破碎、筛分而成的粒径大于 5 mm 的颗粒状石料。碎石多棱角，表面粗糙，与水泥黏结较好，主要用于配制混凝土，拌制的混凝土拌和物流动性差，但混凝土硬化后强度较高。

2）卵石

卵石是自然形成的岩石颗粒,分为河卵石、海卵石和山卵石。卵石的形状多为圆形,表面光滑,与水泥的黏结较差,拌制的混凝土拌和物流动性较好,但混凝土硬化后强度较低。

3）石渣

石渣指天然大理岩或花岗石等的残碎料。因其具有多种颜色和装饰效果,故可作为人造大理石、水磨石、斩假石等的骨料,还可用于制作干粘石制品。

2.1.4　天然石材的选用原则

在建筑设计和施工中,应根据适用性、经济性和安全性等原则选用石材。

2.1.4.1　适用性

主要考虑石材的技术性能是否能满足使用要求。可根据石材在建筑物中的用途、部位及所处环境,选定主要技术性质能满足要求的岩石。

2.1.4.2　经济性

天然石材的密度大,运输不便、运费高,应综合考虑地方资源,尽可能做到就地取材。难于开采和加工的石料将使材料成本增加,选材时应加以注意。

2.1.4.3　安全性

由于天然石材是构成地壳的基本物质,因此可能存在具有放射性的物质。石材中的放射性物质主要是指镭、钍等放射性元素,它们在衰变中会产生对人体有害的物质。

2.1.5　天然石材的防护

天然石材在使用过程中受周围环境的影响,如大气中的阳光、水分、温度、空气中有害气体和杂质的侵蚀以及各种生物或外力的作用等,会发生风化而逐渐被破坏。

水是石材被破坏的主要原因,它能软化石材并加剧其冻害,并且能与有害气体结合成酸,使石料分解与溶蚀。大量的水流还能对石材起冲刷与冲击作用,从而加速石材的破坏,因此,使用石材时应特别注意水。

2.1.5.1　合理选材

石材的风化与破坏速度主要取决于石材抵抗破坏因素的能力,所以合理选用石材品种是防止破坏的关键。如用于室外的石材不可忽视其抗风化性能的优劣;处于高温、高湿、严寒等特殊环境条件下的石材应考虑所用石材的耐热、抗高温及耐化学腐蚀性等。

2.1.5.2　表面处理

石材表面可用石蜡或涂料进行处理,使其表面隔绝大气和水分,起到防护的作用。在石材表面涂刷憎水性涂料,如各种金属皂、石蜡等,使石材表面由亲水性变为憎水性,并与大气隔绝,以延缓风化过程。

【例2.2】　某地修建标志性建筑,室内墙面、地面、外墙面、墙面浮雕与广场地面的饰面均宜采用天然石材,其石材品种应如何选用?

【解析】　选用石材应根据建筑物的类型、使用要求和环境条件等,满足适用、经济和安全、美观等方面的要求。

用于室内的饰面石材,主要应考虑其花纹、颜色和光泽等装饰性能,用作地面的石材应考虑其耐磨性。室内墙面优先选用大理石,室内地面可选用大理石或者花岗石,但用于室内的花岗石须选择放射性低的。

用于室外墙面的饰面石材,其颜色应能满足设计要求,要有良好的抗风化性能和耐久性,用作地面的石材还应坚韧耐磨。外墙面、墙面浮雕与广场地面可选用花岗岩、石英石,还可选用质地纯正、结构致密、耐风化的大理石品种(如汉白玉、艾叶青等)。用于浮雕的大理岩硬度不宜过大,应选用易于加工、装饰性强的石材。

2.2 砌墙砖及其检测

墙体是建筑物的重要组成部分。它具有承重、保温、围护或分隔空间等作用。用于墙体的材料主要有砖、砌块和板材三类。

2.2.1 砌墙砖的分类

砌墙砖指以黏土、工业废料或其他地方资源为主要原料,以不同工艺制造的,用于砌筑承重和非承重墙体的墙砖。砌墙砖是房屋建筑工程的主要墙体材料,具有一定的抗压强度,外形多为直角六面体。

砌墙砖按所用原料不同分为黏土砖和废渣砖(如页岩砖、灰砂砖、煤矸石砖、粉煤灰砖、炉渣砖等);按生产方式不同分为烧结砖和非烧结砖;按外形不同分为普通砖(实心砖)、多孔砖及空心砖。

2.2.2 烧结普通砖

烧结普通砖是以黏土、页岩、煤矸石和粉煤灰等为主要原料,经焙烧成型的普通砖。

2.2.2.1 烧结普通砖的品种

按使用的原料不同,烧结普通砖可分为:烧结普通黏土砖(N)、烧结粉煤灰砖(F)、烧结煤矸石砖(M)和烧结页岩砖(Y)。它们的原料来源及生产工艺略有不同,但性质和应用几乎完全相同。

2.2.2.2 烧结普通砖的生产工艺

烧结普通砖的生产工艺过程为:原料→配料调制→制坯→干燥→焙烧→成品。

生产烧结黏土砖主要采用砂质黏土,其矿物组成是高岭石,该土和成浆体后,具有良好的可塑性,可塑制成各种制品。焙烧时可发生收缩、烧结与烧熔。焙烧初期,该土中的自由水蒸发,坯体变干;当温度达450～850 ℃时,黏土中的有机杂质燃尽,矿物中的结晶水脱出并逐渐分解,坯体成为强度很低的多孔体;加热至1 000 ℃左右时,矿物分解并出现熔融态的新矿物,它将包裹未熔颗粒并填充颗粒间的空隙,将颗粒黏结,坯体孔隙率降低,体积收缩,强度随之增大,坯体的这一状态称为烧结。经烧结后的制品具有良好的强度和耐水性,故烧结黏土砖的烧结温度控制在950～1 050 ℃,即烧至烧结状态即可。若继续加温,坯体将软化变形,甚至熔融。焙烧是制砖的关键过程,焙烧时火候要适当、均匀,以免出现欠火砖或过火砖。欠火砖色浅、断面包心(黑心或白心)、敲击声哑、孔隙率大、强度低、耐久性差。因此,规定欠火砖为不合格品。过火砖色较深、敲击声脆、较密实、强度高、耐久性好,但容易出现变形砖(酥砖或螺纹砖),变形砖也为不合格品。在烧砖时,若窑内氧气充足,在氧化气氛中焙烧,则土中的铁元素被氧化成高价的铁,烧得红砖。若在焙烧的最后阶段窑内缺氧,则窑内燃烧气氛呈还原气氛,砖中的高价氧化铁(Fe_2O_3)被还原为青灰色的低价氧化铁(FeO),即烧得青砖。青砖比红砖结实、耐久,但价格较红砖高。当采用页岩、煤矸石、粉煤灰为原料烧砖时,因其含有可燃成分,焙烧时可在砖内燃烧,不但节省燃料,而且坯体烧结均匀,提高了砖的质量。采用可燃性工业废料作为内燃料烧制成的砖称为内燃砖。

【例2.3】 如何鉴别欠火砖和过火砖?

【解析】 烧结砖的形成是砖坯经高温焙烧,使部分物质熔融,冷凝后将未熔融的颗粒黏结在一起成为整体。当焙烧温度不足时,其熔融物难以充满砖体内部,黏结不牢,这种砖称为欠火砖。欠火砖在低温下焙烧,孔隙率大、强度低、吸水率大、耐久性差。

过火砖由于烧成温度过高,发生软化变形,造成外形尺寸极不规整。欠火砖色浅、敲击时声哑,过火砖色较深、敲击时声清脆。过火砖色深、声脆、强度高、耐久性好,但容易发生弯曲变形。

【例2.4】 试说明制成红砖与青砖的原理。

【解析】 焙烧是制砖最重要的环节。砖坯在氧化气氛中烧成出窑,砖中的铁质形成了红色的 Fe_2O_3,则制得红砖。若砖坯在氧化气氛中烧成后,使窑内形成还原气氛,促使砖内的红色氧化铁(Fe_2O_3)还原成青灰色的氧化亚铁(FeO),即制得青砖。

2.2.2.3　烧结普通砖的技术要求

1)规格

根据《烧结普通砖》(GB 5101—2003)的规定,烧结普通砖的外形为直角六面体,公称尺寸为 240 mm×115 mm×53 mm。在砌筑时加上砌筑灰缝宽度 10 mm,则 1 m³砖砌体需用512 块砖。每块砖的 240 mm×115 mm 的面称为大面,240 mm×53 mm 的面称为条面,115 mm×53 mm 的面称为顶面。具体参数如图 2.1 所示。其按技术指标分为优等品(A)、一等品(B)及合格品(C)三个质量等级。

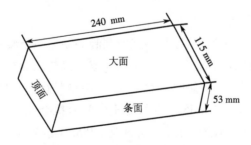

图2.1　砖的尺寸及平面名称

2) 尺寸偏差

为保证砌筑质量,要求烧结普通砖的尺寸偏差必须符合国家标准《烧结普通砖》(GB 5101—2003)的规定,见表2.4。

表2.4　烧结普通砖的尺寸允许偏差　　　　　　mm

公称尺寸	优等品		一等品		合格品	
	样本平均偏差	样本极差≤	样本平均偏差	样本极差≤	样本平均偏差	样本极差≤
240	±2.0	6	±2.5	7	±3.0	8
115	±1.5	5	±2.0	6	±2.5	7
53	±1.5	4	±1.6	5	±2.0	6

3) 外观质量

烧结普通砖的外观质量应符合有关规定。砖的外观质量包括两条面高度差、弯曲、杂质凸出高度、缺棱掉角、裂纹长度、完整面等项内容,各项内容均应符合表2.5的规定。

表2.5　烧结普通砖的外观质量　　　　　　mm

项目		优等品	一等品	合格品
两条面高度差≤		2	3	4
弯曲≤		2	3	4
杂质凸出高度≤		2	3	4
缺棱掉角的三个破尺寸不得同时大于		5	20	30
裂纹长度≤	大面上宽度方向及延伸至条面的长度	30	60	80
	大面上长度方向及延伸至顶面的长度或条、顶面上水平裂纹的长度	50	80	100
完整面≥		二条面和二顶面	一条面和一顶面	—
颜色		基本一致	—	—

注:(1)为装饰而加的色差、凹凸面、拉毛、压花等不算作缺陷。

　　(2)凡有下列缺陷者,不得称为完整面。

　　①缺损在条面或顶面上造成的破坏面尺寸同时大于 10 mm × 10 mm。

　　②条面或顶面上的裂纹宽度大于 1 mm,长度超过 30 mm。

　　③压陷、粘底、焦花在条面或顶面上的凹陷或凸出超过 2 mm,区域尺寸同时大于 10 mm × 10 mm。

4) 强度等级

烧结普通砖按抗压强度分为 MU30,MU25,MU20,MU15,MU10 五个强度等级。测定强度时抽取 10 块砖试样,加荷速度为 (5 ±0.5) kN/s。试验后计算出 10 块砖的抗压强度平均值,并分别按式(2-1)~式(2-3)计算抗压强度标准差、强度变异系数和抗压强度标准值。

$$S = \sqrt{\frac{1}{9}\sum_{i=1}^{10}(f_i - \bar{f})^2} \tag{2-1}$$

$$\delta = \frac{S}{\bar{f}} \tag{2-2}$$

$$f_k = \bar{f} - 1.8S \tag{2-3}$$

式中　S——10 块砖试样的抗压强度标准差(MPa);

　　　δ——强度变异系数;

　　　$\bar{f}$——10 块砖试样的抗压强度平均值(MPa);

　　　f_i——单块砖试样的抗压强度测定值(MPa);

　　　f_k——抗压强度标准值(MPa)。

各强度等级砖的强度值应符合表 2.6 的要求。

表 2.6　烧结普通砖强度等级　　　　　　　　　MPa

抗压强度等级	抗压强度平均值 $\bar{f}$ ≥	变异系数 δ ≤ 0.21	变异系数 δ > 0.21
		抗压强度标准值 f_k ≥	单块砖最小抗压强度值 f_{min} ≥
MU30	30.0	22.0	25.0
MU25	25.0	18.0	22.0
MU20	20.0	14.0	16.0
MU15	15.0	10.0	12.0
MU10	10.0	6.5	7.5

5)泛霜

泛霜是黏土原料中的可溶性盐类(如 Na_2SO_4 等)随着砖内水分蒸发而在砖表面产生的盐析现象,一般为白色粉末,常在砖表面形成絮团状斑点。泛霜的砖用于建筑中的潮湿部位时,由于大量盐类溶出和结晶膨胀,会造成砖砌体表面粉化及剥落,内部孔隙率增大,抗冻性显著下降。

6)石灰爆裂

石灰爆裂是砖坯中夹杂有石灰石,砖吸水后由于石灰逐渐熟化而膨胀产生的爆裂现象。这种现象影响砖的质量,并降低砌体的强度。

7)抗风化性能

抗风化性能是在干湿变化、温度变化、冻融变化等物理因素作用下,材料不被破坏并长期保持原有性质的能力,抗风化性能是烧结普通砖的重要耐久性能之一,对砖的抗风化性能要求应根据各地区风化程度的不同而定。烧结普通砖的抗风化性能通常以抗冻性、吸水率及饱和系数等指标判别。国家标准《烧结普通砖》（GB 5101—2003）指出：风化指数大于等于 12 700 时为严重风化区；风化指数小于 12 700 时为非严重风化区，部分严重风化区的砖必须进行冻融试验，某些地区的砖的抗风化性能符合规定时可不做冻融试验。见表 2.7。

表 2.7　抗风化性能

砖种类	严重风化区				非严重风化区			
	5 h 沸煮吸水率/%，≤		饱和系数，≤		5 h 沸煮吸水率/%，≤		饱和系数，≤	
	平均值	单块最大值	平均值	单块最大值	平均值	单块最大值	平均值	单块最大值
黏土砖	18	20	0.85	0.87	19	20	0.88	0.90
粉煤灰砖	21	23			23	25		
页岩砖	16	18	0.74	0.77	18	20	0.78	0.80
煤矸石砖								

注：粉煤灰掺入量（体积分数）小于 30% 时，按黏土砖规定判定。

8）产品标记

砖的产品标记按产品名称、类别、强度等级、质量等级和标准编号顺序编写。标记示例：

规格 240 mm×115 mm×53 mm，强度等级 MU15，一等品的黏土砖。标记为：烧结普通砖 N MU15 B GB/T 5101。

2.2.2.4　烧结普通砖的应用

烧结普通砖是传统的墙体材料，具有较高的强度和耐久性，又因其多孔而具有保温、绝热、隔音、吸声等优点，因此适宜于做建筑围护结构，被大量应用于砌筑建筑物的内墙、外墙、柱、拱、烟囱、沟道及其他构筑物，也可在砌体中置适当的钢筋或钢丝以代替混凝土构造柱和过梁。

2.2.3　烧结多孔砖和多孔砌块及应用

2.2.3.1　烧结多孔砖和多孔砌块

根据《烧结多孔砖和多孔砌块》（GB/T 13544—2011）规定：烧结多孔砖是以黏土、页岩、煤矸石为主要原料，经焙烧而成，孔洞率不小于 28% 的主要用于承重部位的多孔砖。

烧结多孔砌块是指以黏土、页岩、煤矸石等为主要原料，经焙烧而成，孔洞率大于或等于 33%，孔的尺寸小而数量多的砌块，主要用于承重部位。

烧结多孔砖和多孔砌块的孔型、孔结构和孔洞率见表 2.8。

表2.8　烧结多孔砖和多孔砌块的孔型、孔结构和孔洞率

孔型	孔洞尺寸/mm		最小外壁厚/mm	最小肋厚/mm	孔洞率/%		孔洞排列
	孔宽度尺寸 b	孔长度尺寸 L			砖	砌块	
矩形条孔或矩形孔	≤13	≤40	≥12	≥5	≥28	≥33	所有孔宽应相等;孔采用单向或双向交错排列;孔洞排列上下、左右应对称,分布均匀,手抓孔的长度方向尺寸必须平行于砖的条面

注:(1)矩形孔的孔长 L、孔宽 b 满足式 L≥3b 时,为矩形条孔。

(2)孔4个角应做成过渡圆角,不得做成直尖角。

(3)如设有砌筑砂浆槽,则砌筑砂浆槽不计算在孔洞率内。

(4)规格大的砖和砌块应设置手抓孔,手抓孔尺寸为(30～40)mm×(75～85)mm。

1)规格要求

烧结多孔砖有 190 mm×190 mm×90 mm(M 型)和 240 mm×115 mm×90 mm(P 型)两种规格,如图 2.2 所示。多孔砖大面有孔,孔多而小,孔洞率在 15%～35%。其孔洞尺寸为:圆孔直径≤22 mm,非圆孔内切圆直径≤15 mm,手抓孔(30～40)mm×(75～85)mm。

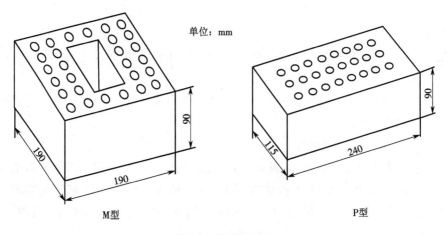

图2.2　烧结多孔砖

砌块:外形多为直角六面体,也有各种异型的,其主规格的长度、宽度、高度有一项或一项以上分别大于 365 mm、240 mm、115 mm,但高度不大于长度或宽度的 6 倍,长度不超过高度的 3 倍;其长度、宽度、高度尺寸可取 490 mm、440 mm、390 mm、340 mm、290 mm、240 mm、190 mm、180 mm、140 mm、115 mm、90 mm。

2)强度等级

根据砖样的抗压强度将烧结多孔砖分为 MU30,MU25,MU20,MU15,MU10 五个强度等级,各产品等级的强度应符合国家标准的规定。

3)密度等级

密度等级分为 1 000,1 100,1 200,1 300 四个等级。烧结多孔砌块密度等级在 900～

$1\ 200\ kg/m^3$,烧结多孔砖的外观质量和尺寸偏差见表 2.9 和表 2.10。

表 2.9　烧结多孔砖的外观质量　　　　　　　mm

项目		指标
完整面	不得少于	一条面和顶面
缺棱掉角的 3 个破坏尺寸	不得同时大于	30
裂纹长度　大面(有孔面)上深入孔壁 15 mm 以上宽度方向及其延伸到条面的长度	不大于	80
大面(有孔面)上深入孔壁 15 mm 以上长度方向及其延伸到顶面的长度	不大于	100
条顶面上的水平裂纹	不大于	100
杂质在砖或砌块面上造成的凸出高度	不大于	5

表 2.10　烧结多孔砖尺寸允许偏差

尺寸/mm	样本平均偏差	样本极差≤
>400	±3.0	10.0
300～400	±2.5	9.0
200～300	±2.5	8.0
100～200	±2.0	7.0
<100	±1.5	6.0

4)产品标记

产品标记按产品名称、品种、规格、密度等级、强度等级、质量等级和标准编号顺序编写。

示例:

规格尺寸 290 mm×140 mm×90 mm、密度等级 800、强度等级 MU7.5、优等品的页岩多孔砖,标记为:烧结多孔砖 Y 290×140×90 MU7.5 800　A GB 13544。

5)应用

烧结多孔砖强度较高,主要用于多层建筑物的承重墙体和高层框架建筑的填充墙和分隔墙。

2.2.3.2　烧结空心砖

烧结空心砖即水平孔空心砖,是以黏土、页岩、煤矸石为主要原料,经焙烧而成的主要用于非承重部位的空心砖和空心砌块。烧结空心砖自重较轻,强度较低,多用作非承重墙,如多层建筑内隔墙或框架结构的填充墙等。其主要技术要求如下。

1)规格要求

烧结空心砖的外形为直角六面体,有 290 mm×190 mm×90 mm 和 240 mm×180 mm×115 mm 两种规格。砖的壁厚应大于 10 mm,肋厚应大于 7 mm。空心砖顶面有孔,孔大而少,孔洞为矩形条孔或其他孔形,孔洞平行于大面和条面,孔洞率一般在35%以上。空心砖形状如图2.3所示。

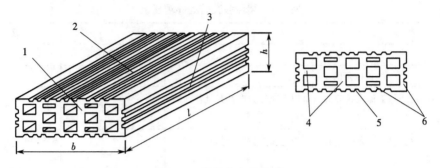

图2.3　烧结空心砖外形

1—顶面;2—大面;3—条面;4—肋;5—壁;6—外壁;*l*—长度;*b*—宽度;*h*—高度

2)强度等级

根据砖样的抗压强度将烧结空心砖分为 MU10.0,MU7.5,MU5.0,MU3.5,MU2.5 五个强度等级,各产品等级的强度应符合国家标准的规定,见表2.11。

表2.11　烧结空心砖强度等级(GB 13545—2014)　　　　MPa

强度等级	抗压强度			密度等级范围/ (kg/m³)
	抗压强度平均值$\bar{f}$≥	变异系数 δ≤0.21	变异系数 δ>0.21	
		强度标准值f_k≥	单块最小抗压强度值f_{min} ≥	
MU10.0	10.0	7.0	8.0	≤1 100
MU7.5	7.5	5.0	5.8	
MU5.0	5.0	3.5	4.0	
MU3.5	3.5	2.5	2.8	
MU2.5	2.5	1.6	1.8	≤800

3)密度等级

按砖的表观密度不同,把空心砖分成800 kg/m³、900 kg/m³、1 000 kg/m³和1 100 kg/m³四个密度等级。

4)产品标记

产品标记按产品名称、品种、规格、密度等级、强度等级、质量等级和标准编号顺序编写。

示例:

规格尺寸290 mm×190 mm×90 mm、密度等级800、强度等级MU7.5、优等品的页岩空心砖,标记为:烧结空心砖 Y(290×190×90) 800 MU7.5　A GB 13545。

5)其他技术要求

除了上述技术要求外,烧结空心砖的技术要求还包括冻融、泛霜、石灰爆裂、吸水率等。

产品的外观质量、物理性能均应符合标准规定。各质量等级的烧结空心砖的泛霜、石灰爆裂性能要求与烧结普通砖相同。强度、密度、抗风化性能和放射性物质合格的砖和砌块,根据尺寸偏差、外观质量、孔洞排列及其物理性能(结构、泛霜、石灰爆裂、吸水率)分为优等品(A)、一等品(B)和合格品(C)三个质量等级。

烧结多孔砖因其强度较高,绝热性能优于普通砖,一般用于砌筑六层以下建筑物的承重墙;烧结空心砖主要用于非承重的填充墙和隔墙。烧结多孔砖和烧结空心砖在运输、装卸过程中,应避免碰撞,严禁倾卸和抛掷。堆放时应按品种、规格、强度等级分别堆放整齐,不得混杂;砖的堆置高度不宜超过 2 m。

2.2.4　非烧结砖

2.2.4.1　蒸压灰砂砖

蒸压灰砂砖(简称灰砂砖)是以石灰和砂为主要原料,经坯料制备、压制成型,再经高压饱和蒸汽养护而成的砖。灰砂砖是在高压下成型,又经过蒸压养护,砖体组织致密,具有强度高、大气稳定性好、干缩率小、尺寸偏差小、外形光滑平整等特性。灰砂砖色泽淡灰,如配入矿物颜料,则可制得各种颜色的砖,有较好的装饰效果。主要用于工业与民用建筑的墙体和基础。按抗压强度和抗折强度分为 MU25,MU20,MU15,MU10 四个强度等级。其中MU15,MU20,MU25 的灰砂砖可用于基础及其他部位,MU10 的砖可用于防潮层以上的建筑部位。灰砂砖不得用于长期受热200 ℃以上,受急冷、急热或有酸性介质侵蚀的环境。灰砂砖的耐水性良好,但抗流水冲刷能力较弱,可长期在潮湿、不受冲刷的环境中使用。灰砂砖表面光滑平整,使用时注意提高砖和砂浆间的黏结力。

2.2.4.2　蒸压粉煤灰砖

粉煤灰砖是以粉煤灰和石灰为主要原料,加水混合拌成坯料,经陈化、轮碾、加压成型,再经常压或高压蒸汽养护而制成的一种墙体材料。

根据抗压强度和抗折强度分为 MU20,MU15,MU10,MU7.5 四个强度等级,按尺寸偏差、外观质量、强度和干燥收缩率分为优等品(A)、一等品(B)和合格品(C)。在易受冻融和干湿交替作用的建筑部位必须使用一等砖。

粉煤灰砖出窑后,应存放一段时间后再用,以减少相对伸缩量。用于易受冻融作用的建筑部位时要进行抗冻性检验,并采取适当措施,以提高建筑耐久性;用于砌筑建筑物时,应适当增设圈梁及伸缩缝或采取其他措施,以避免或减少收缩裂缝的产生;不得使用于长期受高温作用、急冷急热以及酸性介质侵蚀的建筑部位。

2.3　砌块及其检测

砌块是一种新型墙体材料,可以充分利用地方资源和工业废料,并可节省土资源和改善环境。其具有生产工艺简单、原料来源广、适应性强、不毁耕地、制作及使用方便灵活,还可改善墙体功能等特点,同时可提高施工效率及施工的机械化程度,减轻房屋自重,改善建筑物功能,降低工程造价。推广和使用砌块是墙体材料改革的一条有效途径,因此发展较快。砌块一般为直角六面体,按产品主规格的尺寸可分为大型砌块(高度大于 980 mm)、中型砌块(高度为 380～980 mm)和小型砌块(高度为 115～380 mm)。砌块高度一般不大于长度或宽度的 6 倍,长度不超过高度的 3 倍。根据需要也可生产各种异型砌块。

2.3.1　砌块的分类

砌块的分类方法很多。若按用途可分承重砌块和非承重砌块;按有无孔洞可分为实心砌块(无孔洞或空心率 <25%)和空心砌块(空心率 >25%);按材质又可分为硅酸盐砌块、轻骨料混凝土砌块、混凝土砌块等。

2.3.2　蒸压加气混凝土砌块(代号 ACB)

蒸压加气混凝土砌块是以钙质材料(水泥、石灰等)、硅质材料(砂、矿渣、粉煤灰等)以及加气剂(铝粉等),经配料、搅拌、浇注、发气、切割和蒸压养护而成的多孔轻质块体材料。

2.3.2.1　主要技术性质

1)规格尺寸

砌块的尺寸规格,一般有 A、B 两个系列,见表 2.12。

表 2.12　砌块的尺寸规格 mm

项目	A 系列	B 系列
长度	600	600
高度	200,250,300	240,300
宽度	100,125,150,175,…(以 25 递增)	120,180,240,300,…(以 60 递增)

2)砌块的强度等级与密度等级

根据国家标准,砌块按抗压强度分为 A1.0,A2.0,A2.5,A3.5,A5.0,A7.5,A10 七个强度等级,见表 2.13。按干体积密度分为 B03,B04,B05,B06,B07,B08 六个级别,见表 2.14。按外观质量、尺寸偏差、体积密度、抗压强度分为优等品(A)、一等品(B)及合格品(C)。

表 2.13　加气混凝土砌块的强度等级

强度等级	立方体抗压强度/MPa		强度等级	立方体抗压强度/MPa	
	平均值 ≥	单块最小值 ≥		平均值 ≥	单块最小值 ≥
A1.0	1.0	0.8	A5.0	5.0	4.0
A2.0	2.0	1.6	A7.5	7.5	6.0
A2.5	2.5	2.0	A10.0	10.0	8.0
A3.5	3.5	2.8			

表 2.14　加气混凝土砌块的干体积密度

体积密度级别		B03	B04	B05	B06	B07	B08
体积密度 /(kg/m³)	优等品≤	300	400	500	600	700	800
	一等品≤	330	430	530	630	730	830
	合格品≤	350	450	550	650	750	850

3)产品标记

蒸压加气混凝土砌块的产品标记由强度等级、干密度级别、等级、规格尺寸及标准编号五部分组成。如强度等级为 A5.0、干密度级别为 07、优等品、规格尺寸为 600 mm × 200 mm ×250 mm 及标准编号 GB 11968,标记为:ACB　A5.0　B07　600 mm × 200 mm × 250 mm (A)GB 11968。

2.3.2.2　应用

加气混凝土砌块质量轻,具有保温、隔热、隔音、抗震性强、热导率低、传热速度慢、耐火性好、易于加工、施工方便等特点,是应用较多的轻质墙体材料之一。适用于低层建筑的承重墙、多层建筑的间隔墙和高层框架结构的填充墙,作为保温隔热材料也可用于复合墙板和屋面结构中。在无可靠的防护措施时,该类砌块不得用于处于水中、高湿度、有碱化学物质侵蚀等环境中,也不得用于建筑物的基础和温度长期高于 80 ℃的建筑部位。

2.3.3　混凝土空心砌块

该种砌块主要是以普通混凝土拌和物为原料,经成型、养护而成的空心块体墙材。其有承重砌块和非承重砌块两类。为减轻自重,非承重砌块可用炉渣或其他轻质骨料配制。常用混凝土砌块外形如图 2.4 所示。

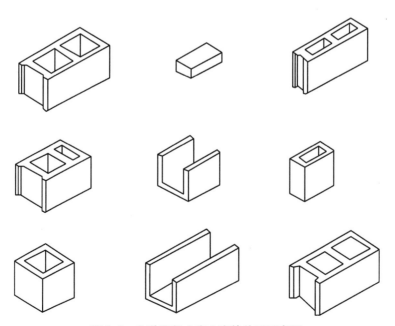

图 2.4　几种混凝土空心砌块外形示意图

2.3.3.1　混凝土小型空心砌块

1）尺寸规格

混凝土小型空心砌块主规格尺寸为 390 mm × 190 mm × 190 mm，一般为单排孔，也有双排孔，其空心率为 25% ~ 50%。其他规格尺寸可由供需双方协商。

2）强度等级

按砌块抗压强度分为 MU3.5，MU5.0，MU7.5，MU10.0，MU15.0，MU20.0 六个强度等级，具体指标见表 2.15。

表 2.15　混凝土小型空心砌块的抗压强度

强度等级		MU3.5	MU5.0	MU7.5	MU10.0	MU15.0	MU20.0
抗压强度 /MPa	平均值≥	3.5	5.0	7.5	10.0	15.0	20.0
	单块最小值≥	2.8	4.0	6.0	8.0	12.0	16.0

3）应用

该类小型砌块适用于地震设计烈度为 8°及 8°以下地区的一般民用与工业建筑物的墙体。出厂时的相对含水率必须满足标准要求；施工现场堆放时，必须采取防雨措施；砌筑前不允许浇水预湿。

2.3.3.2　轻集料混凝土小型空心砌块

轻集料混凝土小型空心砌块是以陶粒、膨胀珍珠岩、浮石、火山渣、煤渣、自燃煤矸石等各种轻粗细集料和水泥按一定比例配制，经搅拌、成型、养护而成的空心率大于 25%、体积密度小于 1 400 kg/m³ 的轻质混凝土小砌块。

该砌块的主规格为 390 mm × 190 mm × 190 mm，其他规格尺寸可由供需双方协商。强度等级为 MU1.5，MU2.5，MU3.5，MU5.0，MU7.5，MU10.0，其各项性能指标应符合国家标准的要求。

轻集料混凝土小型空心砌块是一种轻质高强、能代普通黏土砖的很有发展前景的一种墙体材料，不仅可用于承重墙，还可以用于既承重又保温或专门保温的墙体，更适合于高层建筑的填充墙和内隔墙。

2.4　石灰及其检测

具有黏结作用的材料，称为胶凝材料。胶凝材料按化学性质不同可分为无机和有机胶凝材料两大类。无机胶凝材料按硬化条件的不同分为气硬性和水硬性胶凝材料两大类。气硬性无机胶凝材料只能在空气中凝结、硬化、产生强度，并继续发展和保持其强度，例如石灰、水玻璃和石膏。水硬性无机胶凝材料既能在空气中硬化，又能在水中硬化，保持并继续发展其强度，例如各种水泥。

石灰是一种以 CaO 为主要成分的气硬性无机胶凝材料。石灰是用石灰石、白云石、白垩、贝壳等 CaCO₃ 含量高的原料，经 900 ~ 1 100 ℃ 煅烧而成。石灰是人类最早应用的胶凝材料,在土木工程中应用范围很广。

2.4.1　石灰的生产

2.4.1.1　原料

生产石灰的原料主要是以 $CaCO_3$ 为主的天然岩石,即天然原料,如石灰石、白垩等。另外还有化工副产品,如电石渣(是碳化钙制取乙炔时产生的,其主要成分是 $Ca(OH)_2$)。

2.4.1.2　生产过程

将主要成分为 $CaCO_3$ 的天然岩石在高温下煅烧,$CaCO_3$ 将按下式分解成为生石灰,生石灰的主要成分为 CaO。

$$CaCO_3 \xrightarrow{900 \sim 1\,100\ ℃} CaO + CO_2 \uparrow$$

石灰石的分解温度约 900 ℃,但为了加速分解过程,煅烧温度常提高至 1 000 ~ 1 100 ℃。在煅烧过程中,若温度过低或煅烧时间不足,使得 $CaCO_3$ 不能完全分解,将生成"欠火石灰"。如果煅烧时间过长或温度过高,将生成颜色较深,块体致密的"过火石灰"。过火石灰结构致密,孔隙率小,体积密度大,并且晶粒粗大,表面常被熔融的黏土杂质形成的玻璃物质所包覆。因此过火石灰与水作用的速度很慢,这对石灰的使用极为不利。过火石灰在使用以后,因吸收空气中的水蒸气而逐步熟化膨胀,使已硬化的砂浆或制品产生隆起、开裂等破坏现象。

2.4.2　石灰的种类

石灰分为生石灰和熟石灰。通常情况下,建筑工程中所使用的石灰有生石灰(块状生石灰、粉状生石灰),其主要成分是 CaO,呈白色或灰色。为便于使用,块状生石灰常需加工成生石灰粉,生石灰粉是由块状生石灰磨细而得到的细粉,其主要成分是 CaO。将生石灰用适量水熟化而得到的称熟石灰,其主要成分是 $Ca(OH)_2$。

2.4.2.1　根据成品加工方法不同分

块状生石灰:原料经煅烧而得到的块状白色原成品(主要成分 CaO)。

生石灰粉:以块状生石灰为原料,经研磨制得的生石灰粉(主要成分 CaO)。

消石灰粉:以生石灰为原料,经水化和加工制得的消石灰粉(主要成分 $Ca(OH)_2$)。

2.4.2.2　按化学成分(MgO 含量)分

由于生产原料中常含有碳酸镁($MgCO_3$),因此生石灰中还含有次要成分氧化镁(MgO),根据氧化镁含量的多少,生石灰分为钙质石灰($MgO \leqslant 5\%$)和镁质石灰($MgO > 5\%$),见表 2.16。

表 2.16　氧化镁含量

	钙质	镁质		钙质	镁质
生石灰	≤5%	>5%	消石灰粉	≤4%	4% ~ 24%
生石灰粉			白云石消石灰粉		24% ~ 30%

2.4.2.3 按熟化速度分

熟化速度是指石灰从加水起到达到最高温度所经的时间。

快熟石灰:熟化速度在 10 min 以内。

中熟石灰:熟化速度在 10 ~ 30 min。

慢熟石灰:熟化速度在 30 min 以上。

熟化速度不同,所采用的熟化方法也不同,如快熟石灰应先在池中注好水,然后慢慢加入生石灰,以免池中温度过高,既影响熟化石灰的质量,也易对施工人员造成伤害。而慢熟石灰则应先加生石灰,再慢慢向池中注水,以保持池中有较高的温度,从而保证石灰的熟化速度。

2.4.3 石灰的熟化

2.4.3.1 熟化过程

生石灰可以直接磨细制成生石灰粉使用。更多的是将生石灰熟化成熟石灰粉或石灰膏之后再使用。将生石灰用适量水经消化和干燥而成的粉末,主要成分为 $Ca(OH)_2$,称为熟石灰。生石灰加水进行水化,也称为熟化或消解,其反应如下:

$$CaO + H_2O === Ca(OH)_2 + 64.88 \text{ kJ}$$

生石灰在熟化过程中有两个显著的特点:一是体积膨胀,二是放热量大,放热速度快。煅烧良好,CaO 含量高,杂质含量少的生石灰,其熟化速度快,放热量和体积增大也多。此外,熟化速度还取决于熟化池中的温度,温度高,熟化速度快。

2.4.3.2 熟化方法

1)经过筛与陈伏后制成石灰膏

石灰中不可避免含有未分解的 $CaCO_3$ 及过火的石灰颗粒。为消除这类杂质的危害,石灰膏在使用前应进行过筛和陈伏。即在化灰池或熟化机中加水,拌制成石灰浆,熟化的 $Ca(OH)_2$ 经筛网过滤(除渣)流入储灰池,在储灰池中沉淀陈伏成膏状材料,即石灰膏。为保证石灰充分熟化,必须在储灰池中储存半个月后再使用,这一过程称为陈伏。陈伏期间,石灰膏表面应保留一层水,或用其他材料覆盖,避免石灰膏与空气接触而导致碳化。石灰膏可用来拌制砌筑砂浆、抹面砂浆,也可以掺入较多的水制成石灰乳液用于粉刷。

2)制成消石灰粉

将生石灰淋以适当的水,消解成 $Ca(OH)_2$,再经磨细、筛分而得干粉,称为消石灰粉或熟石灰粉。消石灰粉也需放置一段时间,待进一步熟化后使用。由于其熟化未必充分,不宜用于拌制砂浆、灰浆。消石灰粉常用于拌制石灰土、三合土。

2.4.4 石灰的硬化

石灰浆体的硬化包括干燥结晶和碳化两个同时进行的过程。石灰浆体因水分蒸发或被吸收而干燥,在浆体内的孔隙网中,产生毛细管压力,使石灰颗粒更加紧密而获得强度。这种强度类似于黏土失水而获得的强度,其值不大,遇水会丧失。同时,由于干燥失水引起浆体中氢氧化钙溶液过饱和,结晶出氢氧化钙晶体,产生强度;但析出的晶体数量少,强度增长也不大。在大气环境中,氢氧化钙在潮湿状态下会与空气中的二氧化碳反应生成碳酸钙,并释放出水分,即发生碳化。碳化所生成的碳酸钙晶体相互交叉连生或与氢氧化钙共生,形成紧密交织的结晶网,使硬化石灰浆体的强度进一步提高。但是,由于空气中的二氧化碳含量很低,表面形成的碳酸钙层结构较致密,会阻碍二氧化碳的进一步渗入,因此,碳化过程是十分缓慢的。

2.4.4.1　干燥结晶过程

石灰膏中的游离水分一部分蒸发掉,一部分被砌体吸收。氢氧化钙从过饱和溶液中结晶析出,晶相颗粒逐渐靠拢结合成固体,强度随之提高。

2.4.4.2　碳化硬化过程

氢氧化钙与空气中的二氧化碳反应生成不溶于水的、强度和硬度较高的碳酸钙,析出的水分逐渐蒸发,其反应式为 $Ca(OH)_2 + CO_2 + nH_2O \longrightarrow CaCO_3 + (n+1)H_2O$,这个反应实际是二氧化碳与水结合形成碳酸,再与氢氧化钙作用生成碳酸钙。如果没有水,这个反应就不能进行。碳化过程是由表及里,但表层生成的碳酸钙结晶阻碍了二氧化碳的深入,也影响了内部水分的蒸发,所以碳化过程长时间只限于表面。氢氧化钙的结晶作用则主要发生在内部。石灰硬化过程有两个主要特点:一是硬化速度慢;二是体积收缩大。

从以上的石灰硬化过程可以看出,石灰的硬化只能在空气中进行,也只能在空气中才能继续发展提高其强度,所以石灰只能用于干燥环境的地面上的建筑物、构筑物,而不能用于水中或潮湿环境中。

2.4.5　石灰的技术性能及标准

建筑生石灰根据有效氧化钙和有效氧化镁的含量、二氧化碳含量、未消化残渣含量以及产浆量划分为优等品、一等品和合格品。各等级的技术要求见表 2.17。

表 2.17　建筑生石灰的技术指标

项目	钙质生石灰			镁质生石灰		
	优等品	一等品	合格品	优等品	一等品	合格品
CaO + MgO 含量 /%,≥	90	85	80	85	80	75
未消化残渣含量(5 mm 圆孔筛筛余)/%,≤	5	10	15	5	10	15
CO_2 含量 /%,≤	5	7	9	6	8	10
产浆量/(L/kg),≥	2.8	2.3	2.0	2.8	2.3	2.0

建筑生石灰粉根据有效氧化钙和有效氧化镁含量、二氧化碳含量及细度划分为优等品、一等品和合格品。各等级的技术要求见表 2.18。

表 2.18　建筑生石灰粉的技术指标

项目		钙质生石灰粉			镁质生石灰粉		
		优等品	一等品	合格品	优等品	一等品	合格品
CaO + MgO 含量/%，≥		85	80	75	80	75	70
CO_2 含量/%，≤		7	9	11	8	10	12
细度	0.9 mm 筛筛余 /%，≤	0.2	0.5	1.5	0.2	0.5	1.5
	0.125 mm 筛筛余 /%，≤	7.0	12.0	18.0	7.0	12.0	18.0

　　建筑消石灰粉根据有效氧化钙和有效氧化镁含量、游离水量、体积安定性及细度划分为优等品、一等品和合格品。各等级的技术要求见表 2.19。

表 2.19　建筑消石灰粉的技术指标

项目		钙质消石灰粉			镁质消石灰粉			白云石消石灰粉		
		优等品	一等品	合格品	优等品	一等品	合格品	优等品	一等品	合格品
CaO + MgO 含量 /%，≥		70	65	60	65	60	55	65	60	55
游离水/%		0.4 ~ 2								
体积安定性		合格	—		合格	—		合格	—	
细度	0.9 mm 筛筛余/%，≤	0	0	0.5	0	0	0.5	0	0	0.5
	0.125 mm 筛筛余/%，≤	3	10	15	3	10	15	3	10	15

2.4.6　石灰的性能

2.4.6.1　保水性、可塑性好

　　生石灰熟化为石灰浆时，能自动形成颗粒极细的呈胶体分散状态的氢氧化钙，表面吸附一层厚的水膜，因而保水性能好，且水膜层也大大降低了颗粒间的摩擦力。因此，用石灰膏制成的石灰砂浆具有良好的保水性和可塑性。在水泥砂浆中掺入石灰膏，可使砂浆的保水性和可塑性显著提高。

2.4.6.2　硬化慢、强度低

　　石灰浆体硬化过程的特点之一就是硬化速度慢。原因是空气中的二氧化碳浓度低，且碳化是由表及里，在表面形成较致密的壳，使外部的二氧化碳较难进入其内部，同时内部的水分也不易蒸发，所以硬化缓慢，硬化后的强度也不高，如 1∶3 石灰砂浆 28 天的抗压强度通常只有 0.2 ~ 0.5 MPa。

2.4.6.3　体积收缩大

　　体积收缩大是石灰在硬化过程中的另一特点，一方面是由于蒸发大量的游离水而引起显著的收缩；另一方面碳化也会产生收缩。所以石灰除调成石灰乳液作薄层涂刷外，不宜单独使用，常掺入砂、纸筋等以减少收缩、限制裂缝的扩展。

2.4.6.4　耐水性差

石灰浆体在硬化过程中的较长时间内,主要成分仍是氢氧化钙(表层是碳酸钙),由于氢氧化钙易溶于水,所以石灰的耐水性较差。硬化中的石灰若长期受到水的作用,会导致强度降低,甚至会溃散。

2.4.6.5　吸湿性强

生石灰极易吸收空气中的水分熟化成熟石灰粉,所以生石灰长期存放应在密闭条件下,并应防潮、防水。

2.4.7　石灰的应用

2.4.7.1　拌制灰浆、砂浆

利用石灰膏或消石灰粉可配制成石灰砂浆或水泥石灰混合砂浆,如麻刀灰、纸筋灰,石灰砂浆、水泥石灰混合砂浆等,用于抹灰和砌筑工程。

2.4.7.2　拌制灰土、三合土

利用石灰与黏性土可拌制成灰土;利用石灰、黏土与砂石或碎砖、炉渣等填料可拌制成三合土或碎砖三合土;利用石灰与粉煤灰、黏性土可拌制成粉煤灰石灰土;利用石灰与粉煤灰、砂、碎石可拌制成粉煤灰碎石土,等等,大量应用于建筑物基础、地面、道路等的垫层,地基的换土处理等。黏土颗粒表面少量的活性二氧化硅和三氧化二铝与石灰中的氢氧化钙发生化学反应,生成水化硅酸钙和水化铝酸钙等不溶于水的水化物,因此可使灰土和三合土有较高的紧密度,较高的强度和耐水性。

2.4.7.3　建筑生石灰粉

将生石灰磨成细粉,即建筑生石灰粉。建筑生石灰粉加入适量的水拌成的石灰浆可以直接使用,主要是因为粉状石灰熟化速度较快,熟化放出的热促使硬化进一步加快。硬化后的强度要比石灰膏硬化后的强度高。

2.4.7.4　制作碳化石灰板材

碳化石灰板是将磨细的生石灰掺 30% ~40% 的短玻璃纤维或轻质骨料加水搅拌,振动成形,然后利用石灰窑的废气碳化 12 ~24 h 而成的一种轻质板材。它能锯、能钉,适宜用作非承重内隔墙板、天花板等。

2.4.7.5　生产硅酸盐制品

将磨细的生石灰或消石灰粉与天然砂或粒化高炉矿渣、炉渣、粉煤灰等硅质材料配合均匀,加水搅拌,再经陈伏(使生石灰充分熟化)、加压成型和蒸压处理可制成蒸压灰砂砖。因内部的胶凝物质主要是水化硅酸钙,所以称为硅酸盐制品,常用的有灰砂砖、粉煤灰砖等。灰砂砖呈灰白色。如果掺入耐碱颜料,可制成各种颜色。它的尺寸与普通黏土砖相同,也可制成其他形状的砌块,主要用作墙体材料。

【例 2.5】　为什么由石灰配制的石灰土和三合土可用于潮湿环境的基础?

【解析】　利用石灰与黏性土可拌制成石灰土;利用石灰、黏土与砂石等可拌制成三合土;可用于潮湿环境的基础是因为黏土颗粒表面少量的活性二氧化硅和三氧化二铝与石灰中的氢氧化钙发生化学反应,生成水化硅酸钙和水化铝酸钙等不溶于水的水化物,因此可

使灰土和三合土有较高的紧密度,较高的强度和耐水性。

2.4.8 石灰的验收、储运及保管

建筑生石灰粉、建筑消石灰粉一般采用袋装,可以采用符合标准规定的牛皮纸袋、复合纸袋或塑料编织袋包装,袋上应标明厂名、产品名称、商标、净重、批量编号。运输、储存时不得受潮和混入杂物。

保管时应分类、分等级存放在干燥的仓库内,不宜存放太久。生石灰块及生石灰粉须在干燥条件下运输和贮存,长期存放时应在密闭条件下,且应防潮、防水。运输过程中要采取防水措施。由于生石灰遇水发生反应放出大量的热,所以生石灰不宜与易燃易爆物品共存、运,以免酿成火灾。

存放时,可制成石灰膏密封或在上面覆盖沙土等方式与空气隔绝,防止硬化。

包装重量:建筑生石灰粉有每袋净重 40 kg、50 kg 两种,每袋重量偏差值不大于 1 kg;建筑消石灰粉有每袋净重 20 kg 和 40 kg 两种,每袋重量偏差值不大于 0.5 kg 和 1 kg。

2.5 石膏及其检测

石膏在建筑工程中的应用也有较长的历史。由于其具有轻质、隔热、吸声、耐火、色白且质地细腻等一系列优良性能,加之我国石膏矿藏储量居世界首位(有南京石膏矿,大汶口石膏矿,平邑石膏矿等),所以石膏的应用前景十分广阔。

石膏的主要化学成分是硫酸钙,它在自然界中以两种稳定形态存在于石膏矿石中:一种是天然无水石膏($CaSO_4$),也称生石膏、硬石膏;另一种是天然二水石膏($CaSO_4 \cdot 2H_2O$),也称软石膏。天然无水石膏只可用于生产石膏水泥,而天然二水石膏可制造各种性质的石膏。石膏是一种用途广泛的工业材料和建筑材料,可用于水泥缓凝剂。

2.5.1 建筑石膏的生产

2.5.1.1 生产石膏的原料

含有二水($CaSO_4 \cdot 2H_2O$)或含有 $CaSO_4 \cdot 2H_2O$ 与 $CaSO_4$ 的混合物的化工副产品及废渣(如磷石膏、氟石膏、硼石膏等)也可作为生产石膏的原料。

2.5.1.2 石膏的生产

将天然二水石膏(或主要成分为二水石膏的化工石膏)加热,由于加热方式和温度不同,可生产不同性质的石膏品种:温度为 65 ~ 75 ℃ 时,开始脱水,至 107 ~ 170 ℃ 时,脱去部分结晶水,得到 β 型半水石膏($\beta CaSO_4 \cdot 0.5H_2O$),即建筑石膏。当加热温度为 170 ~ 200 ℃ 时,石膏继续脱水,成为可溶性硬石膏,与水调和后仍能很快凝结硬化;当加热温度升高到 200 ~ 250 ℃ 时,石膏中残留很少的水,凝结硬化非常缓慢;当加热高于 400 ℃ 时,石膏完全失去水分成为不溶性硬石膏,失去凝结硬化能力,成为死烧石膏;当温度高于 800 ℃ 时,部分石膏分解出的氧化钙起催化作用,所得产品又重新具有凝结硬化性能。当温度高于 1 600 ℃ 时,$CaSO_4$ 全部分解为石灰。

建筑石膏(β 型半水石膏)呈白色粉末状,密度为 2.60~2.75 g/cm³,堆积密度为 800~1 000 kg/m³。β 型半水石膏中杂质少、色白的,可作为模型石膏,用于建筑装饰及陶瓷的制坯工艺。

若将二水石膏置于蒸压釜中,在 0.13 MPa 的水蒸气中(124 ℃)脱水,得到的是晶粒较 β 型半水石膏粗大、使用时拌和用水量少的半水石膏,称为 α 型半水石膏。将此熟石膏磨细得到的白色粉末称为高强石膏。由于高强石膏拌和用水量少(石膏用量的 35%~45%),硬化后有较高的密实度,所以强度较高,7 d 可达 15~40 MPa。

在强度要求较高的抹灰工程中一般使用高强度石膏,制作装饰制品和石膏板等。加入防水剂可制成高强度抗水石膏,用于潮湿环境中。加入有机物如聚乙烯醇水溶液等,可配制成黏结剂,其特点是无收缩。

2.5.2　建筑石膏的凝结与硬化

建筑石膏与适量的水混合,最初成为可塑的浆体,但很快失去塑性,这个过程称为凝结;以后迅速产生强度,并发展成为坚硬的固体,这个过程称为硬化。石膏的凝结硬化是一个连续的溶解、水化、胶化、结晶过程。建筑石膏遇水将重新水化成二水石膏,反应式为:

$$CaSO_4 \cdot 0.5H_2O + 1.5 H_2O \longrightarrow CaSO_4 \cdot 2H_2O$$

半水石膏极易溶于水,加水后很快达到饱和溶液而分解出溶解度低的二水石膏胶体。由于二水石膏的析出,溶液中的半水石膏转变为非饱和状态,这样,又有新的半水石膏溶解,接着继续重复水化、胶化的过程,随着析出的二水石膏胶体晶体的不断增多,彼此互相联结,使石膏具有了强度。同时溶液中的游离水分不断蒸发减少,结晶体之间的摩擦力、黏结力逐渐增大,石膏强度也随之增加,至完全干燥,强度停止发展,最后成为坚硬的固体。

浆体的凝结硬化是一个连续进行的过程。从加水开始拌和到浆体开始失去可塑性的过程称为浆体的初凝,对应的这段时间称为初凝时间;从加水开始拌和开始到浆体完全失去可塑性,并开始产生强度的过程称为浆体的终凝,对应的时间称为浆体的终凝时间。

2.5.3　建筑石膏的技术性能

根据规定,建筑石膏按其凝结时间、细度、强度指标分为三级,即优等品、一等品、合格品。各项技术指标见表 2.20。

表 2.20　建筑石膏的技术指标(GB/T 9776—2008)

等级		3.0	2.0	1.6
细度/%(孔径 0.2 mm 筛的筛余量≤)		≤10.0		
抗折强度/MPa(烘干至质量恒定后≥)		≥6.0	≥4.0	≥3.0
抗压强度/MPa(烘干至质量恒定后≥)		≥3.0	≥2.0	≥1.0
凝结时间/min	初凝时间	≥3.0		
	终凝时间	≤30		

2.5.4　建筑石膏的特点

2.5.4.1　孔隙率大、强度较低

为使石膏具有必要的可塑性,通常加水量比理论需水量多得多(加水量为石膏用量的60%~80%,而理论用水量只为石膏用量的18.6%),硬化后由于多余水分的蒸发,内部的孔隙率很大,因而强度较低。

2.5.4.2　硬化后体积微膨胀

石膏在凝结过程中体积产生微膨胀,其膨胀率约1%。这一特性使石膏制品在硬化过程中不会产生裂缝,造型棱角清晰饱满,适宜浇铸模型,制作建筑艺术配件及建筑装饰件等。

2.5.4.3　防火性好,但耐火性差

建筑石膏制品的导热系数小,传热慢,由于硬化的石膏中结晶水含量较多,遇火时,这些结晶水吸收热量蒸发,形成蒸汽幕,阻止火势蔓延,同时表面生成的无水物为良好的绝缘体,起到防火作用。但二水石膏脱水后强度下降,故耐火性差。

2.5.4.4　凝结硬化快

建筑石膏在 10 min 内可初凝,30 min 可终凝。因初凝时间较短,为满足施工要求,常掺入缓凝剂,以延长凝结时间。可掺入石膏用量0.1%~0.2%的动物胶,或掺入1%的亚硫酸盐酒精废液,也可以掺入硼砂或柠檬酸。掺缓凝剂后,石膏制品的强度有所下降。若需加速凝固可掺入少量磨细的未经煅烧的石膏。

2.5.4.5　保温性和吸声性好

建筑石膏孔隙率大,且孔隙多呈微细的毛细孔,所以导热系数小,保温、隔热性能好。同时,大量开口的毛细孔隙对吸声有一定的作用,因此建筑石膏具有良好的吸声性能。

2.5.4.6　具有一定的调温、调湿性

由于建筑石膏热容量大,且多孔而产生的呼吸功能使吸湿性增强,可起到调节室内温度、湿度的作用,创造舒适的工作和生活环境。

2.5.4.7　耐水性差

由于硬化后建筑石膏的毛细孔隙较多,比表面积大,二水石膏又微溶于水,具有很强的吸湿性和吸水性,如果处在潮湿环境中,晶体间的黏结力削弱,强度显著降低,遇水则晶体溶解而引起破坏。所以石膏及制品的耐水性较差,不能用于潮湿环境中,但经过加工处理可做成耐水纸面石膏板。

2.5.4.8　可装饰性强

石膏呈白色,杂质含量少,可加入各种颜料调制成彩色石膏制品,装饰干燥环境的室内墙面或顶棚,但如果受潮后颜色变黄会失去装饰性。

【例2.6】　建筑石膏及其制品为什么适用于室内,而不适用于室外?

【解析】　建筑石膏不耐水,不适用于室外。建筑石膏及其制品适用于室内装修,主要是由于建筑石膏及其制品在凝结硬化后具有以下的优良性质:石膏表面光滑饱满,颜色洁白,质地细腻,具有良好的装饰性。加入颜料后,可具有各种色彩。建筑石膏在凝结硬化时

产生微膨胀,故其制品的表面较为光滑饱满,棱角清晰饱满,形状、尺寸准确、细致,装饰性好;硬化后的建筑石膏中存在大量的微孔,故其保温性、吸声性好。硬化后石膏的主要成分是二水石膏,当受到高温作用时或遇火后会脱出21%左右的结晶水,并能在表面蒸发形成水蒸气幕,可有效地阻止火势的蔓延,具有一定的防火性。建筑石膏制品还具有较高的热容量和一定的吸湿性。

2.5.5　建筑石膏的应用

由于石膏的原料来源很丰富,生产成本也很低廉,石膏胶凝材料及其制品具有许多优良的性质,原料来源丰富,生产能耗较低,因此在建筑上应用很广泛。

2.5.5.1　室内抹灰及粉刷

建筑石膏常被用于室内抹灰和粉刷。建筑石膏加砂、缓凝剂和水拌和成石膏砂浆,用于室内抹灰,其表面光滑、细腻、洁白、不起灰,美观,常用于室内高级抹灰和粉刷。石膏砂浆也可作为腻子用作油漆等的打底层。建筑石膏加缓凝剂和水拌和成石膏浆体,可作为室内粉刷的涂料。

2.5.5.2　生产建筑石膏制品

建筑石膏具有凝结快、体积稳定、装饰性强、不老化、无污染等的特点,常用于制造建筑雕塑、建筑装饰制品。

2.5.5.3　做石膏板

石膏板具有质轻、保温、防火、吸声、能调节室内温度湿度及制作方便等性能,应用较为广泛。常见的有:普通纸面石膏板、装饰石膏板、石膏空心条板、吸声用穿孔石膏板、耐水纸面石膏板、耐火纸面石膏板、石膏蔗渣板等。普通纸面石膏板主要用于室内吊顶、内隔墙;耐水纸面石膏板用于厨房、卫生间等潮湿场合;耐火纸面石膏板用于耐火性能要求高的室内隔墙、吊顶装饰用板等。此外,各种新型的石膏板材仍在不断出现。

2.5.6　石膏的验收与储运

建筑石膏是在高温条件下煅烧而成的一种白色粉末状材料,本身易吸湿受潮,而且其凝结硬化速度很快,因此在储存和运输过程中,一定要注意防潮防水。石膏若长期存放,强度也会降低,因此建筑石膏储存时间不宜过长,石膏的储存期为三个月(自生产日起算)。超过三个月的石膏应重新进行质量检验,以确定等级。建筑石膏一般采用袋装,可用具有防潮及不易破损的纸袋或其他复合袋包装;包装袋上应清楚标明产品标记、制造厂名、生产批号和出厂日期、质量等级、商标、防潮标志;运输、储存时不得受潮和混入杂物,不同等级的应分别储运,不得混杂。

2.5.7　石膏制品的发展

石膏制品具有绿色环保、防火、防潮、阻燃、轻质、高强、易加工、可塑性好、装饰性强等特点,使得石膏及其制品备受青睐,具有广阔的发展空间。当前石膏制品的发展趋势有:用于生产石膏砌块、石膏条板等新型墙体材料;石膏装饰材料,如各种高强、防潮、防火又具有环保功能的石膏装饰板、石膏线条、灯盘、门柱、门窗拱眉等装饰制品及具有吸声、防辐射、防火功能的石膏装饰板;具有轻质、高强、耐水、保温的石膏复合墙体,如轻钢龙骨纸面石膏板夹岩棉复合墙体、纤维石膏板或有膏刨花板等与龙骨的复合墙体、加气(或发泡)石膏保温板或砌块复合墙体、石膏与聚苯泡沫板、稻草板等复合的大板,这些石膏复合墙体正逐渐地取代传统的墙体材料。

2.6　水玻璃及其检测

水玻璃俗称"泡花碱",是由碱金属氧化物和二氧化硅结合而成的能溶于水的一种金属硅酸盐物质。根据碱金属氧化物种类的不同,分为硅酸钠水玻璃和硅酸钾水玻璃,工程中以硅酸钠水玻璃($Na_2O \cdot nSiO_2$)最为常用。

2.6.1　水玻璃的生产

硅酸钠水玻璃的主要原料是石英砂、纯碱。将原料磨细,按比例配合,在玻璃熔炉内熔融而生成硅酸钠,冷却后得固态水玻璃,然后在水中加热溶解而成液体水玻璃。其反应式为:

$$nSiO_2 + Na_2CO_3 \xrightarrow{1\,300 \sim 1\,400\ \text{℃}} Na_2O \cdot nSiO_2 + CO_2 \uparrow$$

式中,n 为水玻璃模数,即二氧化硅与氧化钠的摩尔数比。其值的大小决定水玻璃的性质。n 值越大,水玻璃的黏度越大,黏结能力愈强,易分解、硬化,但也难溶解,体积收缩也大。建筑工程中常用水玻璃的 n 值一般为 2.5 ~ 2.8。

水玻璃的生产除上述介绍的干法外还有湿法。湿法是将石英砂和苛性钠溶液在压蒸锅内用蒸气加热,并加以搅拌,使直接反应生成液体水玻璃。

液体水玻璃常含杂质而呈青灰色、绿色或微黄色,以无色透明的液体水玻璃为最好。液体水玻璃可以与水按任意比例混合。使用时仍可加水稀释。在液体水玻璃中加入尿素,在不改变其黏度下可提高黏结力。

2.6.2　水玻璃的硬化

水玻璃在空气中与二氧化碳作用,析出二氧化硅凝胶,凝胶因干燥而逐渐硬化,其反应式为:

$$Na_2O \cdot nSiO_2 + CO_2 + mH_2O \longrightarrow nSiO_2 \cdot mH_2O + Na_2CO_3$$

由于空气中 CO_2 的浓度较低,上述硬化过程很慢,为加速硬化,可掺入适量的固化剂,如氟硅酸钠(Na_2SiF_6)或氯化钙($CaCl_2$),其反应如下:

$$2Na_2O \cdot nSiO_2 + Na_2SiF_6 + mH_2O \longrightarrow (2n+1)SiO_2 \cdot mH_2O + 6NaF$$

氟硅酸钠的适宜掺量为水玻璃重量的 12% ~ 15%。如果用量太少,不但硬化速度缓慢,强度降低,而且未经反应的水玻璃易溶于水,因而耐水性差。但如果用量过多,又会引起凝结过速,使施工困难,而且渗透性大,强度也低。加人氟硅酸钠后,水玻璃的初凝时间可缩短到 30 ~ 60 min, 终凝时间可缩短到 240 ~ 360 min, 7 d 基本达到最高强度。

2.6.3　水玻璃的性质

水玻璃模数的大小决定水玻璃的品质及其应用性能。n 值越大, 水玻璃的黏度越高, 但水中的溶解能力下降。当 n 大于 3.0 时, 只能溶于热水中, 给使用带来麻烦。n 值越小, 水玻璃的黏度越低, 越易溶于水。土木工程中常用模数 n 为 2.5 ~ 2.8, 既易溶于水又有较高的强度。

2.6.3.1　黏结强度较高

水玻璃有良好的黏结能力, 硬化时析出的硅酸凝胶呈空间网络结构, 具有较高的胶凝能力, 因而黏结强度高。此外, 硅酸凝胶还有堵塞毛细孔隙而防止水渗透的作用。

2.6.3.2　耐热性好

水玻璃不燃烧, 在高温下硅酸凝胶干燥得更加强烈, 强度并不降低, 甚至有所增加。故水玻璃常用于配置耐热混凝土、耐热砂浆、耐热胶泥等。

2.6.3.3　耐酸性强

水玻璃能经受除氢氟酸、过热(300 ℃以上)磷酸、高级脂肪酸或油酸以外的几乎所有的无机酸和有机酸的作用, 常用于配制水玻璃耐酸混凝土、耐酸砂浆、耐酸胶泥等。

2.6.3.4　耐碱性、耐水性较差

水玻璃在加入氟硅酸钠后仍不能完全硬化, 仍有一定量的水玻璃。由于水玻璃可溶于碱, 且溶于水, 硬化后的产物 Na_2CO_3 及 NaF 均可溶于水, 所以水玻璃硬化后不耐碱、不耐水。为提高耐水性, 可采用中等浓度的酸对已硬化的水玻璃进行酸洗处理。

【例 2.7】　水玻璃的化学组成是什么? 水玻璃的模数、密度(浓度)对水玻璃的性能有什么影响?

【解析】　通常使用的水玻璃都是 $Na_2O \cdot nSiO_2$ 的水溶液, 即液体水玻璃。一般而言, 水玻璃的模数 n 越大时, 水玻璃的黏度越大。硬化速度越快、干缩越大, 硬化后的黏结强度、抗压强度等越高、耐水性越好、抗渗性及耐酸性越好。其主要原因是硬化时析出的硅酸凝胶 $nSiO_2 \cdot mH_2O$ 较多。水玻璃的模数 n 为二氧化硅和氧化钠的摩尔数比。同一模数的水玻璃, 密度越大, 则其有效成分 $Na_2O \cdot nSiO_2$ 的含量越多, 硬化时析出的硅酸凝胶也多, 黏结力愈强。然而如果水玻璃的模数或密度太大, 往往由于黏度过大而影响到施工质量和硬化后水玻璃的性质, 故不宜过大。

2.6.4　水玻璃的应用

2.6.4.1　配制快凝防水剂

以水玻璃为基料, 加入二种、三种或四种矾配制而成二矾、三矾或四矾快凝防水剂。这种防水剂凝结迅速, 一般不超过 1 min, 工程上利用它的速凝作用和黏附性, 掺入水泥浆、砂浆或混凝土中, 作修补、堵漏、抢修、表面处理用。因为凝结迅速, 不宜配制水泥防水砂浆, 用作屋面或地面的刚性防水层。

2.6.4.2　配制耐热砂浆、耐热混凝土或耐酸砂浆、耐酸混凝土

以水玻璃为胶凝材料,氟硅酸钠做促凝剂,耐热或耐酸粗细骨料按一定比例配制而成。水玻璃耐热混凝土的极限使用温度在1 200 ℃以下。水玻璃耐酸混凝土一般用于储酸槽、酸洗槽、耐酸地坪及耐酸器材等。

2.6.4.3　涂刷建筑材料表面,可提高材料的抗渗和抗风化能力

用浸渍法处理多孔材料时,可使其密实度和强度提高。对黏土砖、硅酸盐制品、水泥混凝土等均有良好的效果。但不能用以涂刷或浸渍石膏制品,因为硅酸钠与硫酸钙会发生化学反应生成硫酸钠,在制品孔隙中结晶,体积显著膨胀,从而导致制品的破坏。用液体水玻璃涂刷或浸渍含有石灰的材料,如水泥混凝土和硅酸盐制品等时,水玻璃与石灰之间起反应生成的硅酸钙胶体填实制品孔隙,使制品的密实度有所提高。

2.6.4.4　加固地基,提高地基的承载力和渗水性

将液体水玻璃和氯化钙溶液轮流交替压入地基,反应生成的硅酸凝胶将土壤颗粒包裹并填实其空隙。硅酸胶体为一种吸水膨胀的冻状凝胶,因吸收地下水而经常处于膨胀状态,阻止水分的渗透而使土壤固结。

另外,水玻璃还可用作多种建筑涂料的原料。将液体水玻璃与耐火填料等调成糊状的防火漆,涂于木材表面,可抵抗瞬间火焰。

2.7　水泥及其检测

水泥是建筑行业的三大基本材料之一,水泥通常在建筑工程中主要用于配制混凝土、砂浆和灌浆材料。水泥属于水硬性胶凝材料,是建筑工程中最为重要的建筑材料之一。

2.7.1　水泥的分类

按其矿物组成,水泥可分为硅酸盐系列、铝酸盐系列、硫酸盐系列、铁铝酸盐系列、氟铝酸盐系列等。

按其用途和特性又可分为通用水泥、专用水泥和特性水泥。

通用水泥是指目前建筑工程中常用的六大水泥,即硅酸盐水泥、普通硅酸盐水泥、矿渣硅酸盐水泥、火山灰质硅酸盐水泥、粉煤灰硅酸盐水泥、复合硅酸盐水泥(见表2.21);专用水泥是指有专门用途的水泥,如砌筑水泥、大坝水泥、道路水泥、油井水泥等;而特性水泥是指具有与常用水泥不同的特性,多用于有特殊要求的工程的水泥,主要品种有快硬硅酸盐水泥、快凝硅酸盐水泥、抗硫酸盐水泥、膨胀水泥、白色硅酸盐水泥等。

表 2.21　通用硅酸盐水泥的组分

品种	代号	组　分/%				
		熟料＋石膏	粒化高炉矿渣	火山灰质混合材料	粉煤灰	石灰石
硅酸盐水泥	P·I	100	—	—	—	—
	P·II	≥95	≤5	—	—	—
		≥95	—	—	—	≤5
普通硅酸盐水泥	P·O	≥80 且 <95	>5 且 ≤20[a]			—
矿渣硅酸盐水泥	P·S·A	≥50 且 <80	>20 且 ≤50[b]	—	—	—
	P·S·B	≥30 且 <50	>50 且 ≤70[b]	—	—	—
火山灰质硅酸盐水泥	P·P	≥60 且 <80	—	>20 且 ≤40[c]	—	—
粉煤灰硅酸盐水泥	P·F	≥60 且 <80	—	—	>20 且 ≤40[d]	—
复合硅酸盐水泥	P·C	≥50 且 <80	>20 且 ≤50[e]			—

a 本组分材料为符合（GB 175—2007）标准 5.2.3 条的活性混合材料,其中允许用不超过水泥质量 8% 且符合本标准 5.2.4 条的非活性混合材料或不超过水泥质量 5% 且符合本标准 5.2.5 条的窑灰代替。

b 本组分材料为符合 GB/T 203 或 GB/T 18046 的活性混合材料,其中允许用不超过水泥质量 8% 且符合（GB 175—2007）标准第 5.2.3 条的活性混合材料或符合本标准第 5.2.4 条的非活性混合材料或符合本标准第 5.2.5 条的窑灰中的任一种材料代替。

c 本组分材料为符合 GB/T 2847 的活性混合材料。

d 本组分材料为符合 GB/T 1596 的活性混合材料。

e 本组分材料为由两种（含）以上符合本标准第 5.2.3 条的活性混合材料或/和符合本标准第 5.2.4 条的非活性混合材料组成,其中允许用不超过水泥质量 8% 且符合本标准第 5.2.5 条的窑灰代替。掺矿渣时混合材料掺量不得与矿渣硅酸盐水泥重复。

水泥品种虽然很多,但硅酸盐系列水泥是产量最大、应用范围最广的。

2.7.2　通用硅酸盐水泥

通用硅酸盐水泥是以硅酸盐水泥熟料和适量的石膏及规定的混合材料制成的水硬性胶凝材料。通用硅酸盐水泥按混合材料的品种和掺量分为硅酸盐水泥、普通硅酸盐水泥、矿渣硅酸盐水泥、火山灰质硅酸盐水泥、粉煤灰硅酸盐水泥和复合硅酸盐水泥。

2.7.2.1　硅酸盐水泥

硅酸盐水泥是由硅酸盐水泥熟料、5% 以下的石灰石或粒化高炉矿渣,适量石膏磨细制成的水硬性胶凝材料。根据是否掺入混合材料将硅酸盐水泥分两种类型,不掺加混合材料的称为 I 型硅酸盐水泥,代号 P·I；在硅酸盐水泥粉磨时掺加不超过水泥质量 5% 石灰石或粒化高炉矿渣混合材料的称 II 型硅酸盐水泥,代号 P·II。

硅酸盐水泥是硅酸盐水泥系列的基本品种,其他品种的硅酸盐水泥都是在硅酸盐水泥熟料的基础上,掺入一定量的混合材料制得,因此要掌握硅酸盐系列水泥的性能,首先要了解和掌握硅酸盐水泥的特性。

2.7.2.2 硅酸盐水泥的原料及生产

生产硅酸盐水泥的原料主要有石灰质原料、黏土质原料两大类,此外再配以辅助的铁质和硅质校正原料。其中石灰质原料主要提供 CaO,它可采用石灰石、石灰质凝灰岩等;黏土质原料主要提供 SiO_2、Al_2O_3 及少量的 Fe_2O_3,它可采用黏土、黏土质页岩、黄土等;铁质校正原料主要补充 Fe_2O_3,可采用铁矿粉、黄铁矿渣等;硅质校正原料主要补充 SiO_2,它可采用砂岩、粉砂岩等。

硅酸盐水泥生产过程是将原料按一定比例混合磨细,先制得具有适当化学成分的生料,再将生料在水泥窑(回转窑或立窑)中经过 1 400 ~ 1 450 ℃ 的高温煅烧至部分熔融,冷却后而得硅酸盐水泥熟料,最后再加适量石膏(不超过水泥质量5%的石灰石或粒化矿渣)共同磨细至一定细度即得 P·I(P·Ⅱ)型硅酸盐水泥。水泥的生产过程可概括为"两磨一烧",其生产工艺流程如图2.5所示。

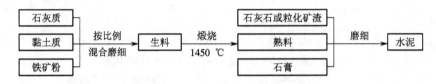

图2.5 硅酸盐水泥生产示意图

2.7.2.3 硅酸盐水泥熟料矿物组成及特性

硅酸盐水泥熟料矿物成分及含量(质量分数)如下:

硅酸三钙 $3CaO·SiO_2$,简写 C_3S,含量36% ~ 60%;

硅酸二钙 $2CaO·SiO_2$,简写 C_2S,含量15% ~ 37%;

铝酸三钙 $3CaO·Al_2O_3$,简写 C_3A,含量7% ~ 15%;

铁铝酸四钙 $4CaO·Al_2O_3·Fe_2O_3$,简写 C_4AF,含量10% ~ 18%。

在以上的矿物组成中,硅酸三钙和硅酸二钙的总含量不小于66%,硅酸盐占绝大部分,故名硅酸盐水泥。除上述主要熟料矿物成分外,水泥中还有少量的游离氧化钙、游离氧化镁,其含量过高,会引起水泥体积安定性不良。水泥中还含有少量的碱(Na_2O、K_2O),碱含量高的水泥如果遇到活性骨料,易产生碱—骨料膨胀反应。所以水泥中游离氧化钙、游离氧化镁和碱的含量应加以限制。

各种矿物单独与水作用时,表现出不同的性能,详见表2.22。

表2.22 硅酸盐水泥熟料矿物特性

矿物名称	密度/(g/cm³)	水化反应速率	水化放热量	强度	耐腐蚀性
$3CaO·SiO_2$	3.25	快	大	高	差
$2CaO·SiO_2$	3.28	慢	小	早期低后期高	好
$3CaO·Al_2O_3$	3.04	最快	最大	低	最差
$4CaO·Al_2O_3·Fe_2O_3$	3.77	快	中	低	中

各熟料矿物的强度增长情况如图 2.6 所示。水化热的释放情况如图 2.7 所示。

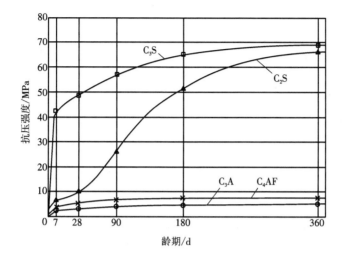

图 2.6　不同熟料矿物的强度增长曲线图

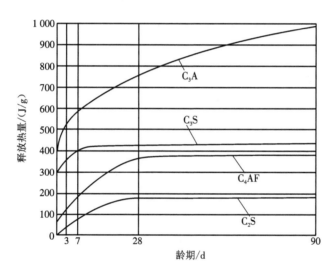

图 2.7　不同熟料矿物的水化热释放曲线图

由图 2.6、图 2.7 可知,不同熟料矿物单独与水作用的特性是不同的。

(1)硅酸三钙的水化速度较快,早期强度高,28 d 强度可达一年强度的 70% ~ 80%;水化热较大,且主要是早期放出,其含量也最高,是决定水泥性质的主要矿物。

(2)硅酸二钙的水化速度最慢,水化热最小,且主要是后期放出,是保证水泥后期强度的主要矿物,且耐化学侵蚀性好。

(3)铝酸三钙的凝结硬化速度最快(故需掺入适量石膏作缓凝剂),也是水化热最大的矿物。其强度值最低,但形成最快,3 d 几乎接近最终强度。但其耐化学侵蚀性最差,且硬化时体积收缩最大。

(4)铁铝酸四钙的水化速度也较快,仅次于铝酸三钙,其水化热中等,且有利于提高水泥抗拉(折)强度。

水泥是几种熟料矿物的混合物,改变矿物成分间比例时,水泥性质即发生相应的变化,可制成不同性能的水泥。如增加 C_3S 含量,可制成高强、早强水泥(我国水泥标准规定的 R 型水泥)。若增加 C_2S 含量而减少 C_3S 含量,水泥的强度发展慢,早期强度低,但后期强度高,其更大的优势是水化热降低。若提高 C_4AF 的含量,可制得抗折强度较高的道路水泥。

2.7.2.4　硅酸盐水泥的水化与凝结硬化

水泥与适量的水拌和后,最初形成具有可塑性的浆体,随着水化反应的进行,水泥浆体逐渐变稠失去可塑性,但尚不具有强度,这一过程称为水泥的"凝结"。随后凝结了的水泥浆体开始产生强度,并逐渐发展成为坚硬的水泥石,这一过程称为"硬化"。水泥的水化贯穿凝结、硬化过程的始终,在几十年龄期的水泥制品中,仍有未水化的水泥颗粒。水泥的水化、凝结、硬化过程如图 2.8 所示。

图2.8　水泥的水化、凝结与硬化示意图

1)水泥的水化反应

水泥加水后,熟料矿物开始与水发生水化反应,生成水化产物,并放出一定的热量,其反应式如下:

$$2(3CaO \cdot SiO_2) + 6H_2O \longrightarrow 3CaO \cdot 2SiO_2 \cdot 3H_2O + 3Ca(OH)_2$$
　　　硅酸三钙　　　　　　　水化硅酸钙(凝胶体)　氢氧化钙(晶体)

$$2(2CaO \cdot SiO_2) + 4H_2O \longrightarrow 3CaO \cdot 2SiO_2 \cdot 3H_2O + Ca(OH)_2$$
　　　硅酸二钙　　　　　　　水化硅酸钙(凝胶体)　氢氧化钙(晶体)

$$3CaO \cdot Al_2O_3 + 6H_2O \longrightarrow 3CaO \cdot Al_2O_3 \cdot 6H_2O$$
　　　铝酸三钙　　　　　　水化铝酸钙(晶体)

$$4CaO \cdot Al_2O_3 \cdot Fe_2O_3 + 7H_2O \longrightarrow 3CaO \cdot Al_2O_3 \cdot 6H_2O + CaO \cdot Fe_2O_3 \cdot H_2O$$
　　　铁铝酸四钙　　　　　　　　水化铝酸钙(晶体)　水化铁酸钙(凝胶体)

在四种熟料矿物中, C_3A 的水化速度最快,若不加以抑制,水泥的凝结过快,影响正常使用。为了调节水泥凝结时间,在水泥中加入适量石膏共同粉磨,石膏起缓凝作用,其机理为:熟料与石膏一起迅速溶解于水,并开始水化,形成石膏、石灰饱和溶液,而熟料中水化最快的 C_3A 的水化产物 $3CaO \cdot Al_2O_3 \cdot 6H_2O$ 在石膏、石灰的饱和溶液中生成高硫型水化硫铝酸钙,又称钙矾石,反应式如下:

$$3CaO \cdot Al_2O_3 \cdot 6H_2O + 3(CaSO_4 \cdot 2H_2O) + 19H_2O \longrightarrow 3CaO \cdot Al_2O_3 \cdot 3CaSO_4 \cdot 31H_2O$$
　　水化铝酸钙　　　　　　　石膏　　　　　　　　　水化硫铝酸钙(钙矾石晶体)

钙矾石是一种针状晶体,不溶于水,且形成时体积膨胀 1.5 倍。钙矾石在水泥熟料颗粒表面形成一层较致密的保护膜,封闭熟料组分的表面,阻滞水分子及离子的扩散,从而延缓了熟料颗粒,特别是 C_3A 的水化速度。加入适量的石膏不仅能调节凝结时间达到标准所规定的要求,而且适量石膏能在水泥水化过程中与 C_3A 生成一定数量的水化硫铝酸钙晶体,交错地填充于水泥石的空隙中,从而增加水泥石的致密性,有利于提高水泥强度,尤其是早期强度的发挥。但如果石膏掺量过多,会引起水泥体积安定性不良。

硅酸盐水泥主要水化产物有:水化硅酸钙凝胶体、水化铁酸钙凝胶体、氢氧化钙晶体、水化铝酸钙晶体和水化硫铝酸钙晶体。在完全水化的水泥石中,水化硅酸钙约占 50%,氢氧化钙约占 25%。

【例 2.8】　影响硅酸盐水泥水化热的因素有哪些? 水化热的大小对水泥的应用有何影响?

【解析】　影响硅酸盐水泥水化热的因素主要有硅酸三钙 C_3S、铝酸三钙 C_3A 的含量及水泥的细度。硅酸三钙 C_3S、铝酸三钙 C_3A 的含量越高,水泥的水化热越高;水泥的细度越细,水化放热速度越快。

水化热大的水泥不得在大体积混凝土工程中使用。在大体积混凝土工程中由于水化热积聚在内部不易散发而使混凝土的内部温度急剧升高,混凝土内外温差过大,以致造成明显的温度应力,使混凝土产生裂缝。严重降低混凝土的强度和其他性能。但水化热对冬季施工的混凝土工程较为有利,能加快早期强度增长,使抵御初期受冻的能力提高。

2)硅酸盐水泥的凝结与硬化

水泥的凝结硬化是个非常复杂的物理化学过程,可分为以下几个阶段。

水泥颗粒与水接触后,首先是最表层的水泥与水发生水化反应,生成水化产物,组成水泥—水—水化产物混合体系。反应初期,水化速度很快,不断形成新的水化产物扩散到水中,使混合体系很快成为水化产物的饱和溶液。此后,水泥继续水化所生成的产物不再溶解,而是以分散状态的颗粒析出,附在水泥粒子表面,形成凝胶膜包裹层,使水泥在一段时间内反应缓慢,水泥浆的可塑性基本上保持不变。

由于水化产物不断增加,凝胶膜逐渐增厚而破裂并继续扩展,水泥粒子又在一段时间内加速水化,这一过程可重复多次。由水化产物组成的水泥凝胶在水泥颗粒之间形成了网状结构。水泥浆逐渐变稠,并失去塑性而出现凝结现象。此后,由于水泥水化反应的继续进行,水泥凝胶不断扩展而填充颗粒之间的孔隙,使毛细孔愈来愈少,水泥石就具有愈来愈高的强度和胶结能力。

综上所述,水泥的凝结硬化是一个由表及里,由快到慢的过程。较粗颗粒的内部很难完全水化。因此,硬化后的水泥石是由水泥水化产物凝胶体(内含凝胶孔)及结晶体、未完全水化的水泥颗粒、毛细孔(含毛细孔水)等组成的不匀质结构体。

3)影响硅酸盐水泥凝结、硬化的因素

水泥的凝结硬化过程,也就是水泥强度发展的过程,受到许多因素的影响,有内部的和外界的,其主要影响因素分析如下。

(1)矿物组成。

矿物组成是影响水泥凝结硬化的主要内因,如前所述,不同的熟料矿物成分单独与水作用时,水化反应的速度、强度发展的规律、水化放热是不同的,因此改变水泥的矿物组成,其凝结硬化将产生明显的变化。

（2）水泥细度。

水泥颗粒的粗细程度直接影响水泥的水化、凝结硬化、强度、干缩及水化热等。水泥的颗粒粒径一般在 7 ~ 200 μm 之间，颗粒越细，与水接触的比表面积越大，水化速度较快且较充分，水泥的早期强度和后期强度都很高。但水泥颗粒过细，在生产过程中消耗的能量越多，机械损耗也越大，生产成本增加，且水泥颗粒越细，需水性越大，在硬化时收缩也增大，因而水泥的细度应适中。

（3）石膏掺量。

石膏掺入水泥中的目的是为了延缓水泥的凝结、硬化速度，调节水泥的凝结时间。需注意的是石膏的掺入要适量，掺量过少，不足以抑制 C_3A 的水化速度；过多掺入石膏，其本身会生成一种促凝物质，反而使水泥快凝；如果石膏掺量超过规定的限量，则会在水泥硬化过程中仍有一部分石膏与 C_3A 及 C_4AF 的水化产物 $3CaO \cdot Al_2O_3 \cdot 6H_2O$ 继续反应生成水化硫铝酸钙针状晶体，体积膨胀，使水泥石强度降低，严重时还会导致水泥体积安定性不良。适宜的石膏掺量主要取决于水泥中 C_3A 的含量和石膏的品种及质量，同时与水泥细度及熟料中 SO_3 的含量有关，一般生产水泥时石膏掺量占水泥质量的 3% ~ 5%，具体掺量应通过试验确定。

【例 2.9】　试说明生产硅酸盐水泥时为什么必须掺入适量石膏？

【解析】　水泥熟料中的铝酸三钙遇水后，水化反应的速度最快，会使水泥发生瞬凝或急凝。为了延长凝结时间，方便施工，必须掺入适量石膏。

在有石膏存在的条件下，水泥水化时，石膏能很快与铝酸三钙作用生成水化硫铝酸钙（钙矾石），钙矾石很难溶解于水，它沉淀在水泥颗粒表面上形成保护膜，从而阻碍了铝酸三钙的水化反应，控制了水泥的水化反应速度，延缓了凝结时间。当石膏掺量过多时，在水泥硬化后，残余石膏与水化铝酸钙继续反应生成钙矾石，体积增大约 1.5 倍，也导致水泥石开裂。

（4）水灰比。

拌和水泥浆时，水与水泥的质量比称为水灰比。从理论上讲，水泥完全水化所需的水灰比为 0.22 左右。但拌含水泥浆时，为使浆体具有一定塑性和流动性，所加入的水量通常要大大超过水泥充分水化时所需用水量，多余的水在硬化的水泥石内形成毛细孔。因此拌和水越多，硬化水泥石中的毛细孔就越多，当水灰比为 0.4 时，完全水化后水泥石的总孔隙率为 29.6%，而水灰比为 0.7 时，水泥石的孔隙率高达 50.3%。水泥石的强度随其孔隙增加而降低。因此，在不影响施工的条件下，水灰比小，则水泥浆稠，易于形成胶体网状结构，水泥的凝结硬化速度快，同时水泥石整体结构内毛细孔少，强度也高。

（5）温、湿度。

温度对水泥的凝结硬化影响很大，提高温度，可加快水泥的水化速度，有利于水泥早期强度的形成。就硅酸盐水泥而言，提高温度可加速其水化，使早期强度能较快发展，但对后期强度可能会产生一定的影响（因而，硅酸盐水泥不适宜用于蒸汽养护、压蒸养护的混凝土工程）。而在较低温度下进行水化，虽然凝结硬化慢，但水化产物较致密，可获得较高的最终强度。但当温度低于 0 ℃时,强度不仅不增长,而且还会因水的结冰而导致水泥石被冻坏。

湿度是保证水泥水化的一个必备条件,水泥的凝结硬化实质是水泥的水化过程。因此,在干燥环境中,水化浆体中的水分蒸发,导致水泥不能充分水化,同时硬化也将停止,并会因干缩而产生裂缝。

在工程中,保持环境的温、湿度,使水泥石强度不断增长的措施称为养护,水泥混凝土在浇筑后的一段时间里应十分注意控制温、湿度的养护。

(6)龄期。

龄期指水泥在正常养护条件下所经历的时间。水泥的凝结、硬化是随龄期的增长而渐进的过程,在适宜的温、湿度环境中,随着水泥颗粒内各熟料矿物水化程度的提高,凝胶体不断增加,毛细孔相应减少,水泥的强度增长可持续若干年。在水泥水化作用的最初几天内强度增长最为迅速,如水化 7 d 的强度可达到 28 d 强度的 70%左右,28 d 以后的强度增长明显减缓,如图 2.9 所示。

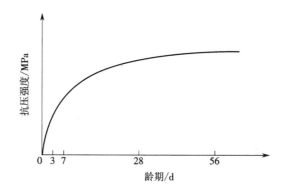

图 2.9　硅酸盐水泥强度发展与龄期的关系

水泥的凝结、硬化除上述主要因素之外,还与水泥的存放时间、受潮程度及掺入的外加剂种类等因素影响有关。

2.7.2.5　硅酸盐水泥的技术要求

根据国家标准《通用硅酸盐水泥》(GB 175—2007)对硅酸盐水泥的不溶物、烧失量、细度、凝结时间、体积安定性、强度等作了如下规定。

(1)不溶物:Ⅰ型硅酸盐水泥中不溶物含量不得超过 0.75%。
　　　　　Ⅱ型硅酸盐水泥中不溶物含量不得超过 1.50%。

(2)烧失量:Ⅰ型硅酸盐水泥中烧失量不得大于 3.0%。
　　　　　Ⅱ型硅酸盐水泥中烧失量不得大于 3.5%。
　　　　　普通硅酸盐水泥中烧失量不得大于 5.0%。

(3)氧化镁含量不得超过 5.0%,水泥蒸压安定性试验合格,则水泥中氧化镁含量放宽到 6.0%。

(4)三氧化硫含量不得超过 3.5%。

(5)细度。

细度是指水泥颗粒的粗细程度。水泥细度的评定可采用筛分析法和比表面积法。筛分析法是用 80 μm 的方孔筛对水泥试样进行筛分析试验,用筛余百分数表示;比表面积法是指单位质量的水泥粉末所具有的总表面积,以 m^2/kg 表示,水泥颗粒越细,比表面积越大,可用勃氏比表面积仪测定。据国家标准 GB 175—2007 规定,硅酸盐水泥比表面积应大于 300 m^2/kg。凡细度不符合规定者为不合格品。

(6)凝结时间:根据《通用硅酸盐水泥》(GB 175—2007)规定,硅酸盐水泥初凝时间不得早于 45 min、终凝时间不得迟于 6.5 h,普通硅酸盐水泥初凝时间不得早于 45 min,终凝时间不得迟于 10 h。凝结时间分初凝和终凝。初凝为水泥加水拌和开始至水泥标准稠度的净浆开始失去可塑性所需的时间;终凝为水泥加水拌和开始至标准稠度的净浆完全失去可塑性所需的时间。

凝结时间的规定对工程有着重要的意义,为使混凝土、砂浆有足够的时间进行搅拌、运输、浇筑、砌筑,顺利完成混凝土和砂浆的制备,并确保制备的质量,初凝不能过短,否则在施工中即已失去流动性和可塑性而无法使用;当浇筑完毕,为了使混凝土尽快凝结、硬化,产生强度,顺利地进入下一道工序,规定终凝时间不能太长,否则将减缓施工进度,降低模板周转率。

(7)体积安定性:用沸煮法检验必须合格。

水泥的体积安定性是指水泥浆体在凝结硬化过程中体积变化的均匀性。当水泥浆体硬化过程发生不均匀变化时,会导致膨胀开裂、翘曲等现象,称为体积安定性不良。安定性不良的水泥会使混凝土构件产生膨胀性裂缝,从而降低建筑物质量,引起严重事故。因此,国家标准规定水泥体积安定性必须合格,否则水泥作为废品处理,严禁用于工程中。

引起水泥体积安定性不良的主要原因如下。

①水泥中含有过多的游离氧化钙和游离氧化镁。当水泥原料比例不当、煅烧工艺不正常或原料质量差(MgCO$_3$ 含量高)时,会产生较多游离状态的氧化钙和氧化镁(f-CaO,f-MgO),它们与熟料一起经历了 1 450 ℃ 的高温煅烧,属严重过火的氧化钙、氧化镁,水化极慢,在水泥凝结硬化后很长时间才进行熟化。生成的 $Ca(OH)_2$ 和 $Mg(OH)_2$ 在已经硬化的水泥石中膨胀,使水泥石出现开裂、翘曲、疏松和崩溃等现象,甚至完全破坏。

②石膏掺量过多。当石膏掺量过多时,在水泥硬化后,残余石膏与固态水化铝酸钙反应生成水化硫铝酸钙,体积增大约 1.5 倍,从而导致水泥石开裂。

《通用硅酸盐水泥》(GB 175—2007)中规定,硅酸盐水泥的体积安定性经沸煮法检验必须合格。体积安定性不合格水泥为废品,不能用于工程中。

用沸煮法只能检测出 f-CaO 造成的体积安定性不良。f-MgO 产生的危害与 f-CaO 相似,但由于氧化镁的水化作用更缓慢,其含量过多造成的体积安定性不良必须用压蒸法才能检验出来。石膏造成的体积安定性不良则需长时间在温水中浸泡才能发现。由于后两种原因造成的体积安定性不良都不易检验,所以国家标准规定:熟料中 MgO 含量不宜超过 5%,经压蒸试验合格后,允许放宽到 6%,SO$_3$ 含量不得超过 3.5%。通用硅酸盐水泥化学指标见表 2.23。

表 2.23　通用硅酸盐水泥化学指标

品种	代号	不溶物（质量分数）	烧失量（质量分数）	三氧化硫（质量分数）	氧化镁（质量分数）	氯离子（质量分数）
硅酸盐水泥	P·Ⅰ	≤0.75	≤3.0	≤3.5	≤5.0[a]	≤0.06[c]
硅酸盐水泥	P·Ⅱ	≤1.50	≤3.5	≤3.5	≤5.0[a]	≤0.06[c]
普通硅酸盐水泥	P·O	—	≤5.0	≤3.5	≤5.0[a]	≤0.06[c]
矿渣硅酸盐水泥	P·S·A	—	—	≤4.0	≤6.0[b]	≤0.06[c]
矿渣硅酸盐水泥	P·S·B	—	—	≤4.0	—	≤0.06[c]
火山灰质硅酸盐水泥	P·P	—	—	≤3.5	≤6.0[b]	≤0.06[c]
粉煤灰硅酸盐水泥	P·F	—	—	≤3.5	≤6.0[b]	≤0.06[c]
复合硅酸盐水泥	P·C	—	—	≤3.5	≤6.0[b]	≤0.06[c]

a 如果水泥压蒸试验合格,则水泥中氧化镁的含量(质量分数)允许放宽至 6.0%。

b 如果水泥中氧化镁的含量(质量分数)大于 6.0% 时,需进行水泥压蒸安定性试验并合格。

c 当有更低要求时,该指标由买卖双方协商确定。

（8）标准稠度用水量。

在进行水泥的凝结时间、体积安定性等测定时,为了使所测得的结果有可比性,要求必须采用标准稠度的水泥净浆来测定(按 GB/T 1346—2011 进行试验)。水泥净浆达到标准稠度所需用水量即为标准稠度用水量,以水占水泥质量的百分数表示。水泥的标准稠度用水量主要取决于熟料矿物组成、混合材料的种类及水泥细度。

（9）强度及等级。

强度是水泥力学性质的一项重要指标,是确定水泥强度等级的依据。根据《水泥胶砂强度检验方法（ISO 法）》（GB/T 17671—1999）规定,将水泥、标准砂和水按规定比例（水泥：标准砂：水 = 1：3.0：0.5）用规定方法制成的规格为 40 mm × 40 mm × 160 mm 的标准试件,在标准养护的条件下养护,测定其 3 d、28 d 的抗压强度、抗折强度。按照 3 d、28 d 的抗压强度、抗折强度,将硅酸盐水泥的强度等级分为 42.5、42.5R、52.5、52.5R、62.5、62.5R 六个等级。普通硅酸盐水泥的强度等级分为 42.5、42.5R、52.5、52.5R 四个等级。矿渣硅酸盐水泥、火山灰质硅酸盐水泥、粉煤灰硅酸盐水泥、复合硅酸盐水泥的强度等级分为 32.5、32.5R、42.5、42.5R、52.5、52.5R 六个等级。为提高水泥的早期强度,现行标准将水泥分为普通型和早强型（用 R 表示）。各等级、各龄期的强度值不得低于表 2.24 中数值。

表 2.24 硅酸盐水泥、普通硅酸盐水泥各等级、各龄期的强度值(GB 175—2007)

品种	强度等级	抗压强度/MPa		抗折强度/MPa	
		3 d	28 d	3 d	28 d
硅酸盐水泥	42.5	17.0	42.5	3.5	6.5
	42.5R	22.0	42.5	4.0	6.5
	52.5	23.0	52.5	4.0	7.0
	52.5R	27.0	52.5	5.0	7.0
	62.5	28.0	62.5	5.0	8.0
	62.5R	32.0	62.5	5.5	8.0
普通硅酸盐水泥	42.5	17.0	42.5	3.5	6.5
	42.5R	22.0	42.5	4.0	6.5
	52.5	23.0	52.5	4.0	7.0
	52.5R	27.0	52.5	5.0	7.0

由于水泥的强度随着放置时间的延长而降低,所以为了保证水泥在工程中的使用质量,生产厂家在控制出厂水泥 28 d 强度时,均留有一定的富余强度。通常富余系数为 1.06 ~1.18。

(10)水化热。

水泥与水发生水化反应所放出的热量称为水化热,通常用 J/kg 表示。水化热的大小主要与水泥的细度及矿物组成有关。颗粒愈细,水化热愈大;矿物中 C_3A、C_3S 含量愈多,水化放热愈高。大部分的水化热集中在早期放出,3~7 d 以后逐步减少。

水化热在混凝土工程中,既有有利的影响,也有不利的影响。高水化热的水泥在大体积混凝土工程中是非常不利的(如大坝、大型基础、桥墩等)。这是由于水泥水化释放的热量积聚在混凝土内部散发非常缓慢,混凝土内部温度升高,而温度升高又加速了水泥的水化,使混凝土表面与内部形成过大的温差而产生温差应力,致使混凝土受拉而开裂破坏。因此在大体积混凝土工程中,应选择低热水泥。但在混凝土冬季施工时,水化热却有利于水泥的凝结、硬化和防止混凝土受冻。

(11)密度与堆积密度。

硅酸盐水泥的视密度一般在 3.1~3.2 g/m^3 之间。水泥在松散状态时的堆积密度一般在 900~1 300 kg/m^3 之间,紧密堆积状态可达 1 400~1 700 kg/cm^3。

根据国家标准规定:凡氧化镁、三氧化硫、安定性、初凝时间中有任一项不符合标准规定时,均为废品。凡细度、终凝时间、不溶物和烧失量中任一项不符合标准规定,或混合材料掺量超过最大限量,或强度低于规定指标时,称为不合格品。废品水泥在工程中严禁使用。若水泥的强度低于规定指标时,可以降级使用。

2.7.2.6　水泥石的腐蚀

硅酸盐水泥硬化后,在正常使用条件下,水泥石的强度会不断增长,具有较好的耐久性。但水泥石长期处在侵蚀性介质中(如流动的淡水、酸性或盐类溶液、强碱等),会逐渐受到侵蚀变得疏松,强度下降,甚至破坏,这种现象称为水泥石的腐蚀。水泥石的腐蚀主要有以下四种类型。

1)软水的侵蚀(溶出性侵蚀)

硅酸盐水泥属于水硬性胶凝材料,对于一般江、河、湖水等具有足够的抵抗能力。但是对于软水如冷凝水、雪水、蒸馏水、碳酸盐含量甚少的河水及湖水时,水泥石会遭受腐蚀。其腐蚀原因如下。

当水泥石长期与软水接触时,水泥石中的氢氧化钙会被溶出,在静水及无压水的情况下,氢氧化钙很快处于饱和溶液中,使溶解作用中止,此时溶出仅限于表层,危害不大。但在流动水及压力水的作用下,溶解的氢氧化钙会不断流失,而且水愈纯净,水压愈大,氢氧化钙流失得愈多。其结果是一方面使水泥石变得疏松,另一方面也使水泥石的碱度降低,导致了其他水化产物的分解溶蚀,最终使水泥石破坏。

当环境水中含有重碳酸盐 $Ca(HCO_3)_2$ 时,由于同离子效应的缘故,氢氧化钙的溶解受到抑制,从而减轻了侵蚀作用,重碳酸盐还可以与氢氧化钙起反应,生成几乎不溶于水的碳酸钙。生成的碳酸钙积聚在水泥石的孔隙中,形成了致密的保护层,阻止了外界水的侵入和内部氢氧化钙的扩散析出:

$$Ca(HCO_3)_2 + Ca(OH)_2 \longrightarrow 2CaCO_3 + 2H_2O$$

因此,对需与软水接触的混凝土,预先在空气中放置一段时间,使水泥石中的氢氧化钙与空气中的 CO_2 作用形成碳酸钙外壳,则可对溶出性侵蚀起到一定的保护作用。

2)酸性腐蚀

(1)碳酸水的腐蚀。

雨水、泉水及某些工业废水中常溶解有较多的 CO_2,当含量超过一定浓度时,将会对水泥石产生破坏作用,其反应式如下:

$$Ca(OH)_2 + CO_2 + H_2O \longrightarrow CaCO_3 + 2H_2O$$

$$CaCO_3 + CO_2 + H_2O \longrightarrow Ca(HCO_3)_2$$

上述第二个反应式是可逆反应,若水中含有较多的碳酸,超过平衡浓度时,上式向右进行,水泥石中的 $Ca(OH)_2$ 经过上述两个反应式转变为 $Ca(HCO_3)_2$ 而溶解,进而导致其他水泥水化产物分解和溶解,使水泥石结构破坏;若水中的碳酸含量不高,低于平衡浓度时,则反应进行到第一个反应式为止,对水泥石并不起破坏作用。

(2)一般酸的腐蚀。

在工业污水和地下水中常含有无机酸(HCl、H_2SO_4、H_3PO_4 等)和有机酸(醋酸、蚁酸等),各种酸对水泥都有不同程度的腐蚀作用,它们与水泥石中的 $Ca(OH)_2$ 作用后生成的化合物或溶于水或体积膨胀而导致破坏。腐蚀作用最快的是无机酸中的盐酸、氢氟酸、硝酸、硫酸和有机酸中的醋酸、蚁酸和乳酸等。

例如:盐酸与水泥石中的 $Ca(OH)_2$ 作用生成极易溶于水的氯化钙,导致溶出性化学侵蚀:

$$2HCl + Ca(OH)_2 \longrightarrow CaCl_2 + 2H_2O$$

硫酸与水泥石中的 $Ca(OH)_2$ 作用:

$$H_2SO_4 + Ca(OH)_2 \longrightarrow CaSO_4 \cdot 2H_2O$$

生成的二水石膏在水泥石孔隙中结晶产生体积膨胀。二水石膏也可以再与水泥石中的水化铝酸钙作用,生成高硫型水化硫铝酸钙。生成高硫型的水化硫铝酸钙含有大量的结晶水,体积膨胀 1.5 倍,破坏作用更大。由于高硫型水化硫铝酸钙呈针状晶体,故俗称"水泥杆菌"。

3)盐类的腐蚀

(1)镁盐的腐蚀。

海水及地下水中常含有氯化镁、硫酸镁等镁盐,它们可与水泥石中的氢氧化钙起置换反应生成易溶于水的氯化钙和松软无胶结能力的氢氧化镁:

$$MgCl_2 + Ca(OH)_2 \longrightarrow CaCl_2 + Mg(OH)_2$$

(2)硫酸盐的腐蚀。

硫酸钠、硫酸钾等对水泥石的腐蚀同硫酸的腐蚀,而硫酸镁对水泥石的腐蚀包括镁盐和硫酸盐的双重腐蚀作用。

4)强碱腐蚀

碱类溶液如浓度不大时一般无害。但铝酸盐含量较高的硅酸盐水泥遇到强碱(如氢氧化钠)作用后会被腐蚀破坏。氢氧化钠与水泥熟料中未水化的铝酸盐作用,生成易溶的铝酸钠,出现溶出性侵蚀:

$$3CaO \cdot Al_2O_3 + 6NaOH \longrightarrow 3Na_2O \cdot Al_2O_3 + 3Ca(OH)_2$$

另外,当水泥石被氢氧化钠溶液浸透后,又在空气中干燥,与空气中的二氧化碳作用生成碳酸钠,碳酸钠在水泥石毛细孔中结晶沉积,可使水泥石胀裂。

综上所述,水泥石破坏有三种表现形式:一是溶解浸析,主要是水泥石中的 $Ca(OH)_2$ 溶解使水泥石中的 $Ca(OH)_2$ 浓度降低,进而引起其他水化产物的溶解;二是离子交换反应,侵蚀性介质与水泥石的组分 $Ca(OH)_2$ 发生离子交换反应,生成易溶解或是没有胶结能力的产物,破坏水泥石原有的结构;三是膨胀性侵蚀,水泥石中的水化铝酸钙与硫酸盐作用形成膨胀性结晶产物,产生有害的内应力,引起膨胀性破坏。

水泥石腐蚀是内外因并存的。内因是水泥石中存在有引起腐蚀的组分氢氧化钙和水化铝酸钙,水泥石本身结构不密实,有渗水的毛细管渗水通道;外因是在水泥石周围有以液相形式存在的侵蚀性介质。

除上述四种腐蚀类型外,对水泥石有腐蚀作用的还有其他一些物质,如糖、酒精、动物脂肪等。水泥石的腐蚀是一个极其复杂的物理化学过程,很少是单一类型的腐蚀,往往是几种类型腐蚀作用同时存在,相互影响,共同作用。

2.7.2.7 水泥石腐蚀的防止

1)根据侵蚀性介质选择合适的水泥品种

如采用水化产物中氢氧化钙含量少的水泥,可提高对淡水等侵蚀的抵抗能力;采用含水化铝酸钙低的水泥,可提高对硫酸盐腐蚀的抵抗能力;选择混合材料掺量较大的水泥可提高抗各类腐蚀(除抗碳化外)的能力。

2)提高水泥的密实度,降低孔隙率

在实际工程中,可通过降低水灰比、仔细选择骨料、掺外加剂、改善施工方法等措施,提高水泥石的密实度,从而提高水泥石的抗腐蚀性能。

3)加保护层

当侵蚀作用较强,上述措施不能奏效时,可用耐腐蚀的材料,如石料、陶瓷、塑料、沥青等覆盖于水泥石的表面,防止侵蚀性介质与水泥石直接接触,达到抗侵蚀的目的。

2.7.2.8　硅酸盐水泥的性质与应用

1)硅酸盐水泥的性质

(1)快凝快硬高强。

与硅酸盐系列的其他品种水泥相比,硅酸盐水泥凝结(终凝)快、早期强度(3d)高、强度等级高(低为 42.5,高为 62.5)。

(2)抗冻性好。

由于硅酸盐水泥未掺或掺很少量的混合材料,故其抗冻性好。

(3)抗腐蚀性差。

硅酸盐水泥水化产物中有较多的氢氧化钙和水化铝酸钙,耐软水及耐化学腐蚀能力差。

(4)碱度高,抗碳化能力强。

碳化是指水泥石中的氢氧化钙与空气中的二氧化碳反应生成碳酸钙的过程。碳化对水泥石(或混凝土)本身是有利的,但碳化会使水泥石(混凝土)内部碱度降低,从而失去对钢筋的保护作用。

(5)水化热大。

硅酸盐水泥中含有大量的 C_3A、C_3S,在水泥水化时,放热速度快且放热量大。

(6)耐热性差。

硅酸盐水泥中的一些重要成分在250 ℃温度时会发生脱水或分解,使水泥石强度下降,当受热 700 ℃以上时,将遭受破坏。

(7)耐磨性好。

硅酸盐水泥强度高,耐磨性好。

2)硅酸盐水泥的应用

(1)适用于早期强度要求高的工程及冬季施工的工程。

(2)适用于重要结构的高强混凝土和预应力混凝土工程。

(3)适用于严寒地区,遭受反复冻融的工程及干湿交替的部位。

(4)不能用于大体积混凝土工程。

(5)不能用于高温环境的工程。

(6)不能用于海水和有侵蚀性介质存在的工程。

(7)不适宜蒸汽或蒸压养护的混凝土工程。

2.7.3　混合材料及掺和材料的硅酸盐水泥

凡在硅酸盐水泥熟料和适量石膏的基础上,掺入一定量的混合材料共同磨细制成的水硬性胶凝材料,均属于掺混合材料的硅酸盐水泥。掺混合材料的目的是为了调整水泥强度等级,改善水泥的某些性能,增加水泥的品种,扩大使用范围,降低水泥成本和提高产量,并且充分利用工业废料。

混合材料:用于水泥中的混合材料,根据其是否参与水化反应分为活性混合材料和非活性混合材料。

2.7.3.1 活性混合材料

活性混合材料是指具有潜在活性的矿物质材料。所谓潜在活性是指单独不具有水硬性,但在石灰或石膏的激发与参与下,可一起和水反应,而形成具有水硬性的化合物的性能。硅酸盐水泥熟料水化后会产生大量的氢氧化钙,并且水泥中需掺入适量的石膏,因此在硅酸盐水泥中具备了使活性混合材料发挥潜在活性的条件。通常将氢氧化钙、石膏称为活性混合材料的"激发剂",分别称为碱性激发剂和硫酸盐激发剂,但硫酸盐激发剂必须在有碱性激发剂条件下才能发挥作用。

水泥中常用的活性混合材料有:粒化高炉矿渣、火山灰质混合材料及粉煤灰。

1)粒化高炉矿渣

将炼铁高炉中的熔融矿渣经水淬等急冷方式处理而成的松软颗粒称为粒化高炉矿渣,又称水淬矿渣,其中主要的化学成分是 CaO、SiO_2 和 Al_2O_3,约占90%以上。急速冷却的矿渣结构为不稳定的玻璃体,储有较高的潜在活性。如果熔融状态的矿渣缓慢冷却,其中的 SiO_2 等形成晶体,活性极小,称为慢冷矿渣,则不具有活性。

2)火山灰质混合材料

凡是天然的或人工的以活性氧化硅 SiO_2 和活性氧化铝 Al_2O_3 为主要成分,其含量一般可达65%~95%,具有火山灰活性的矿物质材料,都称为火山灰质混合材料。按其成因分为天然的和人工的两类。天然火山灰主要是火山喷发时随同熔岩一起喷发的大量碎屑沉积在地面或水中的松软物质,包括浮石、火山灰、凝灰岩等。人工火山灰是将一些天然材料或工业废料经加工处理而成,如硅藻土、沸石、烧黏土、煤矸石、煤渣等。

3)粉煤灰

粉煤灰是发电厂燃煤锅炉排出的细颗粒废渣,其颗粒直径一般为0.001~0.050 mm,呈玻璃态实心或空心的球状颗粒,表面比较致密,粉煤灰的成分主要是活性氧化硅 SiO_2、活性氧化铝 Al_2O_3 和活性 Fe_2O_3,及一定量的 CaO,根据 CaO 的含量可分为低钙粉煤灰(CaO 含量低于10%)和高钙粉煤灰。高钙粉煤灰通常活性较高,因为所含的钙绝大多数是以活性结晶化合物存在的,如 C_3A 和 CS,此外,其所含的钙离子量使铝硅玻璃体的活性得到增强。

2.7.3.2 掺活性混合材料的硅酸盐水泥的水化特点

掺活性混合材料的硅酸盐水泥在与水拌和后,首先是水泥熟料水化,水化生成的 $Ca(OH)_2$ 作为活性"激发剂",与活性混合材料中的活性 SiO_2 和活性 Al_2O_3 反应,即"二次水化反应",生成具有水硬性的水化硅酸钙和水化铝酸钙,其反应式如下:

$$xCa(OH)_2 + SiO_2 + nH_2O \longrightarrow xCaO \cdot SiO_2 \cdot (x+n)H_2O$$

$$yCa(OH)_2 + Al_2O_3 + mH_2O \longrightarrow yCaO \cdot Al_2O_3 \cdot (y+m)H_2O$$

当有石膏存在时,石膏可与上述反应生成的水化铝酸钙进一步反应生成水硬性的低钙型水化硫铝酸钙。与熟料的水化相比,"二次水化反应"具有的特点是:速度慢、水化热小、对温度和湿度较敏感。

2.7.3.3　非活性混合材料

在水泥中主要起填充作用而不参与水泥水化反应或水化反应很微弱的矿物材料,称为非活性混合材料。将它们掺入水泥中的目的,主要是为了提高水泥产量,调节水泥强度等级。实际上非活性混合材料在水泥中仅起填充和分散作用,所以又称为填充性混合材料、惰性混合材料。磨细的石英砂、石灰石、黏土、慢冷矿渣及各种废渣等都属于非活性材料。另外,凡不符合技术要求的粒化高炉矿渣、火山灰质混合材料及粉煤灰均可作为非活性混合材料使用。

2.7.4　矿渣水泥、火山灰水泥、粉煤灰水泥

2.7.4.1　组成

矿渣硅酸盐水泥(简称矿渣水泥)是由硅酸盐水泥熟料和粒化高炉矿渣、适量石膏磨细制成的水硬性胶凝材料,代号 P·S。水泥中粒化高炉矿渣掺加量按质量百分比计为 >20% 且≤70%,并分为 A 型和 B 型。A 型矿渣掺量 >20% 且≤50%,代号 P·S·A;B 型矿渣掺量 >50% 且≤70%,代号 P·S·B。允许用石灰石、窑灰、粉煤灰和火山灰质混合材料中的一种材料代替矿渣,代替数量不得超过水泥质量的 8%,代替后水泥中粒化高炉矿渣不得少于 20%。

火山灰质硅酸盐水泥(简称火山灰水泥)是由硅酸盐水泥熟料和火山灰质混合材料、适量石膏磨细制成的水硬性胶凝材料,代号 P·P。水泥中火山灰质混合材料掺量按质量百分比计为 >20% 且≤40%。

粉煤灰硅酸盐水泥(简称粉煤灰水泥)是由硅酸盐水泥熟料和粉煤灰、适量石膏磨细制成的水硬性胶凝材料,代号 P·F。水泥中粉煤灰掺量按质量百分比计为 20% ~40%。

2.7.4.2　技术要求

1)细度、凝结时间、体积安定性

细度:比表面积应大于 300 m^2/kg。

凝结时间:初凝时间不得早于 45 min,终凝时间不得迟于 600 min。

体积安定性同硅酸盐水泥要求。

2)氧化镁、三氧化硫含量

矿渣水泥、火山灰水泥、粉煤灰水泥熟料中氧化镁的含量不宜超过 5%,如果水泥经压蒸安定性试验合格,则熟料中氧化镁的含量允许放宽到 6%。

矿渣水泥中三氧化硫的含量不得超过 4.0%;火山灰水泥和粉煤灰水泥中 SO_3 的含量不得超过 3.5%。

3)强度等级

矿渣水泥、火山灰水泥、粉煤灰水泥这三种水泥的强度等级按 3 d、28 d 的抗压强度和抗折强度来划分,各强度等级水泥的各龄期强度不得低于表 2.25 数值。

表2.25 矿渣水泥、火山灰水泥、粉煤灰水泥各等级、各龄期强度值

品　种	强度等级	抗压强度		抗折强度	
		3 d	28 d	3 d	28 d
矿渣硅酸盐水泥 火山灰硅酸盐水泥 粉煤灰硅酸盐水泥 复合硅酸盐水泥	32.5	≥10.0	≥32.5	≥2.5	≥5.5
	32.5R	≥15.0		≥3.5	
	42.5	≥15.0	≥42.5	≥3.5	≥6.5
	42.5R	≥19.0		≥4.0	
	52.5	≥21.0	≥52.5	≥4.0	≥7.0
	52.5R	≥23.0		≥4.5	

2.7.4.3 矿渣水泥、火山灰水泥、粉煤灰水泥性质与应用

矿渣水泥、火山灰水泥及粉煤灰水泥都是在硅酸盐水泥熟料的基础上加入大量活性混合材料再加适量石膏磨细而制成,所加活性混合材料在化学组成与化学活性上基本相同,因而存在有很多共性,但三种活性混合材料自身又有性质与特征的差异,又使得这三种水泥有各自的特性。

1)三种水泥的共性

(1)凝结硬化慢,早期强度低,后期强度发展较快。

这三种水泥的水化反应分两步进行。首先是熟料矿物的水化,生成水化硅酸钙、氢氧化钙等水化产物;其次是生成的氢氧化钙和掺入的石膏分别作为"激发剂"与活性混合材料中的活性 SiO_2 和活性 Al_2O_3 发生二次水化反应,生成水化硅酸钙、水化铝酸钙等新的水化产物。

由于三种水泥中熟料含量少,二次水化反应又比较慢,因此早期强度低,但后期由于二次水化反应的不断进行及熟料的继续水化,水化产物不断增多,使得水泥强度发展较快,后期强度可赶上甚至超过同强度等级的普通硅酸盐水泥。

(2)抗软水、抗腐蚀能力强。

由于水泥中熟料少,因而水化生成的氢氧化钙及水化铝酸三钙含量少,加之二次水化反应还要消耗一部分氢氧化钙,因此水泥中造成腐蚀的因素大大削弱,使得水泥抵抗软水、海水及硫酸盐腐蚀的能力增强,适宜用于水工、海港工程及受侵蚀性作用的工程。

(3)水化热低。

由于水泥中熟料少,即水化放热量高的 C_3A、C_3S 含量相对减小,且"二次水化反应"的速度慢、水化热较低,使水化放热量少且慢,因此适用于大体积混凝土工程。

(4)湿热敏感性强,适宜高温养护。

这三种水泥在低温下水化明显减慢,强度较低,采用高温养护可加速熟料的水化,并大大加快活性混合材料的水化速度,大幅度地提高早期强度,且不影响后期强度的发展。与此相比,普通水泥、硅酸盐水泥在高温下养护,虽然早期强度可提高,但后期强度发展受到影响,比一直在常温下养护的强度低。主要原因是硅酸盐水泥、普通水泥的熟料含量高,熟料在高温下水化速度较快,短时间内生成大量的水化产物,这些水化产物对未水化的水泥

颗粒的后期水化起阻碍作用,因此硅酸盐水泥、普通水泥不适合于高温养护。

(5)抗碳化能力差。

由于这三种水泥的水化产物中氢氧化钙含量少,碱度较低,抗碳化的缓冲能力差,其中尤以矿渣水泥最为明显。

(6)抗冻性差、耐磨性差。

由于加入较多的混合材料,使水泥的需水量增加,水分蒸发后易形成毛细管通路或粗大孔隙,水泥石的孔隙率较大,导致抗冻性差和耐磨性差。

2)三种水泥的特性

(1)矿渣水泥。

①耐热性强。矿渣水泥中矿渣含量较大,硬化后氢氧化钙含量少,且矿渣本身又是高温形成的耐火材料,故矿渣水泥的耐热性好,适用于高温车间、高炉基础及热气体通道等耐热工程。

②保水性差、泌水性大、干缩性大。粒化高炉矿渣难于磨得很细,加上矿渣玻璃体亲水性差,在拌制混凝土时泌水性大,容易形成毛细管通道和粗大孔隙,在空气中硬化时易产生较大干缩。

(2)火山灰水泥。

①抗渗性好。火山灰混合材料含有大量的微细孔隙,使其具有良好的保水性,并且在水化过程中形成大量的水化硅酸钙凝胶,使火山灰水泥的水泥石结构密实,从而具有较高的抗渗性。

②干缩大、干燥环境中表面易"起毛"。火山灰水泥水化产物中含有大量胶体,长期处于干燥环境时,胶体会脱水产生严重的收缩,导致干缩裂缝。因此,使用时特别注意加强养护,使较长时间保持潮湿状态,以避免产生干缩裂缝。对于处在干热环境中施工的工程,不宜使用火山灰水泥。

(3)粉煤灰水泥。

①干缩性小、抗裂性高。粉煤灰呈球形颗粒,比表面积小,吸附水的能力小,因而这种水泥的干缩性小,抗裂性高,但致密的球形颗粒使保水性差,易泌水。

②早强低、水化热低。粉煤灰由于内比表面积小,不易水化,所以活性主要在后期发挥。因此,粉煤灰水泥早期强度、水化热比矿渣水泥和火山灰水泥还要低,因此特别适用于大体积混凝土工程。

【例2.10】 某工程工期较短,现有强度等级同为42.5硅酸盐水泥和矿渣水泥可选用。从有利于完成工期的角度来看,选用哪种水泥更为有利?

【解析】 相同强度等级的硅酸盐水泥与矿渣水泥其28 d强度指标是相同的,但3 d的强度指标是不同的。矿渣水泥的3 d抗压强度、抗折强度低于同强度等级的硅酸盐水泥,硅酸盐水泥早期强度高,若其他性能均可满足需要,从缩短工程工期来看选用硅酸盐水泥更为有利。

2.7.5 普通硅酸盐水泥

2.7.5.1 组成

凡由硅酸盐水泥熟料、混合材料、适量石膏磨细制成的水硬性胶凝材料,称为普通硅酸盐水泥(简称普通水泥),代号 P·O。活性混合材料掺加量为 >5% 且 ≤20% ,其中允许用不超过水泥质量 8% 且符合 GB 175—2007 标准的非活性混合材料或不超过水泥质量 5% 且符合 GB 175—2007 标准的窑灰代替。

2.7.5.2 技术要求

《通用硅酸盐水泥》(GB 175—2007)对普通水泥的技术要求如下。

①细度,比表面积应大于 300 m^2/kg,80 μm 方孔筛筛余百分数不得超过 10% 。

②凝结时间,初凝不得早于 45 min,终凝不得迟于 10 h。

③强度和强度等级,根据 3 d 和 28 d 龄期的抗折和抗压强度,将普通硅酸盐水泥划分为 42.5、42.5R、52.5、52.5R 四个强度等级。各强度等级水泥的各龄期强度不得低于国家标准规定的数值。

普通水泥的体积安定性、氧化镁含量、二氧化碳含量等其他技术要求与硅酸盐水泥相同。

在应用范围方面,与硅酸盐水泥基本相同,甚至在一些不能用硅酸盐水泥的地方也可采用普通水泥,使得普通水泥成为建筑行业应用面最广、使用量最大的水泥品种。

2.7.6 复合硅酸盐水泥

复合硅酸盐水泥(简称复合水泥)是由硅酸盐水泥熟料,两种或两种以上规定的混合材料,适量石膏磨细制成的水硬性胶凝材料,代号 P·C。水泥中混合材料总掺加量按质量百分比计 >20% 且 ≤50% 。水泥中允许用不超过 8% 的窑灰代替部分混合材料;掺矿渣时混合材料掺量不得与矿渣硅酸盐水泥重复。

根据《复合硅酸盐水泥》对复合硅酸盐水泥的规定,其氧化镁含量、三氧化硫含量、细度、凝结时间、安定性、强度等级等指标同《矿渣硅酸盐水泥、火山灰硅酸盐水泥、粉煤灰硅酸盐水泥》。复合水泥与矿渣水泥、火山灰水泥、粉煤灰水泥相比,掺混合材料种类不是一种而是两种或两种以上,多种混合材料互掺,可弥补一种混合材料性能的不足,明显改善水泥的性能,适用范围更广。

2.7.7 其他品种水泥

2.7.7.1 快硬硅酸盐水泥

凡以硅酸盐水泥熟料和适量石膏磨细制成的,以 3 d 抗压强度表示强度等级的水硬性胶凝材料,称为快硬硅酸盐水泥,简称快硬水泥。

快硬水泥制造过程与硅酸盐水泥基本相同,只是适当增加了熟料中硬化快的矿物,如硅酸三钙为 50% ~ 60% ,铝酸三钙为 8% ~ 14% ,铝酸三钙和硅酸三钙的总量应不少于 60% ~ 65% ,同时适当增加石膏的掺量(达 8%)及提高水泥细度,通常比表面积达 450

m^2/kg。

1）技术要求

细度：快硬水泥的细度用筛余百分数来表示，其值不得超过 10%。

凝结时间：初凝时间不得早于 45 min，终凝时间不得迟于 10 h。

体积安定性：用沸煮法检验必须合格。

强度：快硬水泥以 3 d 强度定等级，分为 32.5、37.5、42.5 三种，各龄期强度不得低于表 2.26 中的数值。

表 2.26　快硬水泥各龄期强度值

强度等级	抗压强度/MPa			抗折强度/MPa		
	1 d	3 d	28 d	1 d	3 d	28 d
32.5	15.0	32.5	52.5	3.5	5.0	7.2
37.5	17.0	37.5	57.5	4.0	6.0	7.6
42.5	19.0	42.5	62.5	4.5	6.4	8.0

2）性质

①凝结硬化快，但干缩性较大。

②早期强度及后期强度均高，抗冻性好。

③水化热大，耐腐蚀性差。

3）应用

主要用于紧急抢修工程、军事工程、冬季施工和混凝土预制构件。但不能用于大体积混凝土工程及经常与腐蚀介质接触的混凝土工程。此外，由于快硬水泥细度大，易受潮变质，故在运输和储存中应注意防潮，一般储期不宜超过一个月，已风化的水泥必须对其性能重新检验，合格后方可使用。

2.7.7.2　明矾石膨胀水泥

膨胀水泥在硬化过程中能产生一定体积的膨胀，由于这一过程发生在浆体完全硬化之前，所以能使水泥石结构密实而不致破坏。膨胀水泥根据膨胀率大小和用途不同，可分为膨胀水泥（自应力 <2.0 MPa）和自应力水泥（自应力≥2.0 MPa）。膨胀水泥用于补偿一般硅酸盐水泥在硬化过程中产生的体积收缩或有微小膨胀；自应力水泥实质上是一种依靠水泥本身膨胀而产生预应力的水泥。在钢筋混凝土中，钢筋约束了水泥膨胀而使水泥混凝土承受了预压应力，这种压应力能免于产生内部微裂缝，当其值较大时，还能抵消一部分因外界因素所产生的拉应力，从而有效地改善混凝土抗拉强度低的缺陷。

1）明矾石膨胀水泥定义

明矾石膨胀水泥是以硅酸盐水泥熟料、铝质熟料、石膏和粒化高炉矿渣（或粉煤灰）共同磨细制成的具有膨胀性能的水硬性胶凝材料，称为明矾石膨胀水泥，代号 A·EC。

明矾石膨胀水泥加水后，其硅酸盐水泥熟料中的矿物水化生成的 $Ca(OH)_2$ 和 C_3AH_6，分别同明矾石 $K_2SO_4 \cdot Al_2(SO_4)_3 \cdot 4Al(OH)_3$、石膏作用生成大量体积膨胀性的钙矾石

$CaO \cdot Al_2O_3 \cdot 3CaSO_4 \cdot 31H_2O$，填充于水泥石中的毛细孔中，并与水化硅酸钙相互交织在一起，使水泥石结构密实，这就是明矾石水泥具有强度高和抗渗性好的主要原因。明矾石膨胀水泥的膨胀源均来自于生成钙矾石的多少。调整各种组成的配合比，控制生成钙矾石数量，可以制得不同膨胀值的膨胀水泥。

　　2）技术要求

　　根据 JC/T 311—2004 规定：

　　比表面积，比表面积不低于 400 m^2/kg。

　　凝结时间，初凝时间不早于 45 min，终凝时间不迟于 6 h。

　　膨胀率，对于明矾石膨胀水泥要求 3 d 不小于 0.015%、28 d 不大于 0.1%。

　　强度，按 3 d、7 d、28 d 的强度值将明矾石膨胀水泥划分为 32.5、42.5、52.5 三个等级，各等级、各龄期强度不得低于表 2.27 中的数值。

表 2.27　明矾石膨胀水泥的强度要求

标号	抗压强度/MPa			抗折强度/MPa		
	3 d	7 d	28 d	3 d	7 d	28 d
32.5	13	21	32.5	3.0	4.0	6.0
42.5	17	27	42.5	3.5	5.0	7.5
52.5	23	33	52.5	4.0	5.5	8.5

　　3）性质

　　明矾石膨胀水泥在约束膨胀下（如内部配筋或外部限制）能产生一定的预应力，从而提高混凝土和砂浆的抗裂能力，满足补偿收缩的要求，可减少或防止混凝土和砂浆的开裂。该水泥强度高，后期强度持续增长，空气稳定性良好。与钢筋有良好的黏结力，其原因主要是产生的膨胀力转化为化学压力，从而提高黏结力。

　　4）应用

　　明矾石膨胀水泥主要用于可补偿收缩混凝土工程、防渗抹面及防渗混凝土（如各种地下建筑物、地下铁道、储水池、道路路面等），构件的接缝，梁、柱和管道接头，固定机器底座和地脚螺栓等。

　　2.7.7.3　砌筑水泥

　　1）定义

　　砌筑水泥是由一种或一种以上活性混合材料或具有水硬性的工业废料为主要原料，加入适量硅酸盐水泥熟料和石膏，经磨细制成的水硬性胶凝材料，代号 M。这种水泥的强度较低，不能用于钢筋混凝土或结构混凝土，主要用于工业与民用建筑的砌筑和抹面砂浆、垫层混凝土等。

　　2）技术要求

　　根据国家标准《砌筑水泥》（GB/T 3183—2003）规定如下。

　　细度：80 μm 方孔筛筛余不大于 10%。

凝结时间:初凝时间不早于 60 min,终凝时间不迟于 12 h。

安定性:用沸煮法检验应合格。

强度:砌筑水泥分为 12.5 及 22.5 两个强度等级,其中 7 d 抗压强度分别不低于 7.0 MPa 及 10.0 MPa,28 d 抗压强度分别不低于 12.5 MPa 及 22.5 MPa。

2.7.8　水泥的选用

水泥作为建筑材料中最重要的材料之一,在工程建设中发挥着巨大的作用。正确选择、合理使用水泥,严格质量验收并且妥善保管就显得尤为重要,它是确保工程质量的重要措施。

水泥的选用包括水泥品种的选择和强度等级的选择两方面。强度等级应与所配制的混凝土或砂浆的强度等级相适应,在此重点考虑水泥品种的选择。

2.7.8.1　按环境条件选择水泥品种

环境条件主要指工程所处的外部条件,包括环境的温、湿度及周围所存在的侵蚀性介质的种类及浓度等。如严寒地区的露天混凝土应优先选用抗冻性较好的硅酸盐水泥、普通水泥,而不得选用矿渣水泥、粉煤灰水泥、火山灰水泥;若环境具有较强的侵蚀性介质时,应选用掺混合材料的水泥,而不宜选用硅酸盐水泥。

2.7.8.2　按工程特点选择水泥品种

冬季施工及有早强要求的工程应优先选用硅酸盐水泥,而不得使用掺混合材料的水泥;对大体积混凝土工程,如大坝、大型基础、桥墩等应优先选用水化热较小的低热矿渣水泥和中热硅酸盐水泥,不得使用硅酸盐水泥;有耐热要求的工程,如工业窑炉、冶炼车间等,应优先选用耐热性较高的矿渣水泥、铝酸盐水泥;军事工程、紧急抢修工程应优先选用快硬水泥、双快水泥;修筑道路路面、飞机跑道等优先选用道路水泥。

2.7.9　水泥取样方法及检验

2.7.9.1　水泥的编号和取样

水泥出厂前按同品种、同强度等级编号和取样。袋装水泥和散装水泥应分别进行编号和取样。每一编号为一取样单位。水泥出厂编号按年生产能力规定为:

200×10^4 t 以上,不超过 4 000 t 为一编号;

$120 \times 10^4 \sim 200 \times 10^4$ t,不超过 2 400 t 为一编号;

$60 \times 10^4 \sim 120 \times 10^4$ t,不超过 1 000 t 为一编号;

$30 \times 10^4 \sim 60 \times 10^4$ t,不超过 600 t 为一编号;

$10 \times 10^4 \sim 30 \times 10^4$ t,不超过 400 t 为一编号;

10×10^4 t 以下,不超过 200 t 为一编号。

取样方法按 GB/T 12573 进行。可连续取,亦可从 20 个以上不同部位取等量样品,总量至少 12 kg。

当散装水泥运输工具的容量超过该厂规定出厂编号吨数时,允许该编号的数量超过取样规定吨数。水泥出厂后到施工现场时,应对同品种、同强度等级水泥进行编号取样,水泥取样一般不超过200 t,不足200 t时也按一个取样单位计。水泥试样应从不同堆放部位的20袋中各抽取相等量样品,总重量至少12 kg,在取样时,应取具有代表性的样品,送至检测部门检验。

2.7.9.2 品种验收

水泥袋上应清楚标明:产品名称,代号,净含量,强度等级,生产许可证编号,生产者名称和地址,出厂编号,执行标准号,包装年、月、日。掺火山灰质混合材料的普通水泥还应标上"掺火山灰"字样,包装袋两侧应印有水泥名称和强度等级,硅酸盐水泥和普通硅酸盐水泥的印刷采用红色,矿渣水泥的印刷采用绿色,火山灰水泥、粉煤灰水泥和复合水泥采用黑色或蓝色。

1)数量验收

水泥可以袋装或散装,袋装水泥每袋净含量50 kg,且不得少于标志质量的99%;随机抽取20袋总质量不得少于1 000 kg。其他包装形式由双方协商确定,但有关袋装质量要求,必须符合上述原则规定。

2)质量验收

水泥出厂前应按品种、强度等级和编号取样试验,袋装水泥和散装水泥应分别进行编号和取样,取样应有代表性,可连续取,亦可从20个以上不同部位取等量样品,总量至少12 kg。

交货时水泥的质量验收可抽取实物试样以其检验结果为依据,也可以水泥厂同编号水泥的检验报告为依据。采取何种方法验收由双方商定,并在合同或协议中注明。

以抽取实物试样的检验结果为验收依据时,买卖双方应在发货前或交货时共同取样和签封,取样数量20 kg,缩分为二等份。一份由卖方保存40 d,一份由买方按标准规定的项目和方法进行检验。在40 d内买方检验认为水泥质量不符合标准要求时,可将卖方保存的一份试样送水泥质量监督检验机构进行仲裁检验。

以水泥厂同编号水泥的检验报告为验收依据时,在发货前或交货时买方在同编号水泥中抽取试样,双方共同签封后保存三个月;或委托卖方在同编号水泥中抽取试样,签封后保存三个月。在三个月内,买方对水泥质量有疑问时,则买卖双方应将签封的试样送省级或省级以上国家认可的水泥质量监督检验机构进行仲裁检验。

2.7.9.3 结论

在检验水泥过程中,凡细度、终凝时间、不溶物和烧失量中的任何一项不符合GB 175—2007标准规定或混合材料的掺量最大限度和强度低于商品强度等级指标时,为不合格品,水泥包装标志中水泥品种、强度等级、生产名称和出厂编号不全的也属于不合格品。凡氧化镁、三氧化硫、初凝时间、安定性中的任何一项不符合标准规定者均为废品。

2.7.10 水泥的储存与保管

水泥在保管时,应按不同生产厂、不同品种、强度等级和出厂日期分开堆放,严禁混杂;在运输及保管时要注意防潮和防止空气流动,先存先用,不可储存过久。若水泥保管不当会使水泥因风化而影响水泥正常使用,甚至会导致工程质量事故。

2.7.10.1　水泥的风化

水泥中的活性矿物与空气中的水分、二氧化碳发生反应,而使水泥变质的现象,称为风化。

水泥中各熟料矿物都具有强烈与水作用的能力,这种趋于水解和水化的能力称为水泥的活性。具有活性的水泥在运输和储存的过程中,易吸收空气中的水及 CO_2,使水泥受潮而成粒状或块状,过程如下。

水泥中的游离氧化钙、硅酸三钙吸收空气中的水分发生水化反应,生成氢氧化钙,氢氧化钙又与空气中的二氧化碳反应,生成碳酸钙并释放出水。这样的连锁反应使水泥受潮加快,受潮后的水泥活性降低,凝结迟缓,强度降低,通常水泥强度等级越高,细度越细,吸湿受潮也越快。在正常储存条件下,储存 3 个月,强度降低 10% ~25%,储存 6 个月,强度降低 25% ~40%。因此规定,常用水泥储存期为 3 个月,铝酸盐水泥为 2 个月,双快水泥不宜超过 1 个月,过期水泥在使用时应重新检测,按实际强度使用。

水泥一般应入库存放。水泥仓库应保持干燥,库房地面应高出室外地面 30 cm,离开窗户和墙壁 30 cm 以上,袋装水泥堆垛不宜过高,以免下部水泥受压结块,一般为 10 袋,如存放时间短,库房紧张,也不宜超过 15 袋;袋装水泥露天临时储存时,应选择地势高,排水条件好的场地,并认真做好上盖下垫,以防水泥受潮。若使用散装水泥,可用铁皮水泥罐仓,或散装水泥库存放。

2.7.10.2　受潮水泥处理

受潮水泥处理参见表 2.28。

表 2.28　受潮水泥的处理

受潮程度	处理方法	使用方法
有松块、小球,可以捏成粉末,但无硬块	将松块、小球等压成粉末,同时加强搅拌	经试验按实际强度等级使用
部分结成硬块	筛除硬块,并将松块压碎	经试验依实际强度等级使用用于不重要、受力小的部位用于砌筑砂浆
硬块	将硬块压成粉末,换取 25% 硬块重量的新鲜水泥作强度试验	经试验按实际强度等级使用

2.7.11　水泥的基本性质试验

2.7.11.1　水泥细度测定(筛析法)

试验目的:通过试验来检验水泥的粗细程度,作为评定水泥质量的依据之一;掌握筛析法的测试方法,正确使用所用仪器与设备,并熟悉其性能。

1)负压筛法

主要仪器设备:试验筛、负压筛析仪、水筛架和喷头、天平。

试验步骤如下。

①筛析试验前,应把负压筛放在筛座上,盖上筛盖,接通电源,检查控制系统,调节负压至 4 000~6 000 Pa 范围。

②称取试样 25 g,置于洁净的负压筛中。盖上筛盖,放在筛座上,开动筛析仪连续筛析 2 min,在此期间如有试样附着于筛盖上,可轻轻地敲击,使试样落下。筛毕,用天平称量筛余物。

③当工作负压小于 4 000 Pa 时,应清理吸尘器内水泥,使负压恢复正常。

2)水筛法

①筛析试验前,应检查水中无泥、砂,调整好水压及水筛架的位置,使其能正常运转。喷头底面和筛网之间的距离为 35~75 mm。

②称取试样 50 g,置于洁净的水筛中,立即用洁净的水冲洗至大部分细粉通过后,放在水筛架上,用水压为(0.05±0.02)MPa 的喷头连续冲洗 3 min。

③筛毕,用少量水把筛余物冲至蒸发皿中,等水泥颗粒全部沉淀后小心将水倾出,烘干并用天平称量筛余物。

④试验结果计算。

水泥细度按试样筛余百分数(精确至 0.1%)计算。

$$F = \frac{R_\text{s}}{W} \times 100\% \tag{2-4}$$

式中　F——水泥试样的筛余百分数(%);

　　　R_s——水泥筛余物的质量(g);

　　　W——水泥试样的质量(g)。

2.7.11.2　水泥标准稠度用水量试验

试验目的:通过试验测定水泥净浆达到水泥标准稠度(统一规定的浆体可塑性)时的用水量,作为水泥凝结时间、安定性试验用水量之一;掌握水泥标准稠度用水量的测试方法,正确使用仪器设备,并熟悉其性能。

1)标准法

主要仪器设备:水泥净浆搅拌机、标准法维卡仪、天平、量筒。

试验方法及步骤如下。

①试验前检查:仪器金属棒应能自由滑动,搅拌机运转正常等。

②调零点:将标准稠度试杆装在金属棒下,调整至试杆接触玻璃板时指针对准零点。

③水泥净浆制备:用湿布将搅拌锅和搅拌叶片擦一遍,将拌和用水倒入搅拌锅内,然后在 5~10 s 内小心将称量好的 500 g 水泥试样加入水中(按经验加水);拌和时,先将锅放到搅拌机锅座上,升至搅拌位置,启动搅拌机,慢速搅拌 120 s,停拌 15 s,同时将叶片和锅壁上的水泥浆刮入锅中,接着快速搅拌 120 s 后停机。

④标准稠度用水量的测定:拌和完毕,立即将水泥净浆一次装入已置于玻璃板上的圆模内,用小刀插捣、振动数次,刮去多余净浆;抹平后迅速放到维卡仪上,并将其中心定在试杆下,降低试杆直至与水泥净浆表面接触,拧紧螺丝,然后突然放松,让试杆自由沉入净浆

中。升起试杆后立即擦净。整个操作应在搅拌后 1.5 min 内完成。

以试杆沉入净浆并距底板(6±1)mm 的水泥净浆为标准稠度净浆。其拌和用水量为该水泥的标准稠度用水量(P),按水泥质量的百分比计。

$$P = \frac{拌和水用量}{水泥用量} \times 100\% \qquad (2\text{-}5)$$

2)代用法

①仪器设备检查:稠度仪金属滑杆能自由滑动,搅拌机能正常运转等。仪器设备如图 2.10 所示。

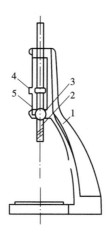

图 2.10　标准稠度与时间测定仪
1—支架铁座;2—试杆;3—松紧螺丝;4—支杆;5—标尺

②调零点:将试锥降至锥模顶面位置时,指针应对准标尺零点。

③水泥净浆制备:水泥净浆用净浆搅拌机搅拌,搅拌锅和搅拌叶片先用湿棉布擦过,将称好的 500 g 水泥试样倒入搅拌锅内。拌和时,先将锅放到搅拌机锅座上,升至搅拌位置,开动机器,同时徐徐加入拌和水,慢速搅拌 120 s 后停拌 15 s,接着快速搅拌 120 s 后停机。

④标准稠度的测定:有固定水量法和调整水量法两种,可选用任一种测定,如有争议时以调整水量法为准。

水泥净浆的拌制有如下两种方法。

固定水量法:拌和用水量为 142.5 mL。拌和结束后,立即将拌和好的净浆装入锥模,用小刀插捣,振动数次,刮去多余净浆;抹平后放到试锥下面的固定位置上,调整金属棒使锥尖接触净浆并固定松紧螺丝 1~2 s,然后突然放松,让试锥垂直自由地沉入水泥净浆中。在试锥停止下沉或释放试锥时记录试锥下沉深度(S)。整个操作应在搅拌后 1.5 min 内完成。

调整水量法:拌和用水量按经验加水。拌和结束后,立即将拌和好的净浆装入锥模,用小刀插捣、振动数次,刮去多余净浆;抹平后放到试锥下面的固定位置上,调整金属棒使锥尖接触净浆并固定松紧螺丝 1~2 s,然后突然放松,让试锥垂直自由地沉入水泥净浆中。当试锥下沉深度为(28±2)mm 时的净浆为标准稠度净浆,其拌和用水量即为标准稠度用水量(P),按水泥质量的百分比计。

2.7.11.3　试验结果计算

1)标准法

以试杆沉入净浆并距底板(6±1)mm 的水泥净浆为标准稠度净浆。其拌和用水量为该水泥的标准稠度用水量(P),以水泥质量的百分比计,按下式计算。

$$P = \frac{拌和用水量}{水泥用量} \times 100\%$$

2)代用法

①用固定水量方法测定时,根据测得的试锥下沉深度 S(mm),可从仪器上对应标尺读出标准稠度用水量(P),或按下面的经验公式计算其标准稠度用水量(P)(%)。

$$P = 33.4 - 0.185S \tag{2-6}$$

当试锥下沉深度小于 13 mm 时,应改用调整水量方法测定。

②用调整水量方法测定时,以试锥下沉深度为(28±2)mm 时的净浆为标准稠度净浆,其拌和用水量为该水泥的标准稠度用水量(P),以水泥质量百分数计,计算公式同标准法。

如下沉深度超出范围,须另称试样,调整水量,重新试验,直至达到(28±2)mm 为止。

2.7.11.4　水泥凝结时间的测定试验

试验目的:测定水泥达到初凝和终凝所需的时间(凝结时间以试针沉入水泥标准稠度净浆至一定深度所需时间表示),用以评定水泥的质量。掌握 GB/T 1346—2011"水泥凝结时间"的测试方法,正确使用仪器设备。

1)主要仪器设备

标准法维卡仪、水泥净浆搅拌机、湿气养护箱。

2)试验步骤

①试验前准备,将圆模内侧稍涂上一层机油,放在玻璃板上,调整凝结时间测定仪的试针接触玻璃板时,指针应对准标准尺零点。

②以标准稠度用水量的水,按测标准稠度用水量的方法制成标准稠度水泥净浆后,立即一次装入圆模振动数次刮平,然后放入湿气养护箱内,记录开始加水的时间作为凝结时间的起始时间。

③试件在湿气养护箱内养护至加水后 30 min 时进行第一次测定。测定时,从养护箱中取出圆模放到试针下,使试针与净浆面接触,拧紧螺丝 1~2 s 后突然放松,试针垂直自由沉入净浆,观察试针停止下沉时指针的读数。临近初凝时,每隔 5 min 测定一次,当试针沉至距底板 2~3 mm 即为水泥达到初凝状态。从水泥全部加入水中至初凝状态的时间即为水泥的初凝时间,用"min"表示。

④初凝测出后,立即将试模连同浆体以平移的方式从玻璃板上取下,翻转 180°,直径大端向上,小端向下,放在玻璃板上,再放入湿气养护箱中养护。

⑤取下测初凝时间的试针,换上测终凝时间的试针。

⑥临近终凝时间每隔 15 min 测一次,当试针沉入净浆 0.5 mm 时,即环形附件开始不能在净浆表面留下痕迹时,即为水泥的终凝时间。

⑦由开始加水至初凝、终凝状态的时间分别为该水泥的初凝时间和终凝时间,用分钟

(min)和小时(h)表示。

⑧在测定时应注意,最初测定的操作时应轻轻扶持金属棒,使其徐徐下降,防止撞弯试针,但结果以自由下沉为准;在整个测试过程中试针沉入净浆的位置距圆模至少大于 10 mm;每次测定完毕需将试针擦净并将圆模放入养护箱内,测定过程中要防止圆模受振;每次测量时不能让试针落入原孔,测得结果应以两次都合格为准。

3)试验结果的确定与评定

①自加水起至试针沉入净浆中距底板 2~3 mm 时所需的时间为初凝时间;至试针沉入净浆中不超过 0.5 mm(环形附件开始不能在净浆表面留下痕迹)时所需的时间为终凝时间;用小时(h)和分钟(min)来表示。

②达到初凝或终凝状态时应立即重复测一次,当两次结论相同时才能定为达到初凝或终凝状态。

评定方法:将测定的初凝时间、终凝时间结果,与国家规范中的凝结时间相比较,可判断其合格性。

2.7.11.5 水泥安定性的测定试验

1)试验目的

安定性是指水泥硬化后体积变化的均匀性情况。通过试验可掌握测试方法,正确评定水泥的体积安定性。

安定性的测定方法有雷氏法和试饼法,有争议时以雷氏法为准。

2)主要仪器设备

沸煮箱、雷氏夹(图 2.11)、雷氏夹膨胀测定仪(图 2.12),其他同标准稠度用水量试验。

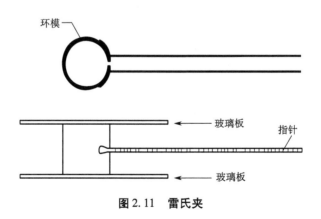

图 2.11 雷氏夹

3)试验方法及步骤

(1)测定前的准备工作。

若采用试饼法时,一个样品需要准备两块约 100 mm × 100 mm 的玻璃板;若采用雷氏法,每个雷氏夹需配备质量为 75~85 g 的玻璃板两块。凡与水泥净浆接触的玻璃板和雷氏夹表面都要涂上一薄层机油。

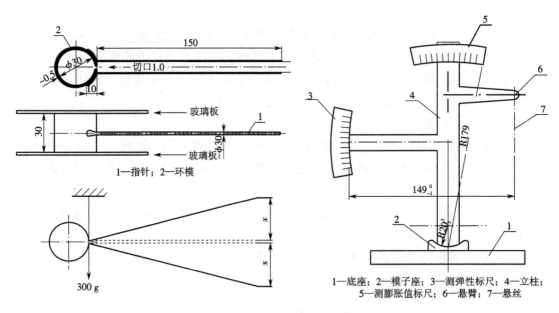

1—指针；2—环模

1—底座；2—模子座；3—测弹性标尺；4—立柱；
5—测膨胀值标尺；6—悬臂；7—悬丝

图 2.12　雷氏夹膨胀测定仪

（2）水泥标准稠度净浆的制备。

以标准稠度用水量加水，按前述方法制成标准稠度水泥净浆。

（3）成型方法。

试饼成型：将制好的净浆取出一部分分成两等份，使之成球形，放在预先准备好的玻璃板上，轻轻振动玻璃板，并用湿布擦过的小刀由边缘向中间抹动，做成直径为 70～80 mm、中心厚约 10 mm、边缘渐薄、表面光滑的试饼，然后将试饼放入湿气养护箱内养护（24±2）h。

雷氏夹试件的制备：将预先准备好的雷氏夹放在已涂油的玻璃板上，并立即将已制好的标准稠度净浆装满试模，装模时一只手轻轻扶持试模，另一只手用宽约 10 mm 的小刀插捣 15 次左右，然后抹平，盖上涂油的玻璃板，接着立即将试模移至湿气养护箱内养护（24±2）h。

（4）沸煮。

调整沸煮箱内的水位，使试件能在整个沸煮过程中浸没在水里，并在煮沸的中途不需添补试验用水，同时又保证能在（30±5）min 内升至沸腾。

脱去玻璃板取下试件，先测量雷氏夹指针尖端间的距离（A），精确到 0.5 mm，接着将试件放入沸煮箱水中的试件架上，指针朝上，试件之间互不交叉，然后在（30±5）min 内加热至沸，并恒沸 3 h±5 min。

沸煮结束，即放掉箱中的热水，打开箱盖，待箱体冷却至室温，取出试件进行判别。

（5）试验结果的判别。

饼法判别：目测试饼未发现裂缝，用直尺检查也没有弯曲时，则水泥的安定性合格，反之为不合格。若两个判别结果有矛盾时，该水泥的安定性为不合格。

雷氏夹法判别：测量试件指针尖端间的距离（C），记录至小数点后 1 位，当 2 个试件煮后增加距离$(C-A)$的平均值不大于 5.0 mm 时,即认为该水泥安定性合格,否则为不合格。当 2 个试件沸煮后的$(C-A)$超过 4.0 mm 时,应用同一样品立即重做一次试验。再如此,则认为该水泥安定性不合格。

2.8　砌筑砂浆及其检测

砌筑砂浆是由无机胶凝材料、细骨料和水等材料按适当的比例配制而成,为了改善砂浆的和易性,可掺入适量的外加剂和掺加料。砂浆按其所用的胶凝材料可分为:水泥砂浆、石灰砂浆及混合砂浆等。混合砂浆可分为水泥石灰砂浆、水泥黏土砂浆及水泥粉煤灰砂浆等。

2.8.1　砌筑砂浆组成材料及技术性质

将砖、石、砌块等黏结成为砌体的砂浆称为砌筑砂浆。它起着黏结、传递荷载的作用,是砌体的重要组成部分。

2.8.1.1　砌筑砂浆的组成材料

砌筑砂浆的主要组成材料有水泥、掺加料、细集料、外加剂、水等。

1)水泥

水泥是配制砂浆的主要材料,普通水泥、矿渣水泥、粉煤灰水泥、火山灰水泥及复合水泥等都可以用来配制砂浆。配制砂浆时,所用的水泥的强度等级一般为砂浆强度等级的 4~5 倍,配制水泥砂浆时,水泥强度等级≤32.5 级;若水泥强度等级过高,将使水泥用量不足而导致保水性不良。配制水泥混合砂浆时,水泥强度等级≤42.5 级。配制砂浆时要尽量采用低强度的水泥和砌筑水泥。如果水泥的强度较高,可掺加适量掺加料,严禁使用废品水泥。为改善砂浆的和易性和节约水泥,还常在砂浆中掺入适量的石灰或黏土膏,加入皂化松香、微沫剂、纸浆废液,以及粉煤灰、火山灰质混合材、高炉矿渣等。

专门用于砌筑砂浆和内墙抹面砂浆的水泥,配成的砂浆具有较好的和易性。对于一些有特殊用途的砂浆,应选用膨胀水泥、白水泥、彩色水泥等。

2)石灰膏

石灰膏可由生石灰、磨细生石灰及电石渣制得。

生石灰熟化成石灰膏时,应用孔径不大于 3 mm×3 mm 的网过滤,应得到充分"陈伏",熟化时间≥7 d;磨细生石灰粉的熟化时间≥2 d,严禁使用脱水硬化的石灰膏。

制作电石灰膏的电石渣应用孔径不大于 3 mm×3 mm 的网过滤,检验时应加热至 70 ℃并保持 20 min,没有乙炔气味后,方可使用。

不得直接使用消石灰粉,原因是未充分熟化的石灰,颗粒太粗,起不到改善和易性的作用,严寒地区磨细生石灰粉直接加入砌筑砂浆中属冬季施工措施。

3)黏土膏

采用黏土或粉质黏土制备黏土膏时,宜用搅拌机加水搅拌,通过孔径不大于 3 mm×3 mm 的网过筛,用比色法鉴定黏土中的有机物含量时应浅于标准色。粉煤灰、磨细生石灰的品质指标应符合国家标准的有关要求。使用高钙粉煤灰时,必须检验安定性指标是否合格。

4)细骨料

粒径在 4.75 mm 以下的骨料称为细骨料,俗称砂。砂按产源分为天然砂、人工砂两类。天然砂是由自然风化、水流搬运和分选、堆积形成的、粒径小于 4.75 mm 的岩石颗粒,但不包括软质岩、风化岩石的颗粒。天然砂包括河砂、湖砂、山砂和淡化海砂。人工砂是经除土处理的机制砂、混合砂的统称,在砂浆中起骨架或填充作用。

在配制砂浆时,对砂子最大粒径有所限制。毛石砌体宜选用粗砂,最大粒径不超过灰缝厚度的 1/4 ~ 1/5。砖砌体以中砂为宜。最大粒径为 2.5 mm,石砌体中最大粒径为 5 mm。光滑的抹面及勾缝砂浆则应采用细砂,砂浆强度等级 ≥M2.5 的,砂中含泥量 ≤5% ;砂浆强度等级 < M2.5 的水泥混合砂浆,允许砂中含泥量 ≤10%。当采用人工砂、山砂、炉渣等作为细骨料时,应根据经验或试配而确定其技术指标,以防发生质量事故。

5)外加剂

(1)塑化剂。

普通混凝土中采用的引气剂和减水剂对砂浆也有增塑作用。砂浆微沫剂,是由松香和纯碱熬制而成的一种憎水性表面活性剂,称为皂化松香。它吸附在水泥颗粒表面,形成皂膜增加水泥分散性,可降低水的表面张力,使砂浆产生大量微小气泡,水泥颗粒之间摩擦阻力减小,砂浆流动性、和易性得到改善。微沫剂掺量应经试验确定,一般为水泥用量的 0.05‰ ~ 0.1‰。

(2)保水剂。

常用的有甲基纤维素、硅藻土等。能减少砂浆泌水,防止离析,改善砂浆和易性。

6)水

砂浆拌和水的技术要求如下。

①pH > 4 的水用来拌和砂浆。

②含有杂质、油脂、糖类的水不能用来拌和砂浆。

③未经检验的污水、pH ≤4 的酸性水、含有硫酸盐的水不能用来拌和砂浆。

④海水不能用来拌和砂浆。

2.8.1.2 砌筑砂浆的技术性质

砌筑砂浆的技术性质包括新拌砂浆的和易性及硬化砂浆的技术性质两个方面。

1)新拌砂浆的和易性

新拌砂浆的和易性是指砂浆是否便于施工并保证质量的综合性质,通常包括有流动性、保水性。和易性好的砂浆便于施工操作,灰缝填筑饱满密实,与砖、石黏结牢固,可使砌体获得较高的强度和整体性;和易性不良的砂浆难以铺成均匀密实的薄层,水分易被砖、石吸收使砂浆很快变得干涩,灰缝难以填实,与砖、石也难以紧密黏结。

(1)流动性。

砂浆的流动性又称稠度,是指砂浆在自重或外力作用下流动的性能。稠度以砂浆稠度测定仪的圆锥体沉入砂浆内的深度表示。圆锥沉入深度越大,砂浆的流动性越大。若流动性过大,砂浆易分层、泌水;若流动性过小,不便于施工操作,灰缝不易填充,所以新拌砂浆应具有适宜的稠度。影响砂浆流动性的因素有用水量、水泥品种和用量、骨料粒径和级配、以及砂浆搅拌时间等。砂浆稠度根据砌体种类、气候条件等选用,一般情况可参考表 2.29 选择。

表 2.29　砌筑砂浆稠度

砌体种类	砂浆稠度/mm
烧结普通砖砌体	70 ~ 90
轻骨料混凝土小型空心砌块砌体	60 ~ 90
烧结多孔砖、空心砖砌体	60 ~ 80
烧结普通砖平拱式过梁、普通混凝土小型空心砌块砌体、加气混凝土小型砌块砌体	50 ~ 70
石砌体	30 ~ 50

(2)保水性。

砂浆的保水性是指砂浆保持水分的能力。

保水性不好的砂浆,其塑性也较差,水分容易离析,砌筑时水分容易被砖、石基底吸收,施工较为困难。砂浆的保水性主要取决于其中的集料粒径和细微颗料含量。必须有一定数量的细微颗粒才能保证所需的保水性。砂浆中掺入适量的外加剂能显著改善砂浆的保水性和流动性,砂浆的保水性用保水率(%)表示。

【例 2.11】　新拌砂浆的和易性包括哪两方面含义? 如何测定? 影响砂浆稠度、保水性的因素有哪些?

答:砂浆的和易性包括流动性和保水性两方面的含义。砂浆的流动性是指砂浆在自重或外力作用下产生流动的性质,也称稠度。流动性用砂浆稠度测定仪测定,以沉入深度(mm)表示。

砂浆的保水性是指新拌砂浆保持其内部水分不泌出流失的能力。砂浆的保水性用保水率(%)表示。

【解析】　影响砂浆稠度、保水性的因素很多,如胶凝材料种类、用量、用水量、砂子粗细、粒形、级配、搅拌时间等。为提高水泥砂浆的保水性,往往掺入适量的石灰膏。

2)砂浆抗压强度与强度等级

(1)砂浆抗压强度。

砂浆抗压强度采用边长为 70.7 mm 的立方体,在规定条件下养护 28 d 后测定。水泥按 28 d 抗压强度平均值(MPa)划分为 M5、M7.5、M10、M15、M20、Mu25、Mu30 等七个强度等级。

水泥混合砂浆强度等级可分为 Mu5、Mu7.5、Mu10、Mu15 四个强度等级。

(2)砂浆抗压强度的影响因素。

砂浆抗压强度的影响因素有:水泥的强度等级与用量、水灰比、集料状况、外加剂的品种与数量、掺加料的状况、施工及硬化时的条件等。对于普通水泥配制的砂浆,其主要影响因素有下列两种情况。

①用于不吸水砌体材料。

当所砌筑的砌体材料不吸水或吸水率很小时(如密实石材),砂浆组成材料与其强度之间的关系与混凝土相似,主要取决于水泥强度和水灰比。计算公式如式(2-7):

$$f_{m,cu} = 0.29 f_{ce} \left(\frac{C}{W} - 0.4 \right)$$ (2-7)

式中　$f_{m,cu}$——砂浆 28 d 抗压强度(MPa);

　　　f_{ce}——水泥的实测强度,确定方法与混凝土中相同(MPa);

　　　C/W——灰水比(水泥与水质量比)。

②用于吸水砌体材料。

当砌体材料具有较高的吸水率时,虽然砂浆具有一定的保水性,但砂浆中的部分水仍会被砌体吸走。因而,即使砂浆用水量不同,经基底吸水后保留在砂浆中的水分却大致相同。这种情况下,砌筑砂浆的强度主要取决于水泥的强度及水泥用量,而与拌和水量无关。

强度计算公式如式(2-8):

$$f_{m,o} = \alpha \frac{Q_c f_{ce}}{1\,000} + \beta$$ (2-8)

式中　Q_c——每立方米砂浆的水泥用量(kg/m³);

　　　$f_{m,o}$——砂浆的配制强度(MPa);

　　　f_{ce}——水泥的实测强度(MPa);

　　　α, β——砂浆的特征系数,当为水泥混合砂浆时,$\alpha = 3.03, \beta = -15.09$。

3)砂浆的黏结力

砂浆的黏结力主要是指砂浆与基体的黏结强度的大小。黏结力的大小,将影响砌体的抗剪强度、耐久性、稳定性及抗震能力等,因此对砂浆的黏结力应有足够重视。砂浆的黏结力与砂浆强度有关。通常砂浆的强度越高,其黏结力越大;低强度砂浆,因加入的掺和料过多,其内部易收缩,使砂浆与底层材料的黏结力减弱。砂浆的黏结力是影响砌体抗剪强度、耐久性和稳定性,乃至建筑物抗震能力和抗裂性的基本因素之一。

4)砂浆的抗渗性与抗冻性

防水砂浆或直接受水和冰冻作用的砌体,应考虑砂浆的抗渗和抗冻要求。在其配制中除控制水灰比外,常加入外加剂来改善其抗渗与抗冻性能。

2.8.2　砌筑砂浆的配合比设计

砌筑砂浆应根据工程类别及砌体部位的设计要求来选择砂浆的类别与强度等级,再按砂浆的强度等级确定其配合比。

2.8.2.1　配制砌筑砂浆步骤

砂浆配合比用每立方米砂浆中各种材料的质量比或各种材料的用量来表示。

《砌筑砂浆配合比设计规程》(JGJ/98—2010)[A1]规定,水泥砂浆的初步配合比设计按以下步骤进行。配合比应按下列步骤进行计算。

1）混合砂浆的配合比设计

①计算砂浆试配强度（$f_{m,0}$）；

②计算每立方米砂浆中的水泥用量（Q_c）；

③计算每立方米砂浆中石灰膏用量（Q_D）；

④确定每立方米砂浆中砂用量（Q_s）；

⑤按砂浆稠度选每立方米砂浆用水量（Q_w）。

计算砂浆的试配强度 $f_{m,0}$：

$$f_{m,0} = Kf_2 \qquad\qquad\qquad (2-9)$$

式中　$f_{m,0}$——砂浆的试配强度，精确至 0.1 MPa；

　　　　f_2——砂浆强度等级值（MPa），应精确至 0.1 MPa；

　　　　K——系数，按表 2.30 取值。

2）砂浆现场强度标准差的确定

①当有统计资料时，应按式（2-10）计算：

$$\sigma = \sqrt{\dfrac{\displaystyle\sum_{i=1}^{n} f_{m,i}^2 - n\mu_{f_m}^2}{n-1}} \qquad\qquad (2-10)$$

式中　$f_{m,i}$——统计周期内同一品种砂浆第 i 组试件的强度（MPa）；

　　　　μ_{f_m}——统计周期内同一品种砂浆 n 组试件强度的平均值（MPa）；

　　　　n——统计周期内同一品种砂浆试件的总组数，$n \geqslant 25$。

②当不具有近期统计资料时，现场强度标准差可从表 2.30 中选用。

表 2.30　砂浆强度标准差 σ 及 K 值

强度等级 施工水平	强度标准差 σ/MPa							K
	M5	M7.5	M10	M15	M20	M25	M30	
优良	1.00	1.50	2.00	3.00	4.00	5.00	6.00	1.15
一般	1.25	1.88	2.50	3.75	5.00	6.25	7.50	1.20
较差	1.50	2.25	3.00	4.50	6.00	7.50	9.00	1.25

③计算水泥用量：

$$Q_c = \dfrac{1\,000(f_{m,0} - \beta)}{\alpha f_{ce}} \qquad\qquad (2-11)$$

式中　Q_c——每立方米砂浆的水泥用量，精确至 1 kg；

　　　　$f_{m,0}$——砂浆的试配强度，精确至 0.1 MPa；

　　　　f_{ce}——水泥的实测强度值（若无水泥的实测强度值，$f_{ce} = \gamma_c f_{ce,k}$，$\gamma_c$ 为水泥强度等级值的富余系数，宜按实际统计资料确定；无统计资料时可取 1.0），精确至 0.1 MPa；

　　　　$\alpha \setminus \beta$——特征系数，$\alpha = 3.03$，$\beta = -15.09$。

④计算掺加料的用量：

$$Q_D = Q_A - Q_c \tag{2-12}$$

式中　Q_D——每立方米砂浆中掺加料的用量,精确至 1 kg;

　　　　Q_c——每立方米砂浆中水泥的用量,精确至 1 kg;

　　　　Q_A——经验数据,指每立方米砂浆中掺加料与水泥的总量,精确至 1 kg,宜在 300~350 kg 之间。

⑤确定用砂量:

$$Q_s = \rho_{0,s} V \tag{2-13}$$

式中　Q_s——每立方米砂浆的用砂量,精确至 1 kg;

　　　　$\rho_{0,s}$——砂子干燥状态时的堆积密度(含水量小于 0.5%)值(kg/m³);

　　　　V——每立方米砂浆所用砂的堆积体积,取 1 m³。

⑥选定用水量 Q_w:

根据砂浆的稠度,用水量在 210~310 kg 间选用。

3)水泥砂浆试验室配合比

每立方米水泥砂浆材料用量见表 2.31。

4)水泥粉煤灰砂浆的配合比

水泥粉煤灰砂浆的材料用量见表 2.32。

表 2.31　每立方米水泥砂浆材料用量　　　　　　　　　　　　kg/m³

强度等级	水泥	砂	用水量
M5	200~230		
M7.5	230~260		
M10	260~290		
M15	290~330	砂的堆积密度值	270~330
M20	340~400		
M25	360~410		
M30	430~480		

注:(1)M15 及 M15 以下强度等级水泥砂浆,水泥强度等级为 32.5 级,M15 以上强度等级水泥砂浆,水泥强度等级为 42.5 级;

　　(2)当采用细砂或粗砂时,用水量分别取上限或下限;

　　(3)稠度小于 70 mm 时,用水量可小于下限;

　　(4)施工现场气候炎热或干燥季节,可酌量增加用水量。

5)配合比试配、调整和确定

①与工程实际使用的材料和搅拌方法相同。

②采用三个配合比,基准配合比及基准配合比中水泥用量分别增减 10%。

③各组配合比分别试拌,调整用水量及掺加料量,使和易性满足要求。

④分别制作强度试件,标准养护到 28 d,测定砂浆的抗压强度,选用符合设计强度要求且水泥用量最少的砂浆配合比。

⑤根据拌和物的密度,校正材料的用量,保证每立方米砂浆中的用量准确。

表 2.32　水泥粉煤灰砂浆的材料用量　　　　　　　　　　　　　kg/m³

强度等级	水泥	粉煤灰	砂	用水量
M5	210 ~ 240	粉煤灰掺量 可占胶凝材料 总量的 15% ~ 25%	砂的堆积密度值	270 ~ 330
M7.5	240 ~ 270			
M10	270 ~ 300			
M15	300 ~ 330			

注:(1)表中水泥强度等级为 32.5 级;
　　(2)当采用细砂或粗砂时,用水量分别取上限或下限;
　　(3)稠度小于 70 mm 时,用水量可小于下限;
　　(4)施工现场气候炎热或干燥季节,可酌量增加用水量;
　　(5)试配强度应按本规程计算。

2.8.2.2　配合比设计实例

要求设计强度等级为 M2.5 的水泥石灰混合砂浆,流动性为 70 ~ 100 mm,采用 32.5 级的矿渣水泥,中砂,含水率为 3%,堆积密度为 1 400 kg/m³;施工水平一般。

设计步骤如下。

1)计算砂浆的试配强度

查表 2.30 得 $K = 1.2$。

根据公式:

$$f_{m,0} = Kf_2$$
$$= 1.2 \times 2.5\ \text{MPa} = 3.0\ \text{MPa}$$

2)计算水泥用量

$$Q_c = \frac{1\ 000(f_{m,0} - \beta)}{\alpha f_{ce}}$$

$\alpha = 3.03, \beta = -15.09, f_{ce} = 32.5\ \text{MPa}$

$Q_c = 1\ 000\ \text{kg} \times (3.0 + 15.09)\text{MPa}/(3.03 \times 32.5)\text{MPa} = 184\ \text{kg}$

3)计算石灰膏的用量 Q_D

$$Q_D = Q_A - Q_c$$
$$= (350 - 184)\text{kg} = 166\ \text{kg}$$

4)计算用砂量 Q_s

$$Q_s = 1\ 400\ \text{kg/m}^3 \times 1\ \text{m}^3 = 1\ 400\ \text{kg}$$

考虑砂的含水率,实际用砂量 $Q_s = 1\ 400 \times (1 + 3\%)\text{kg} = 1\ 442\ \text{kg}$

5)用水量 Q_w

根据稠度 70 ~ 100 mm,选择用水量 $Q_w = 300\ \text{kg}$。

6)得到初步配合比

水泥:石灰膏:砂:水 = 184:166:1 440:300 = 1:0.90:7.61:1.63

通过试验,此配合比符合设计要求,不需调整。根据稠度选取合适的用水量。

2.8.3 抹面砂浆

凡涂抹在建筑物或建筑构件表面的砂浆,统称为抹面砂浆。根据抹面砂浆功能的不同,可将抹面砂浆分为普通抹面砂浆、装饰砂浆和具有某些特殊功能的抹面砂浆(如防水砂浆、绝热砂浆、吸声砂浆和耐酸砂浆等)。对抹面砂浆要求具有良好的和易性,容易抹成均匀平整的薄层,便于施工。还应有较高的黏结力,砂浆层应能与底面黏结牢固,长期不致开裂或脱落。处于潮湿环境或易受外力作用部位(如地面和墙裙等),还应具有较高的耐水性和强度。

2.8.3.1 普通抹面砂浆

普通抹面砂浆是建筑工程中用量最大的抹面砂浆。其功能主要是保护墙体,延长墙体使用寿命,提高防潮、防腐蚀、抗风化性能,增加耐久性;同时可使建筑物达到表面平整、清洁和美观的效果,兼有一定装饰作用。

抹面砂浆的胶凝材料用量,一般比砌筑砂浆多,抹面砂浆的和易性要比砌筑砂浆好,黏结力更高。为了使表面平整,不容易脱落,一般分两层或三层施工。各层砂浆所用砂的最大粒径以及砂浆稠度见表2.33。

表2.33　砂浆的材料及稠度选择表　　　　　　　　　　　　　mm

抹面砂浆品种	沉入深度	砂的最大粒径
底层	100～120	2.5
中层	70～90	2.5
面层	70～80	1.2

底层砂浆用于砖墙底层抹灰,可以增加抹灰层与基层的黏结力,多用混合砂浆,有防水防潮要求时采用水泥砂浆;对于板条或板条顶板的底层抹灰多采用石灰砂浆或混合砂浆;对于混凝土墙体、柱、梁、板、顶板多采用混合砂浆。中层砂浆主要起找平作用,又称找平层,一般采用混合砂浆或石灰砂浆。面层起装饰作用,多用细砂配制的混合砂浆、麻刀石灰砂浆或纸筋石灰砂浆。在容易受碰撞的部位如窗台、窗口、踢脚板等采用水泥砂浆。

2.8.3.2 装饰砂浆

涂抹在建筑物内外墙表面,能具有美观装饰效果的抹面砂浆统称为装饰砂浆。装饰砂浆的底层和中层抹灰与普通抹面砂浆基本相同。主要是装饰砂浆的面层,要选用具有一定颜色的胶凝材料和骨料以及采用某种特殊的操作工艺,使表面呈现出各种不同的色彩、线条与花纹等装饰效果。

装饰砂浆所采用的胶凝材料有普通水泥、矿渣水泥、火山灰质水泥和白水泥、彩色水泥,或是在常用水泥中掺加些耐碱矿物颜料配成彩色水泥以及石灰、石膏等。骨料常采用大理石、花岗石等带颜色的细石碴或玻璃、陶瓷碎粒。

外墙面的装饰砂有如下的常用工艺:拉毛、水刷石、水磨石、干粘石、斩假石、假面砖。

装饰砂浆还可采取喷涂、弹涂、辊压等新工艺方法。可做成多种多样的装饰面层,操作很方便,施工效率可大大提高。

2.8.3.3　防水砂浆

防水砂浆是具有显著的防水、防潮性能的砂浆。一般依靠特定的施工工艺或在普通水泥砂浆中加入防水剂、膨胀剂、聚合物等配制而成,适用于不受振动或埋置深度不大、具有一定刚度的防水工程;不适用于易受振动或发生不均匀沉降的部位。

1)防水砂浆的组成材料

(1)水泥选用强度等级 32.5 及以上的微膨胀水泥或普通水泥,配制时适当增加水泥的用量。

(2)采用级配良好的中砂,灰砂比为 1:(1.5~3.0),水灰比为 1:(0.5~0.55)。

2)常用防水剂的特性和应用

防水剂有无机铝盐类、氯化物金属盐类、金属皂化物类及聚合物。

3)防水砂浆的施工要求

防水砂浆的防渗效果在很大程度上取决于施工质量,因此施工时要严格控制原材料质量和配合比。防水砂浆层一般分四层或五层施工,每层约 5 mm 厚,每层在初凝前压实一遍,最后一层要进行压光。抹完后要加强养护,防止脱水过快造成干裂。总之,刚性防水层必须保证砂浆的密实性,对施工操作要求高,否则难以获得理想的防水效果。

2.8.3.4　绝热砂浆

采用水泥、石灰、石膏等胶凝材料与膨胀珍珠岩、膨胀蛭石或陶粒砂等轻质多孔骨料,按一定比例配制的砂浆称为绝热砂浆。绝热砂浆具有质轻和良好的绝热性能,其导热系数为 0.07~0.10 W/(m·K),可用于屋面绝热层、绝热墙壁以及供热管道绝热层等处。

2.8.3.5　吸声砂浆

一般绝热砂浆是由轻质多孔骨料制成的,同时具有吸声性能。还可以用水泥、石膏、砂、锯末(其体积比为 1:1:3:5)等配成吸声砂浆,或在石灰、石膏砂浆中掺入玻璃纤维、矿物棉等松软纤维材料。吸声砂浆用于室内墙壁和平顶的吸声。

2.8.3.6　耐酸砂浆

用水玻璃(硅酸钠)与氟硅酸钠拌制成耐酸砂浆,有时也可掺入石英岩、花岗岩、铸石等粉状细骨料。水玻璃硬化后具有很好的耐酸性能。耐酸砂浆多用作衬砌材料、耐酸地面和耐酸容器的内壁防护层。

2.8.3.7　防射线砂浆

在水泥浆中掺入重晶石粉、砂可配制有防 X 射线能力的砂浆。其配合比为水泥:重晶石粉:重晶石砂 =1:0.25:(4~5)。如在水泥浆中掺加硼砂、硼酸等可配制有抗中子辐射能力的砂浆。此类防射线砂浆应用于射线防护工程。

2.8.3.8　膨胀砂浆

在水泥砂浆中掺入膨胀剂,或使用膨胀水泥可配制膨胀砂浆。膨胀砂浆可在修补工程中及大板装配工程中填充缝隙,达到黏结密封作用。

2.8.4 砂浆试验

2.8.4.1 建筑砂浆和易性试验

试验目的:学会建筑砂浆拌和物的拌制方法,为测试和调整建筑砂浆的性能,进行砂浆配合比设计打下基础。

主要仪器设备:砂浆搅拌机、磅秤、天平、拌和钢板、镘刀等。

拌和方法:按所选建筑砂浆配合比备料,称量要准确。

1)人工拌和法

①将拌和铁板与拌铲等用湿布润湿后,将称好的砂子平摊在拌和板上,再倒入水泥,用拌铲自拌和板一端翻拌至另一端,如此反复,直至拌匀。

②将拌匀的混合料集中成锥形,在堆上做一凹槽,将称好的石灰膏或黏土膏倒入凹槽中,再倒入适量的水将石灰膏或黏土膏稀释(如为水泥砂浆,将称好的水倒一部分到凹槽里),然后与水泥及砂一起拌和,逐次加水,仔细拌和均匀。

③拌和时间一般需 5 min,和易性满足要求即可。

2)机械拌和法

①拌前先对砂浆搅拌机挂浆,即用按配合比要求的水泥、砂、水,在搅拌机中搅拌(涮膛),然后倒出多余砂浆。其目的是防止正式拌和时水泥浆挂失影响到砂浆的配合比。

②将称好的砂、水泥倒入搅拌机内。

③开动搅拌机,将水徐徐加入(如是混合砂浆,应将石灰膏或黏土膏用水稀释成浆状),搅拌时间从加水完毕算起为 3 min。

④将砂浆从搅拌机倒在铁板上,再用铁铲翻拌两次,使之均匀。

2.8.4.2 建筑砂浆的稠度试验

试验目的:通过稠度试验,可以测得达到设计稠度时的加水量,或在现场对要求的稠度进行控制,以保证施工质量。掌握建筑砂浆基本性能试验方法,正确使用仪器设备。

主要仪器设备:砂浆稠度测定仪(图 2.13)、钢制捣棒、台秤、量筒、秒表等。

试验步骤如下。

①盛浆容器和试锥表面用湿布擦干净后,将拌好的砂浆物一次装入容器,使砂浆表面低于容器口约 10 mm,用捣棒自容器中心向边缘插捣 25 次,然后轻轻地将容器摇动或敲击 5~6 下,使砂浆表面平整,随后将容器置于稠度测定仪的底座上。

②拧开试锥滑杆的制动螺丝,向下移动滑杆,当试锥尖端与砂浆表面刚接触时,拧紧制动螺丝,使齿条侧杆下端刚接触滑杆上端,并将指针对准零点。

③拧开制动螺丝,同时计时间,待 10 s 立刻固定螺丝,将齿条侧杆下端接触滑杆上端,从刻度盘上读出下沉深度(精确到 1 mm)即为砂浆的稠度值。

④圆锥形容器内的砂浆,只允许测定一次稠度,重复测定时,应重新取样测定。

试验结果评定如下。

取两次试验结果的算术平均值作为砂浆稠度的测定结果,计算值精确至 1 mm。

两次试验值之差如大于 10 mm,则应另取砂浆搅拌后重新测定。

2.8.4.3　建筑砂浆的分层度试验

试验目的:测定砂浆拌和物在运输及停放时的保水能力及砂浆内部各组分之间的相对稳定性,以评定其和易性。掌握建筑砂浆基本性能试验方法,正确使用仪器设备。

主要仪器设备:砂浆分层度测定仪(图2.14)、砂浆稠度测定仪、水泥胶砂振实台、秒表等。

试验步骤如下。

①首先将砂浆拌和物按稠度试验方法测定稠度。

②将砂浆拌和物一次装入分层度筒内,待装满后,用木槌在容器周围距离大致相等的四个不同地方轻轻敲击 1~2 下,如砂浆沉落到低于筒口,则应随时添加,然后刮去多余的砂浆并用镘刀抹平。

③静置 30 min 后,去掉上截的 200 mm 砂浆,剩余的 100 mm 砂浆倒出放在拌和锅内拌 2 min,再按稠度试验方法测其稠度。前后测得的稠度之差即为该砂浆的分层度值(mm)。

试验结果评定:砂浆的分层度宜在 10~30 mm 之间,如大于 30 mm 易产生分层、离析和泌水等现象,如小于 10 mm 则砂浆过干,不宜铺设且容易产生干缩裂缝。

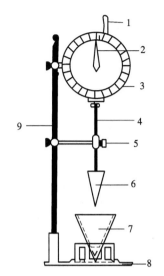

图 2.13　砂浆稠度测定仪
1—齿条侧杆;2—摆针;3—刻度盘;
4—滑杆;5—制动螺丝;6—试锥;
7—盛装容器;8—底座;9—支架

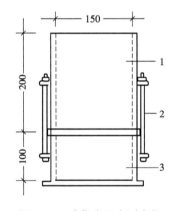

图 2.14　砂浆分层度测定仪
1—无底圆筒;2—连接螺栓;3—有底圆筒

2.8.4.4　建筑砂浆的立方体抗压强度试验

试验目的:测定建筑砂浆立方体的抗压强度,以便确定砂浆的强度等级并可判断是否达到设计要求。掌握建筑砂浆基本性能试验方法,正确使用仪器设备。

主要仪器设备:压力试验机、试模、捣棒、垫板等。

采用立方体试件:每组试件 3 个。

试件制备如下。

①制作砌筑砂浆试件时,将无底试模放在预先铺有吸水性较好的湿纸的普通黏土砖上(砖的吸水率不小于 10%,含水率不大于 2%),试模内壁事先涂刷脱膜剂或薄层机油。

②放在砖上的湿纸,应为湿的新闻纸(或其他未粘过胶凝材料的纸),纸的大小要以能盖过砖的四边为准,砖的使用面要求平整,凡砖四个垂直面粘过水泥或其他胶结材料后,不允许再使用。

③向试模内一次注满砂浆,用捣棒均匀由外向里按螺旋方向插捣 25 次,为了防止低稠度砂浆插捣后,可能留下孔洞,允许用油灰刀沿模壁插数次,使砂浆高出试模顶面 6~8 mm。

④当砂浆表面开始出现麻斑状态时(15~30 min),将高出部分的砂浆沿试模顶面削去抹平。

试件养护:试件制作后应在(20±3)℃温度环境下停置一昼夜(24±2)h,当气温较低时,可适当延长时间,但不应超过两昼夜,然后对试件进行编号并拆模。试件拆模后,应在标准养护条件下,继续养护至 28 d,然后进行试压。水泥混合砂浆应为温度(20 ±3)℃,相对湿度 90%;水泥砂浆和微沫砂浆应为温度(20 ±3)℃,相对湿度 90% 以上;养护期间,试件彼此间隔不少于 10 mm。当无标准养护条件时,可采用自然养护。

水泥混合砂浆应在正常温度,相对湿度为 90% 的条件下(如养护箱中或不通风的室内)养护。

水泥砂浆和微沫砂浆应在正常温度并保持试块表面湿润的状态下(如湿砂堆中)养护。养护期间必须作好温度记录。在有争议时,以标准养护为准。

2.8.4.5　立方体抗压强度试验

①试件从养护地点取出后,应尽快进行试验,以免试件内部的温度发生显著变化。试验前先将试件擦拭干净,测量尺寸,并检查其外观。试件尺寸测量精确至 1 mm,并据此计算试件的承压面积。如实测尺寸与公称尺寸之差不超过 1 mm,可按公称尺寸进行计算。

②将试件安放在试验机的下压板上(或下垫板上),试件的承压面应与成型时的顶面垂直,试件中心应与试验机下压板中心对准。开动试验机,当上压板与试件(或上垫板)接近时,调整球座,使接触面均衡承压。试验时应连续而均匀地加荷,加荷速度应为 0.5 ~ 1.5 kN/s(砂浆强度 2.5 MPa 以下时,取下限时宜),当试件接近破坏而开始迅速变形时,停止调整试验油门,直至试件破坏,然后记录破坏荷载。

③试验结果计算与处理。

砂浆立方体抗压强度应按式(2-14)计算,精确至 0.1 MPa。

$$f_{m,cu} = \frac{P}{A} \qquad\qquad (2\text{-}14)$$

式中　$f_{m,cu}$——砂浆立方体试件的抗压强度值(MPa);

　　　P——试件破坏荷载(N);

　　　A——试件承压面积(mm^2)。

以三个试件测值的算术平均值作为该组试件的砂浆立方体试件抗压强度平均值(f_2)(精确至 0.1 MPa)。当三个测值的最大值或最小值中如有一个与中间值的差值超过中间值的 15% 时,则把最大值及最小值一并舍除,取中间值作为该组试件的抗压强度值。

当两个测值与中间值的差值均超过中间值的 15% 时,则该组试件的试验结果无效。

【模块导图】

(1)岩石的分类如图 2.15 所示。

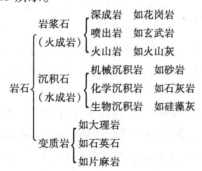

图 2.15　岩石分类图

(2)砌筑材料(石灰、石膏、水玻璃、水泥、)组成、性质、应用关系如图 2.16 所示。

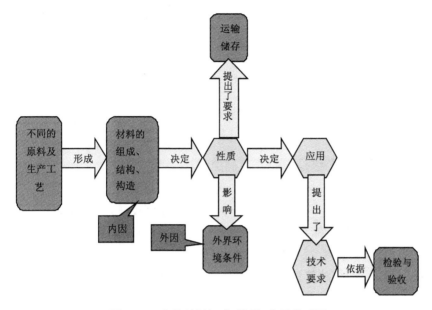

图 2.16　砌筑材料组成、性质、应用关系图

（3）硅酸盐水泥的生产工艺与通用硅酸盐水泥的分类如图 2.17 所示。

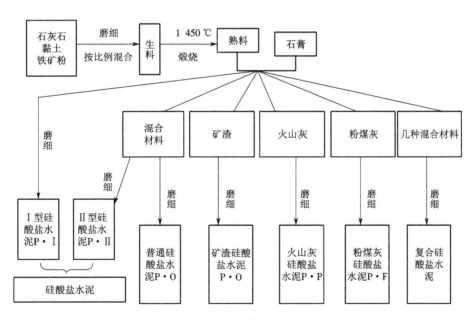

图 2.17　硅酸盐水泥的生产工艺与通用硅酸盐水泥的分类

【拓展与实训】

【职业能力训练】

一、单项选择题

1.生产石灰的主要原料是(　　　)。

A. $CaCO_3$ B. $Ca(OH)_2$ C. $CaSO_4 \cdot 2H_2O$ D. CaO

2. 石灰熟化过程中的"陈伏"是为了(　　)。

A. 有利于结晶   B. 蒸发多余水分

C. 消除过火石灰的危害   D. 降低发热量

3. 红砖是在(　　)条件下焙烧的。

A. 氧化气氛   B. 先氧化气氛,后还原气氛

C. 还原气氛   D. 先还原气氛,后氧化气氛

4. 烧结多孔砖的强度等级是按(　　)确定的。

A. 抗压强度   B. 抗折强度

C. 抗压强度 + 抗折强度   D. 抗压强度 + 抗折荷载

5. 硅酸盐水泥的运输和储存应按国家标准规定进行,超过(　　)的水泥须重新试验。

A. 一个月   B. 三个月   C. 六个月   D. 一年

6. 硅酸盐水泥水化时,放热量最大且放热速度最快的是(　　)矿物。

A. C_3S B. C_3A C. C_2S D. C_4AF

7. 水泥体积安定性是指(　　)。

A. 温度变化时,涨缩能力的大小   B. 冰冻时,抗冻能力的大小

C. 硬化过程中,体积变化是否均匀   D. 拌和中保水能力的大小

8. 为了调节硅酸盐水泥的凝结时间,常掺入适量的(　　)。

A. 石灰   B. 石膏   C. 粉煤灰   D. MgO

9. 砌筑砂浆的强度,对于吸水基层时,主要取决于(　　)。

A. 水灰比   B. 水泥用量   C. 单位用水量   D. 水泥的强度等级和用量

10. 在抹面砂浆中掺入纤维材料可以改变砂浆的(　　)。

A. 强度   B. 抗拉强度   C. 保水性   D. 分层度

二、多项选择题

1. 岩石的技术性质可分为(　　)。

A. 物理性质   B. 化学性质   C. 力学性质   D. 工艺性质

2. 为了防止与减轻石材的风化、破坏,可采取下列哪些防护措施(　　)。

A. 结构预防   B. 表面磨光   C. 表面处理   D. 化学处理

3. 石膏的技术要求主要有(　　)。

A. 细度   B. 强度   C. 有效 CaO、MgO 含量   D. 凝结时间

4. 普通黏土砖评定强度等级的依据是(　　)。

A. 抗压强度的平均值   B. 抗折强度的平均值

C. 抗压强度的单块最小值   D. 抗折强度的单块最小值

5. 水泥石抗冻性主要取决于(　　)。

A. 孔隙率   B. 孔隙特征   C. 水化热   D. 耐腐蚀性

6. 确定砂浆配合比的原则,都是为了满足(　　)。

A. 防水性 B. 和易性 C. 强度耐久性 D. 经济的原则

7. 为保证抹灰层表面平整,避免开裂脱落,抹面砂浆通常以(   )分层抹实。

A. 底层 B. 中层 C. 面层 D. 表层

8. 砌筑砂浆为改善其和易性和节约水泥用量,常掺入(   )。

A. 石灰膏 B. 麻刀 C. 石膏 D. 黏土膏

9. 新拌砂浆应具备的技术性质是(   )。

A. 流动性 B. 保水性 C. 渗透性 D. 强度

10. 对于水泥石耐久性有害的环境介质主要为(   )。

A. 淡水 B. 酸与酸性水 C. 硫酸盐溶液 D. 碱溶液

【工程模拟训练】

1. 某单位宿舍楼的内墙使用石灰砂浆抹面。数月后,墙面上出现了许多不规则的网状裂纹。同时在个别部位还发现了部分凸出的放射状裂纹。试分析上述现象产生的原因。

2. 某地区遭受洪灾,某住宅楼底部车库进水,两天后楼房倒塌,墙体破坏后部分呈粉末状,该楼为五层砖砌体承重结构。在残存北纵墙基础上随机抽取 20 块砖进行试验。自然状态下实测抗压强度平均值为 5.85 MPa,低于设计要求的 MU10 砖抗压强度。从砖厂成品堆中随机抽取了砖测试,抗压强度十分离散,高的达 21.8 MPa,低的仅 5.1 MPa。请对其砌体材料进行分析讨论。

3. 某住宅工程工期较短,现有强度等级同为 42.5 的硅酸盐水泥和矿渣水泥可选用。从有利于完成工期的角度来看,选用哪种水泥更为有利?

4. 某工程砌筑烧结普通砖,需要 M7.5 混合砂浆,稠度为 70~90 mm,所用材料为:普通水泥 32.5 MPa;中砂,含水率 2%,堆积密度为 1 550 kg/m³;12 cm 石灰膏,施工水平一般;自来水。试计算该砂浆的初步配合比。($K = 1.20$)

【链接职考】

【各年真题】

<u>2006 年造价员考试真题</u>:(单选题)

1. 主要用于非承重部位的砌体材料是(   )。

A. 烧结粉煤灰砖 B. 烧结多孔砖 C. 烧结空心砖 D. 蒸养灰砂砖

<u>2010 年二级建造师考试真题</u>:(单选题)

2. 花岗石幕墙饰面板性能应进行复验的指标是(   )。

A. 防滑性 B. 反光性 C. 弯曲性能 D. 放射性

<u>2010 年二级建造师考试真题</u>:(多选题)

3. 加气混凝土砌块的特性有(   )。

A. 保温隔热性能好 B. 自重轻

C. 强度高 D. 表面平整,尺寸精确

E. 干缩小,不易开裂

<u>2011 年二级建造师考试真题</u>:(单选题)

4.关于建筑石膏技术性质的说法,错误的是(　　　)

A.凝结硬化快　　　　B.硬化时体积微膨胀 C.硬化后空隙率高　　D.防火性能差

2011 年二级建造师考试真题:(单选题)

5.水泥强度等级是根据胶砂法测定水泥(　　　)的抗压强度和抗折强度来判定的。

A.3 d 和 7 d　　　　B.3 d 和 28 d　　　　C.7 d 和 14 d　　　　D.7 d 和 28 d

2011 年二级建造师考试真题:(单选题)

6.厕浴间蒸压加气混凝土砌块 200 mm 高度范围内应做(　　)坎台。

A.混凝土　　　　　　B.普通透水墙　　　　C.多孔砖　　　　　　D.混凝土小型空心砌块

2012 年一级建造师考试真题:(单选题)

7.配制厚大体积的普通混凝土不宜选用(　　　)水泥。

A.矿渣　　　　　　　B.粉煤灰　　　　　　C.复合　　　　　　　D.硅酸盐

2012 年一级建造师考试真题:(单选题)

8.天然大理石饰面板材不宜用于室内(　　　)。

A.墙面　　　　　　　B.大堂地面　　　　　C.柱面　　　　　　　D.服务台面

2012 年一级建造师考试真题:(多项选择题)

9.关于石灰技术性质的说法,正确的有:(　　　)。

A.保水性好　　　　　　　　　　　B.硬化较快、强度高

C.耐水性好　　　　　　　　　　　D.硬化时体积收缩大

E.生石灰吸湿性强

2009 年一级建造师考试真题:(单选题)

10.下列关于石灰技术性能的说法中,正确的是(　　　)。

A.硬化时体积收缩小 B.耐水性差　　　　　C.硬化较快、强度高　 D.保水性差

模块 3　普通水泥混凝土及其检测

【模块概述】

混凝土是当今世界上用量最大、用途最广的建筑材料之一,具有原料丰富、价格低廉、生产工艺简单、抗压强度高、耐久性好等特点。它极大地改善了人类的居住环境、工作环境和出行环境,无论在工业与民用建筑、水利水电工程,还是道路桥梁、地下工程和国防工程领域,都发挥着其他材料无法替代的作用。

本模块以普通水泥混凝土及其检测为主线,主要介绍普通混凝土的组成材料及其检测、技术性质及检测、质量控制及强度检验、配合比设计和特种混凝土性能。

【知识目标】

(1)掌握普通混凝土的组成材料。

(2)理解混凝土的技术性质。

(3)掌握混凝土的质量评定。

(4)掌握混凝土配合比设计。

(5)了解特种混凝土的性能。

【技能目标】

(1)具有检测粗、细骨料技术性能的能力。

(2)具有设计混凝土材料配合比的能力。

(3)具有检测混凝土拌和物技术性能的能力。

(4)具有混凝土技术性质及检测的能力。

(5)具有根据工程环境和施工图要求正确选用各种混凝土的能力。

【课时建议】

24 课时。

【工程导入】

某工程综合楼主体结构采用混凝土框架结构,基础形式为现浇钢筋混凝土筏形基础,地下 2 层,地上 5 层。在主体结构施工到第三层的时候,质监站在对该工程进行巡查时发现部分框架柱观感一般,混凝土颜色不正常,责令进行混凝土强度检测,经检测混凝土强度达不到设计要求。

某市新建博物馆工程,地下 1 层,地上 3 层,以泵送混凝土现场浇注屋面,该工程竣工后不久就发现不规则裂缝,一年后渗漏情况加剧,此后部分混凝土破损并露出石子和锈蚀的钢筋。

通过上面两个案例能够搞清普通混凝土的材料组成和特性吗?普通混凝土技术性质

包括什么？如何进行混凝土质量控制和强度检验？普通混凝土配合比如何设计程序？如何选择特种混凝土？

3.1 普通混凝土的组成材料及其检测

从广义上讲,混凝土是由水泥、水和粗细骨料,有时掺入外加剂和掺和料,按适当比例配合,经均匀拌和、密实成型及养护硬化而成的一种人造石材,工程土中常写成砼。

知识拓展：混凝土的特点如下。

(1)性能多样、用途广泛,通过调整组成材料的品种及配比,可以制成具有不同物理、力学性能的混凝土以满足不同工程的要求。

(2)混凝土在凝结前,有良好的塑性,可以浇筑成任意形状、规格的整体结构或构件。

(3)混凝土组成材料中约含80%以上的砂、石骨料,来源十分丰富,符合就地取材和经济的原则。

(4)与钢筋有良好的黏结性,且二者的线膨胀系数基本相同,复合成的钢筋混凝土,能互补优劣,大大拓宽了混凝土的应用范围。

(5)按合理方法配制的混凝土,具有良好的耐久性,同钢材、木材相比更耐久,维修费用低。

(6)可充分利用工业废料作骨料或掺和料,如粉煤灰、矿渣等,有利于环境保护。

混凝土也存在一些缺点,比如:自重大、比强度小、抗拉强度小,呈脆性易开裂、硬化速度慢、生产周期长,混凝土的质量受施工环节的影响比较大,难以得到精确控制,施工现场拌料造成施工工地杂乱等。但随着混凝土技术的不断发展,混凝土的不足正在不断被克服,如在混凝土中掺入少量短碳纤维,能大大增强混凝土的韧性、抗拉裂性、抗冲击性;在混凝土中掺入高效减水剂和掺和料,能明显提高混凝土的强度和耐久性;加入早强剂,可缩短混凝土的硬化周期;采用预拌混凝土,可减少现场称料、搅拌不当对混凝土质量的影响,使施工现场的环境得到进一步的改善。

混凝土按照表观密度分为以下三种。

重混凝土:指表观密度大于2 800 kg/m³的混凝土,采用特别密实和密度特别大的骨料(如重晶石、铁矿石、钢屑等)制成,它们具有防X射线、γ射线的性能,故又称防辐射混凝土,是广泛用于核工业屏蔽结构的材料。

普通混凝土:指表观密度为2 000～2 800 kg/m³,以水泥为胶凝材料,采用天然的普通砂、石作粗细骨料配制而成的混凝土,是建筑工程中应用范围最广、用量最大的混凝土,主要用作各种建筑的承重结构材料。

轻混凝土:指表观密度小于1 950 kg/m³的混凝土。又可分为三类:轻骨料混凝土、多孔混凝土和大孔混凝土。

本模块内容重点涉及以水泥为胶凝材料的普通混凝土。

普通混凝土(以下简称混凝土)是由水泥、水、砂、石等几种基本组成成分(有时为了改善混凝土的某些性能加入适量的外加剂和掺和料)按适当比例配制,经搅拌均匀而成的浆体,称为混凝土拌和物。在混凝土中,砂、石起骨架作用。水泥和水组成水泥浆,包裹在粗、细骨料表面并填充在骨料空隙中。在混凝土硬化前,水泥浆起润滑作用,赋予混凝土拌和物流动性,便于施工;在混凝土硬化后起胶结作用,把砂、石骨料胶结成为整体,使混凝土产生强度,再经凝结硬化成为坚硬的人造石材称为硬化混凝土。普通混凝土的结构如图3.1所示。

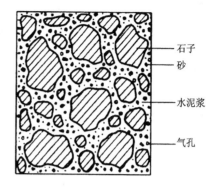

石子
砂
水泥浆
气孔

图 3.1 普通混凝土的结构

3.1.1 水泥

在混凝土中,水泥是一种胶结材料,通过与水反应,将集料胶结在一起,形成完整的人造石。水泥是混凝土材料的关键部分,它关系到混凝土的和易性、强度、耐久性和经济性。在合理选用水泥时要正确选择水泥的品种和强度等级。

3.1.1.1 水泥品种的选择

水泥品种应该根据混凝土工程特点、所处的环境条件和施工条件等,按照各种水泥的特性进行合理选择。一般可以采用硅酸盐水泥、普通硅酸盐水泥、矿渣硅酸盐水泥、火山灰质硅酸盐水泥、粉煤灰硅酸盐水泥和复合水泥,必要时也可以采用膨胀水泥、自应力水泥或快硬硅酸盐水泥等其他水泥。

水泥的性能必须符合现行国家有关标准的规定。在满足工程要求的前提下,应选用价格较低的水泥品种,以节约造价。

3.1.1.2 水泥强度等级的选择

水泥强度等级应与混凝土的设计强度等级相适应。若水泥强度等级过低,为了保证混凝土的强度,必然会使水泥用量较大,不够经济;若水泥的强度等级过高,水泥用量较少,水灰比不变化时,水泥浆体量小,使得混凝土的流动性较低,将影响混凝土的工作性,为了使混凝土具有良好的工作性,则必须再增加水泥的用量,所以也不够经济。通常,混凝土强度等级为C30以下时,可采用强度等级为32.5的水泥;混凝土强度等级大于C30时,可采用强度等级为42.5以上的水泥。

技术提示:在大体积混凝土工程中,为了避免水泥水化热过大,通常选用矿渣硅酸盐水泥、火山灰硅酸盐水泥、粉煤灰硅酸盐水泥,但也可以使用硅酸盐水泥、普通硅酸盐水泥,这时应掺入掺和料和必要的外加剂。

3.1.2 细骨料——砂

普通混凝土用细骨料是指粒径在0.15～4.75 mm的岩石颗粒,称为砂。

3.1.2.1 分类

砂按产源可分为天然砂和机制砂两类。天然砂是由自然形成,经人工开采和筛分的粒径小于4.75 mm的岩石颗粒,包括河砂、湖砂、山砂、淡化海砂,但不包括软质岩、风化的岩石颗粒。机制砂是经除土处理,由机制破碎、筛分制成的,粒径小于 4.75 mm 的岩石、矿山尾矿或工业废渣颗粒,但不包括软质、分化的颗粒,俗称人工砂。近年来建设用砂量越来越大,优质的天然砂资源几近枯竭,人工砂的使用越来越广泛。

砂按技术要求,分为 Ⅰ 类、Ⅱ 类、Ⅲ 类:其中 Ⅰ 类宜用于强度等级大于 C60 的混凝土,Ⅱ 类宜用于强度等级 C30 ~ C60 及抗冻、抗渗或其他要求的混凝土,Ⅲ 类宜用于强度等级小于 C30 的混凝土和建筑砂浆。

砂按细度模数分为粗、中、细三种规格,其细度模数分别为:粗砂(3.7 ~ 3.1)、中砂(3.0 ~ 2.3)、细砂(2.2 ~ 1.6)。

3.1.2.2　技术要求

我国国家标准《建设用砂》(GB/T 14684—2011)对混凝土用砂提出了明确的技术质量要求,主要包括以下内容。

1)颗粒级配

颗粒级配是指粒径大小不同的砂粒互相搭配的情况。同样粒径的砂孔隙率最大,若大颗粒间空隙由中颗粒填充,而中颗粒间空隙又由小颗粒填充,这样逐级填充使砂形成较密实的体积,空隙率达到最小。级配良好的砂,不仅可节省水泥用量而且混凝土结构密实,和易性、强度、耐久性得以加强,还可减少混凝土的干缩及徐变。

砂的粗细程度和颗粒级配采用筛分析法测定。用一套孔径为 4.75 mm、2.36 mm、1.18 mm、600 μm、300 μm、150 μm 的方孔筛,由上至下,由大到小排列,将 500 g 抽取的干砂试样倒入振摇,再用天平依次将各筛上的筛余称出,计算分计筛余、累计筛余及细度模数,判断砂的颗粒级配。砂的分计筛余与累计筛余计算关系见表 3.1。

表 3.1　砂的分计筛余与累计筛余计算关系

方孔筛筛孔边长	筛余量/g	分计筛余百分率/%	累计筛余百分率/%
4.75 mm	m_1	$a_1 = (m_1/500) \times 100\%$	$A_1 = a_1$
2.36 mm	m_2	$a_2 = (m_2/500) \times 100\%$	$A_2 = a_1 + a_2$
1.18 mm	m_3	$a_3 = (m_3/500) \times 100\%$	$A_3 = a_1 + a_2 + a_3$
600 μm	m_4	$a_4 = (m_4/500) \times 100\%$	$A_4 = a_1 + a_2 + a_3 + a_4$
300 μm	m_5	$a_5 = (m_5/500) \times 100\%$	$A_5 = a_1 + a_2 + a_3 + a_4 + a_5$
150 μm	m_6	$a_6 = (m_6/500) \times 100\%$	$A_6 = a_1 + a_2 + a_3 + a_4 + a_5 + a_6$

砂的粗细程度用细度模数 M_x 表示,计算公式见式(3-1):

$$M_x = \frac{A_2 + A_3 + A_4 + A_5 + A_6 - 5A_1}{100 - A_1} \tag{3-1}$$

细度模数 M_x 越大表示砂越粗,普通混凝土用砂的细度模数范围一般在 0.7 ~ 3.7 之间。混凝土用砂的颗粒级配见表 3.2。

表 3.2　颗粒级配

砂的分类	天然砂			机制砂		
级配区	1 区	2 区	3 区	1 区	2 区	3 区
方筛孔筛孔边长	累计筛余/%					
4.75 mm	10 ~ 0	10 ~ 0	10 ~ 0	10 ~ 0	10 ~ 0	10 ~ 0
2.36 mm	35 ~ 5	25 ~ 0	15 ~ 0	35 ~ 5	25 ~ 0	15 ~ 0
1.18 mm	65 ~ 35	50 ~ 10	25 ~ 0	65 ~ 35	50 ~ 10	25 ~ 0
600 μm	85 ~ 71	70 ~ 41	40 ~ 16	85 ~ 71	70 ~ 41	40 ~ 16
300 μm	95 ~ 80	92 ~ 70	85 ~ 55	95 ~ 80	92 ~ 70	85 ~ 55
150 μm	100 ~ 90	100 ~ 90	100 ~ 90	97 ~ 85	94 ~ 80	94 ~ 75

　　一般处于 1 区的砂较粗,属于粗砂,其保水性较差,应适当提高砂率,并保证足够的水泥用量,以满足混凝土的和易性;3 区的砂较细,颗粒多,配制混凝土的黏聚性、保水性易满足,但混凝土干缩性大,容易产生微裂缝,宜适当降低砂率;2 区的砂粗细适中,级配良好,拌制混凝土时宜优先选用。

　　【例 3.1】　用天然干砂 500 g 进行筛分析试验,砂样筛分结果见表 3.3,试分析该砂的粗细程度与颗粒级配并计算细度模数 M_x。

表 3.3　砂样筛分结果

方孔筛筛孔边长	筛余量/g	分计筛余百分率/%	累计筛余百分率/%
4.75 mm	10	2	2
2.36 mm	92	18.4	20.4
1.18 mm	70	14	34.4
600 μm	90	18	52.4
300 μm	130	26	78.4
150 μm	108	21.6	100

　　计算细度模数:

$$M_x = \frac{A_2 + A_3 + A_4 + A_5 + A_6 - 5A_1}{100 - A_1}$$

$$= \frac{20.4 + 34.4 + 52.4 + 78.4 + 100 - 5 \times 2}{100 - 2}$$

$$= 2.81$$

　　结论:由计算所得 $M_x = 2.81$,在 2.3 ~ 3.0 之间,该砂样为中砂。将表 3.3 计算出的累计筛余百分数与表 3.2 作对照,得出此砂级配属于 2 区范围内,因此,该砂样级配良好。

　　2)含泥量、石粉含量和泥块含量

　　含泥量是指砂中的粒径小于 75 μm 的尘屑、淤泥等颗粒的质量占砂子质量的百分率。

泥块含量是指砂中原粒径大于 1.18 mm,经水浸洗、手捏后小于 600 μm 的颗粒含量。砂中的泥土包裹在颗粒表面,阻碍水泥凝胶体与砂粒之间的黏结,降低界面强度,降低混凝土强度,并增加混凝土的干缩,易产生开裂,影响混凝土耐久性。天然砂的含泥量和泥块含量见表 3.4。

表 3.4　天然砂的含泥量和泥块含量

类别	Ⅰ	Ⅱ	Ⅲ
含泥量(按质量计)/%	≤1.0	≤3.0	≤5.0
泥块含量(按质量计)/%	0	≤1.0	≤2.0

石粉含量是指机制砂中粒径小于 75 μm 的颗粒含量。石粉不是一般碎石生产企业所称的"石粉""石沫",其矿物组成和化学成分与母岩相同的物质,与天然砂中的黏土成分、在混凝土中所起的负面影响不同,它的掺入对完善混凝土细骨料级配、提高混凝土密实性有很大的益处,起到提高混凝土综合性能的作用。许多用户和企业将机制砂中的石粉用水冲掉的做法是错误的。亚甲蓝试验 MB 值用于判定机制砂中粒径小于 75 μm 颗粒含量主要是泥土还是与母岩化学成分相同的石粉的指标。机制砂 MB 值≤1.4 或快速试验合格时,石粉含量和泥块含量见表 3.5;机制砂 MB 值 >1.4 或快速法试验不合格时,石粉含量和泥块含量见表 3.6。

表 3.5　石粉含量和泥块含量(MB 值≤1.4 或快速法试验合格)

类别	Ⅰ	Ⅱ	Ⅲ
MB 值	≤0.5	≤1.0	≤1.4 或合格
石粉含量(按质量计)/%	≤10.0		
泥块含量(按质量计)/%	0	≤1.0	≤2.0

* 此指标根据使用地区和用途,经试验验证,可由供需双方协商确定。

表 3.6　石粉含量和泥块含量(MB 值 >1.4 或快速法试验不合格)

类别	Ⅰ	Ⅱ	Ⅲ
石粉含量(按质量计)/%	≤1.0	≤3.0	≤5.0
泥块含量(按质量计)/%	0	≤1.0	≤2.0

知识拓展:亚甲蓝 MB 值。

亚甲蓝 MB 值专门用于检测粒径小于 75 μm 的颗粒是纯石粉还是泥土,避免因机制砂石粉中泥土含量过多而给混凝土带来负面影响。

3)有害物质

砂中有害物质包括云母、轻物质、有机物、硫化物及硫酸盐、氯化物、贝壳等。有害物质限量见表 3.7。

表 3.7　有害物质限量

类别	Ⅰ	Ⅱ	Ⅲ
云母(按质量计)/%	≤1.0	≤2.0	
轻物质(按质量计)/%	≤1.0		
有机物	合格		
硫化物及硫酸盐(按 SO$_3$ 质量计)/%	≤0.5		
氯化物(以氯离子质量计)/%	≤0.01	≤0.02	≤0.06
贝壳(按质量计)/%	≤3.0	≤5.0	≤8.0

﹡此指标仅适用于海砂,其他砂种不作要求。

　　为保证混凝土的质量,混凝土用砂不应混有草根、树叶、树枝、塑料品、煤块、炉渣等杂物。黏土、淤泥多覆盖在砂的表面妨碍水泥与砂的黏结,降低混凝土的强度和耐久性。云母呈薄片状,表面光滑,容易黏附在砂粒表面,与水泥黏结不牢,会降低混凝土强度;轻物质的轻度低,会降低混凝土的轻度和耐久性;硫酸盐、硫化物及有机物对水泥石有腐蚀作用,降低混凝土强度;氯化物引起混凝土中钢筋锈蚀,破坏钢筋与混凝土的黏结,使保护层混凝土开裂;由于沿海地区开始利用海砂配制混凝土,限制海砂中贝壳含量对混凝土的质量有益。

　　4)坚固性

　　砂子的坚固性是指砂在自然风化和其他外界物理化学因素作用下抵抗破裂的能力。

　　通常天然砂以硫酸钠溶液法测定,即将细骨料试样在硫酸钠饱和溶液中浸泡至饱和,然后取出试样烘干,干湿循环 5 次后,测定因硫酸钠结晶膨胀引起的质量损失。机制砂除了采用硫酸钠溶液法测定外,还必须采用压碎指标法进行试验,当机制砂的两个指标均满足后,其坚固性才合格。硫酸钠溶液法坚固性指标见表 3.8。

表 3.8　坚固性指标

类别	Ⅰ	Ⅱ	Ⅲ
质量损失/%	≤8		≤10

　　机制砂除了要满足表 3.8 的规定外,压碎指标也要满足表 3.9 要求。

表 3.9　压碎指标

类别	Ⅰ	Ⅱ	Ⅲ
单级最大压碎指标/%	≤20	≤25	≤30

　　建设用砂除了包括以上技术要求外,还包括表面密度、松散堆积密度、空隙率、碱集料反应、含水率等。

3.1.3 粗骨料——石子

粗骨料指粒径大于 4.75 mm 的骨料,简称石子。

3.1.3.1 分类

粗骨料常用碎石和卵石两种。碎石和卵石按技术要求分为Ⅰ类、Ⅱ类和Ⅲ类。

1)碎石

碎石是天然岩石、卵石或矿山废石经机械破碎、筛分制成的,粒径大于 4.75 mm 的岩石颗粒。其表面粗糙、棱角多,较为清洁。在水灰比相同条件下,用碎石拌制的混凝土,流动性较小,但与水泥的黏结强度较高。

2)卵石

卵石是由自然风化、水流搬运和分选、堆积而成的粒径大于 4.75 mm 岩石颗粒。卵石按产源不同可分为河卵石、海卵石、山卵石等。卵石流动性较大,但强度较低。因此,在配制高强混凝土时,宜采用碎石。

3.1.3.2 技术要求

我国国家标准《建设用卵石、碎石》(GB/T 14685—2011)对混凝土用石子提出了明确的技术质量要求,主要包括以下内容。

1)颗粒级配

粗骨料的颗粒级配对混凝土性能的影响与细骨料相同,且其影响程度更大。良好的粗骨料,对提高混凝土强度、耐久性、节约水泥用量是极为有利的。

粗骨料颗粒级配好坏的判定也是通过筛分法进行的。取一套孔边长为 2.36 mm、4.75 mm、9.50 mm、16.0 mm、19.0 mm、26.5 mm、31.5 mm、37.5 mm、53.0 mm、63.0 mm、75.0 mm 及 90 mm 的标准方孔筛进行试验。按各筛上的累计筛余百分率划分级配。颗粒级配见表 3.10。

表 3.10 颗粒级配

公称粒级/ mm		累计筛余/%											
		方孔筛/mm											
		2.36	4.75	9.50	16.0	19.0	26.5	31.5	37.5	53.0	63.0	75.0	90
连续粒级	5~16	95~100	85~100	30~60	0~10	0							
	5~20	95~100	90~100	40~80	–	0~10	0						
	5~25	95~100	90~100	–	30~70	–	0~5	0					
	5~31.5	95~100	90~100	70~90	–	15~45	–	0~5	0				
	5~40	–	95~100	70~90	–	30~65	–	–	0~5	0			

续表

公称粒级/mm		累计筛余/%											
		方孔筛/mm											
		2.36	4.75	9.50	16.0	19.0	26.5	31.5	37.5	53.0	63.0	75.0	90
单粒粒级	5~10	95~100	80~100	0~15	0								
	10~16		95~100	80~100	0~15								
	10~20		95~100	85~100		0~15	0						
	16~25			95~100	55~70	25~40	0~10						
	16~31.5		95~100		85~100			0~10	0				
	20~40			95~100		80~100			0~10	0			
	40~80					95~100			70~100		30~60	0~10	0

粗骨料的颗粒级配按供应情况分连续粒级和单粒粒级。连续粒级是指颗粒由小到大连续分级,每一级粗骨料都占有一定的比例,且相邻两级粒径相差较小(比值<2),连续粒级的级配,大小颗粒搭配合理,配制的混凝土拌和物和易性好,不易发生分层、离析现象,且水泥用量小,目前多采用连续粒级。单粒级是从 1/2 最大粒径至最大粒径,粒径大小差别小,单粒级一般不单独使用,主要用于组合成具有要求级配的连续粒级,或与连续粒级混合使用,用以改善级配或配成较大粒度的连续粒级,这种专门组配的骨料级配易于保证混凝土质量,便于大型搅拌站使用。

最大粒径是用来表示粗骨料粗细程度的。粗骨料的上限称为该粒级的最大粒径。例如:5~31.5 mm 粒级的粗骨料,其最大粒径为 31.5 mm。粗骨料的最大粒径增大则该粒级的粗骨料总表面积减小,包裹粗骨料所需的水泥浆量就少。在一定和易性和水泥用量条件下,则能减少用水量而提高混凝土强度。对中低强度的混凝土,尽量选择最大粒径较大的粗骨料,但一般不宜超过 40 mm;制高强混凝土时最大粒径不宜大于 20 mm,因为减少用水量获得的强度提高,被大粒径骨料造成的黏结面减少和内部结构不均匀所抵消。

除此之外,最大粒径不得超过结构截面最小尺寸的 1/4,同时不得超过钢筋最小净距的 3/4;对于实心板,不得超过板厚的 1/3 且不得超过 40 mm;对于泵送混凝土,最大粒径与输送管道内径之比,碎石不宜大于 1:3,卵石不宜大于 1:2.5。

2)含泥量和泥块含量

粗骨料中泥、泥块及有害物质对混凝土性质的影响与细骨料相同,但由于粗骨料的粒径大,因而造成的缺陷或危害更大。粗骨料中含泥量是指粒径小于 75 μm 的颗粒含量;泥块含量指原粒径大于 4.75 mm,经水浸洗、手捏后小于 2.36 mm 的颗粒含量。碎石、卵石的含泥量和泥块含量见表 3.11。

表 3.11 碎石、卵石的含泥量和泥块含量

类别	Ⅰ	Ⅱ	Ⅲ
含泥量(按质量计)/%	≤0.5	≤1.0	≤1.5
泥块含量(按质量计)/%	0	≤0.2	≤0.5

3)针、片状颗粒含量

颗粒长度大于该颗粒所属粒级的平均粒径 2.4 倍者称为针状集料,颗粒厚度小于该颗粒所属粒级的平均粒径的 0.4 倍者称为片状集料。针、片状颗粒含量见表 3.12。

表 3.12 针、片状颗粒含量

类别	Ⅰ	Ⅱ	Ⅲ
针、片状颗粒总含量 (按质量计)/%	≤5	≤10	≤15

针、片状集料的比表面积与空隙率较大,且内摩擦力大,受力时易折断,含量高时会显著增加混凝土的用水量、水泥用量及混凝土的干缩与徐变,降低混凝土拌和物的流动性及混凝土的强度与耐久性。针片状颗粒还影响混凝土的铺摊效果和平整度。国内大部分采石厂使用颚式破碎机加工集料,虽然生产效率高,价格便宜,但集料中的针片状颗粒多、质量低,在很大程度上制约了配制的混凝土质量。

4)有害物质

粗集料中泥、泥块及有机物、硫化物及硫酸盐等有害物质对混凝土性质的影响与细集料相同,但由于粗集料的粒径大,因而造成的缺陷或危害更大。有害物质限量见表 3.13。

表 3.13 有害物质限量

类别	Ⅰ	Ⅱ	Ⅲ
有机物	合格	合格	合格
硫化物及硫酸盐 (按 SO_3 质量计)/%	≤0.5	≤1.0	≤1.0

5)坚固性

混凝土中粗骨料起骨架作用,必须具有足够的坚固性。坚固性是指卵石、碎石在自然风化和其他外界物理化学因素作用下抵抗破裂的能力。采用硫酸钠溶液法进行试验,卵石和碎石经 5 次循环后,其质量损失、坚固性指标见表 3.14。

表 3.14 坚固性指标

类别	Ⅰ	Ⅱ	Ⅲ
质量损失/%	≤5	≤8	≤12

6）强度

强度可用岩石抗压强度和压碎指标表示。岩石抗压强度是将岩石制成 50 mm × 50 mm × 50 mm 的立方体（或 ϕ50 mm × 50 mm 圆柱体）试件，浸没于水中浸泡 48 h 后，从水中取出，擦干表面，放在压力机上进行强度试验。其抗压强度火成岩应不小于 80 MPa，变质岩应不小于 60 MPa，水成岩应不小于 30 MPa。压碎指标是将一定量风干后筛除大于 19.0 mm 及小于 9.50 mm 的颗粒，并去除针片状颗粒的石子后装入一定规格的圆筒内，在压力机上施加荷载到 200 kN 并稳定 5 s，卸荷后称取试样质量（G_1），再用孔径为 2.36 mm 的筛筛除被压碎的细粒，称取出留在筛上的试样质量（G_2）。计算公式见式（3-2）：

$$Q_e = \frac{G_1 - G_2}{G_1} \times 100\% \qquad (3-2)$$

式中　Q_e——压碎值指标（%）；

　　　G_1——试样的质量（g）；

　　　G_2——压碎试验后筛余的试样质量（g）。

压碎指标值越小，表明石子的强度越高。对不同强度等级的混凝土，所用石子的压碎指标见表 3.15。

表 3.15　压碎指标

类别	I	II	III
碎石压碎指标/%	≤10	≤20	≤30
卵石压碎指标/%	≤12	≤14	≤16

建设用卵石、碎石除了包括以上技术要求外，还包括表面密度、连续级配松散堆积空隙率、吸水率、碱集料反应等。

3.1.4　拌和及养护用水

混凝土用水按水源不同分为饮用水、地下水、地表水、海水及经过处理达到要求的工业废水等。地表水和地下水常溶有较多的有机质和矿物盐等；海水中含有较多硫酸盐，对混凝土后期强度有降低作用，且影响抗冻性，同时，还含有大量氯盐，对混凝土中的钢筋有加速锈蚀作用，因此不得用于拌制钢筋混凝土和预应力混凝土。混凝土用水中物质含量限量值见表 3.16。

表 3.16　水中物质含量限量值

项目	预应力混凝土	钢筋混凝土	素混凝土
pH	>4	>4	>4
不溶物/（mg/L）	<2 000	<2 000	<5 000
可溶物/（mg/L）	<2 000	<5 000	<10 000

项目	预应力混凝土	钢筋混凝土	素混凝土
氯化物(以 Cl⁻ 计)/(mg/L)	<500	<1 200	<3 500
硫酸盐(SO_4^{2-} 计)/(mg/L)	<600	<2 700	<2 700
硫化物(以 S²⁻ 计)/(mg/L)	<100	—	—

混凝土拌和及养护用水的质量要求如下。

①不得影响混凝土的和易性及凝结。

②不得有损于混凝土强度发展。

③不得降低混凝土的耐久性。

④不得加快钢筋腐蚀及导致预应力钢筋脆断。

⑤不得污染混凝土表面。

当对水质有怀疑时,应将该水与蒸馏水或饮用水进行水泥凝结时间、砂浆或混凝土强度对比试验。测得的初凝时间差及终凝时间差均不得大于 30 min,其初凝和终凝时间还应符合《硅酸盐水泥、普通硅酸盐水泥》国家标准的规定。用该水制成的砂浆或混凝土 28 d 抗压强度应不低于蒸馏水或饮用水制成的砂浆或混凝土抗压强度的 90%。

混凝土拌和用水应符合我国国家《混凝土用水标准》(JGJ 63—2006)的具体规定。符合国家标准的生活饮用水可用于拌和混凝土,海水可用来拌制素混凝土,但不得用于拌制钢筋混凝土与预应力混凝土,也不得拌制有饰面要求的混凝土。水在第一次使用时,或水质不明时须进行检验,合格后方可使用。

3.1.5　混凝土外加剂

混凝土外加剂指在拌制混凝土的过程中掺入的不超过水泥质量 5%,且能改善混凝土性质的物质。虽然外加剂掺量很少,但在改善混凝土的各项性能及在经济方面效果显著。外加剂在混凝土工程中的应用非常广泛,已逐渐成为混凝土的第五种组成成分。

3.1.5.1　分类

混凝土外加剂按其主要功能分为以下四类。

①改善混凝土拌和物流变性能的外加剂,包括减水剂、引气剂、泵送剂等。

②调节混凝土凝结硬化性能的外加剂,包括速凝剂、缓凝剂、早强剂等。

③改善混凝土耐久性能的外加剂,包括引气剂、减水剂、阻锈剂等。

④改善混凝土其他性能的外加剂,包括加气剂、膨胀剂、防冻剂、防水剂、泵送剂等。

工程施工中常用的外加剂主要包括减水剂、引气剂、早强剂、缓凝剂、防冻剂、膨胀剂等。

3.1.5.2　常用外加剂

1)减水剂

减水剂是指在混凝土拌和物坍落度基本相同的条件下,用来减少拌和用水量或不增加用水量的情况下,能减少拌和用水量的外加剂。

（1）作用原理。

未掺减水剂的普通混凝土拌和物,由于水泥颗粒之间凝聚力的作用,形成絮凝结构,如图 3.2(a)所示,这种絮凝结构将一部分拌和水(游离水)包裹在水泥颗粒之间,降低了混凝土拌和物的流动性。减水剂属于表面活性剂,分子由亲水基团和憎水基团构成,如图 3.2(b)所示,如果在水泥浆中加入减水剂,减水剂的憎水基团定向吸附于水泥颗粒表面,使水泥颗粒表面带有相同的电荷。在电性斥力作用下水泥颗粒分开,从而将絮凝结构内的游离水释放出来,并在减水剂的作用下使水泥颗粒表面形成一层稳定的溶剂水膜,如图 3.2(c)所示。

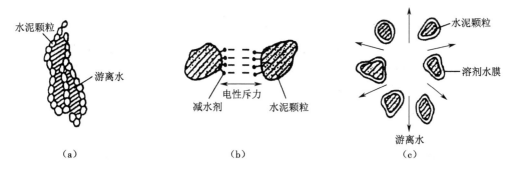

图 3.2　减水剂作用原理

(a)絮凝结构　(b)吸附水泥颗粒　(c)水泥颗料分开

（2）经济效果。

混凝土中加入减水剂后,可获得以下几种不同的使用效果。

①增加流动性。在拌和用水量及水灰比不变的情况下,混凝土坍落度可增大 80～200 mm,且不影响混凝土强度。

②减水增强。在保持流动性不变的条件下,可减少拌和水量 10%～20%,若水泥用量不变时,可降低水灰比,使混凝土 28 d 强度提高 10%～35%,早期强度提高则更为显著。

③节约水泥。在保持流动性及水灰比不变的条件下,可以减少拌和水量,相应减少水泥用量,即在保持混凝土强度不变时,可节约水泥用量 10%～25%。

④改善混凝土的其他性能。由于减水剂的掺入,显著地改善了混凝土的孔隙结构,使混凝土的密实度提高,透水性降低,从而可提高抗渗、抗冻、抗化学腐蚀等能力。

（3）主要品种。

减水剂主要品种包括普通减水剂、高效减水剂、高性能减水剂等。

①普通减水剂:普通减水剂属于缓凝型减水剂,可以改善混凝土拌和物的泌水、离析现象,延缓混凝土拌和物的凝结时间,减慢水泥水化放热速度。普通减水剂分为早强型、标准型和缓凝型。掺量为水泥质量的 0.2%～0.3%。普通减水剂主要品种有木质素磺酸盐系列减水剂和腐殖酸盐减水剂。

②高效减水剂:指在混凝土坍落度基本相同的情况下,能大幅度减少拌和水量的外加剂。掺量为水泥质量的 0.75%～1.5%(粉剂)或 1.5%～2.5%(液体)。

③高性能减水剂:指使混凝土在减水、保坍、增强、收缩及环保等方面具有优良性能的

外加剂。掺量为水泥质量的 0.8% ~ 1.5%。

知识拓展：

①木质素磺酸盐分为木质素酸黄钙(木钙)、木质素酸黄钠(木钠)和木质素酸黄镁(木镁)。木钙是普通减水剂的代表性品种,一般为棕黄色粉末,掺量为水泥质量的 0.2% ~ 0.3%,该减水剂价格较便宜,应用广泛。

②腐殖酸盐减水剂又称胡敏酸钠,原料是泥煤和褐煤,性质逊于木钙的缓凝作用。

2)引气剂

引气剂是指在混凝土搅拌过程中引入一定量的微小、封闭而稳定的气泡,并均匀分布在混凝土拌和物中的外加剂。应用在建筑、道路、桥梁、大坝和港口等方面。

(1)作用原理。

引气剂属于表面活性剂,界面活性发生在气—液界面上,能显著减低水的表面张力,使水溶液易形成众多新的表面;同时引气剂分子定向排列在气泡上,形成单分子吸附膜,使液膜坚固不易破裂。

(2)作用效果。

混凝土中掺入引气剂可改善混凝土拌和物的和易性;大量均匀分布的封闭气泡切断了混凝土中的毛细管渗水通道,改变了混凝土的孔隙结构,使混凝土抗渗性显著提高;封闭气泡有较大的弹性变形能力,对由水结冰所产生的膨胀应力有一定的缓冲作用,因而混凝土的抗冻性得到提高。

(3)主要品种。

引气剂的主要品种包括松香类引气剂和木质素磺酸盐类引气剂。松香类引气剂包括松香热聚物、松香酸钠和松香皂等。

3)早强剂

早强剂是指能提高混凝土的早期强度并对后期强度发展无显著影响的外加剂。主要用于要求拆模早的混凝土工程、抢修工程和冬季施工的混凝土工程。常用早强剂有氯盐类、硫酸盐类、三乙醇胺类。

各类早强剂的掺量均应严格控制。如使用含氯盐早强剂会加速混凝土中钢筋的锈蚀,为防止氯盐对钢筋的锈蚀,一般可采取将氯盐与阻锈剂(如亚硝酸钠)复合使用:硫酸盐对钢筋无锈蚀作用,并能提高混凝土的抗硫酸盐侵蚀性,但若掺入量过多时,会导致混凝土后期性能变差,且混凝土表面易析出"白霜",影响外观与表面装饰;三乙醇胺对混凝土稍有缓凝作用,掺入量过多时,会造成混凝土严重缓凝和混凝土强度下降。

技术提示:在实际应用中,早强剂单掺效果不如复合掺加。因此,较多使用由多种组分配成的复合早强剂(如硫酸钠加三乙醇胺、三乙醇胺加亚硝酸钠加二水石膏),使用效果更好。

4)缓凝剂

缓凝剂是指能延缓混凝土拌和物凝结时间,并对混凝土后期强度发展无不利影响的外加剂。多用于大体积混凝土、炎热气候下施工的混凝土,以及泵送和滑模混凝土施工。不宜用于日最低气温低于 5 ℃以下施工的混凝土,也不宜单独用于有早强要求的混凝土。

缓凝剂主要有四类:糖类(如糖蜜)、木质素磺酸盐类(如木钙、木钠)、有机酸类(如柠檬酸、酒石酸)、无机盐类(如锌盐、硼酸盐等)。常用的缓凝剂是木钙和糖蜜,其中糖蜜的缓凝效果最好,其适宜掺量为 0.1% ~0.3%,混凝土凝结时间可延长 2~4 h。

缓凝剂对水泥品种适应性十分明显,用于不同品种水泥缓凝效果不相同,甚至会出现相反效果,因此,缓凝剂使用前必须进行试拌,检测其效果。

5)防冻剂

防冻剂是指使混凝土在负温度下免受冻害,并能在规定时间内和一定的养护条件下达到预期性能的外加剂。防冻剂一般适用于 -15 ~0 ℃ 的气温条件下施工的混凝土,当在更低气温下施工时,应增加其他混凝土冬季施工措施,如暖棚法、原料(砂、石、水)预热法等。

常用的防冻剂有氯盐类(如氯化钙、氯化钠);氯盐阻锈类(以氯盐与亚硝酸钠阻锈剂复合而成);无氯盐类(以硝酸盐、亚硝酸盐、碳酸盐、乙酸钠或尿素复合而成)。氯盐类防冻剂适用于无筋混凝土;氯盐阻锈类防冻剂可用于钢筋混凝土;无氯盐类防冻剂可用于钢筋混凝土和预应力钢筋混凝土。硝酸盐、亚硝酸盐、碳酸盐易引起钢筋的应力腐蚀,故此类防冻剂不适用于预应力混凝土以及与镀锌钢材相接触部位的混凝土结构。

技术提示:工程上使用的防冻剂一般都是复合型的,由防冻、早强、减水等成分组成,有时还加入引气剂的成分,以增强防冻剂的防冻效果。

6)速凝剂

速凝剂是指能促使混凝土迅速凝结硬化的外加剂。主要用于抢修、堵漏工程以及矿山井巷、隧道、引水涵洞、地下工程等。速凝剂与水泥加水拌和后立即反应,使水泥中的石膏丧失其缓凝作用,促使混凝土在较短时间内迅速凝结硬化。速凝剂分为无机盐和有机盐两类,我国常使用无机盐类速凝剂。

7)膨胀剂

膨胀剂是指使混凝土产生一定体积膨胀的外加剂。主要用于补偿收缩工程(如防水抗渗混凝土)、灌注及接头填缝、自应力混凝土等。膨胀剂主要有硫铝酸钙类膨胀剂、氧化钙等。

知识拓展:

①阻锈剂:是指减缓混凝土中钢筋或其他预埋金属锈蚀的外加剂。施工中常用的阻锈剂是亚硝酸盐,但亚硝酸钠严禁用于预应力混凝土工程。

②泵送剂:是指能改善混凝土拌和物泵送性能的外加剂。其作用是使混凝土拌和物增加流动性,并不离析、不泌水、减少管阻。主要用于商用混凝土搅拌站拌制的泵送混凝土。

3.1.6 混凝土掺和料

掺和料是指为改善混凝土的性能,节约水泥、降低成本,在混凝土拌制前或搅拌过程中掺入的矿质材料。它对改善混凝土拌和物的和易性、提高混凝土的抗化学侵蚀性、增强混凝土的耐久性等方面起到重要作用。混凝土掺和料通常使用具有活性性质的粉煤灰、硅灰、沸石粉等。

3.1.6.1 粉煤灰

粉煤灰是指从电厂煤炉烟道气体中收集的粉末。其颗粒非常细,以至于能在空气中流动并被特殊设备收集。它是在混凝土工程中使用最多的一种活性矿物掺料。粉煤灰主要用于高强度混凝土、高流态混凝土、大体积混凝土、抗渗混凝土和泵送混凝土等。

1)分类

粉煤灰按煤种分为 F 类和 C 类。F 类粉煤灰是由无烟煤或烟煤煅烧收集的粉煤灰。C 类是褐煤或次烟煤煅烧收集的粉煤灰,其氧化钙含量一般大于 10%。

2)应用

拌制混凝土和砂浆用粉煤灰分为三个等级:Ⅰ级、Ⅱ级、Ⅲ级。Ⅰ级粉煤灰适用于钢筋混凝土和跨度小于 6 m 的预应力混凝土。Ⅱ级粉煤灰适用于钢筋混凝土和无筋混凝土。Ⅲ级粉煤灰适用于无筋混凝土。

3)技术要求

粉煤灰的细度、活性氧化硅的数量等直接影响粉煤灰的质量,为了提高粉煤灰的活性,经常将粉煤灰磨细处理。拌制混凝土和砂浆用粉煤灰技术要求见表 3.17。

表 3.17　拌制混凝土和砂浆用粉煤灰技术要求

项　目		技术要求		
		Ⅰ级	Ⅱ级	Ⅲ级
细度(45 μm 方孔筛筛余),不大于/%	F 类粉煤灰	12.0	25.0	45.0
	C 类粉煤灰			
需水量比,不大于/%	F 类粉煤灰	95	105	115
	C 类粉煤灰			
烧失量,不大于/%	F 类粉煤灰	5.0	8.0	15.0
	C 类粉煤灰			
含水量,不大于/%	F 类粉煤灰	1.0		
	C 类粉煤灰			
三氧化硫,不大于/%	F 类粉煤灰	3.0		
	C 类粉煤灰			
游离氧化钙,不大于/%	F 类粉煤灰	1.0		
	C 类粉煤灰	4.0		
安定性 雷氏夹沸煮后增加距离,不大于/mm	C 类粉煤灰	5.0		

4)掺用方法

混凝土中掺用粉煤灰可采用以下三种方法。

(1)等量取代法。

等量取代法是指以等质量的粉煤灰取代混凝土中的水泥。主要适用于Ⅰ级粉煤灰、混凝土超强及大体积混凝土工程中。

（2）超量取代法。

粉煤灰掺量超过其取代水泥的质量，超量的粉煤灰取代部分细骨料。目的是增加混凝土中胶凝材料的用量，来补偿粉煤灰取代水泥而造成的混凝土强度降低。超量取代法可使掺粉煤灰混凝土达到与不掺粉煤灰的混凝土相同的强度。粉煤灰取代水泥的最大限量见表 3.18。

表 3.18　粉煤灰取代水泥的最大限量　　　　　　　　　　　%

混凝土种类	粉煤灰取代水泥的最大限量			
	硅酸盐水泥	普通硅酸盐水泥	矿渣硅酸盐水泥	火山灰质硅酸盐水泥
预应力钢筋混凝土	25	15	10	—
钢筋混凝土 高强度混凝土 高抗冻融性混凝土 蒸养混凝土	30	25	20	15
中、低强度混凝土 泵送混凝土 大体积混凝土 水下混凝土 地下混凝土 压浆混凝土	50	40	30	20
碾压混凝土	65	55	45	35

知识拓展：蒸养混凝土是指使用高温水蒸气对混凝土进行养护。一般分为四个阶段，即预养、升温、恒温和降温，对于某些特殊情况，还需要安排后养阶段。主要特性是：水泥水化反应加速、膨胀性加剧、影响后期强度发展等。

（3）外加法。

外加法是指在水泥用量不变的情况下，掺入一定数量的粉煤灰。目的是为了改善混凝土的和易性。

3.1.6.2　硅灰

硅灰又称硅粉，是电弧炉冶炼硅金属或硅铁合金时产生的烟尘。其主要成分是活性二氧化硅，颗粒呈现极细的玻璃球状，具有化学活性。

硅灰取代水泥的效果远远高于粉煤灰，它可大幅度提高混凝土的强度、抗渗性，降低水化热，减小升温。但是由于硅灰产量低，价格较高，故目前主要用于配制高强和超高强混凝土、抗渗混凝土以及其他要求高性能的混凝土。

3.1.6.3　沸石粉

沸石粉又称 F 矿粉，是以天然沸石为原料，经破碎、磨细制成的。其主要成分是二氧化硅和三氧化二铝，是一种活性较高的火山灰质材料。磨细沸石粉颗粒表面积大，吸水性强，使得掺磨细沸石粉的混凝土的黏性大而流动性小,所以适合用于泵送混凝土、大体积混凝土、抗渗混凝土及高强混凝土。

3.1.7　普通水泥混凝土原材料检测

混凝土原材料检测从水泥、粗细骨料、水、外加剂、矿物质掺和料等原材料进场检验开始,包括主控项目和一般项目两部分。

3.1.7.1　主控项目

①水泥进场应对其品种、级别、包装或散装仓号、出厂日期等进行检查,并应对其强度、安定性及其他必要的性能指标进行复验,其质量必须符合现行国家标准。

当在使用中对水泥质量有怀疑或水泥出厂超过三个月(快硬硅酸盐水泥超过一个月)时,应进行复验,并按复验结果使用。

钢筋混凝土结构、预应力混凝土结构中,严禁使用含氯化物的水泥。

检查数量:按同一生产厂家、同一等级、同一品种、同一批号且连续进场的水泥,袋装不超过 200 t 为一批,散装不超过 500 t 为一批,每批抽样不少于一次。

检验方法:检查产品合格证、出厂检验报告和进场复验报告。

知识拓展:水泥进场时,应根据产品合格证检查其品种、级别等,并有序存放,以免造成混料错批。强度、安定性等是水泥的重要性能指标,进场时应作复验,其质量应符合现行国家标准要求。水泥是混凝土的重要组成成分,若其中含有氯化物,可能引起混凝土结构中钢筋的锈蚀,故应严格控制。

②混凝土中掺用外加剂的质量及应用应符合现行国家标准和有关环境保护规定。

预应力混凝土结构中,严禁使用含氯化物的外加剂。钢筋混凝土结构中,当使用含氯化物的外加剂时,混凝土中氯化物的重量应符合现行国家标准规定。

检查数量:按进场的批次和产品的抽样检验方案确定。

检查方法:检查产品合格证、出厂检验报告和进场复验报告。

知识拓展:混凝土外加剂种类较多,且均有相应的质量标准,使用时其质量及应用技术应符合国家现行标准的规定。外加剂的检验项目、方法和批量应符合相应标准的规定。若外加剂中含有氯化物,同样可能引起混凝土结构中钢筋的锈蚀,故应严格控制。

③混凝土中氯化物和碱的重量应符合现行国家标准和设计要求。

检验方法:检查原材料试验报告和氯化物、碱的总含量计算书。

3.1.7.2　一般项目

①混凝土中掺用矿物掺和料的质量应符合现行国家标准的规定。矿物掺和料的掺量应通过试验确定。

检查数量:按进场的批次和产品的抽样检验方案确定。

检验方法:检查出厂合格证和进场复验报告。

知识拓展:混凝土掺和料的种类主要有粉煤灰、硅灰、沸石粉、粒化高炉矿渣粉和复合掺和料等,有些目前尚没有产品质量标准。对各种掺和料,均应提出相应的质量要求,并通过试验确定其掺量。工程应用时,尚应符合国家现行标准的规定。

②普通混凝土所用的粗、细骨料的质量应符合国家现行标准规定。

检查数量：按进场的批次和产品的抽样检验方案确定。

检验方法：检查进场复验报告。

知识拓展：混凝土用的粗骨料，其最大颗粒粒径不得超过构件截面最小尺寸的1/4，且不得超过钢筋最小净间距的3/4。

③拌制混凝土宜采用饮用水；当掺用其他水源时，水质应符合国家现行标准的规定。

检查数量：同一水源检查不应少于一次。

检查方法：检查水质试验报告。

知识拓展：考虑到今后生产中利用工业处理水的发展趋势，除采用饮用水外，也可采用其他水源，但其质量应符合国家现行标准的要求。

3.2　普通混凝土的技术性质及其检测

混凝土是由各组成材料按一定比例拌和成的，它必须具有良好的和易性，便于施工，以保证能获得均匀密实的浇注质量。除此之外，混凝土浇筑后凝结前6～10 h内，以及硬化最初几天里的特性与处理对其长期强度有显著影响，以保证建筑物能安全地承受设计荷载，并具有必要的耐久性。硬化混凝土的主要性质为强度、耐久性和变形性能。

3.2.1　混凝土的和易性

3.2.1.1　概念

和易性（又称工作性）是指混凝土拌和物易于施工操作（搅拌、运输、浇灌、振捣和养护），并能获得质量均匀、成型密实的混凝土性能。它是混凝土在凝结硬化前必须具备的性质。和易性是一项综合的技术性质，具体包括流动性、黏聚性、保水性三个方面含义。

1）流动性

流动性是指拌和物在本身自重或施工机械振捣的作用下，克服内部阻力和与模板、钢筋之间的阻力，产生流动并且均匀密实地填满模板的性能。流动性的大小，反映拌和物的稀稠，它直接影响着浇筑施工的难易和混凝土的质量。若拌和物太干稠，混凝土难以捣实，易造成内部孔隙；若拌和物过稀，振捣后混凝土易出现水泥砂浆和水上浮而石子下沉的分层离析现象，影响混凝土的均匀性。

2）黏聚性

黏聚性是指混凝土拌和物在施工过程中其组成材料之间具有一定的黏聚力，在施工、运输及浇注过程中，不至于产生分层离析，使混凝土保持整体均匀性的能力。混凝土拌和物是由密度、粒径不同的固体材料及水组成，各组成材料本身存在有分层的趋向，如果混凝土拌和物中各种材料比例不当，黏聚性差，则在施工中易发生分层、离析、泌水，使硬化后的混凝土内部形成蜂窝或空洞缺陷，影响混凝土的强度和耐久性。

3）保水性

保水性是指混凝土拌和物在施工过程中，具有保持水分，不会出现严重泌水的性能。

混凝土拌和物中的水,一部分是保持水泥水化所需的水量;另一部分水是为保证混凝土具有足够的流动性便于浇捣所需的水量。前者以化合水的形式存在于混凝土中,水分不易析出;而后者,若保水性差则会发生泌水现象,泌水会在混凝土内部形成泌水通道,使混凝土密实性变差,降低混凝土的质量。

混凝土拌和物的流动性、黏聚性、保水性有其各自的内容,三者之间互相联系又互相制约。黏聚性好,则保水性也往往较好,但流动性差;当流动性增大时,则黏聚性和保水性往往变差。因此,和易性就是这三方面性质在特定条件下矛盾的统一体。良好的和易性是指这三个指标在某种条件下,均达到适度。

3.2.1.2　测定方法和指标

混凝土拌和物的和易性是一个综合指标。由于工程对混凝土拌和物的流动性要求不同,通常采用坍落度或维勃稠度来定量地测量流动性,黏聚性和保水性主要通过目测观察来判定。

1)坍落度测定法

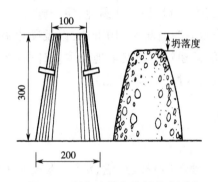

图 3.3　混凝土拌和物坍落度测定

坍落度法是用来测定混凝土拌和物在自重力作用下的流动性的方法,用于流动性较大的混凝土拌和物。测定时,将混凝土拌和物分三层装入坍落度筒,每层用钢捣棒插捣密实,刮平后将坍落度筒垂直向上提起,混凝土拌和物因自重力作用而产生坍落现象,量取筒高与坍落混凝土拌和物顶点之间的高度差(以 mm 计),称为坍落度,作为衡量流动性的指标,如图 3.3 所示。

坍落度越大,则混凝土拌和物的流动性越大;反之,流动性小。该法在工程中应用最多,适用于坍落度大于等于 10 mm,且最大粒径小于 40 mm 的混凝土拌和物。

评定混凝土拌和物黏聚性的方法是用插捣棒轻轻敲击已坍落的混凝土拌和物锥体的侧面,如混凝土拌和物锥体保持整体缓慢、均匀下沉,则表明黏聚性良好;如混凝土拌和物锥体突然发生崩塌或出现石子离析,则表明黏聚性差。

评定保水性的方法是观察混凝土拌和物锥体的底部,如有较多的稀水泥浆或水析出,或因失浆而使集料外露,则说明保水性差;如混凝土拌和物锥体的底部没有或仅有少量的水泥浆析出,则说明保水性良好。

知识拓展:分层指拌和物中各组分出现层状分离现象。离析指混凝土拌和物内某些组分的分离、析出现象。泌水指水从水泥浆中泌出的现象。

2)维勃稠度测定

维勃稠度法用来测定混凝土拌和物在机械振动力作用下的流动性的方法,适用于流动性较小的混凝土拌和物。测定时,将混凝土拌和物按规定方法装入坍落度筒内,并将坍落度筒垂直提起,之后将规定的透明有机玻璃圆盘放在混凝土拌和物锥体的顶面上(如图 3.4 所示),然后开启振动台,记录当透明圆盘的底面刚刚被水泥浆所布满时所经历的时间(以 s

计),称为维勃稠度。维勃稠度越大,则混凝土拌和物的流动性越小。该法适用于维勃稠度在 5 ~ 30 s,且最大粒径小于 40 mm 的混凝土拌和物。

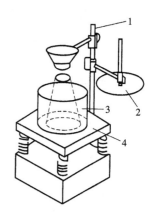

图 3.4 维勃稠度仪
1—测杆;2—透明圆盘;
3—圆柱形容器;4—振动台

3.2.1.3 流动性的级别

混凝土拌和物按照坍落度和维勃稠度的大小各分为四个级别。混凝土拌和物流动性的级别见表3.19。

3.2.1.4 流动性的选择

拌和物流动性的选用原则是在满足施工条件及混凝土成型密实的条件下,应尽可能选用较小的流动性,以节约水泥并获得质量较高的混凝土。具体选用时,流动性的大小取决于构件截面尺寸、钢筋疏密程度及捣实方法。若构件截面尺寸小、钢筋密、振捣作用不强时,选择流动性大一些;反之,选择流动性小一些,混凝土浇筑时的坍落度,见表3.20。

表 3.19 混凝土拌和物流动性的级别

坍落度级别			维勃稠度级别		
级别	名称	坍落度/mm	级别	名称	维勃稠度/s
T₁	低塑性混凝土	10 ~ 40	V₀	超干硬性混凝土	≥31
T₂	塑性混凝土	50 ~ 90	V₁	特干硬性混凝土	30 ~ 21
T₃	流动性混凝土	100 ~ 150	V₂	干硬性混凝土	20 ~ 11
T₄	大流动性混凝土	≥160	V₃	半干硬性混凝土	10 ~ 5

表 3.20 混凝土浇筑时的坍落度

结构种类	坍落度/mm
基础或地面等的垫层、无配筋的大体积结构(挡土墙、基础等)或配筋稀疏的结构	10 ~ 30
板、梁或大型及中型截面的柱子等	30 ~ 50
配筋密列的结构(薄壁、斗仓、筒仓、细柱等)	50 ~ 70
配筋特密的结构	70 ~ 90

技术提示:坍落度流动性选择中采用的是机械振捣时的坍落度,当采用人工振捣时可适当加大;轻骨料混凝土拌和物,坍落度宜较表中数值减少 10 ~ 20 mm。

3.2.1.5 影响和易性的主要因素

影响混凝土和易性的因素很多,主要有原材料的性质、原材料之间的相对含量(水泥浆量、水灰比、砂率)、环境因素及施工条件等。

1)水泥浆

水泥浆是由水泥和水拌和而成的浆体,具有流动性和可塑性,它是普通混凝土拌和物工作度最敏感的影响因素。在水灰比一定的条件下,水泥浆量越多,包裹在砂石表面的水泥浆层越厚,对砂石的润滑作用越好,拌和物的流动性越大。但水泥浆量过多,则会产生流浆、泌水、离析和分层等现象,使拌和物黏聚性和保水性变差,而且使混凝土强度、耐久性降低,干缩、徐变增大;水泥浆量过少,不能填满砂石间空隙,或不能很好地包裹骨料表面,同样会使拌和物流动性降低,黏聚性降低,故拌和物中水泥浆量既不能过多,也不能过少,以满足流动性要求为宜。

单位体积混凝土内水泥浆的含量,在水灰比不变的条件下,可以用单位体积用水量(1 m³混凝土用水量)来表示。因此,水泥浆量对拌和物流动性的影响,实质上就是用水量对拌和物流动性的影响。

2)水灰比

在水泥品种、水泥用量一定的条件下,水灰比越小,水泥浆就愈稠,拌和物流动性越小。当水灰比过小时,混凝土过于干涩,会使施工困难,且不能保证混凝土的密实性;水灰比增大,流动性加大,但水灰比过大,会由于水泥浆过稀,使混凝土拌和物的黏聚性和保水性变差,严重影响混凝土的强度和耐久性。水灰比的大小应根据混凝土的强度和耐久性合理选用。

3)砂率(β_s)

砂率指混凝土内所有砂的质量占砂、石总量的百分比,可用式(3-3)来表示:

$$\beta_s = \frac{m_s}{m_s + m_g} \times 100\%$$ (3-3)

式中　β_s——砂率(%);

　　　m_s——砂的质量(kg);

　　　m_g——石子的质量(kg)。

砂率的变动会使骨料的空隙率和骨料总表面积发生很大的变化,因此对混凝土拌和物的和易性有显著的影响。在一定砂率范围之内,砂与水泥形成的水泥砂浆,在粗骨料间起润滑作用,砂率越大,润滑作用愈明显,流动性可以提高。但砂率过大,即砂子用量过多,石子用量过少,骨料的总表面积增大,则需要包裹骨料的水泥浆增多,在水泥浆量一定的条件下,骨料表面的水泥浆层相对减薄,导致拌和物流动性降低。砂率过小,虽然总表面积减小,但空隙率很大,填充空隙所用水泥浆量增多,在水泥浆量一定的条件下,骨料表面的水泥浆层同样不足,使流动性降低,而且严重影响拌和物的黏聚性和保水性,产生分层、离析、流浆、泌水等现象。

在进行混凝土配合比设计时,为保证和易性,应选择合理砂率。合理砂率是指在用水量及水泥用量,在一定的情况下,能使混凝土拌和物获得最大的流动性,而且保持良好的黏聚性及保水性的砂率值,如图3.5所示;或者,当采用合理砂率时,能使混凝土拌和物获得所要求的流动性及良好的和易性的前提下,水泥用量最小的砂率,如图3.6所示。

4)水泥品种和细度

水泥品种对混凝土拌和物的和易性影响,主要表现在不同的水泥品种,其标准稠度需水量不同。普通硅酸盐水泥配制的混凝土拌和物的流动性和保水性较好;火山灰水泥拌和物的需水量大于普通水泥的需水量,在用水量和水灰比相同的条件下,火山灰水泥的流动

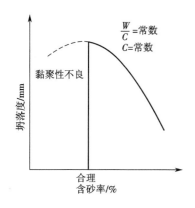

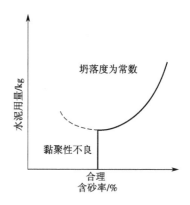

图 3.5　坍落度与砂率的关系　　　　　　　图 3.6　水泥用量与砂率的关系
（水泥和水用量一定）　　　　　　　　　（达到相同坍落度）

性相应就小。另外,不同的水泥品种,其特性上的差异也导致混凝土和易性的差异。

水泥颗粒越细,其表面积越大,需水量越大。在用水量相同时,拌和物流动性减小,而黏聚性和保水性好。

5)外加剂与掺和料

在拌制混凝土时,加入外加剂,如减水剂、引气剂等,能使混凝土拌和物在不增加水泥用量的条件下获得良好的和易性,增大流动性和改善黏聚性、降低泌水性,尚能提高混凝土耐久性。

掺入粉煤灰、硅灰、磨细沸石粉等掺和料,能改善混凝土拌和物的流动性。研究表明:当掺入质量好的粉煤灰 10% ~40%,可使坍落度平均增大 15% ~70%。

6)时间与温度

拌和物拌制后,伴随时间增长而逐渐变得干稠,流动性减小,出现坍落度损失现象。其原因是时间延长,会有部分水被骨料吸收和自然蒸发,从而使流动性变差,时间对拌和物坍落度的影响如图 3.7 所示。

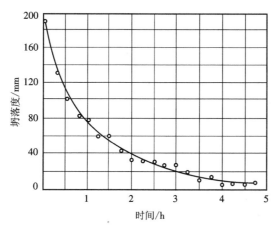

图 3.7　时间对拌和物坍落度的影响

温度的变化会影响到混凝土的和易性,因为环境温度的升高,使水分蒸发以及水反应加快,坍落度损失也变快,温度对混凝土拌和物坍落度的影响,如图3.8所示。从图3.8中可以看出,温度每升高10 ℃,坍落度就减少20 mm。因此,在施工中要考虑温度的影响,并采取相应的措施。

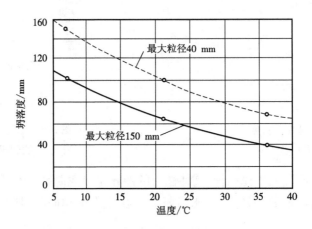

图3.8 温度对拌和物坍落度的影响

3.2.1.6 改善混凝土和易性的措施

在实际施工过程中,可以采取如下措施改善混凝土拌和物的和易性。

(1)采用合理砂率,有利于和易性的改善,同时节省水泥,提高混凝土的强度等质量。

(2)改善骨料粒形与级配,特别是粗骨料的级配,在可能的条件下尽量采用较粗的砂、石。

(3)尽量掺加外加剂和活性矿物掺料,改善和调整拌和物的工作性,以满足施工要求。

(4)当混凝土拌和物坍落度太小时,保持水灰比不变,增加适量的水泥浆;当坍落太大时,保持砂率不变,增加适量的砂、石骨料用量。

3.2.2 混凝土的强度

混凝土是主要建筑结构材料,强度是主要的力学性能。混凝土的强度包括抗压强度、抗拉强度、抗弯强度、抗剪强度等。其中以抗压强度最大,抗拉强度最小,其为抗压强度的$\frac{1}{10} \sim \frac{1}{20}$,所以在结构工程中主要用于承受压力。

3.2.2.1 混凝土的立方体抗压强度(f_{cu})

中国采用立方体抗压强度作为混凝土的强度特征值。我国国家标准《普通混凝土力学性能试验方法标准》(GB/T 50081—2002)规定,混凝土立方体抗压强度是指按标准方法制作的边长为150 mm 的立方体试件,在标准养护条件(温度20±2 ℃,相对湿度95%以上)下,养护到28 d 龄期,用标准试验方法测得的抗压强度值称为混凝土立方体抗压强度(简称立方抗压强度),用f_{cu}表示,即

$$f_{cu} = \frac{F}{A}$$

(3-4)

式中　f_{cu}——混凝土的立方体抗压强度(MPa);

　　　F——破坏荷载(N);

　　　A——试件承压面积(mm^2)。

混凝土采用标准试件在标准条件下测定其抗压强度,是为了具有可比性。在实际施工中,测定混凝土立方体试件抗压强度,也可以按粗骨料最大粒径的尺寸而选用不同的非标准试件尺寸。但在计算其抗压强度时,应乘以换算系数,以得到相当于标准试件的试验结果。混凝土试件不同尺寸的强度换算系数见表 3.21。试件尺寸愈小,测得的抗压强度值愈大。

表 3.21　混凝土试件不同尺寸的强度换算系数

骨料最大粒径/mm	试件尺寸/mm	换算系数
≤31.5	$100 \times 100 \times 100$	0.95
≤40	$150 \times 150 \times 150$	1.00
≤63	$200 \times 200 \times 200$	1.05

3.2.2.2　混凝土立方体抗压标准强度($f_{cu,k}$)与强度等级

1)混凝土立方体抗压标准强度

混凝土立方体抗压标准强度是指按标准方法制作和养护的边长为 150 mm 的立方体试件,在 28 d 龄期,用标准试验方法测得的强度总体分布中具有不低于 95% 保证率的抗压强度值,用 $f_{cu,k}$ 表示。

2)强度等级

混凝土强度等级是按混凝土立方体抗压标准强度($f_{cu,k}$)来划分的。混凝土强度等级采用符号 C 与立方体抗压强度标准值(以"MPa"计)表示。普通混凝土划分为下列强度等级:C15、C20、C25、C30、C35、C40、C45、C50、C55、C60、C65、C70、C75 和 C80 十四个等级。

不同工程或用于不同部位的混凝土,其强度等级要求也不相同。素混凝土结构的混凝土强度等级不低于 C15;钢筋混凝土结构的混凝土强度等级不低于 C20;采用强度等级 400 MPa 及以上的钢筋时,混凝土强度等级不应低于 C25。预应力混凝土结构的混凝土强度等级不宜低于 C40,且不应低于 C30。承受重复荷载的钢筋混凝土构件,混凝土强度等级不应低于 C30。

混凝土强度等级是混凝土结构设计时强度计算取值的依据,同时也是混凝土施工中控制工程质量和工程验收时的重要依据。

3.2.2.3　混凝土轴心抗压强度(f_{cp})

混凝土轴心抗压强度又称为棱柱体抗压强度。由棱柱体试件测得的抗压强度称为轴心抗压强度。在结构设计中,考虑到受压构件是棱柱体(或是圆柱体),而不是立方体,所以采用棱柱体试件比立方体试件更能反映混凝土的实际受压情况。为了使测得的混凝土强度接近于混凝土结构的实际情况,在钢筋混凝土结构计算中,计算轴心受压构件(例如柱

子、桁架的腹杆等)时,都是采用混凝土的轴心抗压强度。

我国国家《普通混凝土力学性能试验方法标准》(GB/T 50081—2002)规定,采用 150 mm×150 mm×300 mm 的标准棱柱体试件进行抗压强度试验,也可以采用非标准尺寸的棱柱体试件。当混凝土强度等级 <C60 时,用非标准试件测得的强度值均应乘以尺寸换算系数,其值为对 200 mm×200 mm×400 mm 的试件取 1.05;对 100 mm×100 mm×300 mm 的试件取 0.95。当混凝土强度等级 >C60 时宜采用标准试件;使用非标准试件时,尺寸换算系数应由试验确定。

通过多组棱柱体和立方体试件的强度试验表明:在立方体抗压强度为 10~55 MPa 的范围内,轴心抗压强度和立方体抗压强度之比为 0.70~0.80。

3.2.2.4　混凝土的劈裂抗拉强度(f_{ts})

混凝土是一种脆性材料,在直接受拉时,很小的变形就要开裂,且断裂前没有残余变形,混凝土的抗拉强度只有抗压强度的 $\frac{1}{10}$~$\frac{1}{20}$,且随着混凝土强度等级的提高,比值有所降低,即抗拉强度的增加不及抗压强度增加得快。因此在钢筋混凝土结构中一般不依靠混凝土抗拉,而是由其中的钢筋承担拉力。但抗拉强度对抵抗裂缝的产生有着重要的意义,是确定抗裂程度的重要指标。

混凝土抗拉试验过去多用 8 字形试件或棱柱体试件直接测定轴向抗拉强度,但是这种方法由于很难避免夹具附近局部破坏,而且外力作用线与试件轴心方向不易调成一致,所以我国采用立方体或圆柱体试件的劈裂抗拉试验来测定混凝土的抗拉强度,称为劈裂抗拉强度。

立方体混凝土劈裂抗拉强度是采用边长为 150 mm 的立方体试件,在试件的两个相对表面中线上加垫条,施加均匀分布的压力,则在外力作用的竖向平面内产生均匀分布的拉应力,该应力可以根据弹性理论计算得出。此方法不仅大大简化了抗拉试件的制作,并且能较正确地反映试件的抗拉强度。劈裂抗拉强度可按式(3-5)计算:

$$f_{ts} = 0.637 \frac{F}{A} \tag{3-5}$$

式中　f_{ts}——混凝土劈裂抗拉强度(MPa);

　　　　F——破坏荷载(N);

　　　　A——试件劈裂面积(mm^2)。

3.2.2.5　影响混凝土强度的因素

混凝土受荷载作用下,其破坏形式一般有三种:一是骨料与水泥石界面的应力分布破坏,这种破坏的可能性很小,因为通常情况下,骨料强度大于混凝土强度;二是水泥石本身破坏;三是骨料的破坏。

混凝土强度主要取决于骨料与水泥石之间的黏结强度和水泥石的强度,而水泥石与骨料的黏结强度和水泥石本身强度又取决于水泥的强度、水灰比及骨料的性质,此外还受养护条件、龄期等条件的影响。

1)水泥强度等级及水灰比

水泥是混凝土中的活性组分,其强度的大小直接影响混凝土强度的高低。在配合比不变的前提下,所有水泥强度等级越高,硬化后的水泥石强度和胶结能力越强,混凝土的强度也就越高。

当采用同一种水泥(品种、强度等级相同)时,混凝土的强度取决于水灰比(混凝土的用水量与水泥质量之比)。因为水泥石的强度来源于水泥的水化反应,按照理论计算,水泥水化所需的结合水一般只占水泥质量的 23% 左右;但为了使混凝土获得一定的流动性,以满足施工的要求,以及在施工过程中水分蒸发等因素,常常需要较多的水(占水泥质量的 40%~70%)。当混凝土硬化后,部分多余的水分就残留在混凝土中形成水泡或在蒸发后形成气孔,大大减少了混凝土抵抗荷载的实际有效截面,而且受力时,在气泡周围产生应力集中,降低水泥石与骨料的黏结强度,但是如果水灰比过小,混凝土拌和物流动性很小,很难保证浇灌、振实的质量,混凝土中将出现较多的蜂窝和孔洞,强度也将下降,如图 3.9 所示。试验证明,混凝土的强度随着水灰比的增加而降低,呈曲线关系,而混凝土强度和灰水比则呈直线关系,如图 3.10 所示。

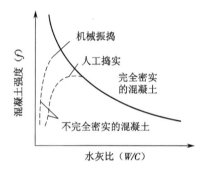

图 3.9　混凝土强度与水灰比的关系

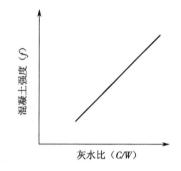

图 3.10　混凝土强度与灰水比的关系

根据工程实践经验,建立起来的常用混凝土强度公式即保罗米公式为:

$$f_{cu,0} = \alpha_a f_{ce}\left(\frac{C}{W} - \alpha_b\right) \tag{3-6}$$

式中　$f_{cu,0}$——混凝土 28 d 抗压强度(MPa);

　　　f_{ce}——水泥的 28 d 实际强度测定值(MPa);

　　　C——每立方米混凝土中水泥用量(kg);

　　　W——每立方米混凝土中用水量(kg);

　　　α_a,α_b——回归系数(与骨料品种、水泥品种有关,我国国家《普通混凝土配合比设计规程》(JGJ 55—2011)规定:采用碎石 $\alpha_a = 0.53$,$\alpha_b = 0.20$;采用卵石 $\alpha_a = 0.49$,$\alpha_b = 0.13$)。

2)骨料的品种、规格及质量

水泥与骨料的黏结强度除了与水泥石强度有关之外,还与骨料的品种、规格和质量有关。碎石表面比较粗糙、有棱角,与水泥石的胶结力比较牢固,而且相互间有嵌固作用。卵石表面比较光滑、黏结性则差。所以在其他条件相同时,碎石混凝土强度高于卵石混凝土。当水灰比小于 0.40 时,碎石混凝土强度比卵石混凝土高约 1/3。但若保持流动性不变,碎石混凝土所需水灰比增大,两者的差别就不大了。

骨料的最大粒径增大,可降低用水量及水灰比,提高混凝土的强度,但是对于高强混凝土,较小粒径的粗骨料明显改善粗骨料与水泥石界面的强度,反而提高混凝土的强度。

骨料的有害杂质、含泥量、泥块含量、骨料的形状及表面特征、颗粒级配等均影响混凝土的强度,当骨料中有害杂质含量过多且质量较差时,会使混凝土的强度降低。例如,含泥量较大将使界面强度降低;骨料中的有机质将影响到水泥的水化,从而影响水泥石的强度。

3)养护条件

混凝土的养护条件是指混凝土成型后的养护温度和湿度。混凝土强度的发展过程即水泥的水化比和凝结硬化过程,而水泥的水化和凝结硬化只有在一定的温度和湿度条件下才能进行,适当的温度和足够的湿度是混凝土强度顺利发展的重要保证。

(1)养护温度。

养护温度升高,水泥的水化速度加快,混凝土强度的发展也快;反之,在低温下混凝土强度发展相应迟缓,温度对混凝土强度的影响如图 3.11 所示。当温度处于冰点以下时,由于混凝土中的水分大部分已经结冰,混凝土的强度不但停止发展,而且还会受到冻胀破坏作用,严重影响混凝土的早期强度和后期强度。一般情况下,混凝土受冻之后再融化,其强度仍可继续增长,但受冻越早,强度损失越大,所以在冬期施工中规定混凝土受冻前要达到临界强度,才能保证混凝土的质量。

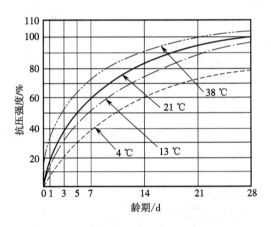

图 3.11　混凝土强度与养护温度的关系

(2)养护湿度。

环境的湿度对混凝土的强度发展同样是非常重要的。水是水泥水化反应的必要成分,湿度适当,水泥水化能顺利进行,使混凝土强度得到充分发挥。环境湿度越高,混凝土的水化程度越高,混凝土的强度越高。如果环境湿度低,水泥水化反应不能正常进行,甚至水化停止,将严重影响混凝土的强度。受干燥作用的时间越早,造成的干缩开裂越严重,结构越疏松,混凝土的强度损失越大。

混凝土在浇注后,应在 12 h 内进行覆盖草袋、塑料薄膜等,以防水分蒸发过快,并应按规定进行浇水养护。使用硅酸盐水泥、普通硅酸盐水泥、矿渣硅酸盐水泥时,保湿时间应不小于 7 d;使用火山灰质硅酸盐水泥和粉煤灰硅酸盐水泥时,或掺用缓凝型外加剂或有耐久性要求时,应不小于 14 d。掺粉煤灰的混凝土保湿时间不得少于 14 d,干燥或炎热气候条件下不得少于 21 d,路面工程中不得少于 28 d。高强混凝土、高耐久性混凝土则在成型后须立即覆盖或采取适当的保湿措施。混凝土强度发展与保湿时间的关系,如图 3.12 所示。

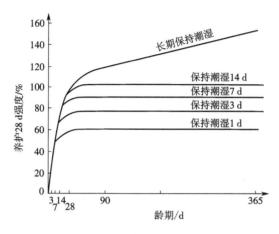

图 3.12　混凝土强度发展与保湿时间的关系

4）龄期

龄期是指混凝土在正常养护条件下所经历的时间。混凝土的强度随着龄期的增加而增大,最初 7～14 d 内强度增长较快,28 d 以后增长缓慢。在适宜的温度、湿度条件下其增长过程可达十年之久。

试验证明,用中等等级普通硅酸盐水泥(非 R 型)配置的混凝土,在标准养护条件下,其强度发展与龄期的对数成正比例关系。其公式如下:

$$f_n = f_{28} \frac{\lg n}{\lg 28} \tag{3-7}$$

式中　f_{28}——28 d 龄期时的混凝土抗压强度(MPa);

　　　f_n——n d 龄期时的混凝土抗压强度(MPa);

　　　n——养护龄期(d),$n \geq 3$ d。

式(3-7)可用于估算混凝土的强度,但由于影响混凝土强度的因素有很多,所以结果只能作为参考。

3.2.2.6　提高混凝土强度的措施

根据影响混凝土强度的因素,可采取提高混凝土强度的措施如下。

①选用高强度等级水泥或早强型水泥。

②采用低水灰比的干硬性混凝土。

③采用湿热养护混凝土,保证混凝土在适当温度下和足够湿度的环境中进行养护。

④采用先进的施工工艺,机械搅拌、机械振捣。

⑤掺入混凝土外加剂和活性矿物掺和料,改善混凝土的性能,促进混凝土强度的发展。

3.2.3　混凝土的变形

混凝土在硬化和使用过程中,由于受外界物理、化学及其他各种因素的影响会产生各种变形,这些变形是使混凝土产主裂缝的重要原因之一,从而进一步影响混凝土的强度和耐久性。混凝土的变形包括非荷载作用下的变形和荷载作用下的变形。

3.2.3.1　非荷载作用下的变形

非荷载作用下的变形包括混凝土的化学收缩、干湿变形及温度变形。

1)化学收缩

化学收缩是指水泥水化物的固体体积小于水化前反应物(水和水泥)的总体积所造成的收缩。混凝土的这种体积收缩是不能恢复的,其收缩量随混凝土的龄期延长而增加,一般在混凝土成型后40 d内增长较快,以后逐渐趋于稳定。化学收缩值一般很小,虽然化学减缩率很小,一般对混凝土结构没有破坏作用,但其混凝土在收缩过程中内部会产生微细裂缝,这些微细裂缝可能会影响到混凝土的承载状态(产生应力集中)和耐久性。

2)干湿变形

混凝土的干缩湿胀是指由于外界湿度变化,致使其中水分变化而引起的体积变化。当水分散失时会引起体积收缩,称为干燥收缩(简称干缩);混凝土受潮后体积又会膨胀,即为湿胀。混凝土的湿胀变形量很小,一般无破坏作用。但干缩变形对混凝土危害较大,会导致混凝土表面出现拉应力而开裂,严重影响混凝土耐久性。

在混凝土结构设计中,干缩率取值一般为$(1.5 \sim 2.0) \times 10^{-4}$ mm/mm,即混凝土每1 m长度收缩0.15 ~ 0.20 mm。干缩主要是由水泥石干缩产生的,因此,降低水泥用量、减小水灰比是减少干缩的关键。除此之外,水泥品种、用水量、骨料种类及养护条件也是影响因素。

3)温度变形

温度变形是指混凝土的体积随着温度的升降而增大或缩小。混凝土与通常的固体材料一样呈现热胀冷缩现象,其热膨胀系数为$(6 \sim 12) \times 10^{-6}$/℃,即温度每升降1 ℃,每米混凝土胀缩0.006 ~ 0.012 mm,温度变形对大体积混凝土或大面积混凝土以及纵向很长的混凝土极为不利,易使混凝土表面产生很大的拉应力直至出现裂缝。

在实际的工程施工时,可采用低热水泥,或采取减少水泥用量、掺加缓凝剂及人工降温和沿纵向较长的钢筋混凝土结构设计温度伸缩缝等措施,以减少温度变形可能带来的质量问题。

3.2.3.2　荷载作用下的变形

荷载作用下的变形分为短期荷载作用下的变形和长期荷载作用下的变形两种。

1)短期荷载作用下的变形

混凝土在短期荷载作用下的变形分为混凝土的弹塑性变形和混凝土的弹性模量。

(1)混凝土的弹塑性变形。

混凝土是一种非匀质材料,属弹塑性体。在静力试验的加荷过程中,若加荷至任一点A,然后将荷载逐渐卸去,则卸荷时的应力—应变曲线如AC所示。它在受力时,既产生可以恢复的弹性变形又产生不可以恢复的塑性变形,混凝土的应力与应变关系不是直线而是曲线,如图3.13所示。应力越大,混凝土的塑性变形越大,应力与应变曲线的弯度程度越大,即应力与应变的比值越小。混凝土的塑性变形是由于内部微裂纹产生、增多、扩展与汇合等的结果产生的。

（2）混凝土的弹性模量。

混凝土的应力与应变的比值随应力的增大而降低，即弹性模量随应力增大而降低。我国国家《普通混凝土力学性能试验方法标准》（GB/T 50081—2002）规定，采用 150 mm × 150 mm × 300 mm 的棱柱体作为标准试件，使混凝土的应力在 0.5 MPa 和 $1/3f_{cu}$ 之间经过至少两次预压，在最后一次预压完成后，应力与应变关系基本上成为直线关系，此时测得的变形模量值即为该混凝土弹性模量，如图 3.14 所示。

混凝土的弹性模量随骨料与水泥石的弹性模量而异。在材料质量不变的条件下，混凝土的骨料含量较多、水灰比较小、养护条件较好及龄期较长时，混凝土的弹性模量就较大。另外混凝土的弹性模量一般随强度提高而增大。

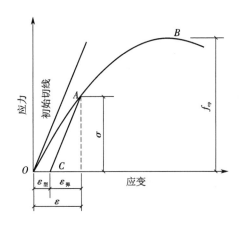

图 3.13   混凝土在应力作用下的
应力—应变曲线图

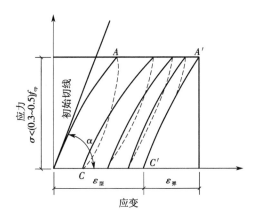

图 3.14   低应力下重复荷载的
应力—应变曲线图

2）长期荷载作用小的变形——徐变

徐变是指混凝土在长期不变荷载作用下，沿作用力方向随时间而产生的变形，如图 3.15 所示。混凝土在加荷的瞬间，产生瞬时变形，随着荷载持续时间的延长，逐渐产生徐变变形。混凝土徐变在加荷早期增长较快，然后逐渐减慢，一般要 2 ~ 3 年才趋于稳定。当混凝土卸荷后，一部分变形瞬间恢复，其值小于在加荷瞬间产生的瞬时变形，在卸荷后的一段时间内变形还会继续恢复，称为徐变恢复，最后残存的不能恢复的变形称为残余变形。

徐变对钢筋混凝土、大体积混凝土有利，它可以消除或减少钢筋混凝土内的应力集中，使应力重新进行分布，从而使局部应力集中得到缓解。徐变还能消除或减少大体积混凝土由于温度变形所产生的破坏应力。徐变对预应力钢筋混凝土不利，它会使钢筋的预应力值受到损失。

3.2.4   混凝土的耐久性

耐久性是指混凝土抵抗环境介质作用并长久保持其良好的使用性能的能力。

环境对混凝土结构的物理和化学作用，以及混凝土结构抵御环境作用的能力，是影响混凝土结构耐久性的因素。混凝土耐久性能主要包括抗渗性、抗冻性、抗侵蚀性、抗碳化能

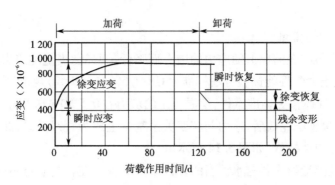

图 3.15　混凝土的徐变与徐变的恢复

力、抗碱—集料反应能力等。

3.2.4.1　抗渗性

抗渗性是决定混凝土耐久性最主要的因素。抗渗性是指混凝土抵抗水、油等液体在压力作用下渗透的能力，它直接影响混凝土的抗冻性和抗侵蚀性。

混凝土的抗渗性主要与其密度及内部孔隙的大小和结构有关。混凝土中的蜂窝、孔洞都会造成混凝土的渗水，所以地下建筑、水池、水塔、压力水管、水坝、油罐等，必须要求混凝土具有一定的抗渗性。有效提高抗渗性的措施有降低水灰比、掺和减水剂和引气剂、改善施工工艺、加强养护等。

混凝土抗渗性用抗渗等级 P 表示。抗渗等级是以 28 d 龄期试件，在标准试验方法进行试验下所能承受的最大静水压来确定的。抗渗等级分为 P4、P6、P8、P10、P12 五个等级，即相应表示混凝土能抵抗 0.4 MPa、0.6 MPa、0.8 MPa、1.0 MPa、1.2 MPa 的水压力而不渗水。

3.2.4.2　抗冻性

抗冻性是指混凝土在水饱和状态下，经受多次冻融循环作用，能保持强度和外观完整性的能力。

混凝土的孔隙率、孔隙构造和孔隙的冲水强度是影响抗冻性的主要因素。密实的混凝土和具有封闭孔隙的混凝土的抗冻性较好。在寒冷地区，特别是接触水又受冻环境下的混凝土，要求具有较高的抗冻性。有效提高抗冻性可以在混凝土中掺入引气剂和减水剂。

混凝土抗冻性以抗冻等级 F 表示。它是以标准养护 28 d 龄期的立方体试件在水饱和后，于 -20 ~ -15 ℃ 至 15 ~ 20 ℃ 条件下进行反复冻融，最后以抗压强度损失率不超过 25%，质量损失率不超过 5% 时，混凝土所能承受的最大冻融循环次数来表示。混凝土的抗冻等级分别为 F10、F15、F25、F50、F100、F150、F200、F250 和 F300 等，其中数字即表示混凝土能经受的最大冻融循环次数。

3.2.4.3　抗腐蚀性

当混凝土所处环境中含有腐蚀性介质时，混凝土便会遭受侵蚀，通常有软水侵蚀、硫酸盐侵蚀、镁盐侵蚀、碳酸盐侵蚀、一般酸侵蚀与强碱侵蚀等。

混凝土的抗腐蚀性与所用水泥的品种、混凝土的密实程度、孔隙特征有关。解决抗腐蚀性最有效的措施是合理选择水泥品种、降低水灰比、提高混凝土的密实度和改善孔结构。

3.2.4.4　混凝土的碳化

混凝土的碳化是指混凝土内水泥石中的氢氧化钙与二氧化碳在湿度适宜时发生化学反应,生成碳酸钙和水的过程。

碳化对混凝土既有有利的影响,也有不利的影响,但弊多利少。碳化作用生成的碳酸钙填充了混凝土表面水泥石的孔隙,提高了混凝土表面的密实度和硬度,对提高混凝土抗压强度有利。但碳化使混凝土的碱度降低,从而减弱了对钢筋的保护作用,可能导致钢筋生锈。另外碳化作用会增加混凝土的收缩,引起混凝土表面产生拉应力而出现微细裂缝,从而降低混凝土抗拉、抗折强度及抗渗能力。

3.2.4.5　抗碱—集料反应能力

碱—集料反应是指混凝土内水泥石中的碱与集料中的活性二氧化硅发生的化学反应,该反应生成碱硅酸凝胶,吸水后会产生较大的体积而使混凝土开裂。

抑制碱—集料反应的措施是使水泥中碱含量高于0.6%;骨料中含有活性二氧化硅;有水存在。

3.2.4.6　提高混凝土耐久性的措施

混凝土因其所处的环境不同,耐久性的要求也不同,应根据具体情况采用相应的措施。

①据混凝土工程所处的环境条件和工程特点选择合理的水泥品种。

②严格控制水灰比,保证足够的水泥用量。混凝土最大水灰比和最小水泥用量见表3.22。这是保证混凝土密实度,具有必要的耐久性的最重要的措施。

表 3.22　混凝土的最大水灰比和最小水泥用量

环境条件		结构物类型	最大水胶比值			最小水泥用量/$(kg \cdot m^{-3})$		
			素混凝土	钢筋混凝土	预应力混凝土	素混凝土	钢筋混凝土	预应力混凝土
干燥环境		正常的居住或办公用房内部件	不作规定	0.65	0.60	200	260	300
潮湿环境	无冻害	高湿度的室内部件 室外部件 在非侵蚀性土和(或)水中的部件	0.70	0.60	0.60	225	280	300
	有冻害	经受冻害的室外部件 在非侵蚀性土和(或)水中且经受冻害的部件 高湿度且经受冻害中的室内部件	0.55	0.55	0.55	250	280	300
有冻害和除冰剂的潮湿环境		经受冻害和除冰剂作用的室内和室外部件	0.50	0.50	0.50	300	300	300

③选用品质良好、级配合格的骨料,并尽量采用合理砂率。

④掺用减水剂、引气剂等外加剂,提高混凝土密实度。

⑤保证施工质量,在混凝土施工中,应搅拌均匀、浇捣密实、加强养护,避免产生次生

裂缝。

3.3　普通混凝土的质量控制及强度检验

为了使混凝土达到设计要求的和易性、强度、耐久性,除选择适宜的原材料及确定恰当的配合外,还应在施工过程中对各个环节进行质量控制和强度检验。

3.3.1　混凝土的质量控制

为了保证生产地混凝土按规定的保证率满足设计要求,应加强混凝土的质量控制。混凝土的质量控制包括初步控制、生产控制和合格控制。

3.3.1.1　初步控制

初步控制是指混凝土生产前对人员的培训、设备的调试、原材料的检验及混凝土配合比的确定与调整等内容。建立混凝土监督人员网络,明确各级职责并组织培训。对原材料供应商做好资质审查、产地调查,保证材料必须符合设计及标准要求。混合比的控制应根据设计要求和混凝土的工程特点,在确定了各种原材料后,在现场对原材料取样,送交有相应资质等级的实验室进行配合比设计和检验。

3.3.1.2　生产控制

生产控制是指混凝土在生产过程中对混凝土组成材料的计量、混凝土拌和物的搅拌、运输、浇注和养护等工序的控制。搅拌和浇注的过程中,要求严格控制原材料的计量。应对每盘的搅拌时间、加料顺序、混凝土拌和物的坍落度等进行抽查。拌和物在运输时要防止分层、泌水、流浆等现象,且尽量缩短运输时间;浇筑时按规定的方法进行,并严格限制卸料高度,防止离析;振捣均匀,严禁漏振和过量振动;保证足够的温、湿度,加强对混凝土的养护。

3.3.1.3　合格控制

合格控制是指对浇注混凝土进行强度及其他技术指标检验评定,主要包括批量划分、确定批量取样数、确定检测方法和验收界限等项内容。

3.3.2　混凝土的质量评定

混凝土的质量评定主要包括混凝土的质量波动和混凝土质量的统计评定两方面内容。

3.3.2.1　混凝土的质量波动

在混凝土正常的施工条件下,各工艺过程都有影响混凝土质量的因素,因此,按同一配合比生产的混凝土质量也会产生波动。造成强度波动的原因有:原材料质量的波动;运输、浇筑、振捣、养护条件的变化等。另外,由于试验机的误差及试验人员操作不同,也会造成混凝土强度测试值的波动。在正常条件下,上述因素都是随机变化的,因此混凝土强度也是随机的。对于随机变量,可以用数理统计的方法来对其进行评定。

对在一定条件下生产的混凝土进行随机取样测定其强度,并在其硬化后进行强度检测。当取样次数足够时,数据整理后可绘成强度概率分布曲线,一般接近正态分布,如图

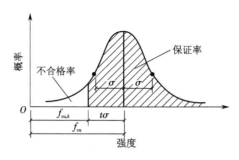

图 3.16 混凝土强度正态分布曲线

3.16 所示。

混凝土强度正态分布曲线,两头低、中间高、以平均强度为轴,左右两边曲线是对称的,曲线的最高点为混凝土的平均强度 $\bar{f}_{cu}$ 的概率。距对称轴越远的强度,出现的概率越小,并以横轴为渐近线逐渐趋近于零。曲线与横轴之间的面积为概率总和,等于 100%。当混凝土平均强度相同时,概率曲线窄且高,说明强度测定值比较集中、波动小、混凝土的均匀性好、施工水平高;曲线宽而矮,说明强度值离散程度大、混凝土的均匀性差、施工水平较低。

3.3.2.2 混凝土质量的统计评定

混凝土的质量可以用数理统计方法中样本的强度平均值($\bar{f}_{cu}$)、强度标准差(σ)、变异系数(c_v)、强度保证率(p_{et})等参数评定。

强度平均值:

$$\bar{f}_{cu} = \frac{1}{n} \sum_{i=1}^{n} f_{cu,i} \tag{3-8}$$

强度标准差:

$$\sigma = \sqrt{\frac{\sum_{i=1}^{n} (f_{cu,i} - \bar{f}_{cu})^2}{n-1}} = \sqrt{\frac{\sum_{i=1}^{n} f_{cu,i}^2 - n\bar{f}_{cu}^2}{n-1}} \tag{3-9}$$

变异系数:

$$c_v = \frac{\sigma}{\bar{f}_{cu}} \tag{3-10}$$

式中 $f_{cu,i}$——第 i 组试件的抗压强度的算术试验值(MPa);

n——混凝土强度时间的组数。

强度的算术平均值表示混凝土强度的总体平均水平,不能反映混凝土强度的波动情况。

标准差是评定混凝土质量均匀性的指标,在数值上等于曲线上的拐点距强度平均值的距离。标准差愈大,说明强度的离散程度愈大,混凝土的质量愈不稳定。变异系数又称离差系数,变异系数愈小,混凝土的质量愈稳定,生产水平愈高。

3.3.3 混凝土的强度检验

混凝土强度检验,应以在混凝土浇筑地点制备并与结构实体同条件养护的试件强度为依据,必要时,可采用微破损与非破损方法检测混凝土强度。

我国国家《混凝土强度检验评定标准》(GB/T 50107—2010)规定,混凝土强度评定分为统计方法评定及非统计方法评定两种。

3.3.3.1　统计方法评定

统计方法评定适用于预拌混凝土厂、预制混凝土构件厂和采用集中搅拌混凝土的施工单位所拌制的混凝土。

① 一个检验批的样本容量应为连续的 3 组试件,其强度应同时符合下列规定要求:

$$m_{f_{cu}} \geqslant f_{cu,k} + 0.7\sigma_0$$

$$f_{cu,min} \geqslant f_{cu,k} - 0.7\sigma_0$$

当混凝土强度等级不高于 C20 时,其强度的最小值尚应满足下式要求:

$$f_{cu,min} \geqslant 0.85 f_{cu,k}$$

当混凝土强度等级高于 C20 时,其强度的最小值尚应满足下列要求:

$$f_{cu,min} \geqslant 0.90 f_{cu,k}$$

式中　　$m_{f_{cu}}$——同一检验批混凝土立方体抗压强度的平均值(N/mm^2),精确到 0.1 N/mm^2;

$f_{cu,k}$——混凝土立方体抗压强度标准值(N/mm^2),精确到 0.1 N/mm^2;

$f_{cu,min}$——同一检验批混凝土立方体抗压强度的最小值(N/mm^2),精确到 0.1 N/mm^2。

②当样本容量不少于 10 组时,其强度应同时满足下列要求:

$$m_{f_{cu}} \geqslant f_{cu,k} + \lambda_1 \cdot S_{f_{cu}}$$

$$f_{cu,min} \geqslant \lambda_2 \cdot f_{cu,k}$$

式中　　$S_{f_{cu}}$——同一检验批混凝土立方体抗压强度的标准差(N/mm^2),精确到 0.01 N/mm^2;当检验批混凝土强度差 S 计算值小于 2.5 N/mm^2 时,应取 2.5 N/mm^2;

λ_1,λ_2——合格评定系数,见表 3.23。

表 3.23　混凝土强度的合格评定系数

试件组数	10 ~ 14	15 ~ 19	≥20
λ_1	1.15	1.05	0.95
λ_2	0.90	0.85	

3.3.3.2　非统计方法评定

当用于评定的样本容量小于 10 组时,应采用非统计方法评定混凝土强度。非统计方法评定适用于零星生产预制构件的混凝土厂或现场搅拌批量不大的混凝土。

按非统计方法评定混凝土强度时,其强度应同时符合下列规定:

$$m_{f_{cu}} \geqslant \lambda_3 \cdot f_{cu,k}$$

$$f_{cu,min} \geqslant \lambda_4 \cdot f_{cu,k}$$

式中　λ_3、λ_4——合格评定系数,见表3.24。

表 3.24　混凝土强度的非统计法合格评定系数

试件组数	< C60	≥ C60
λ_3	1.15	1.10
λ_4	0.95	

3.3.3.3　混凝土强度的合格判定

混凝土强度应分批进行检验评定,当评定结果能满足以上规定时,则该混凝土判定为合格,否则为不合格。

3.4　普通混凝土的配合比设计

混凝土配合比设计就是根据工程要求、结构形式和施工条件来确定各组成材料数量之间的比例关系。

在某种意义上,混凝土是一门试验的科学,要想配制出品质优异的混凝土,必须具备先进的、科学的设计理念,加上丰富的工程实践经验,通过实验室试验完成。但对于初学者来说首先必须掌握混凝土的标准设计与配制方法。

3.4.1　混凝土配合比设计的表示方法

混凝土配合比的常用表示方法有两种:一种是以每立方米混凝土中各项材料的质量表示;另外一种是以各项材料相互间的质量比来表示。

(1)以 1 m³混凝土中各组成材料的用量表示:如水泥 320 kg、砂 730 kg、石子 1 220 kg、水 175 kg。

(2)以水泥质量为 1,以各组成材料相互之间的质量比来表示:如水泥:砂:石子 = 1:2.3:4.2,水灰比 = 0.61。

3.4.2　混凝土配合比设计应满足的基本要求

混凝土配合比设计的任务是根据原材料的技术性能及施工条件,确定出能满足工程要求的混凝土的各组成材料用量。混凝土配合比设计必须达到以下四项基本要求。

①硬化后的混凝土应达到结构设计要求的强度等级。

②混凝土拌和物应满足混凝土施工所要求的和易性。

③满足工程所处环境对混凝土耐久性的要求。

④符合经济原则,能够节约水泥,降低混凝土成本。

3.4.3　混凝土配合比实际的三个重要参数

混凝土配合比设计的实质,就是确定混凝土四项组成材料用量之间的比例关系。混凝土配合比的设计通常由水灰比、用水量和砂率三个参数控制。

3.4.3.1 水灰比

水灰比是指水与水泥质量之间的比例关系。水灰比是混凝土拌和物的和易性、混凝土强度和耐久性的重要参数,由混凝土的强度和耐久性要求来确定。一方面,水灰比较小时可以使强度更高且耐久性更好;另一方面,在保证混凝土和易性所要求用水量基本不变的情况下,只要满足强度和耐久性对水灰比的要求,选用较大水灰比时,可以节约水泥。

3.4.3.2 单位用水量

单位用水量指混凝土中水泥浆用量与骨料用量之间的比例关系。单位用水量对混凝土拌和物的和易性及硬化强度有较大影响。为节约水泥和改善耐久性,在满足流动性的条件下,应尽可能取小的单位用水量。

3.4.3.3 砂率

砂率指砂与石子用量之间的比例关系。砂率是影响混凝土拌和物和易性的重要参数,根据水灰比、粗骨料的品种和最大粒径确定。若选择不恰当,会对混凝土强度和耐久性产生影响。

3.4.3.4 参数确定原则

水灰比、单位用水量、砂率是混凝土配合比设计的三个重要参数,它们与混凝土各项性能之间有着非常密切的关系。配合比设计要正确地确定出这三个参数,才能保证配制出满足四项基本要求的混凝土。水灰比、单位用水量、砂率三个参数的确定原则如下。

①在满足混凝土强度和耐久性的基础上,确定混凝土水灰比。

②在满足混凝土施工要求的和易性基础上,根据粗骨料的种类和规格确定混凝土的单位用水量。

③砂率应以填充石子空隙后略有富余的原则来确定。

3.4.4 混凝土配合比设计的步骤

混凝土配合比设计的步骤主要包括初步配合比计算、试验室配合比计算和施工配合比计算。

3.4.4.1 初步配合比计算

1)配制强度

考虑到施工中材料质量、施工工艺、施工质量的因素影响,混凝土的配制强度应高于设计强度。

(1)配制强度公式。

我国国家《混凝土配合比设计规程》(JGJ 55—2011)规定,试配强度计算方法如下。

①当混凝土的设计强度等级小于 C60 时,配制强度应按(3-11)式计算:

$$f_{cu,0} \geq f_{cu,k} + 1.645\sigma \tag{3-11}$$

式中 $f_{cu,0}$——混凝土配制强度(MPa);

$f_{cu,k}$——混凝土立方体抗压强度标准值(MPa)。

σ——混凝土强度标准差(MPa)。

②当设计强度等级不小于 C60 时,配制强度应按式(3-12)计算:

$$f_{cu,0} \geq 1.15 f_{cu,k} \tag{3-12}$$

式中　$f_{cu,0}$——混凝土配制强度(MPa);

　　　　$f_{cu,k}$——混凝土立方体抗压强度标准值(MPa)。

(2)混凝土强度标准差确定。

①当具有近 1~3 个月的同一品种、同一强度等级混凝土的强度资料时,其混凝土强度标准差 σ 应按式(3-13)计算:

$$\sigma = \sqrt{\frac{\sum_{i=1}^{n} f_{cu,i}^2 - n m_{f_{cu}}^2}{n-1}} \tag{3-13}$$

式中　n——试件组数,n 值应大于或者等于 30。

对于强度等级不大于 C30 的混凝土:当 σ 计算值不小于 3.0 MPa 时,应按照计算结果取值;当 σ 计算值小于 3.0 MPa 时,σ 应取 3.0 MPa。

对于强度等级大于 C30 且不大于 C60 的混凝土:当 σ 计算值不小于 4.0 MPa 时,应按照计算结果取值;当 σ 计算值小于 4.0 MPa 时,σ 应取 4.0 MPa。

②当没有近期的同一品种、同一强度等级混凝土强度资料时,其强度标准差 σ 见表 3.25。

表 3.25　σ 值　　　　　　　　　　　　　　　MPa

混凝土强度等级	≤C20	C25~C45	C50~C55
σ	4.0	5.0	6.0

2)配制水灰比

混凝土强度等级小于 C60 时,混凝土水灰比应按式(3-14)计算:

$$\frac{W}{C} = \frac{\alpha_a f_{ce}}{f_{cu,0} + \alpha_a \alpha_b f_{ce}} \tag{3-14}$$

式中　α_a, α_b——回归系数;

　　　　f_{ce}——水泥 28 d 抗压强度实测值(MPa)。

在确定 f_{ce} 值时,f_{ce} 值可根据 3 d 强度或快测强度推定 28 d 强度关系式得出。当无水泥 28 d 抗压强度实测值时,其值可按式(3-15)确定:

$$f_{ce} = \gamma_c f_{ce,g} \tag{3-15}$$

式中　γ_c——水泥强度等级的富余系数;

　　　　$f_{ce,g}$——水泥强度等级值(MPa)。

回归系数 α_a 和 α_b 应根据工程所使用的水泥、骨料,通过试验由建立的水灰比与混凝土强度关系确定;当不具备上述试验统计资料时,其回归系数见表 3.26。

表 3.26　回归系数 α_a 和 α_b 选用表

系数	碎石	卵石
α_a	0.53	0.49
α_b	0.20	0.13

3)确定用水量

(1)干硬性和塑性混凝土单位用水量。

根据骨料品种、粒径及施工要求的拌和物稠度见表 3.27 和表 3.28。

表 3.27　干硬性混凝土的用水量　　　　　　　　　　kg/m³

拌和物稠度		卵石最大粒径/mm			碎石最大粒径/mm		
项目	指标	10.0	20.0	40.0	16.0	20.0	40.0
维勃稠度/s	16～20	175	160	145	180	170	155
	11～15	180	165	150	185	175	160
	5～10	185	170	155	190	180	165

表 3.28　塑性混凝土的用水量　　　　　　　　　　kg/m³

拌和物稠度		卵石最大粒径/mm				碎石最大粒径/mm			
项目	指标	10.0	20.0	31.5	40.0	16.0	20.0	31.5	40.0
坍落度/mm	10～30	190	170	160	150	200	185	175	165
	35～50	200	180	170	160	210	195	185	175
	55～70	210	190	180	170	220	105	195	185
	75～90	215	195	185	175	230	215	205	195

(2)流动性和大流动性混凝土用水量。

①以表 3.28 中坍落度 90 mm 的用水量为基础,按坍落度每增大 20 mm 用水量增加 5 kg,计算出未掺外加剂时的混凝土用水量。

②掺外加剂时混凝土用水量可按式(3-16)计算:

$$m_{w0} = m_{w0}(1 - \beta)\tag{3-16}$$

式中　m_{w0}——计算配合比每立方米混凝土的用水量(kg);

m_{w0}——未掺外加剂时推定的满足实际坍落度要求的每立方米混凝土用水量(kg);

β——外加剂的减水率(%)。

4)确定水泥用量

根据已经确定的水灰比和用水量,可计算出水泥用量 m_{c0},按式(3-17)计算:

$$m_{c0} = \dfrac{m_{w0}}{\dfrac{W}{C}}\tag{3-17}$$

为保证混凝土的耐久性,计算所得的水泥用量应大于表 3.22 中规定的最小水泥用量。

若计算所得的水泥用量小于表 3.22 中最小水泥用量,则取表中最小水泥用量值。

5)确定砂率(β_s)

砂率为砂在砂、石总用量中所占的百分比,按式(3-18)计算:

$$\beta_s = \frac{m_{s0}}{m_{s0} + m_{g0}} \times 100\% \tag{3-18}$$

合理的砂率是混凝土拌和物在获得足够坍落度的同时,具有良好的黏聚性和保水性。一般应通过试验找出合理的砂率,或者根据本单位对所用材料的使用经验选用合理砂率。如无经验,可根据水胶比、粗骨料品种和最大粒径,见表 3.29。

表 3.29 混凝土的砂率

水胶比(W/B)	卵石最大粒径/mm			碎石最大粒径/mm		
	10	20	40	10	20	40
0.4	26 ~ 32	25 ~ 31	24 ~ 30	30 ~ 35	29 ~ 34	27 ~ 32
0.5	30 ~ 35	29 ~ 34	28 ~ 33	33 ~ 38	32 ~ 37	30 ~ 35
0.6	33 ~ 38	32 ~ 37	31 ~ 36	36 ~ 41	35 ~ 40	33 ~ 38
0.7	36 ~ 41	35 ~ 40	34 ~ 39	39 ~ 44	38 ~ 43	36 ~ 41

6)确定粗骨料和细骨料用量

(1)质量法。

当混凝土所用原材料的性能相对稳定时,即使各组成材料的用量有所波动,但混凝土拌和物的体积密度基本上不变,接近于一个固定值时,可以假设一个混凝土拌和物的假定质量 m_{cp}(kg/m³),按下列公式计算砂 m_{s0}、石 m_{g0} 用量。

$$\left. \begin{array}{l} m_{c0} + m_{w0} + m_{s0} + m_{g0} = m_{cp} \\ \beta_s = \frac{m_{s0}}{m_{s0} + m_{g0}} \times 100\% \end{array} \right\} \tag{3-19}$$

式中　$m_{c0}, m_{w0}, m_{s0}, m_{g0}$——分别为 1 m³ 混凝土中水泥、水、砂和石子的质量(kg/m³);

　　　m_{cp}——每立方米混凝土拌和物的假定质量(kg),可取 2 350 ~ 2 450 kg。

(2)体积法。

$$\left. \begin{array}{l} \frac{m_{c0}}{\rho_c} + \frac{m_{w0}}{\rho_w} + \frac{m_{s0}}{\rho_s} + \frac{m_{g0}}{\rho_g} + 0.01\alpha = 1 \\ \beta_s = \frac{m_{s0}}{m_{s0} + m_{g0}} \times 100\% \end{array} \right\} \tag{3-20}$$

3.4.4.2 试验室配合比

初步配合比是根据一些经验公式或表格通过计算得到的,或是直接选取的,因而不一定符合实际情况,故须进行试配、调整、确定。

1)试配和调整

混凝土试配是采用工程中实际使用的原材料,混凝土的搅拌方法宜与生产时使用的方法相同。混凝土拌和物搅拌均匀后应测定坍落度,并检查其黏聚性和保水性。如坍落度不满足要求或黏聚性不好时,则应在保持水灰比不变的条件下相应调整用水量或砂率。当坍落度低于设计要求时,可保持水灰比不变,增加适量水泥浆。如坍落度太大,可以保持砂率不变条件下增加骨料。如出现含砂不足,黏聚性和保水性不良时,可适当增大砂率;反之,应减小砂率。每次调整后再试拌,直到符合为止。当试拌调整工作完成后,应测出混凝土拌和物的表面密度。

2)配合比确定

由试验得出的各灰水比值时的混凝土强度,用作图法或计算求出与 $f_{cu,0}$ 相对应的灰水比值,并按下列原则确定每立方米混凝土的用水量、水泥用量、骨料用量。

3.4.4.3　施工配合比

混凝土试验室配合比中,砂、石是以干燥材料为基准(砂子含水率 <0.5% ,石子含水率 <0.2%)计算的,而实际工地存放的砂、石材料都含有一定的水分。所以现场材料的实际称量应按工地砂、石的含水情况进行修正,修正后的 1 m^3 混凝土各材料用量称为施工配合比。

施工现场存放的砂、石的含水情况常有变化,因此在混凝土施工中应按变化情况,及时调整混凝土配合比,以免因骨料含水量的变化而导致水灰比的波动,从而导致混凝土强度、耐久性等性能降低。

假设砂含水率为 $a\%$,石子含水率为 $b\%$,施工配合比中 1 m^3 混凝土各种材料用量分别为 m'_c 、m'_s 、m'_w 、m'_g (kg),则材料用量为:

$$m'_c = m_c$$
$$m'_s = m_s(1 + a\%)$$
$$m'_g = m_g(1 + b\%)$$
$$m'_w = m_w - a\% m_s - b\% m_g$$

3.4.4.4　混凝土配合比实例

【例3.2】　某工程为现浇混凝土梁,混凝土设计强度等级为 C25,施工要求坍落度为 35～50 mm。施工单位无历史统计资料,混凝土强度标准差 σ = 5.0 MPa,所用原材料如下:

水泥——普通水泥,密度 ρ_c = 3.10 g/cm^3,强度等级为 42.5,强度等级为标准值的富余系数为 1.13;

砂——河砂,含水率为 3%, M_x = 2.7,级配合格,表观密度 ρ'_s = 2 650 kg/m^3;

石——碎石,含水率为 1%,5～31.5 mm 粒径,级配合格,表观密度 ρ'_g = 2 700 kg/m^3;

水——自来水。

试设计该混凝土的配合比。

解:(1)初步配合比设计。

① 确定混凝土配制强度 $f_{cu,0}$:

$$f_{cu,0} = 25 + 1.645 \times 5.0 = 33.23 \text{ MPa}$$

②确定水灰比:

$$\frac{W}{B} = \frac{\alpha_a f_{ce}}{f_{cu,0} + \alpha_a \alpha_b f_{ce}} = \frac{0.53 \times 42.5 \times 1.13}{33.23 + 0.53 \times 0.2 \times 42.5 \times 1.13} \times 42.5 = 0.66$$

根据耐久性要求查表 3.22 规定,最大水灰比为 0.65,计算值 0.66 大于规定值,不满足耐久性要求,故取 $W/B = 0.65$。

③确定用水量:

钢筋混凝土量为一般构件,最大粒径 31.5 mm 的碎石混凝土,其坍落度值为 30～50 mm,经查表 3.28 可知,用水量为 $m_{w0} = 185$ kg。

④确定水泥用量:

$$m_{c0} = \frac{m_{w0}}{\dfrac{W}{B}} = \frac{185}{0.65} = 284.62 \text{ kg}$$

⑤确定合理砂率:

由表 3.29,对于粒径 31.5 mm 的碎石混凝土,当水灰比为 0.65 时,其合理砂率值选用 $\beta_s = 35\%$。

⑥计算砂石用量。

a. 采用质量法。

假定混凝土质量为 2 400 kg,则由

$$\begin{cases} m_{c0} + m_{w0} + m_{s0} + m_{g0} = m_{cp} \\ \beta_s = \dfrac{m_{s0}}{m_{s0} + m_{g0}} \times 100\% \end{cases}$$

$$\begin{cases} 284.62 + m_{s0} + m_{sg} + 185 = 2\ 400 \\ \dfrac{m_{s0}}{m_{s0} + m_{g0}} \times 100\% = 0.35 \end{cases}$$

解得:$m_{s0} = 675.67$ kg,$m_{g0} = 1\ 254.72$ kg。

b. 采用体积法。

$$\begin{cases} \dfrac{m_{c0}}{\rho_c} + \dfrac{m_{w0}}{\rho_w} + \dfrac{m_{s0}}{\rho_s} + \dfrac{m_{g0}}{\rho_g} + 0.01\alpha = 1 \\ \beta_s = \dfrac{m_{s0}}{m_{s0} + m_{g0}} \times 100\% \end{cases}$$

$$\begin{cases} \dfrac{284.62}{3\ 100} + \dfrac{m_{s0}}{2\ 650} + \dfrac{m_{sg}}{2\ 700} + \dfrac{185}{1\ 000} + 0.01 \times 1 = 1 \\ \dfrac{m_{s0}}{m_{s0} + m_{g0}} \times 100\% = 0.35 \end{cases}$$

解得:$m_{s0} = 669.58$ kg,$m_{g0} = 1\ 243.42$ kg。

⑦写出混凝土初步配合比:

按质量法,则 1 m³ 混凝土各材料用量为:水泥 284.62 kg,砂 675.67 kg;石 1 254.72 kg;水 185 kg。

按质量法,水泥:砂:石 = 1:2.37:4.41,$W/C = 0.65$。

（2）计算施工配合比。

按体积计算，已知砂含水 3%，碎石含水 1%，则 1 m³ 混凝土各材料用量如下。

水泥：$m_c' = m_c = 284.62$ kg

砂　：$m_s' = m_s(1 + a\%) = 669.58 \times (1 + 3\%) = 689.67$ kg

碎石：$m_g' = m_g(1 + b\%) = 1\ 243.42 \times (1 + 1\%) = 1\ 255.85$ kg

水　：$m_w' = m_w - a\% m_s - b\% m_g$

$\qquad\qquad = 185 - 3\% \times 669.58 - 1\% \times 1\ 243.42$

$\qquad\qquad = 152.48$ kg

3.4.5　混凝土配合比设计检测

混凝土配合比设计检测包括主控项目和一般项目两部分。

3.4.5.1　主控项目

混凝土应按国家现行标准的有关规定，根据混凝土强度等级、耐久性和工作性等要求进行配合比设计。对有特殊要求的混凝土，其配合比实际上应符合国家现行有关标准的专门规定。

检验方法：检查配合比设计资料。

知识拓展：混凝土应根据实际采用的原材料进行配合比设计并按普通混凝土拌和物性能试验方法等标准进行试验、试配，以满足混凝土强度、耐久性和工作性（坍落度等）的要求，不得采用经验配合比。同时，应符合经济、合理的原则。

3.4.5.2　一般项目

（1）首次使用的混凝土配合比应进行开盘鉴定，其工作性应满足设计配合比的要求。开始生产时应至少留置一组标准养护试件，作为验证配合比的依据。

检验方法：检查开盘鉴定资料和试件强度试验报告。

知识拓展：实际生产时，对首次使用混凝土配合比应进行开盘鉴定，并至少留置一组 28 d 标准养护试件，以验证混凝土的实际质量与设计要求的抑制性，施工单位应注意积累相关资料，以利于提高配合比水平。

（2）混凝土拌制前，应测定砂、石含水率并根据测试结果调整材料用量，提出施工配合比。

检验方法：检查含水率测试结果和施工配合比通知单。

知识拓展：混凝土生产时，砂、石的实际含水率可能与配合比实际时存在差异，故规定应测定实际含水率并相应地调整材料用量。

3.5　特种混凝土

现代建筑工程不但使用普通混凝土，还需要满足工程各种性能要求的特种混凝土。这些混凝土大多数是在普通混凝土的基础上发展起来的，各有各的性能和作用。

3.5.1　轻混凝土

轻混凝土是指表观密度小于 1 950 kg/m³ 的混凝土。轻混凝土又分为轻骨料混凝土、多孔混凝土和大孔混凝土。

3.5.1.1　轻骨料混凝土

轻骨料混凝土是指用轻粗骨料、轻细骨料(或普通砂)、水泥和水配制而成的混凝土。

1)分类及组成材料

轻骨料混凝土按细骨料不同分为全轻混凝土(中粗、细骨料均为轻骨料)和砂轻混凝土(细骨料全部或部分为普通砂)。按其来源可分为工业废料轻骨料(如粉煤灰陶粒、浮石混凝土、煤渣等)、天然轻骨料(浮石、火山渣等)和人造轻骨料(如黏土陶粒、膨胀珍珠岩、页岩陶粒等)。按其颗粒形状可分为圆球形、普通形和碎石形。

2)技术性能

轻骨料混凝土的技术性质主要包括体积密度、强度等级与其他性能等。

(1)体积密度。

轻骨料混凝土按其干体积密度划分为 14 个密度等级,即由 600 ~ 1 900 每增加 100 kg/m² 为一个等级,每一个等级有其一定的变化范围。某一密度等级轻骨料混凝土的密度标准值,可取该密度等级与表观密度变化范围的上限值,见表 3.30。

表 3.30　轻骨料混凝土密度等级

密度等级	干表观密度变化范围/(kg/m³)	密度等级	干表观密度变化范围/(kg/m³)
600	560 ~ 650	1 300	1 260 ~ 1 350
700	660 ~ 750	1 400	1 360 ~ 1 450
800	760 ~ 850	1 500	1 460 ~ 1 550
900	860 ~ 950	1 600	1 560 ~ 1 650
1 000	960 ~ 1 050	1 700	1 660 ~ 1 750
1 100	1 060 ~ 1 150	1 800	1 760 ~ 1 850
1 200	1 160 ~ 1 250	1 900	1 860 ~ 1 950

(2)强度等级。

轻骨料混凝土的强度等级用 LC 表示。轻骨料混凝土的强度等级与普通混凝土相对应,按其立方体抗压强度标准值划分为 13 个强度等级:LC5.0、LC7.5、LC10、LC15、LC20、LC25、LC30、LC35、LC40、LC45、LC50、LC55、LC60。强度等级达到 LC30 及以上者称为高强轻骨料混凝土。

(3)其他性能。

轻骨料的弹性模量较小,一般为同强度等级普通混凝土的 50% ~ 70%;轻骨料混凝土具有良好的保温性能,当含水率增大时,导热系数也随之增大;轻骨料的收缩和徐变比普通混凝土相应大 30% ~ 60%,热膨胀系数比普通混凝土小约 20%,导热系数降低 25% ~

75%,耐火性与抗冻性有不同程度的改善。

3)应用

由于轻骨料混凝土具有质轻、强度高、保温隔热性好、耐火性好、抗震性好等特点,因此与普通混凝土相比,更适合用于高层建筑、软土地基、大跨结构、抗震结构、耐火等级要求高的建筑和旧建筑的加层等。

3.5.1.2　多孔混凝土

多孔混凝土是指不用粗骨料,且内部均匀分布着大量微小气孔的轻质混凝土。

1)分类及组成材料

多孔混凝土按照气孔产生的方法不同,分为加气混凝土和泡沫混凝土。

加气混凝土用含钙材料(水泥、石灰)、含硅材料(石英砂、粉煤灰、粒化高炉矿渣、页岩等)和加气剂作为原料,经过磨细、配料、搅拌、浇注、成型、切割和压蒸养护(0.8~1.5 MPa下养护6~8 h)等工序生产而成。

泡沫混凝土是将由水泥等拌制的料浆与引气剂搅拌造成的泡沫混合,再经浇注、养护硬化而成的多孔混凝土。

2)技术性能

多孔混凝土孔隙率可达85%,体积密度在300~1 000 kg/m³,热导率为0.081~0.17 W/(m·K),兼具有结构及保温功能,容易切割,易于施工。

3)应用

加气混凝土通常是在工厂预制成砌块或条板等制品,用于工业和民用建筑中,作为承重和非承重的内墙和外墙,屋面板及保温制品,条板均配有钢筋,钢筋必须预先进行防锈处理。泡沫混凝土可在现场直接浇注,用作屋面保温层。

3.5.1.3　大孔混凝土

大孔混凝土是指以粗骨料、水泥和水配制而成的一种轻质混凝土,又称无砂混凝土。在这种混凝土中,水泥浆包裹粗骨料颗粒的表面,将粗骨料黏在一起,但水泥浆并不填满粗骨料颗粒之间的空隙,因而形成大孔结构的混凝土。

1)分类及组成材料

大孔混凝土按其所用骨料品种可分为普通大孔混凝土和轻骨料大孔混凝土。前者用天然碎石、卵石或重矿渣配制而成。为了提高大孔混凝土的强度,有时也加入少量细骨料(砂),又称少砂混凝土。

2)技术性能

普通大孔混凝土体积密度为1 500~1 950 kg/m³,抗压强度为3.5~10 MPa。轻骨料大孔混凝土的体积密度在500~1 500 kg/m³,抗压强度为1.5~7.5 MPa。大孔混凝土热导率小,保温性能好,吸湿性小,收缩一般比普通混凝土小30%~50%,抗冻性可达15~25次冻融循环。由于大孔混凝土不用或少用砂,故水泥用量较低,1 m³混凝土的水泥用量仅150~200 kg,成本较低。

3)应用

大孔混凝土可用于制作墙体用的小型空心砌块和各种板材,也可用于现浇墙体。普通大孔混凝土还可制成给水管道、滤水板等,广泛用于市政工程。

3.5.2　高强混凝土

高强混凝土是指强度等级为 C60 及其以上的混凝土,C100 以上也称超高强混凝土。

3.5.2.1　组成材料

高强混凝土的组成材料除主要包括的水泥、砂、石、化学外加剂、矿物掺和料和水。同时外加粉煤灰、F 矿粉、矿渣、硅粉等混合料,经常规工艺生产而获得高强度的混凝土。在原料选择方面,应符合下面规定。

①选用质量稳定、强度等级不低于 42.5 级的硅酸盐水泥或普通硅酸盐水泥。

②对强度等级为 C60 的混凝土,其粗骨料的最大粒径不应大于 31.5 mm,对强度等级高于 C60 的混凝土,其粗骨料的最大粒径不应大于 25 mm,针、片状颗粒含量不宜大于 5.0%,含泥量不应大于 1.0%,泥块含量不宜大于 0.2%。其他质量指标应符合现行我国国家标准《建筑用卵石、碎石》(GB/T 14685—2001)的规定。

③细骨料的细度模数宜大于 2.6,含泥量不应大于 1.5%,泥块含量不应大于 0.5%。其他质量指标应符合现行国家标准的规定。

④应掺用高效减水剂或缓凝高效减水剂,掺量宜为胶凝材料总量的 0.4% ~ 1.5%。

⑤应掺用活性较好的矿物掺和料,如磨细矿渣粉、粉煤灰、沸石粉、硅灰等。

3.5.2.2　技术性能

高强混凝土具有强度高、空隙率低、抗渗性好、耐久性好等优点,在建筑工程特别是高层建筑中被广泛采用。高强混凝土能适应现代工程的需要,可获得明显的工程效益和经济效益。采用高强混凝土,不仅可以减少结构断面尺寸、减轻结构自重、降低材料费用,还能满足特种工程的要求,在高层超高层建筑、建筑结构、大跨度大型桥梁结构、道路以及受有侵蚀介质作用的车库、贮罐及某些特种结构中得到广泛应用。但是,与普通混凝土相比,高强混凝土的耐火性能较差,特别是火灾中的抗爆裂性能较差。由于强度太高带来的脆性问题尚未从根本上解决,因此,目前在使用高强混凝土方面仍有一定限制。

3.5.2.3　应用

高强混凝土在高层建筑、超高层建筑、大型桥梁、道路以及受有侵蚀介质作用的车库、贮罐等构造物中得到广泛应用。目前,在技术上可使混凝土强度达 400 MPa,将能建造出高度为 600 ~ 900 m 的超高层建筑以及跨度达 500 ~ 600 m 的桥梁。只是由于强度太高带来的脆性问题尚未从根本上解决,因此,目前在使用高强混凝土方面仍有一定限制。

3.5.3　防水混凝土

防水混凝土又称抗渗性混凝土,是指抗渗性等级大于或等于 P6 级的混凝土。防水混凝土的抗渗等级根据最大作用水头 H(水面至防水结构最低处的距离,m)与混凝土最小壁厚 a 的比值来选择,见表 3.31。配制防水混凝土时应将抗渗压力提高 0.2 MPa。

表 3.31　防水混凝土抗渗等级的选择

H/a	<10	10 ~ 20	>20
混凝土抗渗等级	P6	P8	P10 ~ P20

普通混凝土渗水的主要原因是其内部存在着许多贯通毛细孔隙,为此,可以采用改善集料级配,降低水灰比,适当增加砂率和水泥用量,掺用外加剂以及采用特种水泥等方法来提高混凝土内部的密实性或堵塞混凝土内部的毛细管通道,使混凝土具有较高的抗渗性能。

防水混凝土按其配制方法不同,可分为普通防水混凝土、外加剂防水混凝土和采用特种水泥的防水混凝土三种。

3.5.3.1　普通防水混凝土

普通防水混凝土是以调整配合比的方法来提高自身密实性和抗渗性的一种混凝土。

1)组成材料

普通防水混凝土在配合比设计时,对所使用的原材料与普通混凝土相同,但还需要符合下面的规定。

①它是通过采用较小的水灰比(供试配用最大水灰比见表 3.32),以减少毛细孔的数量和孔径。

②适当提高胶凝材料用量(不少于 320 kg/m³)、砂率(35% ~ 40%)和灰砂比 [(1:2) ~ (1:2.5)],在粗集料周围形成品质良好的和足够数量的砂浆包裹层,使粗集料彼此隔离,以隔断沿粗集料与砂浆界面的互相连通的渗水孔网。

③采用较小的集料粒径(不大于 40 mm),以减小沉降孔隙。

④保证搅拌、浇筑、振捣和养护的施工质量,以防止和减少施工孔隙,达到防水目的。

表 3.32　防水(抗渗)混凝土最大水灰比

抗渗等级	最大水灰比	
	C20 ~ C30 混凝土	C30 以上混凝土
P6	0.60	0.55
P8 ~ P12	0.55	0.50
>P12	0.50	0.45

2)技术性能

普通防水混凝土抗渗压力一般可达 P6 ~ P12,配制工艺简单,成本低廉,质量可靠,性能稳定,但施工质量要求比普通混凝土严格。

3)应用

普通防水混凝土广泛应用于地上、地下要求抗渗的防水工程中。

3.5.3.2　外加剂防水混凝土

外加剂防水混凝土是指利用外加剂的功能,使混凝土显著提高密实性或改变孔结构,从而达到抗渗目的的混凝土。常用的外加剂有引气剂、密实剂等。

1）引气剂防水混凝土

引气剂可以显著降低混凝土拌和用水的表面张力，通过搅拌，在混凝土拌和物中产生大量稳定、微小、均匀、密闭的气泡。这些气泡在拌和物中，可起类似滚珠的作用，从而改善拌和物的和易性，使混凝土更易于密实。同时这些气泡在混凝土中，填充了混凝土中的空隙，阻断了混凝土中毛细管通道，使外界水分不易渗入混凝土内部。而且引气剂分子在毛细管壁上，会形成一层憎水性薄膜，削弱了毛细管的引水作用，可提高混凝土的抗渗能力。

2）密实剂防水混凝土

密实剂防水混凝土是在混凝土拌和物中加入一定数量的密实剂（氯化铁、氢氧化铁和氢氧化铝的溶液）拌制而成的。氯化铁与混凝土中的氢氧化钙反应会生成氢氧化铁胶体，堵塞于混凝土的孔隙中，从而提高混凝土的密实性。氢氧化铝或氢氧化铁溶液是不溶于水的胶状物质，能沉淀于毛细孔中，使毛细孔的孔径变小，或阻塞毛细孔，从而提高混凝土的密实度和抗渗性。

密实剂防水混凝土不但大量用于水池、水塔、地下室以及一些水下工程，而且也广泛用于地下防水工程的砂浆抹面及大面积的修补堵漏。密实剂防水混凝土还可代替金属作煤气管。

3.5.3.3　特种水泥防水混凝土

特种水泥防水混凝土是采用膨胀水泥、收缩补偿水泥、硫铝酸盐水泥等特种水泥来配制防水混凝土。由于特种水泥生产量小，价格高，目前直接采用特种水泥配制防水混凝土的方法尚不普遍。施工现场常采用普通水泥加膨胀剂的方法来制备防水混凝土。

3.5.3.4　防水混凝土的技术性能

防水混凝土的施工必须严格控制质量，应采用机拌机振，浇筑混凝土时应一次完成，尽量不留施工缝，并要加强保湿养护，至少 14 d。不得过早脱模，脱模后更要及时充分浇水养护，避免出现干缩裂纹。

3.5.4　泵送混凝土

泵送混凝土是指在混凝土泵的压力推动下，将搅拌好的混凝土沿水平或垂直管道被输送到浇筑地点进行浇筑的混凝土。

3.5.4.1　组成材料

泵送混凝土对材料的要求较严格，对混凝土配合比要求较高，要求施工组织严密，以保证连续进行输送，避免有较长时间的间歇而造成堵塞。泵送混凝土除了根据工程设计所需的强度外，还需要根据泵送工艺所需的流动性、不离析、少泌水的要求进行配制可泵的混凝土混合料。其可泵性取决于混凝土拌和物的和易性。在实际应用中，混凝土的和易性通常根据混凝土的坍落度来判断。根据以上的特点，在配制泵送混凝土时应注意以下几点。

①水泥通常优先选择普通硅酸盐水泥和硅酸盐水泥，配制泵送混凝土用量不得低于 300 kg/m^3。

②粗骨料要用连续级配，最大粒径不得大于混凝土泵输送管径的 1/3，如果垂直泵送高

度超过 100 m 时,粒径直径要进一步减小。

③砂率要比普通混凝土大 8% ~ l0%,应在 38% ~ 45% 之间为宜。

④掺用混凝土泵送外加剂。

⑤掺用活性掺和料(如粉煤灰、矿渣微粉等),提高混凝土的抗裂性,改善级配、防止泌水,还可以替代部分水泥以降低水化热,推迟热峰时间。

3.5.4.2　技术性能

1)可泵性

在泵送混凝土过程中,拌和料与管壁产生摩擦,在拌和料经过管道弯头处遇到阻力,拌和料必须克服摩擦阻力和弯头阻力方能顺利地流动。可泵性就是拌和料在泵压下在管道中移动摩擦阻力和弯头阻力之和的倒数。阻力越小,则可泵性越好。

2)坍落度损失

坍落度损失即当混凝土拌和料从加水搅拌到浇灌时要经历一段时间,在这段时间内拌和料逐渐变稠,流动性(坍落度)逐渐降低。如果这段时间过长,环境气温又过高,坍落度损失可能很大,则将会给泵送、振捣等施工过程带来很大困难,或者造成振捣不密实,甚至出现蜂窝状缺陷。

当坍落度损失成为施工中的问题时,可采取下列措施以减缓坍落度损失。

①在炎热季节采取措施降低集料温度和拌和水温;在干燥条件下,采取措施防止水分过快蒸发。

②在混凝土设计时,考虑掺加粉煤灰等矿物掺和料。

③在采用高效减水剂的同时,掺加缓凝剂或引气剂或两者都掺。两者都有延缓坍落度损失的作用,缓凝剂作用比引气剂更显著。

3.5.4.3　应用

采用混凝土泵输送混凝土拌和物,可一次连续完成垂直和水平输送,而且可以进行浇注,因而生产率高,节约劳动力,特别适用于工地狭窄和有障碍的施工现场,以及大体积混凝土结构物和高层建筑。

3.5.5　聚合物混凝土

聚合物混凝土是指由聚合物、无机胶凝材料和骨料配制而成的一种混凝土。

聚合物混凝土按其组成和制作工艺划分为聚合物水泥混凝土、聚合物浸渍混凝土、聚合物胶结混凝土三种。

3.5.5.1　聚合物水泥混凝土

1)组成材料

聚合物水泥混凝土是用聚合物乳液拌和水泥,并掺入砂或其他骨料而制成的。配制聚合物水泥混凝土所用的矿物胶凝材料,可用普通水泥和铝酸盐水泥,而铝酸盐水泥的效果比普通水泥好。聚合物可用天然聚合物(如天然橡胶)和各种合成聚合物(如聚醋酸乙烯、苯乙烯、聚氯乙烯等)。

2）技术性能

由于聚合物的加入，使得混凝土的密实度有所提高，水泥石与骨料的黏结有所加强，其强度提高虽远不及浸渍混凝土那样显著，但与普通混凝土相比，在耐腐蚀性、耐磨性、耐冲击性等方面均有一定程度的改善。

3）应用

聚合物水泥混凝土主要用于铺筑无缝地面、路面以及修补混凝土路面和机场跑道面层和做防水层等。

3.5.5.2　聚合物浸渍混凝土

1）组成材料

聚合物浸渍混凝土是将已硬化的混凝土浸入有机单体中，之后利用加热或辐射等方法使渗入到混凝土孔隙内的有机单体聚合，使聚合物与混凝土结合成一个整体。所用单体主要有甲基丙烯酸甲酯、苯乙烯、醋酸乙烯、乙烯、丙烯腈等，此外还需加入引发剂或交联剂等助剂。为增加浸渍效果，浸渍前可对混凝土进行抽真空处理。聚合物填充了混凝土内部的大孔、毛细孔隙及部分微细孔隙，包括界面过渡环中的孔隙和微裂纹。

2）技术性能

浸渍混凝土具有极高的抗渗性（几乎不透水），并具有优良的抗冻性、抗冲击性、耐腐蚀性、耐磨性，抗压强度可达 200 MPa，抗拉强度可达 10 MPa 以上。

3）应用

聚合物浸渍混凝土主要用于高强、高耐久性的特殊结构，如高压输气管、高压输液管、核反应堆、海洋工程等。

3.5.5.3　聚合物胶结混凝土（也称树脂混凝土）

1）组成材料

聚合物胶结混凝土是由合成树脂、粉料及天然砂、石配制而成。用树脂代替硅酸盐水泥，是谋求胶凝材料的强化及胶凝材料与骨料之间界面黏结力的提高。与普通混凝土相比，树脂混凝土具有强度高，耐化学腐蚀、耐磨、抗冻性好等优点，但硬化时收缩大，耐久性差。配制聚合物混凝土常用的聚合物有聚酯树脂、环氧树脂、聚甲基丙烯酸甲酯等，聚合物用量一般为 6% ~ 10%。

2）技术性能

聚合物胶结混凝土的抗压强度为 60 ~ 100 MPa、抗折强度可达 20 ~ 40 MPa，耐腐蚀性很高，但成本也很高。

3）应用

聚合物混凝土目前仅用于特殊工程，如耐腐蚀工程，修补混凝土构件及堵漏材料等。此外，聚合物混凝土因其美观的外表，又称人造大理石，可以制成桌面、地面砖、浴缸等。

【模块导图】

本模块知识重点串联如图 3.17 所示。

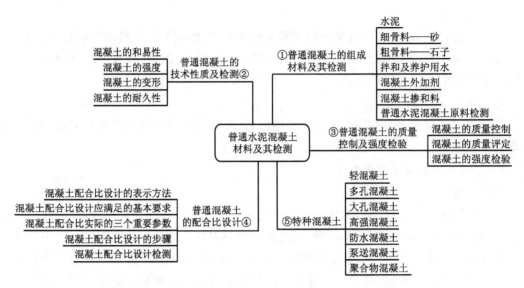

图 3.17　知识重点串联

【拓展与实训】

【职业能力训练】

一、填空题

1. 细骨料——砂分为_____和_____两类。

2. 混凝土掺和料主要包括_____、_____和_____。

3. 通常测量混凝土流动性的方法是_____和_____两种。

4. 混凝土强度检验分为_____和_____两种。

5. 混凝土配合比设计中的三个重要参数包括_____、_____和_____。

6. 防水混凝土分为_____、_____和_____三种。

7. 混凝土按照密度分为_____、_____和_____三种。

8. 混凝土用水按水源不同分为_____、_____和_____处理达到要求的工业废水等。

9. 粉煤灰按煤种分为_____和_____。

10. 混凝土原材料检测包括_____和_____两部分。

二、单项选择题

1. 碎石属于(　　)。

A. 粗骨料　　　　　　B. 细骨料　　　　　　C. 混凝土　　　　　　D. 掺和料

2. 对钢筋有加速锈蚀作用的是(　　)。

A. 饮用水　　　　　　B. 地下水　　　　　　C. 海水　　　　　　D. 地表水

3. 混凝土立方体抗压强度表示为(　　)。

A. f_{ts}　　　　　　B. β_s　　　　　　C. f_{cp}　　　　　　D. f_{cu}

4. 改善混凝土耐久性的外加剂不包括(　　)。

A. 减水剂　　　　　　B. 引气剂　　　　　　C. 泵送剂　　　　　　D. 阻锈剂

5. 确定混凝土强度等级的依据是(　　　　)。

A. 棱柱体抗压强度标准值　　　　　　　　B. 立方体抗压强度标准值

C. 圆柱体抗压强度标准值　　　　　　　　D. 棱柱体抗压强度设计值

6. 普通混凝土立方体抗压强度等级为(　　　　)个等级。

A. 10　　　　　　　　B. 8　　　　　　　　C. 6　　　　　　　　D. 14

7. 混凝土的变形包括非荷载作用下的变形和(　　　　)。

A. 浮力作用下的变形　　　　　　　　　　B. 荷载作用下的变形

C. 重力作用下的变形　　　　　　　　　　D. 非重力作用下的变形

8. (　　　　)指混凝土在长期不变荷载作用下,沿作用力方向随时间而产生的变形。

A. 弹塑性变形　　　　B. 徐变　　　　　　C. 弹性模量　　　　D. 短期荷载变形

9. 确定粗骨料和细骨料的方法为质量法和(　　　　)。

A. 体积法　　　　　　B. 容积法　　　　　C. 配合比法　　　　D. 调整法

10. 广泛用于地上、地下要求抗渗的防水工程中的特种混凝土是(　　　　)。

A. 引气剂防水混凝土　　　　　　　　　　B. 普通防水混凝土

C. 特种防水混凝土　　　　　　　　　　　D. 密实剂防水混凝土

三、多项选择题

1. 砂中有害物质包括(　　　　)。

A. 云母　　　　　　　B. 轻物质　　　　　C. 有机物　　　　　D. 硫化物

E. 贝壳

2. 改善混凝土拌和物流变性能的外加剂包括(　　　　)。

A. 速凝剂　　　　　　B. 减水剂　　　　　C. 早强剂　　　　　D. 引气剂

E. 泵送剂

3. 混凝土的和易性包括(　　　　)。

A. 流动性　　　　　　B. 运输性　　　　　C. 黏聚性　　　　　D. 搅拌性

E. 保水性

4. 混凝土耐久性能包括(　　　　)。

A. 抗渗性　　　　　　B. 抗冻性　　　　　C. 抗氧化性　　　　D. 抗侵蚀性

E. 抗碳化能力

5. 混凝土质量控制包括(　　　　)。

A. 结果控制　　　　　B. 初步控制　　　　C. 生产控制　　　　D. 合格控制

E. 产量控制

6. 混凝土配合比设计步骤主要包括(　　　　)。

A. 检验配合比计算　　　　　　　　　　　B. 初步配合比计算

C. 试验室配合比　　　　　　　　　　　　D. 施工配合比

E. 用量配合比计算

7. 属于特种混凝土的是(　　　　)。

A. 聚合物混凝土   B. 轻混凝土   C. 高强混凝土   D. 防水混凝土

E. 泵送混凝土

8. 轻混凝土分为(   )。

A. 轻骨料混凝土   B. 重骨料混凝土   C. 多孔混凝土   D. 大孔混凝土

E. 无孔混凝土

9. 泵送混凝土的技术性能包括(   )。

A. 抗冲击性   B. 可泵性   C. 坍落度损失   D. 耐腐蚀性

E. 质量可靠

10. 砂按细度模数分为(   )规格。

A. 粗   B. 中   C. 细   D. 极细

E. 特粗

四、简答题

1. 普通混凝土的组成材料有哪些？

2. 什么是合理砂率？

3. 混凝土的技术性质有哪些？

4. 混凝土耐久性包括哪些？

【工程模拟训练】

1. 取 500 g 干砂，经筛分后，其结果如下表所示。试确定该砂的粗细程度，并计算细度模数。

筛孔尺寸	4.75 mm	2.36 mm	1.18 mm	600 μm	300 μm	150 μm	<150 μm
筛余量/g	8	80	70	95	125	104	14

2. 某大学的办公楼是混凝土楼盖，采用 C20 混凝土，配置混凝土的材料为 42.5 级普通硅酸盐水泥（$\rho_c = 3.10$ g/cm^3），含水率为 2% 的中砂（$\rho_s = 2\,650$ g/cm^3），含水率为 1%、最大粒径为 20 mm 的碎石（$\rho_g = 2\,700$ g/cm^3），水为自来水。试分别采用质量法和体积法设计该混凝土的配合比。

【链接职考】

<u>2011 年一级建筑师试题</u>：（单选题）

1. 混凝土用哪种石子拌和，强度最高？

A. 块状石子   B. 碎石   C. 卵石

<u>2008 年二级建造师试题</u>：（单选题）

2. 影响混凝土强度的因素主要有原材料和生产工艺方面的因素，属于原材料因素的是(   )。

A. 龄期   B. 养护时间   C. 水泥强度与水灰比   D. 养护湿度

3. 属于调节混凝土硬化性能的外加剂是(   )。

A. 减水剂　　　　　B. 早强剂　　　　　C. 引气剂　　　　　D. 着色剂

2010 年二级建造师试题：（单选题）

4. 测定混凝土立方体抗压强度的标准试件，其养护龄期是（　　）。

A. 7 d　　　　　B. 14 d　　　　　C. 21 d　　　　　D. 28 d

2013 年二级建造师试题：（多选题）

5. 混凝土的耐久性包括（　　）等指标。

A. 抗渗性　　　　　B. 抗冻性　　　　　C. 和易性　　　　　D. 碳化

E. 黏结性

模块 4 金属材料及其检测

【模块概述】

建筑钢材是建筑用黑色和有色金属材料以及它们与其他材料所组成的复合材料的统称,如图4.1所示。建筑用金属材料是构成土木工程物质基础的四大类材料(钢材、水泥混凝土、木材、塑料)之一。在钢铁流通行业,建筑钢材如无特殊说明,一般指建筑类钢材中使用量最大的线材以及螺纹钢。建筑业主要采用黑色金属材料中的钢材,铸铁主要用作铸铁制品(如压力管等)。本模块主要介绍了建筑钢材的分类、性质、技术标准及选用原则。

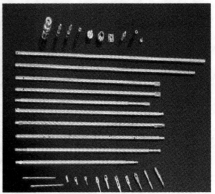

图4.1 建筑钢材

【知识目标】

(1)了解钢的冶炼和分类。

(2)了解钢材防锈和防火的做法。

(3)了解钢材的加工性质。

(4)能够熟练表述钢材的主要力学性能和工艺性能。

【能力目标】

(1)根据工程环境和施工图要求,具有正确选用建筑钢材的能力。

(2)具备对进场钢材验收和储运的技术能力。

(3)具有现场取样的能力。

(4)具有检测钢材力学性能和工艺性能的能力。

(5)具备判定钢材是否符合工程要求的能力。

【课时建议】

10 课时。

【工程导入】

钢结构工程是"鸟巢"工程中技术含量高、施工难度大、安全风险大的关键项目。其造型呈双曲线马鞍形,东西向结构高度为 68 m,南北向结构高度为 41 m,钢结构最大跨度长轴333 m,短轴 297 m,由 24 榀门式桁架围绕体育场内部碗状看台旋转而成,结构组件相互支承,形成网格状构架,组成体育场整个的"鸟巢"造型。"鸟巢"钢结构重逾 4 万 t,共由 24 根刚柱子支撑,其受力最大部位使用了 Q460 的高强钢材,这是完全由中国工程技术人员自主研制的产品。这种 Q460 钢材平均 1 mm² 面积上可承重量达 46 kg。同时,Q460 又集刚强、柔韧特点于一体,即使北京遭遇特大地震,"鸟巢"依然能保持原状。

4.1　钢材的种类与应用

建筑钢材是指用于钢结构中的各种型材(如角钢、槽钢、工字钢、圆钢等)、钢板、钢管和用于钢筋混凝土结构中的各种钢筋、钢丝等。

建筑钢材具有较高的强度,有良好的塑性和韧性,能承受冲击和振动荷载;可焊接或铆接,易于加工和装配,所以被广泛应用于建筑工程中。但钢材也存在易锈蚀及耐火性差等缺点。

4.1.1　钢材的冶炼和分类

4.1.1.1　钢材的冶炼

含碳量大于 2.06% 的铁碳合金为生铁,小于 2.06% 的铁碳合金为钢。生铁是由铁矿石、焦炭和少量石灰石等在高温的作用下进行化学反应,铁矿石中的氧化铁形成金属铁,然后再吸收碳而成生铁。生铁中含有较多的碳以及硫、磷、硅、锰等杂质,杂质使得生铁硬而脆,塑性差,抗拉强度低,使用受到很大限制。炼钢的目的就是通过冶炼将生铁中的含碳量降至 2.06% 以下,其他杂质含量降至一定的范围内,以显著改善其技术性能,提高质量。

钢的冶炼方法主要有氧气转炉法、电炉法和平炉法三种。目前,氧气转炉法已成为现代炼钢的主要方法,而平炉法则已基本被淘汰,炼钢方法见表 4.1。

表 4.1　炼钢方法的特点和应用

炉种	原料	特点	生产钢种
氧气转炉	铁水、废钢	冶炼速度快,生产效率高,钢质较好	碳素钢、低合金钢
电炉	废钢	容积小,耗电大,控制严格,钢质好,但成本高	合金钢、优质碳素钢
平炉	生铁、废钢	容量大,冶炼时间长,钢质较好且稳定,成本较高	碳素钢、低合金钢

【知识链接】

在冶炼钢的过程中,由于氧化作用使部分铁被氧化成 FeO,使钢的质量降低,因而在炼钢后期精炼时,需在炉内或钢包中加入锰铁、硅铁或铝锭等脱氧剂进行脱氧,脱氧剂与 FeO 反应生成 MnO_2、SiO_2 或 Al_2O_3 等氧化物,它们成为钢渣而被除去。若脱氧不完全,钢水浇入锭模时,会有大量的 CO 气体从钢水中逸出,引起钢水呈沸腾状,产生所谓沸腾钢。沸腾钢组织不够致密,成分不太均匀,硫、磷等杂质偏析较严重,故钢材的质量差。

4.1.1.2　钢的分类

钢的基本分类方法见表4.2。

表4.2　钢的分类

分类	类别		特性	应用
按化学成分分类	碳素钢	低碳钢	含碳量 <0.25%	在建筑工程中,主要用的是低碳钢和中碳钢
		中碳钢	含碳量 0.25% ~0.60%	
		高碳钢	含碳量 >0.60%	
	合金钢	低合金钢	合金元素总含量 <5%	建筑上常用低合金钢
		中合金钢	合金元素总含量 5% ~10%	
		高合金钢	合金元素总含量 >10%	
按脱氧程度分类	沸腾钢		脱氧不完全,硫、磷类杂质偏析较严重,代号为"F"	生产成本低,产量高,可广泛用于一般的建筑工程
	镇静钢		脱氧完全,同时去硫,代号为"Z"	适用于承受冲击荷载、预应力混凝土等重要结构工程
	半镇静钢		脱氧程度介于沸腾钢和镇静钢之间,代号为"B"	为质量较好的钢
	特殊镇静钢		比镇静钢脱氧程度还要充分彻底,代号为"TZ"	适用于特别重要的结构工程

4.1.2　钢材的性质

钢材的主要技术性能分类如图4.2所示。

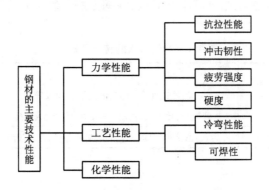

图4.2　钢材的主要技术性能分类

4.1.2.1　力学性能

1）抗拉性能

拉伸是建筑钢材的主要受力形式，所以拉伸性能是表示钢材性能和选用钢材的重要指标。将低碳钢（软钢）制成一定规格的试件，放在材料试验机上进行拉伸试验，可以绘出图 4.3 所示的应力—应变关系曲线。从图 4.3 中可以看出，低碳钢受拉至拉断，经历了四个阶段：弹性阶段（O—A）、屈服阶段（A—B）、强化阶段（B—C）和颈缩阶段（C—D）。

图 4.3　低碳钢受拉的应力—应变图

（1）弹性阶段。

曲线中 OA 段是一条直线，应力与应变成正比。如卸去外力，试件能恢复原来的形状，这种性质即为弹性，此阶段的变形为弹性变形。与 A 点对应的应力称为弹性极限，以 σ_p 表示。在弹性受力范围内，应力与应变的比值为常数，即弹性模量 $E = \sigma/\varepsilon$。E 的单位为 MPa，例如 Q235 钢的 $E = 0.21 \times 10^6$ MPa，25MnSi 钢的 $E = 0.2 \times 10^6$ MPa。弹性模量反映钢材抵抗弹性变形的能力，是钢材在受力条件下计算结构变形的重要指标。

（2）屈服阶段。

应力超过 A 点后，应力、应变不再成正比关系，开始出现塑性变形。应力的增长滞后于应变的增长，当应力达 B 上点后（屈服上限），瞬时下降至 B 下点（屈服下限），变形迅速增加，而此时外力则大致在恒定的位置上波动，直到 B 点，这就是所谓的"屈服现象"，似乎钢材不能承受外力而屈服，所以 AB 段称为屈服阶段。与 B 下点（此点较稳定、易测定）对应的应力称为屈服点（屈服强度），用 σ_s 表示。常用碳素结构钢 Q235 的屈服极限 σ_s 不应低于 235 MPa。

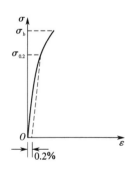

图 4.4　中、高碳钢的应力—应变图

中碳钢与高碳钢（硬钢）的拉伸曲线与低碳钢不同，屈服现象不明显，难以测定屈服点，则规定产生残余变形为原标距长度的 0.2% 时所对应的应力值，作为硬钢的屈服强度，也称条件屈服强度，用 $\sigma_{0.2}$ 表示，如图 4.4 所示。

（3）强化阶段。

应力超过屈服点后，由于钢材内部组织中的晶格发生了畸变，阻止了晶格进一步滑移，钢材得到强化，所以钢材抵抗塑性变形的能力又重新提高，B—C 段呈上升曲线，称为强化阶段。对应于最高点 C 的应力值（σ_b）称为极限抗拉强度，简称抗拉强度。显然，σ_b 是钢材受拉时所能承受的最大应力值，Q235 钢约为 380 MPa。

钢材受力大于屈服点后，会出现较大的塑性变形，已不能满足使用要求，因此屈服强度是设计上钢材强度取值的依据，是工程结构计算中非常重要的一个参数。屈服强度和抗拉强度之比（即屈强比 $= \sigma_s/\sigma_b$）能反映钢材的利用率和结构安全可靠程度。屈强比越小，其结构的安全可靠程度越高，但屈强比过小，又说明钢材强度的利用率偏低，造成钢材浪费。建筑结构钢合理的屈强比一般为 0.60 ~ 0.75。

（4）颈缩阶段。

试件受力达到最高点 C 点后，其抵抗变形的能力明显降低，变形迅速发展，应力逐渐下降，试件被拉长，在有杂质或缺陷处，断面急剧缩小，直到断裂。故 C—D 段称为颈缩阶段。

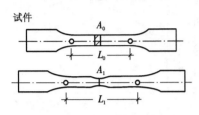

图 4.5　钢材的伸长率

建筑钢材应具有很好的塑性。钢材的塑性通常用断后伸长率和断面收缩率表示。如图 4.5 所示，将拉断后的试件拼合起来，测定出标距范围内的长度 L_1（mm），其与试件原标距 L_0（mm）之差为塑性变形值，塑性变形值与 L_0 之比称为断后伸长率（δ）。试件断面处面积收缩量与原面积之比，称断面收缩率（Ψ）。伸长率（δ）、断面收缩率（Ψ）计算公式如下：

$$\delta = \frac{L_1 - L_0}{L_0} \times 100\% \tag{4-1}$$

$$\psi = \frac{A_0 - A_1}{A_0} \times 100\% \tag{4-2}$$

断后伸长率是衡量钢材塑性的一个重要指标，δ 越大说明钢材的塑性越好。而一定的塑性变形能力，可保证应力重新分布，避免应力集中，从而钢材用于结构的安全性越大。塑性变形在试件标距内的分布是不均匀的，颈缩处的变形最大，离颈缩部位越远其变形越小。所以原标距与直径之比越小，则颈缩处伸长值在整个伸长值中的比重越大，计算出来的 δ 值就大。通常以 δ_5 和 δ_{10} 分别表示 $L_0 = 5d_0$ 和 $L_0 = 10d_0$ 时的伸长率。对于同一种钢材，其 $\delta_5 > \delta_{10}$。δ 和 ψ 都是表示钢材塑性大小的指标。

钢材在拉伸试验中得到的屈服点强度 σ_s、抗拉强度 σ_b、伸长率 δ 是确定钢材牌号或等级的主要技术指标。

2）冲击韧性

与抵抗冲击作用有关的钢材的性能是韧性。韧性是钢材断裂时吸收机械能能力的量度。吸收较多能量才断裂的钢材，是韧性好的钢材。在实际工作中，用冲击韧度衡量钢材抗脆断的性能。

冲击韧度是以试件冲断时缺口处单位面积上所消耗的功（J/cm^2）来表示，其符号为 a_k。试验时将试件放置在固定支座上，然后以摆锤冲击试件刻槽的背面，使试件承受冲击弯曲而断裂，如图 4.6 所示。显然，a_k 值越大，钢材的冲击韧度越好。

3）耐疲劳性

受交变荷载反复作用，钢材在应力低于其屈服强度的情况下突然发生脆性断裂破坏的现象，称为疲劳破坏。钢材的疲劳破坏一般是由拉应力引起的，首先在局部开始形成细小断裂，随后由于微裂纹尖端的应力集中而使其逐渐扩大，直至突然发生瞬时疲劳断裂。

在一定条件下，钢材疲劳破坏的应力值随应力循环次数的增加而降低，如图 4.7 所示。钢材在无穷次交变荷载作用下而不至引起断裂的最大循环应力值，称为疲劳强度极限。

钢材的疲劳强度与很多因素有关，如组织结构、表面状态、合金成分、夹杂物和应力集

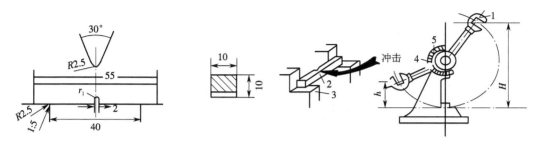

图 4.6 冲击韧性试验示意图

1—摆锤;2—试件;3—试验台;4—刻度盘;5—指针

中几种情况。一般来说,钢材的抗拉强度高,其疲劳极限也较高。

4)硬度

钢材的硬度是指其表面抵抗硬物压入产生局部变形的能力。测定钢材硬度的方法有布氏法、洛氏法和维氏法等。建筑钢材常用布氏硬度表示,其代号为 HB。

图 4.7 疲劳曲线

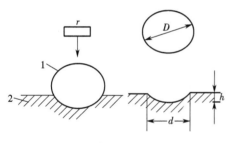

图 4.8 布氏硬度的测定

1—淬火钢球;2—试件

布氏法的测定原理是利用直径为 $D(mm)$ 的淬火钢球,以荷载 $P(N)$ 将其压入试件表面,经规定的持续时间后卸去荷载,得直径为 $d(mm)$ 的压痕,以压痕表面积 $A(mm^2)$ 除荷载 P,即得布氏硬度(HB)值,此值无量纲。布氏硬度测定如图 4.8 所示。

【知识链接】

材料的硬度是材料弹性、塑性、强度等性能的综合反映。实验证明,碳素钢的 HB 值与其抗拉强度 σ_b 之间存在较好的相关关系,当 HB < 175 时,$\sigma_b \approx 3.6$ HB;当 HB > 175 时,$\sigma_b \approx 3.5$ HB。根据这些关系,可以在钢结构原位上测出钢材的 HB 值来估算钢材的抗拉强度。

4.1.2.2 钢材的工艺性能

1)冷弯性能

冷弯性能是指钢材在常温下承受弯曲变形的能力。冷弯是通过检验试件经规定的弯曲程度后,弯曲处外面及侧面有无裂纹、起层、鳞落和断裂等情况进行评定的,其测试方法如图 4.9 所示。一般用弯曲角度以及弯心直径与钢材的厚度或直径的比值来表示。弯曲角度 α 越大,而弯心直径 d 与钢材的厚度或直径的比值越小,表明钢材的冷弯性能越好。

2)可焊性

可焊性是指钢材是否适应通常的焊接方法与工艺的性能。在焊接过程中,由于高温作用和焊接后的急剧冷却作用,会使焊缝及附近的过热区发生晶体组织及结构的变化,产生

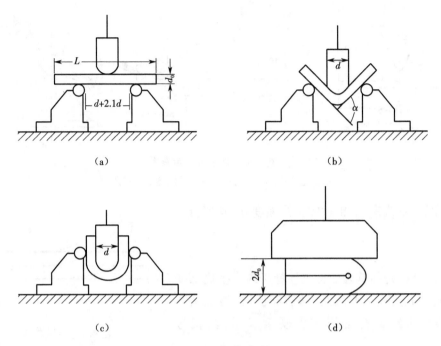

图 4.9　钢筋冷弯

（a）试样安装　（b）弯曲90°　（c）弯曲180°　（d）弯曲至两面重合

局部变形、内应力和局部硬脆,降低了焊接质量。

　　钢的可焊性主要与钢的化学成分及其含量有关。当含碳量超过 0.3% 时,钢的可焊性变差,特别是硫含量过高,会使焊接处产生热裂纹并硬脆(热脆性),其他杂质含量多也会降低钢材的可焊性。

　　采取焊前预热以及焊后热处理的方法,可使可焊性较差的钢材的焊接质量提高。施工中正确地选用焊条及正确的操作均能防止夹入焊渣、气孔、裂纹等缺陷,提高其焊接质量。

4.1.3　钢材的化学成分及其对性质的影响

　　钢是含碳量小于2%的铁碳合金,碳大于2%时则为铸铁。碳素结构钢由纯铁、碳及杂质元素组成,其中纯铁约占99%,碳及杂质元素约占1%。低合金结构钢中,除上述元素外还加入合金元素,后者总量通常不超过3%。除铁、碳外,钢材在冶炼过程中会从原料、燃料中引入一些其他元素。化学元素对钢材性能的影响见表 4.3。

表 4.3　化学元素对钢材性能的影响

化学元素	强度	硬度	塑性	韧性	可焊性	其他
碳(C) <1% ↑	↑	↑	↓	↓	↓	冷脆性↑
硅(Si) >1% ↑			↓	↓↓	↓	冷脆性↑
锰(Mn) ↑	↑	↑		↑		脱氧、硫剂
钛(Ti) ↑	↑↑		↓	↑		强脱氧剂

续表

化学元素	强度	硬度	塑性	韧性	可焊性	其他
钒(V)↑	↑					时效↓
磷(P)↑	↑		↓	↓	↓	偏析、冷脆↑↑
氮(N)↑	↑		↓	↓↓	↓	冷脆性↑
硫(S)↑	↓				↓	热脆性↑
氧(O)↑	↓				↓	热脆性↑

4.1.4　钢材的冷加工及热处理

4.1.4.1　钢材的冷加工

1)冷拉

将热轧钢筋用冷拉设备进行张拉,拉伸至产生一定的塑性变形后,卸去荷载。冷拉参数的控制直接关系到冷拉效果和钢材质量。一般钢筋冷拉仅控制冷拉率,称为单控。对用作预应力的钢筋,须采用双控,即既控制冷拉应力,又控制冷拉率。冷拉时当拉至控制应力时可以未达控制冷拉率,反之钢筋则应降级使用。钢筋冷拉后,屈服强度可提高 20% ~ 30%,可节约钢材 10% ~20%,钢材经冷拉后屈服阶段缩短,伸长率降低,材质变硬。

2)冷拔

将直径为 6.5~8 mm 的碳素结构钢的 Q235(或 Q215)盘条,通过拔丝机中钨合金做成的比钢筋直径小 0.5~1.0 mm 的冷拔模孔,冷拔成比原直径小的钢丝,称为冷拔低碳钢丝。如果经过多次冷拔,可得规格更小的钢丝。冷拔作用比纯拉伸的作用强烈,钢筋不仅受拉,而且同时受到挤压作用。经过一次或多次冷拔后得到的冷拔低碳钢丝,其屈服点可提高40% ~60%,但失去软钢的塑性和韧性,而具有硬质钢材的特点。

3)冷轧

冷轧是将圆钢在轧钢机上轧成断面形状规则的钢筋,可以提高其强度及与混凝土的黏结力。钢筋在冷轧时,纵向与横向同时产生变形,因而能较好地保持其塑性和内部结构的均匀性。

4.1.4.2　冷加工时效

冷加工后的钢材,随着时间的延长,钢材的屈服强度、抗拉强度与硬度还会进一步提高,塑性、韧性继续降低的现象称为时效。时效是一个十分缓慢的过程,有些钢材即使未有经过冷加工,长期搁置后也会出现时效,但不如冷加工后表现明显。钢材冷加工后,由于产生塑性变形,使时效大大加快。

钢材冷加工的时效处理有两种方法。

1)自然时效

将经过冷拉的钢筋在常温下存放 15~20 d,称为自然时效,它适用于强度较低的钢材。

2)人工时效

对强度较高的钢材,自然时效效果不明显,可将经冷加工的钢材加热到 100~200 ℃并保持2~3 h,则钢筋强度将进一步提高,这个过程称为人工时效。它适用于强度较高的钢筋。

4.1.4.3 钢材的热处理

将钢材按一定规则加热、保温和冷却处理,以改变其组织,得到所需要的性能的一种工艺过程。钢材热处理的方法有以下几种。

1)退火

是将钢材加热到一定温度,保温后缓慢冷却(随炉冷却)的一种热处理工艺,有低温退火和完全退火之分。退火的目的是细化晶粒,改善组织,减少加工中产生的缺陷、减轻晶格畸变,消除内应力,防止变形、开裂。

2)正火

是退火的一种特例。正火在空气中冷却,两者仅冷却速度不同。与退火相比,正火后钢材的硬度、强度较高,而塑性减小。

3)淬火

是将钢材加热到基本组织转变温度以上(一般为900 ℃以上),保温使组织完全转变,即放入水或油等冷却介质中快速冷却,使之转变为不稳定组织的一种热处理操作。其目的是得到高强度、高硬度的组织。淬火会使钢材的塑性和韧性显著降低。

4)回火

是将钢材加热到基本组织转变温度以下(150~650 ℃内选定),保温后在空气中冷却的一种热处理工艺,通常和淬火是两道相连的热处理过程。其目的是促进不稳定组织转变为需要的组织,消除淬火产生的内应力,改善力学性能等。

4.1.5 常用建筑钢材的技术标准与应用

建筑钢材可分为钢结构用型钢和钢筋混凝土结构用钢筋。各种型钢和钢筋的性能主要取决于所用钢种及其加工方式。在建筑工程中,钢结构所用各种型钢,钢筋混凝土结构所用的各种钢筋、钢丝、锚具等钢材,基本上都是碳素结构钢和低合金结构钢等钢种,经热轧或冷拔、热处理等工艺加工而成。

4.1.5.1 普通碳素结构钢

普通碳素结构钢简称碳素钢、碳钢,包括一般结构钢和工程用热轧用型钢、钢板、钢带。

1)牌号表示方法

根据《碳素结构钢》(GB/T 700—2006)标准,普通碳素结构钢的牌号由代表屈服点的字母(Q)、屈服强度数值(MPa)、质量等级符号(A、B、C、D)、脱氧程度符号(F、B、Z、TZ)四个部分按顺序组成。

屈服强度用符号"Q"表示,有195 MPa、215 MPa、235 MPa、275 MPa这四种;质量等级是按钢中硫、磷含量由多至少划分的,分A、B、C、D四个质量等级;按脱氧程度不同分为:沸腾钢(F)、半镇静钢(B),当为镇静钢或特殊镇静钢时,则牌号表示"Z"与"TZ"符号可予以省略。按标准规定,我国碳素结构钢分五个牌号,即Q195、Q215、Q235、Q255和Q275。例如Q235—A·F,它表示:屈服点为235 N/mm^{2}的平炉或氧气转炉冶炼的A级沸腾碳素结构钢。

2）碳素结构钢的技术要求

碳素结构钢的技术要求包括化学成分、力学性能、冶炼方法、交货状态、表面质量等五个方面，见表4.4～表4.6。

表 4.4　碳素结构钢的牌号、等级和化学成分（GB/T 700—2006）

牌号	同一数字代号[①]	等级	厚度（或直径）/mm	脱氧方法	化学成分（质量分数）/%，不大于				
					C	Si	Mn	P	S
Q195	U11952	—	—	F、Z	0.12	0.30	0.50	0.035	0.050
Q215	U12152	A	—	F、Z	0.15	0.35	1.20	0.045	0.050
	U12155	B							0.045
Q235	U12352	A	—	F、Z	0.22	0.35	1.40	0.045	0.050
	U11952	B			0.20[②]				0.045
	U12358	C		Z	0.17			0.040	0.040
	U12359	D		TZ				0.035	0.035
Q275	U12752	A	—	F、Z	0.24	0.35	1.50	0.045	0.050
	U12755	B	≤40	Z	0.21			0.045	0.045
			>40		0.22				
	U12758	C	—	Z	0.20			0.040	0.040
	U12759	D		TZ				0.035	0.035

注：①表中为镇静钢、特殊镇静钢牌号的统一数字，沸腾钢牌号的统一数字代号为：Q195F U11950，Q215AF U12150，Q215BF U12153，Q235AF U12350，Q235BF U12353，Q275AF U12353。

②经双方同意，Q235B 的碳含量可不大于 0.22%。

表 4.5　碳素结构钢的拉伸和冲击力学性能（GB/T 700—2006）

牌号	等级	拉伸试验							断后伸长率/%，不小于					冲击试验（V 形缺口）	
		屈服强度[①]R_{eH}/（N/mm²），不小于						抗拉强度[②]R_m/（N/mm²）	厚度（直径）/mm					温度/℃	冲击吸收功（纵向）/J，不小于
		厚度（或直径）/mm													
		≤16	>16~40	>40~60	>60~100	>100~150	>150~200		≤40	>40~60	>60~100	>100~150	>150~200		
Q195	—	195	185	—	—	—	—	315~430	33	—	—	—	—	—	—
Q215	A	215	205	195	185	175	165	335~450	31	30	29	27	26	—	—
	B													20	27
Q235	A	235	225	215	215	195	185	370~500	26	25	24	23	22	—	—
	B													20	27[③]
	C													0	
	D													−20	

牌号	等级	拉伸试验												冲击试验（V形缺口）	
		屈服强度[①] R_{eH} /（N/mm²），不小于						抗拉强度[②] R_m /（N/mm²）	断后伸长率/%，不小于					温度 /℃	冲击吸收功（纵向）/J，不小于
		厚度（或直径）/mm							厚度（直径）/mm						
		≤16	>16 ~40	>40 ~60	>60 ~100	>100 ~150	>150 ~200		≤40	>40 ~60	>60 ~100	>100 ~150	>150 ~200		
Q275	A	275	265	255	245	225	215	410~540	22	21	20	18	17	—	—
	B													20	27
	C													0	
	D													−20	

注：①Q195 的屈服强度值仅供参考，不作交货条件。

②厚度大于 100 mm 的钢材，抗拉强度下限允许降低 20 N/mm。宽带钢（包括剪切钢板）抗拉强度上限不作交货条件。

③厚度小于 25 mm 的 Q235B 级钢材，如供方能保证吸收功值合格，经需方同意，可做检验。

表 4.6 碳素结构钢的冷弯性能指标（GB 700—2006）

牌号	试样方向	冷弯试验 180°，$B = 2a$[①]	
		钢材厚度（或直径）/mm	
		≤60	>60~100
		弯心直径 d	
Q195	纵	0	
	横	0.5a	
Q215	纵	0.5a	1.5a
	横	a	2a
Q235	纵	a	2a
	横	1.5a	2.5a
Q275	纵	1.5a	2.5a
	横	2a	3a

注：①B 为试样宽，a 为试样厚度或直径。

3）普通碳素结构钢的性能和用途

碳素结构钢的牌号顺序随含碳量逐渐增加，屈服强度和抗拉强度也不断增加，伸长率和冷弯性能则不断下降。碳素结构钢的质量等级取决于钢内有害元素硫（S）和磷（P）的含量，硫、磷含量越低，钢的质量越好，其可焊性和低温抗冲击性能增强。常用碳素钢性能与用途见表4.7。

表 4.7　常用碳素钢的性能与用途

牌号	性能	用途
Q195	强度低,塑性、韧性、加工性能与焊接性能较好	主要用于轧制薄板和盘条等
Q215	强度高,塑性、韧性、加工性能与焊接性能较好	大量用作管坯、螺栓等
Q235	强度适中,有良好的承载性,又具有较好的塑性和韧性,可焊性和可加工性也较好,是钢结构常用牌号	一般用于只承受静荷载作用的钢结构 适合用于承受动荷载焊接的普通钢结构 适合用于承受动荷载焊接的重要钢结构 适合用于低温环境使用的承受动荷载焊接的重要钢结构
Q275	强度高、塑性和韧性稍差,不易冷弯加工,可焊性较差,强度、硬度较高,耐磨性较好,但塑性、冲击韧度和可焊性差	主要用作铆接或栓接结构,以及钢筋混凝土的配筋。不宜在建筑结构中使用,主要用于制造轴类、农具、耐磨零件和垫板等

4.1.5.2　优质碳素结构钢

按国家标准的规定,优质碳素结构钢根据锰含量的不同可分为:普通锰含量钢(锰含量 <0.8%)和较高锰含量钢(锰含量在 0.7% ~ 1.2%)两组。优质碳素结构钢的钢材一般以热轧状态供应。硫、磷等杂质含量比普通碳素钢少,其含量均不得超过 0.035%。其质量稳定,综合性能好,但成本较高。

优质碳素结构钢的牌号用两位数字表示,它表示钢中平均含碳量的万分数。如 45 号钢,表示钢中平均含碳量为 0.45%。数字后若有"锰"字或"Mn",则表示属较高锰含量的钢,否则为普通锰含量钢。如 35Mn 表示平均含碳量 0.35%,含锰量为 0.7% ~ 1.0%。若是沸腾钢或半镇静钢,还应在牌号后面加"沸"(或 F)或"半"(或 B)。

4.1.5.3　低合金高强度结构钢

低合金高强度结构钢是一种在碳素钢的基础上添加总量小于 5% 合金元素的钢材,具有强度高,塑性和低温冲击韧度好、耐锈蚀等特点。低合金高强度结构钢的牌号的表示方法为:屈服强度—质量等级,它以屈服强度划分成五个等级:Q295、Q345、Q390、Q420、Q460,质量也分为五个等级:E、D、C、B、A。

由于合金元素的强化作用,使低合金结构钢不但具有较高的强度,且具有较好的塑性、韧性和可焊性。低合金高强度结构钢广泛应用于钢结构和钢筋混凝土结构中,特别是大型结构、重型结构、大跨度结构、高层建筑、桥梁工程、承受动力荷载和冲击荷载的结构。

4.1.5.4　钢筋混凝土结构用钢

钢筋混凝土结构用钢,主要由碳素结构钢和低合金结构钢轧制而成,有热轧钢筋、冷加工钢筋、热处理钢筋、预应力混凝土用钢丝和钢绞线等。按直条或盘条(也称盘圆)供货。

1)热轧钢筋

经热轧成型并自然冷却的成品钢筋,称为热轧钢筋。热轧钢筋是建筑工程中用量最大的钢材品种之一,主要用于钢筋混凝土结构和预应力钢筋混凝土结构的配筋。根据表面特征不同,热轧钢筋分为光圆钢筋和带肋钢筋两大类。

（1）热轧光圆钢筋。

热轧光圆钢筋，横截面为圆形，表面光圆，国家标准推荐的钢筋公称直径有 6 *mm*、8 *mm*、10 *mm*、12 *mm*、16 *mm*、20 *mm* 六种。热轧光圆钢筋用钢以氧气转炉、电炉冶炼，按屈服强度值分为 300 一个级别。热轧光圆钢筋的牌号表示方法见表 4.8。其化学成分应符合表 4.9 的规定，屈服强度 R_{eL}、抗拉强度 R_m、断后伸长率 A、最大力总伸长率 A_{gt} 等力学性能特征值应符合表 4.10 的规定，冷弯试验时受弯曲部位外表面不得产生裂纹。

表 4.8　热轧光圆钢筋牌号的构成及其含义（GB 1499.2—2007）

产品名称	牌号	牌号构成	英文字母含义
热轧光圆钢筋	HPB300	由 HPB + 屈服强度特征值构成	HPB—热轧光圆钢筋的英文（Hot rolled Plain Bars）缩写。

表 4.9　热轧光圆钢筋的化学成分（GB 1499.2—2007）

牌号	化学成分（质量分数）/%　　不大于				
	C	Si	Mn	P	S
HPB300	0.25	0.55	1.50		

表 4.10　热轧光圆钢筋的力学性能及冷弯性能（GB 1499.2—2007）

牌号	R_{eL}/MPa	R_m/MPa	A/%	A_{gt}/%	冷弯试验180°，*d*—弯芯直径，*a*—钢筋公称直径
	不小于				
HPB300	300	420			

热轧光圆钢筋的强度较低，但塑性及焊接性能很好，便于各种冷加工，故广泛用于普通钢筋混凝土构件的受力筋及各种钢筋混凝土结构的构造筋。

（2）热轧带肋钢筋。

热轧带肋钢筋通常为圆形横截面，且表面通常带有两条纵肋和沿长度方向均匀分布的横肋。按《钢筋混凝土用热轧带肋钢筋》（GB 1499.2—2007）给出的月牙肋钢筋表面及截面形状如图 4.10 所示。

热轧带肋钢筋按屈服强度值分为 335、400、500 三个等级，其牌号由 HRB 和规定屈服强度构成。热轧带肋钢筋牌号的构成及其含义见表 4.11。其技术要求，主要有化学成分、力学性能和工艺性能。化学成分、主要化学元素和碳含量的最大值，如表 4.12 所列。力学性能及工艺性能分别符合表 4.13、4.14 的规定。热轧带肋钢筋的工艺性能，按表 4.14 中最右边一栏规定的弯心直径弯曲 180°后，钢筋受弯曲部位外表面不得产生裂纹。根据需方要求，钢筋还可以作反向弯曲试验，弯心直径比弯曲试验相应增加一个钢筋公称直径，先正向弯曲 90°后再反向弯曲 20°。两个弯曲角度均应在去载之前测量。经反向弯曲试验后，钢筋受弯曲部位表面不产生裂纹。

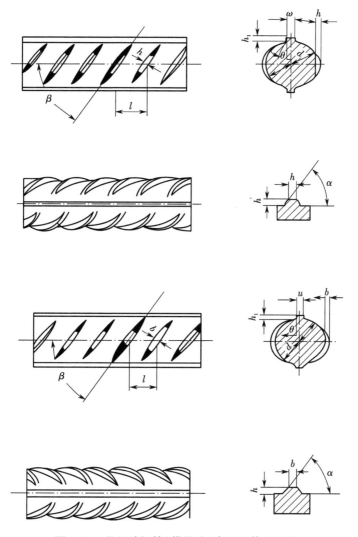

图 4.10　月牙肋钢筋(带纵肋)表面及截面形状

表 4.11　热轧带肋钢筋牌号的构成及其含义(GB 1499.2—2007)

类别	牌号	牌号构成	英文字母含义
普通热轧钢筋	HRB335	由 HRB + 屈服强度特征值构成	HRB—热轧带肋钢筋的英文(Hot rolled Ribbed Bars)缩写
	HRB400		
	HRB500		
细晶粒热轧钢筋	HRBF335	由 HRBF + 屈服强度特征值构成	HRBF—在热轧带肋钢筋的英文缩写后加"细"的英文(Fine)首位字母
	HRBF400		
	HRBF500		

表 4.12　热轧带肋钢筋的化学成分(GB 1499.2—2007)

牌　号	化学成分/%					
	C	Si	Mn	P	S	Ceq
HRB335						0.52
HRBF335	0.25	0.80	1.60	0.045	0.045	
HRB400						0.54
HRBF400						
HRB500						0.55
HRBF500						

表 4.13　热轧带肋钢筋的力学性能(GB 1499.2—2007)

牌　号	R_{eL}/MPa	R_m/MPa	A/%	A_{gt}/%
	不小于			
HRB335	335	455	17	
HRBF335				
HRB400	400	540	16	7.5
HRBF400				
HRB500	500	630	15	
HRBF500				

表 4.14　热轧带肋钢筋的冷弯性能(GB 1499.2—2007)

牌号	公称直径 d	弯心直径
HRB335 HRBF335	6～25	3d
	28～40	4d
	>40～50	5d
HRB400 HRBF400	6～25	4d
	28～40	5d
	>40～50	6d
HRB500 HRBF500	6～25	6d
	28～40	7d
	>40～50	8d

热轧带肋钢筋中的 HRB335 和 HRB400 的强度较高,塑性和焊接性能也较好,广泛用作大、中型钢筋混凝土结构的受力钢筋。HRB500 带肋钢筋强度高,但塑性和焊接性较差,适宜作预应力钢筋使用。

2)钢筋混凝土用冷拉钢筋

为了提高钢筋的强度及节约钢筋,工程中常按施工规程,控制一定的冷拉应力或冷拉率,对热轧钢筋进行冷拉。冷拉钢筋的力学性能应符合规范规定的要求,见表 4.15。冷拉钢筋冷弯后,不得有裂纹、起层等现象。

表 4.15　冷拉热轧钢筋的力学性能（GB 50204—2015）

钢筋级别	钢筋直径 mm	屈服强度 N/mm²	抗拉强度 N/mm²	伸长率	冷弯	
					弯曲角度	弯曲直径
		不小于				
冷拉Ⅰ级	≤12	280	370	11	180°	$d = 3a$
冷拉Ⅱ级	≤25	450	510	10	90°	$d = 3a$
	28~40	430	490	10	90°	$d = 4a$
冷拉Ⅲ级	8~40	500	570	8	90°	$d = 5a$
冷拉Ⅳ级	10~28	700	835	6	90°	$d = 5a$

3）预应力混凝土用钢棒（热处理钢筋）

预应力混凝土用热处理钢筋是普通热轧中碳低合金钢经淬火和回火等调质处理而成，有 6 mm、8.2 mm、10 mm 三种规格的直径。其代号为 RB150。《预应力混凝土用钢棒》（GB/T 5223.3—2005）规范规定，热处理钢筋有 $40Si_2Mn$、$48Si_2Mn$ 和 $45Si_2Cr$ 等三个牌号，其化学成分和力学性能见表 4.16 和 4.17 规定。热处理钢筋成盘供应，每盘长 100~120 m，钢筋开盘后自然伸直，使用时按需要长度切断。

表 4.16　预应力混凝土用钢棒的化学成分（GB/T 5223.3—2005）

牌号	化学成分/%					
	C	Si	Mn	Cr	P	S
					不大于	
$40Si_2Mn$	0.36~0.45	1.40~1.90	0.80~1.20	—	0.045	0.045
$48Si_2Mn$	0.44~0.53	1.40~1.90	0.80~1.20	—	0.045	0.045
$45Si_2Cr$	0.41~0.51	1.55~1.95	0.40~0.70	0.30~0.60	0.045	0.045

表 4.17　预应力混凝土用钢棒的力学性能指标（GB/T 5223.3—2005）

公称直径/ mm	牌号	屈服强度 $\sigma_{0.2}$/MPa	抗拉强度 σ_b/ MPa	伸长率 δ_{100}/%
		不小于		
6	$40Si_2Mn$			
8.2	$48Si_2Mn$	1 325	1 476	6
10	$45Si_2Cr$			

预应力混凝土用钢棒的优点是:强度高,可代替高强钢丝使用;配筋根数少,节约钢材;锚固性好,不易打滑,预应力值稳定;施工简便,开盘后钢筋自然伸直,不需调直及焊接。主要用于预应力钢筋混凝土轨枕,也用于预应力梁、板结构及吊车梁等。

4)冷轧带肋钢筋

冷轧带肋钢筋是采用由普通低碳钢或低合金钢热轧的圆盘条为母材,经冷轧减径后在其表面冷轧成二面或三面有肋的钢筋。冷轧带肋钢筋的横肋呈月牙形,横肋沿钢筋截面周圈上均匀分布,其中三面肋钢筋有一面肋的倾角必须与另两面反向,二面肋钢筋一面肋的倾角必须与另一面反向。冷轧带肋钢筋是热轧圆盘钢筋的深加工产品。

冷轧带肋钢筋的牌号由 CRB 和钢筋的抗拉强度最小值构成。C、R、B 分别为冷轧(Cold ribbed)、带肋(Ribbed)、钢筋(Bar)三个词的英文首位字母。冷轧带肋钢筋分为 CRB550、CRB650、CRB800、CRB970 和 CRB1170 五个牌号。CRB550 冷轧带肋钢筋的公称直径范围为 4～12 mm,为普通钢筋混凝土用钢筋。其他牌号钢筋的公称直径为 4 mm、5 mm、6 mm,为预应力混凝土用钢筋。

力学性能及工艺性能符合表 4.18 的规定。当进行弯曲试验时,钢筋受弯曲部位外表面不得产生裂纹。

表 4.18　冷轧带肋钢筋的力学性能和工艺性能（GB 13788—2008）

牌号	σ_b(MPa) 不小于	σ_m(MPa) 不小于	伸长率/% 不小于		弯曲试验 180°	反复弯曲 次数	松弛率初始应力 $\sigma_{con} = 0.7\sigma_b$ 1 000 h/% 不大于
			δ_{10}	δ_{100}			
CRB550	500	550	8.0	–	$D = 3d$	–	–
CRB650	585	650	–	4.0	–	3	8
CRB800	720	800	–	4.0	–	3	8
CRB970	875	970	–	4.0	–	3	8

注:表中 D 为弯芯直径,d 为钢筋公称直径。

5)冷拔低碳钢丝

冷拔低碳钢丝是用普通碳素钢热轧盘条钢筋在常温下冷拔加工而成。《冷拔低碳钢丝应用技术规程》(JGJ 19—2010)只有 CDW550 一个强度级别,其直径为 3 mm、4 mm、5 mm、6 mm、7 mm 和 8 mm。

冷拔低碳钢丝的抗拉强度设计值和力学性能、冷弯性能分别见表 4.19 和 4.20 的规定。

表 4.19　冷拔低碳钢丝的抗拉强度设计值(JGJ 19—2010)

牌号	符号	f_y
CDW550	Φ^b	320

表 4.20　冷拔低碳钢丝的力学性能、冷弯性能(JGJ 19 – 2010)

冷拔低碳钢丝直径/mm	抗拉强度 R_m/(N/mm²) 不小于	伸长率 A/% 不小于	180°反复弯曲次数 不小于	弯曲半径/mm
3	550	2.0	4	7.5
4		2.5		10
5				15
6		3.0		15
7				20
8				20

冷拔低碳钢丝用于预应力混凝土桩、钢筋混凝土排水管及环形混凝土电杆的钢筋骨架中的螺旋筋(环向钢筋)和焊接网、焊接骨架、箍筋和构造钢筋。冷拔低碳钢丝不得做预应力钢筋使用,做箍筋使用时直径不宜小于 5 mm。

6)预应力混凝土用钢丝及钢绞线

大型预应力混凝土构件,由于受力很大,常采用高强度钢丝或钢绞线作为主要受力钢筋。

(1)预应力高强度钢丝。

钢丝按加工状态分为冷拉钢丝和消除应力钢丝两类。

冷拉钢丝,用盘条通过拔丝模或轧辊经冷加工而成产品,以盘卷供货的钢丝。

消除应力钢丝,按下述一次性连续处理方法之一的钢丝。即钢丝在塑性变形下(轴应变)进行的短时热处理,得到的应是低松弛钢丝;或钢丝通过矫直工序后在适当温度下进行的短时热处理,得到的应是普通松弛钢丝,故消除应力钢丝按松弛性能又分为低松弛级钢丝和普通松弛级钢丝。(松弛:在恒定长度应力随时间而减小的现象。)

钢丝按外形分为光圆钢丝、螺旋肋钢丝、刻痕钢丝三种。螺旋肋钢丝,钢丝表面沿着长度方向上具有规则间隔的肋条,如图 4.11 所示;刻痕钢丝,钢丝表面沿着长度方向上具有规则间隔的压痕,如图 4.12 所示。

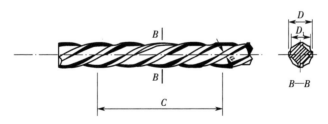

图 4.11　螺旋肋钢丝外形示意图

《预应力混凝土用钢丝》(GB/T 5223—2014)规定:冷拉钢丝的代号为 WCD;低松弛钢丝的代号为 WLR;普通松弛钢丝的代号为 WNR。光圆钢丝的代号为 P;螺旋肋钢丝的代号为 H;刻痕钢丝的代号为 I。

冷拉的预应力钢丝力学性能符合表 4.21 的规定;消除应力光圆及螺旋肋钢丝的力学性能符合表 4.22、表 4.23 的规定。

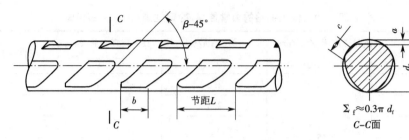

图 4.12　三面刻痕钢丝外形示意图

表 4.21　冷拉的预应力钢丝力学性能（GB/T 5223—2014）

公称直径 d_n/mm	抗拉强度 σ_b/MPa 不小于	规定非比例伸长应力 $\sigma_{p0.2}$/MPa 不小于	最大力下总伸长率% $L_0 = 200$ mm 不小于	弯曲次数/（次/180°）不小于	弯曲半径 R/mm	断面收缩率 Ψ/% 不小于	每210 mm扭矩的扭转次数 n 不小于	初始应力相当于70%公称抗拉强度时，1000 h后应力松弛率 r/% 不大于
3.00	1 470	1 100		4	7.5	—	—	
4.00	1 570	1 180		4	10		8	
5.00	1 670	1 250	1.5			35	8	8
	1 770	1 330		4	15		8	
6.00	1 470	1 100		5	15		7	
7.00	1 570	1 180		5	20	30	6	
8.00	1 670	1 250						
	1 770	1 330		5	20		5	

表 4.22　消除应力光圆及螺旋肋钢丝的力学性能（GB/T 5223—2014）

公称直径 d_n/mm	抗拉强度 σ_b/MPa 不小于	规定非比例伸长应力 $\sigma_{p0.2}$/MPa 不小于		最大力下总伸长率% $L_0 = 200$ mm 不小于	弯曲次数/（次/180°）不小于	弯曲半径 R/mm	应力松弛性能		
							初始应力相当于公称抗拉强度的百分数/%	1000 h后应力松弛率 r/% 不大于	
		WLR	WNR					WLR	WNR
								对所有规格	
4.00	1 470	1 290	1 250		3	10			
	1 570	1 380	1 330				60	1.0	4.5
4.80	1 670	1 470	1 410		4	15			
	1 770	1 560	1 500						
5.00	1 860	1 640	1 580				70	2.0	8
6.00	1 470	1 290	1 250		4	15			
6.25	1 570	1 380	1 330	3.5	4	20			
	1 670	1 470	1 410		4	20			
7.00	1 770	1 560	1 500		4	20	80	4.5	12
8.00	1 470	1 290	1 250		4	20			
9.00	1 570	1 380	1 330		4	25			
10.00	1 470	1 290	1 250		4	25			
12.00					4	30			

表4.23　消除应力刻痕钢丝的力学性能（GB/T 5223—2014）

公称直径 d_n/mm	抗拉强度 σ_b/MPa	规定非比例伸长应力 $\sigma_{p0.2}$/MPa		最大力下总伸长率/% L_{gt} $L_0=200$ mm	弯曲次数 次数/180°	弯曲次数 弯曲半径 R/mm	应力松弛性能 初始应力相当于公称抗拉强度的百分数/%	应力松弛性能 1 000 h后应力松弛率 r/% 不大于 WLR	应力松弛性能 1 000 h后应力松弛率 r/% 不大于 WNR
	不小于	不小于 WLR	不小于 WNR	不小于	不小于		对所有规格	对所有规格	对所有规格
≤5.0	1 470	1 290	1 250	3.5	3	15	60	1.5	4.5
	1 570	1 380	1 330						
	1 670	1 470	1 410						
	1 770	1 560	1 500						
	1 860	1 640	1 580				70	2.5	8
>5.0	1 470	1 290	1 250			20	80	4.5	12
	1 570	1 380	1 330						
	1 670	1 470	1 410						
	1 770	1 560	1 500						

　　预应力钢丝的抗拉强度比钢筋混凝土用热轧光圆钢筋、热轧带肋钢筋高很多，在构件中采用预应力钢丝可节省钢材、减少构件截面和节省混凝土。主要用于桥梁、吊车梁、大跨度屋架和管桩等预应力钢筋混凝土构件中。

　　（2）预应力混凝土钢绞线。

　　预应力混凝土钢绞线是按严格的技术条件，绞捻起来的钢丝束。

　　预应力钢绞线按捻制结构分为五类：用两根钢丝捻制的钢绞线（代号为 1×2）、用三根钢丝捻制的钢绞线（代号为 1×3）、用三根刻痕钢丝捻制的钢绞线（代号为 $1\times3I$）、用七根钢丝捻制的标准型钢绞线（代号为 1×7）、用七根钢丝捻制又经模拔的钢绞线[代号为 $(1\times7)C$]。钢绞线外形示意图如图4.13所示。

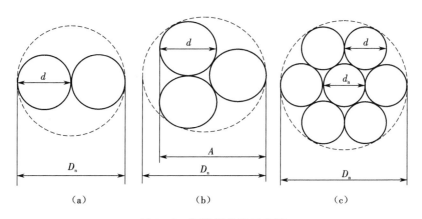

图4.13　钢绞线外形示意图

（a）1×2结构钢绞线　（b）1×3结构钢绞线　（c）1×7结构钢绞线

《预应力混凝土用钢绞线》(GB/T 5224—2003)规定,预应力钢绞线的力学性能要求见表 4.24 ~ 表 4.26。

表 4.24 1×2 结构钢绞线力学性能(GB/T 5224—2014)

钢绞线结构	钢绞线公称直径 D_n/mm	抗拉强度 R_m/MPa	整根钢绞线的最大力 F_m/kN	规定非比例延伸力 $F_{p0.2}$/kN	最大力下总伸长率 L_0 ≥400 mm δ_{gt}/(%)	应力松弛性能	
						初始负荷相当于公称最大力的百分数/%	1 000 h 后力松弛率 r/%
		≥	≥	≥	≥		≥
1×2	5.00	1 570	15.4	13.9	对所有规格	对所有规格	对所有规格
		1 720	16.9	15.2			
		1 860	18.3	16.5		60	1.0
		1 960	19.2	17.3			
	5.80	1 570	20.7	18.6	3.5		
		1 720	22.7	20.4			
		1 860	24.6	22.1		70	2.5
		1 960	25.9	23.3			
	8.00	1 470	36.9	33.2		80	4.5
		1 570	39.4	35.5			
		1 720	43.2	38.9			
		1 860	46.7	42.0			
		1 960	49.2	44.3			
	10.00	1 470	57.8	52.0			
		1 570	61.7	55.5			
		1 720	67.6	60.8			
		1 860	73.1	65.8			
		1 960	77.0	69.3			
	12.00	1 470	83.1	74.8			
		1 570	88.7	79.8			
		1 720	97.2	87.5			
		1 860	105	94.5			

表 4.25　1×3 结构钢绞线力学性能（GB/T 5224—2014）

钢绞线结构	钢绞线公称直径 D_n/mm	抗拉强度 R_m/MPa	整根钢绞线的最大力 F_m/kN	规定非比例延伸力 $F_{p0.2}$/kN	最大力下总伸长率 $L_0 \geqslant 400$ mm δ_{gt}/（%）	应力松弛性能	
						初始负荷相当于公称最大力的百分数/%	1 000 h 后力松弛率 r/%
		≥	≥	≥	≥		≥
1×3	6.20	1 570	31.1	28.0	对所有规格	对所有规格	对所有规格
		1 720	34.1	30.7			
		1 860	36.8	33.1			
		1 960	38.8	34.9			
	6.50	1 570	33.3	30.0		60	1.0
		1 720	36.5	32.9			
		1 860	39.4	35.5			
		1 960	41.6	37.4			
	8.60	1 470	55.4	49.9	3.5	70	2.5
		1 570	59.2	53.3			
		1 720	64.8	58.3			
		1 860	70.1	63.1			
		1 960	73.9	66.5		80	4.5
	8.74	1 570	60.6	54.5			
		1 670	64.5	58.1			
		1 860	71.8	64.6			
	10.00	1 470	86.6	77.9			
		1 570	92.5	83.3			
		1 720	101	90.9			
		1 860	110	99.0			
		1 960	115	104			
	12.00	1 470	125	113			
		1 570	133	120			
		1 720	146	131			
		1 860	158	142			
		1 960	166	149			
1×3I	8.74	1 570	60.6	54.5			
		1 670	64.5	58.1			
		1 860	71.8	64.6			

表4.26　1×7结构钢绞线力学性能(GB/T 5224—2014)

钢绞线结构	钢绞线公称直径 D_n/mm	抗拉强度 R_m/MPa	整根钢绞线的最大力 F_m/kN	规定非比例延伸力 $F_{p0.2}$/kN	最大力下总伸长率 $L_0 \geqslant 400$ mm δ_{gt}/(%)	应力松弛性能	
						初始负荷相当于公称最大力的百分数/%	1 000 h后力松弛率 r/%
		≥	≥	≥	≥		≥
1×7	9.50	1 720	94.3	84.8	对所有规格	对所有规格	对所有规格
		1 860	102	91.8			
		1 960	107	96.3		60	1.0
	11.10	1 720	128	115			
		1 860	138	124			
		1 960	145	131	3.5	70	2.5
	12.70	1 720	170	153			
		1 860	184	166			
		1 960	193	174			
	15.20	1 470	206	185		80	4.5
		1 570	220	198			
		1 670	234	211			
		1 720	241	217			
		1 860	260	234			
		1 960	274	247			
	15.70	1 770	266	239			
		1 860	279	251			
	17.80	1 720	327	294			
		1 860	353	318			
(1×7)C	12.70	1 860	208	187			
	15.20	1 820	300	270			
	18.00	1 720	384	346			

　　预应力钢丝和钢绞线具有强度高、柔度好,质量稳定,与混凝土黏结力强,易于锚固,成盘供应不需接头等诸多优点。主要用于大跨度、大负荷的桥梁、电杆、轨枕、屋架、大跨度吊车梁等结构的预应力筋。

4.1.5.5　钢结构用钢

　　钢结构用钢中一般可直接选用各种规格与型号的型钢,构件之间可直接连接或附以板进行连接。连接方式为铆接、螺栓连接或焊接。因此,钢结构所用钢材主要是型钢和钢板。型钢和钢板的成型有热轧和冷轧。

　　1)热轧型钢

　　热轧型钢主要采用碳素结构钢 Q235—A,低合金高强度结构钢 Q345 和 Q390 热轧成型。

常用的热轧型钢有角钢、工字钢、槽钢、T 型钢、H 型钢、Z 型钢等,如图 4.14 所示。

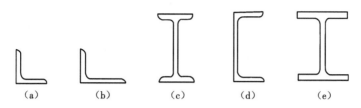

图 4.14　热轧型钢
(a)等边角钢　(b)不等边角钢　(c)工字钢　(d)槽钢　(e)H 型钢

(1)热轧普通工字钢。

工字钢是截面为工字型、腿部内侧有 1∶6 斜度的长条钢材,其规格以"腰高度×腿宽度×腰厚度"(mm)表示,也可用"腰高度#"(cm)表示;规格范围为 10# – 63#。若同一腰高的工字钢,有几种不同的腿宽和腰厚,则在其后标注 a、b、c 表示相应规格。

工字钢广泛应用于各种建筑结构和桥梁,主要用于承受横向弯曲(腹板平面内受弯)的杆件,但不易单独用作轴心受压构件或双向弯曲的构件。

(2)热轧 H 型钢(GB 11263—2010)。

H 型钢由工字型钢发展而来,优化了截面的分布。与工字型钢相比,H 型钢具有翼缘宽,侧向刚度大,抗弯能力强,翼缘两表面相互平行、连接构造方便,重量轻、节省钢材等优点。

H 型钢分为宽翼缘(代号为 HW)、中翼缘(代号为 HM)和窄翼缘 H 型钢(HN)以及 H 型钢桩(HP)。

宽翼缘和中翼缘 H 型钢适用于钢柱等轴心受压构件,窄翼缘 H 型钢适用于钢梁等受弯构件。

H 型钢的规格型号以"代号 腹板高度×翼板宽度×腹板厚度×翼板厚度"(mm)表示,也可用"代号　腹板高度×翼板宽度"表示。

H 型钢截面形状经济合理,力学性能好,常用于要求承载力大、截面稳定性好的大型建筑(如高层建筑)的梁、柱等构件。

(3)热轧普通槽钢。

槽钢是截面为凹槽形、腿部内侧有 1∶10 斜度的长条钢材。

规格以"腰高度×腿宽度×腰厚度"(mm)或"腰高度#"(cm)来表示。

同一腰高的槽钢,若有几种不同的腿宽和腰厚,则在其后标注 a、b、c 表示该腰高度下的相应规格。

槽钢主要用于承受轴向力的杆件、承受横向弯曲的梁以及联系杆件,主要用于建筑钢结构、车辆制造等。

(4)热轧等边角钢(GB/T 706—2008)、热轧不等边角钢(GB/T 706—2008)。

角钢是两边互相垂直成直角形的长条钢材。主要用作承受轴向力的杆件和支撑杆件,也可作为受力构件之间的连接零件。

等边角钢的两个边宽相等。规格以"边宽度×边宽度×厚度"(mm)或"边宽#"(cm)表示。规格范围为 $20 \times 20 \times (3-4) - 200 \times 200 \times (14-24)$。

不等边角钢的两个边不相等。规格以"长边宽度×短边宽度×厚度"(mm)或"长边宽度/短边宽度"(cm)表示。规格范围为 $25 \times 16 \times (3-4) - 200 \times 125 \times (12-18)$。

2)冷弯薄壁型钢

冷弯薄壁型钢指用钢板或带钢在常温下弯曲成的各种断面形状的成品钢材。冷弯型钢是一种经济的截面轻型薄壁钢材,也称为钢质冷弯型材或冷弯型材。其截面各部分厚度相同,在各转角处均呈圆弧形。

冷弯薄壁型钢的类型有 C 型钢、U 型钢、Z 型钢、带钢、镀锌带钢、镀锌卷板、镀锌 C 型钢、镀锌 U 型钢、镀锌 Z 型钢。图 4.15 所示为常见形式的冷弯薄壁型钢。冷弯薄壁型钢的表示方法与热轧型钢相同。

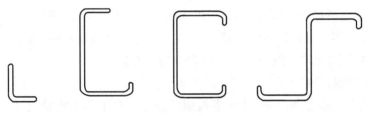

图 4.15　冷弯薄壁型钢

冷弯型钢作为承重结构、围护结构、配件等在轻钢房屋中也大量应用。在房屋建筑中,冷弯型钢可用作钢架、桁架、梁、柱等主要承重构件,也被用作屋面檩条、墙架梁柱、龙骨、门窗、屋面板、墙面板、楼板等次要构件和围护结构。冷弯薄壁型钢结构构件通常有檩条、墙梁、刚架等。

3)板材

(1)钢板。

钢板是用碳素结构钢和低合金高强度结构钢经热轧或冷轧生产的扁平钢材。按轧制方式可分为热轧钢板和冷轧钢板。

表示方法:宽度×厚度×长度(mm)。

厚度大于 4 mm 以上为厚板;厚度小于或等于 4 mm 的为薄板。

热轧碳素结构钢厚板,是钢结构的主要用钢材。低合金高强度结构钢厚板,用于重型结构、大跨度桥梁和高压容器等。薄板用于屋面、墙面或轧型板原料等。

在钢结构中,单块钢板不能独立工作,必须用几块板组合成工字型、箱型等结构来承受荷载。

(2)压型钢板。

是用薄板经冷轧成波形、U 形、V 形等形状,如图 4.16 所示。压型钢板有涂层、镀锌、防腐等薄板。压型钢板具有单位质量轻、强度高、抗震性能好、施工快、外形美观等优点。主要用于维护结构、楼板、屋面板和装饰板等。

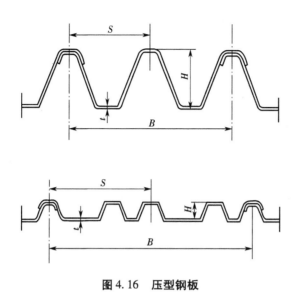

图 4.16　压型钢板

（3）花纹钢板。

表面压有防滑凸纹的钢板，主要用于平台、过道及楼梯等的铺板。钢板的基本厚度为
2.5～8.0 mm，宽度为 600～1 800 mm，长度为 2 000～12 000 mm。

（4）彩色涂层钢板。

彩色涂层钢板是以冷轧钢板，电镀锌钢板、热镀锌钢板或镀铝锌钢板为基板经过表面
脱脂、磷化、铬酸盐处理后，涂上有机涂料经烘烤而制成的产品。

彩色涂层钢板的常用涂料是聚酯（PE）、其次还有硅改性树脂（SMP）、高耐候聚酯
（HDP）、聚偏氟乙烯（PVDF）等，涂层结构分二涂一烘和二涂二烘，涂层厚度一般在表面 20
～25 μm，背面 8～10 μm，建筑外用不应该低于表面 20 μm，背面 10 μm。彩色涂层可以防
止钢板生锈，使钢板使用寿命长于镀锌钢板。

按用途分：建筑外用（JW）、建筑内用（JN）和家用电器（JD）。

按表面状态分为涂层板（TC）、印花板（YH）和压滑板（YaH）。

彩色涂层钢板的标记方式为：钢板　用途代号—表面状态代号—涂料代号—基材代
号—板厚×板宽×板长。

涂层钢板具有轻质、美观和良好的防腐蚀性能，可直接加工，给建筑业、造船业、车辆制
造业、家具行业、电气行业等提供了一种新型原材料，起到了以钢代木、高效施工、节约能
源、防止污染等良好效果。

4.1.5.6　钢材的选用原则

钢材的选用一般遵循下面原则。

1）荷载性质

对于经常承受动力或振动荷载的结构，容易产生应力集中，从而引起疲劳破坏，需要选
用材质高的钢材。

2）使用温度

对于经常处于低温状态的结构，钢材容易发生冷脆断裂，特别是焊接结构要求更高，因

而要求钢材具有良好的塑性和低温冲击韧性。

3)连接方式

对于焊接结构,当温度变化和受力性质改变时,焊缝附近的母体金属容易出现冷、热裂纹,促使结构早期破坏。所以焊接结构对钢材化学成分和力学性能要求应较严。

4)钢材厚度

钢材力学性能一般随厚度增大而降低,钢材经多次轧制后,钢的内部结晶组织更为紧密,强度更高,质量更好。故一般结构用的钢材厚度不宜超过 40 mm。

5)结构重要性

选择钢材要考虑结构使用的重要性,如大跨度结构、重要的建筑物结构,须相应选用质量更好的钢材。

4.1.6　钢材的锈蚀与防止

钢材的锈蚀是指钢材表面与周围介质发生作用而引起破坏的现象。根据钢材与环境介质作用的机理,腐蚀可分为化学锈蚀和电化学锈蚀。

4.1.6.1　钢筋混凝土中钢筋锈蚀

普通混凝土为强碱性环境,使之对埋入其中的钢筋形成碱性保护。在碱性环境中,阴极过程难于进行。即使有原电池反应存在,生成的 $Fe(OH)_2$ 也能稳定存在,并成为钢筋的保护膜。所以,用普通混凝土制作的钢筋混凝土,只要混凝土表面没有缺陷,里面的钢筋是不会锈蚀的。但是,普通混凝土制作的钢筋混凝土有时也发生钢筋锈蚀现象。

4.1.6.2　钢材锈蚀的防止

1)表面刷漆

表面刷漆是钢结构防止锈蚀的常用方法。刷漆通常有底漆、中间漆和面漆三道。底漆要求有较好的附着力和防锈能力,常用的有红丹、环氧富锌漆、云母氧化铁和铁红环氧底漆等。

2)表面镀金属

用耐腐蚀性好的金属,以电镀或喷镀的方法覆盖在钢材的表面,提高钢材的耐腐蚀能力。常用的方法有镀锌(如白铁皮)、镀锡(如马口铁)、镀铜和镀铬等。

3)采用耐候钢

耐候钢是在碳素钢和低合金钢中加入少量的铜、铬、镍、钼等合金元素而制成。耐候钢既有致密的表面防腐保护,又有良好的焊接性能,其强度级别与常用碳素钢和低合金钢一致,技术指标相近。

4.2　钢材的性能检测和评定

为更合理使用金属材料,充分发挥其作用,必须掌握各种金属材料制成的零、构件在正常工作情况下应具备的性能(使用性能)及其在冷热加工过程中材料应具备的性能(工艺性能)。

材料的使用性能包括物理性能(如密度、熔点、导电性、导热性、热膨胀性、磁性等)、化学性能(耐用腐蚀性、抗氧化性)及力学性能。

4.2.1　一般规定

①同一截面尺寸和同一炉罐号组成的钢筋分批验收时,每批质量不大于 60 t,如炉罐号不同时,应按《钢筋混凝土结构用热轧钢筋》的规定验收。

②钢筋应有出厂质量证明书或试验报告单,每捆(盘)钢筋均应有标牌,进场钢筋应按炉罐(批)号及直径(a)分批验收,验收内容包括插队标牌,外观检查,并按有关规定抽取试样做力学性能试验,包括拉力试验和冷弯试验两个项目。两个项目中如有一个项目不合格,该批钢筋即为不合格品。

③钢筋在使用中如有脆断、焊接性能不良或力学性能显著不正常时,尚应进行化学成分分析,或其他专项试验。

④取样方法和结果评定规定,自每批钢筋中任意抽取两根,于每根距端部 50 mm 处各取一套试样(两根试件),在每套试样中取一根作拉力试验,另一根作冷弯试验。在拉力试验的两根试件中,如其中一根试件的屈服点、抗拉强度和伸长率三个指标中有一个指标达不到标准中规定的数值,应再抽取双倍(4 根)钢筋,制取双倍(4 根)试件重做试验,如仍有一根试件的一个指标达不到标准要求,则不论这个指标在第一次试件中是否达到标准要求,拉力试验项目也作为不合格。在冷弯试验中,如有一根试件不合服标准要求,应同样抽取双倍钢筋,制成双倍试件重做试验,如仍有一根试件不符合标准要求,冷弯试验项目即为不合格。

⑤试验应在 20 ± 10 ℃下进行,如试验温度超出这一范围,应于实验记录和报告中注明。

4.2.2　钢筋拉伸性能检测

4.2.2.1　试验目的

测定低碳钢的屈服强度、抗拉强度与延伸率。注意观察拉力与变形之间的变化。确定应力与应变之间的关系曲线,评定钢筋的强度等级。

4.2.2.2　主要仪器设备

①万能材料试验机。为保证机器安全和试验准确,其吨位选择最好是使试件达到最大荷载时,指针位于指示度盘第三象限内。试验机的测力示值误差不大于 1%,如图 4.17 所示。

②量爪游标卡尺(精确度为 0.1 mm),直钢尺,两脚扎规,打点机等如图 4.18 所示。

4.2.2.3　试件制作和准备

①8 ~ 40 mm 直径的钢筋试件一般不经车削。

②如果受试验机吨位的限制,直径为 22 ~ 40 mm 的钢筋可制成车削加工试件。

③在试件表面用钢筋划一平行其轴线的直线,在直线上冲浅眼或划线标出标距端点(标点),并沿标距长度用油漆划出 10 等分点的分格标点。

④测量标距长度 L_0(精确至 0.1 mm),如图 4.19 所示。

图4.17　万能材料试验机

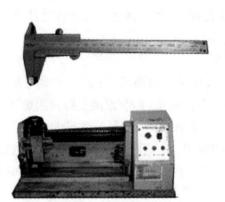

图4.18　钢筋打点机

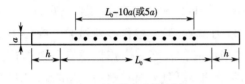

图4.19　不经切削的试件

4.2.2.4　检测步骤

①调整试验机刻度盘的指针,对准零点,拨动副指针与主指针重叠。

②将试件固定在试验机夹头内,开动试验机进行拉伸,拉伸速度为:屈服前应力增加速度为每秒10 MPa;屈服后试验机活动夹头在荷载下的移动速度为不大于0.5 L/min。

③钢筋在拉伸试验时,读取刻度盘指针首次回转前指示的恒定力或首次回转时指示的最小力,即为屈服点荷载;钢筋屈服之后继续施加荷载直至将钢筋拉断,从刻度盘上读取试验过程中的最大力。

④拉断后标距长度 L_1。

4.2.2.5　检测结果确定

①屈服强度 σ_s 和抗拉强度 σ_b 按下式计算(精确至1 MPa):

$$\sigma_s = \frac{F_s}{A} \tag{4-3}$$

$$\sigma_b = \frac{F_b}{A} \tag{4-4}$$

式中　σ_s,σ_b——分别为屈服强度和抗拉强度(MPa);

　　　F_s,F_b——分别为屈服点荷载和最大荷载(N)。

②伸长率按下式计算(精确至1%):

$$\delta_5(或 \delta_{10}) = \frac{L_1 - L_0}{L_0} \times 100\% \tag{4-5}$$

式中　δ_{10},δ_5——分别表示 $L_0 = 10d$ 或 $L_0 = 5d$ 时的伸长率;

　　　L_0——原标距长度 $10d(5d)$(mm);

　　　L_1——直接量出或按移位法确定的标距部分长度(mm)(测量精确至0.1 mm)。

如试件在标距端点上或标距处断裂,则试验结果无效,应重做试验。

4.2.3　钢材的冷弯性能检测

冷弯是钢材的重要工艺性能,用以检验钢材在常温下承受规定弯曲程度的弯曲变形能力,并显示其缺陷。

4.2.3.1　试验目的

检验钢筋承受弯曲程度的变形性能,从而确定其可加工性能,并显示其缺陷。

4.2.3.2　主要仪器设备

压力机或万能试验机,如图 4.17 所示,具有不同直径的弯心。

4.2.3.3　试验步骤

以采用支辊式弯曲装置为例介绍试验步骤与要求,如图 4.20 所示。

①试样放置于两个支点上,将一定直径的弯心在试样两个支点中间施加压力,使试样弯曲到规定的角度,或出现裂纹、裂缝、断裂为止。

②试样在两个支点上按一定弯心直径弯曲至两臂平行时,可一次完成试验,也可先按(1)弯曲至 90°,然后放置在试验机平板之间继续施加压力,压至试样两臂平行。

③试验时应在平稳压力作用下,缓慢施加试验力。

④弯心直径必须符合相关产品标准中的规定,弯心宽度必须大于试样的宽度或直径,两支辊间距离为 $(d+30)\pm0.50$ mm,并且在试验过程中不允许有变化。

⑤试验应在 10～35 ℃下进行,在控制条件下,试验在 23±2 ℃下进行。

⑥卸除试验力以后,按有关规定进行检查并进行结果评定。

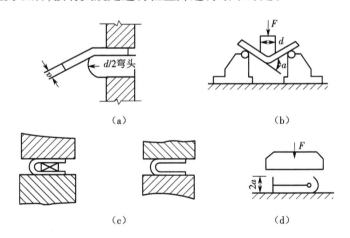

图 4.20　钢筋冷弯试验装置示意图

(a)弯曲 45°　(b)弯曲 90°　(c)弯曲 180°　(d)重叠弯曲 180°

4.2.3.4　结果评定

弯曲后,按有关标准规定检查试样弯曲外表面,进行结果评定。若无裂纹、裂缝或裂断,则评定试样合格。

4.3　钢材的验收与储运

4.3.1　钢材的验收

钢材的验收按批次检查验收。钢材的验收主要内容如下。

①钢材的数量和品种是否与订货单符合。

②钢材表面质量检验。钢材表面不允许有结疤、裂纹、折叠和分层、油污等缺陷。

③钢材的质量保证书是否与钢材上打印的记号相符合：每批钢材必须具备生产厂家提供的材质证明书，写明钢材的炉号、钢号、化学成分和力学性能等，根据国家技术标准核对钢材的各项指标。

④按国家标准按批次抽取试样检测钢材的力学性能。同一级别、种类，同一规格、批号、批次不大于60 t为一检验批（不足60 t也为一检验批），取样方法应符合国家标准规定。

4.3.2.　钢材的储运

4.3.2.1　运输

钢材在运输中要求不同钢号、炉号、规格的钢材分别装卸，以免混乱。装卸中钢材不许摔掷，以免破坏。在运输过程中，其一端不能悬空及伸出车身的外边。另外，装车时要注意荷重限制，不许超过规定，并须注意装载负荷的均衡。

4.3.2.2　堆放

钢材的堆放要减少钢材的变形和锈蚀，节约用地，且便于提取钢材。

①钢材应按不同的钢号、炉号、规格、长度等分别堆放。

②堆放在有顶棚的仓库时，可直接堆放在草坪上（下垫楞木），对小钢材亦可放在架子上，堆与堆之间应留出走道；堆放时每隔5～6层放置楞木。其间距以不引起钢材明显的弯曲变形为宜。楞木要上下对齐，在同一垂直平面内。

③露天堆放时，应加上简易的篷盖，或选择较高的堆放场地，四周有排水沟。堆放时尽量使钢材截面的背面向上或向外，以免积雪、积水。

④为增加堆放钢材的稳定性，可使钢材互相勾连，或采用其他措施。标牌应标明钢材的规格、钢号、数量和材质验收证明书号。并在钢材端部根据其钢号涂以不同颜色的油漆。

⑤钢材的标牌应定期检查。选用钢材时，要按顺序寻找，不准乱翻。

⑥完整的钢材与已有锈蚀的钢材应分别堆放。凡是已经锈蚀者，应捡出另放，进行适当的处理。

4.4　其他金属材料在建筑中的应用

随着时代的发展，建筑领域在不断扩大，人们对建筑物的工作环境的要求越来越苛刻，对建筑物的寿命期望值不断提高，对金属材料的强度、耐久性、耐腐蚀性、耐火性、抗低温性以及装饰性能提出了更高的要求。因而人们不断开发出功能更加强大、性能更加优良且符合可持续发展的新型金属材料,并将其用于建筑工程中。现将已开发出的新品种及应用情况介绍如下。

4.4.1　超高强度钢材

建筑上大量用于承重结构的钢材主要是低碳钢和低合金钢。低碳钢的屈服强度为195 ~275 MPa,极限抗拉强度为315 ~ 630 MPa;低合金钢的屈服强度为345 ~ 420 MPa,极限抗拉强度为510 ~ 720 MPa。虽然与木材、石材、混凝土等其他结构材料相比,钢材的强度较高,但超高层建筑、大跨度桥梁等大型结构物的构造,对钢材的强度提出了更高的要求。所以要求开发高强度钢材和超高强度钢材。

高强度钢抗拉强度要求达到900 ~ 1 300 MPa,超高强度钢材抗拉强度要求达到1 300 MPa 以上、同时其韧性和耐疲劳强度等力学性能也要求有较大幅度的提高。目前已经开发出的超高强度钢材按照合金元素的含量分为低合金系、中合金系和高合金系三类。低合金超高强度钢是将马氏体系低合金钢进行低温回火制成,较多地用于航空业,在建筑上主要用于连接五金件等。中合金超高强度钢是添加铬、钼等合金元素,并进行二次回火处理制成,耐热性能优良,可用作建筑上需要耐火的部位;高合金超高强度钢包括马氏体时效硬化钢和析出硬化不锈钢等品种,具有很高的韧性,焊接性能优良,适用于海洋环境和与原子能相关的设施。

4.4.2　低屈强比钢

钢材的屈服强度与极限强度的比值为屈强比。它反映了钢材受力超过屈服极限至破坏所具有的安全储备。屈强比越小,钢材在受力超过屈服极限工作时的可靠性越大,结构偏于安全。所以对于工程上使用的钢材,不仅希望具有较高的强度极限和屈服强度,而且还希望屈强比适当降低。

钢材的屈强比值对于结构的抗震性能尤其重要。在设计一个建筑物时,为了实现其抗震安全性,要求在使用期内,发生中等强度地震时结构不破坏,不产生过大变形,能保证正常使用;而发生概率较小的大型或巨型地震时,能保证结构主体不倒塌,即建筑物的变形在允许范围内,能提供充分的避难时间。而要满足上述小震、中震不破坏,大震、巨震不倒塌的要求,就要求所采用的结构材料首先要具有较高的屈服强度,保证在中等强度地震发生时不产生过大变形和破坏;其次要求材料的屈强比较小,即超过屈服强度到达极限荷载要有一个较充足的过程。由于对建筑物的抗震要求越来越高,所以低屈强比钢的应用范围将越来越广。

4.4.3　新型不锈钢

新型不锈钢不含镍元素,而是添加了一些稳定性更好的元素,形成高纯度的贝氏体不锈钢,其耐腐蚀性大幅度提高,而且耐热性、焊接加工性能也得到改善。一般用于建筑物中的太阳能热水器、耐腐蚀配套管等构件。由于其在450 ℃高温下表现出脆弱性,因此适宜用于300 ℃以下的环境中。最近又开发出铬含量很大的新品种不锈钢,能耐500~700 ℃高温,可用于火电厂或建筑物中的耐火覆盖层。

4.4.4　高耐蚀性金属及钛合金建材

钛金属具有一系列优点,如比强度高,韧性、焊接性较好,且有高强度钛合金,其高温力学性能好、持久强度非常高。其优秀的耐腐蚀性主要是由于其表面所形成的一层致密的氧化膜。钛金属的装饰性能也很优秀。

【模块导图】

本模块知识重点串联如图4.21所示。

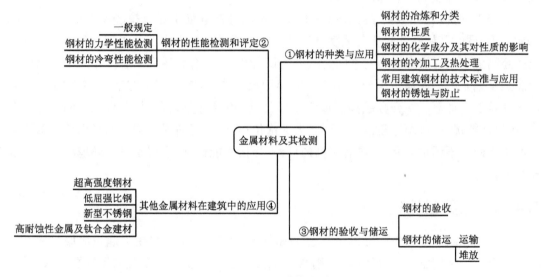

图4.21　知识重点串联

【拓展与实训】

【职业能力训练】

一、单项选择题

1.普通碳素钢按屈服点、质量等级及脱氧方法划分为若干个牌号。随牌号提高,钢材( )。

A.强度提高,伸长率提高　　　　　　　B.强度降低,伸长率降低

C.强度提高,伸长率降低　　　　　　　D.强度降低,伸长率提高

2.热轧钢筋级别提高,则其( )。

A.σ_s、σ_b、δ 提高　　　　　　　B.σ_s 与 σ_b 提高,δ 下降

C.δ 提高,σ_s 下降　　　　　　　D.σ_s 与 σ_b 及冷弯性能提高

3.提高含( )高的钢材,产生热脆性。

A.硫　　　　　　B.磷　　　　　　C.氧　　　　　　D.氮

4.建筑中主要应用的是(　　　)。

A. Q195　　　　　　B. Q215　　　　　　C. Q235　　　　　　D. Q275

5.钢材随时间延长而表现出强度提高,塑性和冲击韧性下降,这种现象称为(　　　)。

A.钢的强化　　　　B.时效　　　　　　C.时效敏感性　　　D.钢的冷脆

6.钢筋经冷拉和时效处理后,其性能的变化中,以下何种说法是不正确的?(　　　)

A.屈服强度提高　　　　　　　　　B.抗拉强度提高

C.断后伸长率减小　　　　　　　　D.冲击吸收功增大

7. HRB335 表示(　　　)钢筋。

A.冷轧带肋　　　　B.热轧光面　　　　C.热轧带肋　　　　D.余热处理钢筋

8.在钢结构中常用(　　　)轧制成钢板、钢管、型钢来建造桥梁、高层建筑及大跨度钢结构建筑。

A.碳素钢　　　　　B.低合金钢　　　　C.热处理钢筋　　　D.冷拔低碳钢丝

9.钢材中(　　　)的含量过高,将导致其热脆现象发生。

A.碳　　　　　　　B.磷　　　　　　　C.硫　　　　　　　D.硅

10.钢结构设计中,钢材强度取值的依据是(　　　)。

A.屈服强度　　　　B.抗拉强度　　　　C.弹性极限　　　　D.屈强比

二、多项选择题

1.目前我国钢筋混凝土结构中普遍使用的钢材有(　　　)。

A.热轧钢筋　　　　B.冷拔低碳钢丝　　C.钢绞线　　　　　D.热处理钢筋

E.碳素钢丝

2.碳素结构钢的质量等级包括(　　　)。

A. A　　　　　　　B. B　　　　　　　C. C　　　　　　　D. D

E. E　　　　　　　F. F

3.钢材热处理的方法有(　　　)。

A.淬火　　　　　　B.回火　　　　　　C.退火　　　　　　D.正火

E.明火

4.经冷拉时效处理的钢材其特点是(　　　)进一步提高,(　　　)进一步降低。

A.塑性　　　　　　B.韧性　　　　　　C.屈服点　　　　　D.抗拉强度

E.弹性模量

5.按钢材脱氧程度分(　　　)几种。

A.沸腾钢　　　　　B.平炉钢　　　　　C.转炉钢　　　　　D.镇静钢

E.半镇静钢　　　　F.特殊镇静钢

【工程模拟训练】

案例题

(1)某一钢材试件,直径为 25 mm,原标距为 125 mm,做拉伸试验,当屈服点荷载为 201.0 kN 时,达到最大荷载为 250.3kN,拉断后测得的标距长为 138 mm。求该钢筋的屈服强度、抗拉强度及断后伸长率。

(2)某建筑工地有一批热轧钢筋,其标签上牌号字迹模糊,为了确定其牌号,截取两根钢筋做拉伸试验,测得结果如下:屈服点荷载分别为33.0 kN、32.0 kN;抗拉极限荷载分别为61.0 kN、60.5 kN。钢筋实测直径为12 mm,标距为60 mm,拉断后长度分别为72.0 mm、71.0 mm。计算该钢筋的屈服强度、抗拉强度及伸长率,并判断这批钢筋的牌号。

【链接职考】

二级建造师考试试题

1.不同种类钢筋代换,应按(   )的原则进行。

A.钢筋面积相等　　　　　　　　　　　　B.钢筋强度相等

C钢筋面积不小于代换前　　　　　　　　D.钢筋受拉承载力设计值相等

2.建筑钢材拉伸试验测的各项指标中,不包括(   )。

A.屈服强度　　　　B.疲劳强度　　　　C.抗拉强度　　　　D.伸长率

3.对钢结构构件进行涂饰时,(   )适用于快干性和挥发性强的涂料。

A.弹涂法　　　　　B.溶解法　　　　　C.擦拭法　　　　　D.刷涂法

4.普通钢筋混凝土结构用钢的主要品种是(   )。

A.热轧钢筋　　　　B.热处理钢筋　　　　C.钢丝　　　　　D.钢绞线

5.关于钢筋加工的说法,正确的是(   )。

A.钢筋冷拉调直时,不能同时进行除锈

B.HRB400级钢筋采用冷拉调直时,伸长率允许最大值为4%

C.钢筋的切端口可以有马蹄形现象

D.HPB235级纵向受力钢筋末端应作180°弯钩

6.在钢筋混凝土梁中,箍筋的主要作用是(   )。

A.承受由于弯矩作用而产生的拉力

B.承受由于弯矩作用而产生的压力

C.承受剪力

D.承受因混凝土收缩和温度变化产生的压力

模块 5　防水材料及其检测

【模块概述】

建筑防水是建筑产品的一项重要功能,关系到建筑物的使用价值、使用条件及卫生条件,影响到人们的生产活动、工作生活质量,对保证工程质量具有重要的地位。建筑防水材料是防水工程的物质基础,是保证建筑物防止雨水侵入、地下水等水分渗透的主要屏障,防水材料的优劣对防水工程的影响极大,因此必须从防水材料着手来研究防水的问题。

本模块主要讲述石油沥青、煤沥青、改性沥青和合成高分子防水材料、建筑防水制品与沥青混合料等防水材料的主要性质指标、特点、应用及其检测。

【知识目标】

(1)掌握石油沥青的主要性质指标、检测、应用及其掺配。

(2)了解煤沥青的技术要求及其检测。

(3)掌握高聚物改性沥青防水卷材与合成高分子防水卷材的主要性质及其检测。

(4)熟悉沥青防水制品、防水涂料和密封材料的常用品种、特性及应用。

(5)了解沥青混合料的组成、性能、类型及其检测。

【技能目标】

(1)具备依据具体工程的特点和防水要求合理选择防水材料的能力。

(2)具备按规程进行沥青针入度检测的能力。

(3)具备按规程进行沥青延度检测的能力。

(4)具备按规程进行沥青软化点检测的能力。

(5)具备按规程进行防水卷材技术性能检测的能力。

【学时建议】

6 课时。

【工程导入】

美国最新研发出一种阻热防水涂料。该涂料含有一种获得专利权的微泡玻璃球,它有着无数闭合胶体,为这种微泡玻璃球提供载体的是具有高性能的特种树脂,是聚合物和共聚物的综合体。它既可以与柔性防水卷材和刚性防水材料复合使用,也可以直接施工于各种基层,独立发挥防水阻热的良好性能。该材料在金属物体上使用时,极具柔性和封闭性,能堵漏、隔热、防锈;用于沥青屋面时,可反射 90% 的太阳能量,防止沥青降解,延长使用寿命;用于刚性防水屋面时,能阻止混凝土膨胀,封闭细裂纹和缝隙,防止水分渗透,有极佳的黏附性和延伸性。

5.1 石油沥青及其检测

沥青属有机胶凝材料,是由一些极其复杂的高分子碳氢化合物构成的混合物,常温下为黑色至褐色的固体、半固体或黏稠液体,能溶于多种有机溶剂,具有不导电、防潮、防水、防腐性,广泛用于防潮、防水及防腐蚀工程和水工建筑物与道路工程。

按产源,沥青分为地沥青(俗称松香柏油)与焦油沥青(俗称煤沥青、柏油、臭柏油)两大类。地沥青包括天然沥青和石油沥青;焦油沥青包括煤沥青、木沥青、泥炭沥青、页岩沥青。建筑工程中主要使用石油沥青,但煤沥青也有少量应用。

5.1.1 石油沥青的组分

石油沥青是石油原油提炼出各种石油产品(如汽油、煤油、润滑油等)后的残留物,再经加工而得的副产品。它是由多种极其复杂的高分子碳氢化合物及其非金属(氧、氮、硫等)衍生物组成的混合物。

石油沥青的化学成分非常复杂,对其进行化学组成分析难度较大,因此一般不作化学分析。从使用的角度出发,根据其物理力学、化学性质相近者归类为若干组,称为组分,即"组丛"。不同的组分对沥青性质的影响不同。一般可分为油分、树脂、地沥青质三大组分,此外,还有一定的石蜡固体,各组分的主要特征及作用见表5.1。

表 5.1 石油沥青的组分及其主要特性

组分	状态	颜色	密度/(g/cm³)	含量	作用
油分	黏性液体	淡黄色至红褐色	小于1	40%~60%	使沥青具有流动性
树脂	黏稠固体	红褐色至黑褐色	略大于1	15%~30%	使沥青具有良好的黏结性和塑性
地沥青质	粉末颗粒	深褐色至黑褐色	大于1	10%~30%	能提高沥青的黏性和耐热性;含量提高,塑性降低

1)油分

为沥青中最轻的组分,呈淡黄至红褐色,密度为 0.7~1 g/cm³。在 170 ℃以下较长时间加热可以挥发。它能溶于大多数有机溶剂,如丙酮、苯、三氯甲烷等,但不溶于酒精。在石油沥青中,含量为 40%~60%。油分使沥青具有流动性。

2)树脂

为密度略大于 1 g/cm³ 的黑褐色至红褐色黏稠物质。能溶于汽油、三氯甲烷和苯等有机溶剂,但在丙酮和酒精中溶解度很低。在石油沥青中含量为 15%~30%。它使石油沥青具有塑性与黏结性。

3)地沥青质

为密度大于 1 g/cm³ 的固体物质,黑褐色。不溶于汽油、酒精,但能溶于二硫化碳和三氯甲烷中。在石油沥青中含量为 10% ~30% 。它决定石油沥青的温度稳定性和黏性,它的含量愈多,则石油沥青的软化点愈高,黏性越大,脆性愈大。

此外还含有少量的沥青碳、似碳物及蜡。沥青碳与似碳物均为黑色粉末,会降低沥青的黏结力;固体石蜡会降低沥青的黏结性与塑性,增大沥青对温度的敏感性,从而降低温度稳定性和耐热性。由于存在于沥青油分中的蜡是有害成分,含蜡量较高的沥青,一般要经过脱蜡后才能使用。常采用氯盐($AlCl_3$、$FeCl_3$、$ZnCl_2$ 等) 处理或高温吹氧、溶剂脱蜡等方法处理,使多蜡石油沥青的性质得到改善,从而提高其软化点,降低针入度,使之满足使用要求。

石油沥青属胶体结构。沥青中的油分和树脂可以互溶,树脂浸润地沥青质颗粒并在其周围形成薄膜,组成了以地沥青质为核心的胶团,周围吸附部分树脂和油分的胶团,这些胶团分散于油分中形成了胶体结构。由于各组丛间相对比例的不同,胶体结构可划分为溶胶型、凝胶型和溶凝胶型三种类型。大多数优质的石油沥青属于凝胶型胶体结构。在建筑工程中使用较多的氧化沥青多属凝胶型胶体结构。

牌号主要依据针入度来划分,但延度与软化点等也需符合规定。同一品种中,牌号愈小则针入度愈小(黏性增大),延度愈小(塑性愈差),软化点愈高(温度稳定性愈好)。应根据工程性质、气候条件及工作环境来选择沥青的品种与牌号,如一般屋面用沥青材料的软化点应比本地区屋面最高温度高 20 ℃ 以上。在满足使用要求的前提下,应尽量选用牌号较大者为好。

建筑石油沥青多用于屋面与地下防水工程,还可用作建筑防腐蚀材料。道路石油沥青多用于路桥工程、车间地坪及地下防水工程等。还有防水防潮石油沥青,按针入度指数牌号分为 3 号、4 号、5 号、6 号,其针入度与 30 号建筑沥青相近,但软化点高,质量好,它特别适宜作为油毡的涂敷材料,也可作为屋面及地下防水的黏结材料。

5.1.2　沥青的主要性质指标

5.1.2.1　黏滞性(黏性)

黏滞性是沥青材料在外力作用下,材料内部阻碍(抵抗)产生相对流动(变形)的能力,表示出沥青的软硬、稀稠程度,是划分沥青牌号的主要性能指标。石油沥青的黏性是反映沥青内部阻碍其相对流动的一种特性,工程上常用相对黏度(条件黏度)表示。

液态石油沥青的黏滞性用黏度表示。对在常温下固体或半固体状态石油沥青的黏滞性用"针入度"表示。黏度和针入度是沥青划分牌号的主要指标。

黏度是指液体沥青在一定温度(20 ℃、25 ℃、30 ℃ 或 60 ℃) 条件下,经规定直径(3 mm、5 mm 或 10 mm)的孔,漏下 50 cm^3 所需要的时间(s),常用符号 C_t^d 表示,其中,d 为孔径(mm),t 为试验时沥青的温度(℃)。C_t^d 代表在规定的 d 和 t 条件下所测得的黏度值,黏度大,表示沥青的稠度大。

针入度是指在温度为 25 ℃ 的条件下,以质量为 100 g 的标准针,经 5 s 贯入沥青中的深度(单位:mm,并规定 0.1 mm 为 1 度)来表示。它反映沥青抵抗剪切变形的能力,针入度的数值越小,表明流动性越小,黏度越大。针入度范围在 5 ~200 度之间。

按针入度可将石油沥青划分为以下几个牌号:建筑石油沥青分为 10 号、30 号、40 号三个牌号(GB/T 494—2010);道路石油沥青牌号有 200 号、180 号、140 号、100 号、60 号五个牌号(NB/SH/T 0522—2010);防水防潮石油沥青分为 3 号、4 号、5 号、6 号四个牌号(SH/T 0002—1990)。

5.1.2.2　塑性

塑性是指石油沥青在受外力作用下产生变形而不破坏,除去外力后仍能保持变形后的形状不变的性质。塑性表示沥青开裂后自愈能力及受机械应力作用后变形而不破坏的能力。沥青之所以能被制造成性能良好的柔性防水材料,很大程度上取决于这种性质。

沥青的塑性用延度(亦称延伸度、延伸率)表示。

5.1.2.3　温度敏感性

温度敏感性是指沥青的黏滞性和塑性随温度升降而变化的性能。

温度敏感性大小用软化点来表示。软化点是沥青材料由固态转变为具有一定流动性的膏体时的温度。软化点大小可通过"环与球"法试验测定。

不同沥青的软化点不同,在 25 ~ 100 ℃ 之间。软化点越高,说明沥青的耐热性越好,温度稳定性越好(即温度敏感性小),但软化点过高,又不易加工;软化点低的沥青,夏季易产生变形,甚至流淌。故在实际使用时为了提高沥青的耐寒性和耐热性,常常对沥青进行改性,例如在沥青中掺入增塑剂、橡胶、树脂和填料等。

温度敏感性较小的石油沥青,其黏滞性、塑性随温度的变化较小。作为屋面防水材料,受日照辐射作用可能发生流淌和软化,失去防水作用而不能满足使用要求。建筑工程中,有时通过加入滑石粉、石灰石粉等矿物掺料来减小沥青的温度敏感性。

5.1.2.4　大气稳定性

大气稳定性是指石油沥青在温度、阳光、空气和潮湿等大气因素的长期综合作用下性能的稳定程度,是沥青抵抗老化的性能,它反映沥青的耐久性。老化的实质是在大气综合作用下,沥青中低分子组分向高分子组分转化,即油分和树脂逐渐减少、地沥青质逐渐增多的一种递变的结果。一般用蒸发试验(160 ℃ ,5 h)测定,其指标用沥青试样在加热蒸发前后的"蒸发损失率"和"针入度比"来表示。即试样在 160 ℃ 温度下加热蒸发 5 h 后的质量损失百分率和蒸发后针入度与原先针入度之比两项指标来表示。蒸发损失率越小,针入度比越大,则表示沥青的大气稳定性越好,即老化慢。一般石油沥青的蒸发损失率不超过1% ,针入度比不小于 75% 。

5.1.2.5　其他性质

1)闪点

沥青加热而挥发的可燃气体与空气混合遇火时发生闪火现象时的最低温度,也称闪火点。它是加热沥青时,从防火要求提出的指标。熬制沥青时加热的温度不应超过闪点。

2)燃点

沥青加热后,一经引火,燃烧就能继续下去的最低温度。

3)耐蚀性

石油沥青具有良好的耐蚀性,对多数酸碱盐都具有耐蚀能力,但能溶解于多数有机溶剂中,使用时应予以注意。

5.1.3　沥青的检测

5.1.3.1　沥青针入度试验(GB/T 4509—2010)

1)方法概要

本方法适用于测定针入度范围从(0~500)1/10 mm 的固体和半固体沥青材料的针入度。石油沥青的针入度以标准针在一定的荷载、时间及温度条件下垂直穿入沥青试样的深度表示,单位为1/10 mm。除非另行规定,标准针、针连杆与附加砝码的总质量为(100±0.05)g,温度为(25±0.1)℃,时间为5 s。特定试验可采用的其他条件见表5.2。

表5.2　针入度特定试验条件规定

温度/℃	载荷/g	时间/s
0	200	60
4	200	60
46	50	5

2)试验目的

测定石油沥青针入度,评定沥青的黏滞性同时针入度也是划分沥青牌号的主要指标。

3)主要仪器设备

(1)针入度仪。

其构造如图5.1所示。其中支柱上有两个悬臂,上臂装有分度为360°的刻度盘7及活动齿杆9,其上下运动的同时,使指针转动;下臂装有可滑动的针连杆(其下端安装标准针),基座上设有放置玻璃皿的可旋转平台3及观察镜2。

能使针连杆在无明显摩擦下垂直运动,并能指示穿入深度精确到0.1 mm 的仪器均可使用。针连杆的质量为(47.5±0.05)g。针和针连杆的总质量为(50±0.05)g,另外仪器附有(50±0.05)g 和(150±0.05)g 的砝码各一个,可以组成(100±0.05)g 和(200±0.05)g 的载荷以满足试验所需的载荷条件。仪器设有放置平底玻璃皿的平台,并有可调水平的机构,针连杆应与平台垂直。仪器设有针连杆制动按钮,紧压按钮针连杆可以自由下落。针连杆要易于拆卸,以便定期检查其质量。

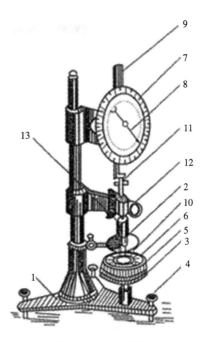

图5.1　针入度仪

1—底座;2—观察镜;3—旋转平台;4—调平螺丝;5—保温皿;6—试样;7—刻度盘;8—指针;9—活动齿杆;10—标准针;11—针连杆;12—按钮;13—砝码

（2）标准针。

标准针应由硬化回火的不锈钢制造,钢号为 440 – C 或等同的材料,洛氏硬度为 54 ~ 60（如图 5.2 所示）,针长约 50 mm,长针长约 60 mm,所有针的直径为 1.00 ~ 1.02 mm。针的一端应磨成 8°40′ ~ 9°40′的锥形。锥形应与针体同轴,圆锥表面和针体表面交界线的轴向最大偏差不大于 0.2 mm,切平的圆锥端直径应在 0.14 ~ 0.16 mm 之间,与针轴所成角度不超过 2°。切平的圆锥面的周边应锋利没有毛刺。圆锥表面粗糙度的算术平均值应为 0.2 ~ 0.3 μm,针应装在一个黄铜或不锈钢的金属箍中。金属箍的直径为（3.20 ± 0.05）mm,长度为（38 ± 1）mm,针应牢固地装在箍里。针尖及针的任何其余部分均不得偏离箍轴 1 mm 以上。针箍及其附件总质量为（2.50 ± 0.05）g。可以在针箍的一端打孔或将其边缘磨平,以控制质量。每个针箍上打印单独的标志号码。

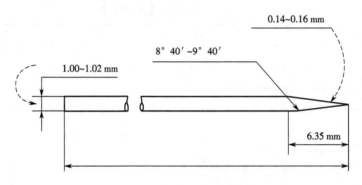

图 5.2　沥青针入度试验用针

为了保证试验用针的统一性,国家计量部门对针的检验结果应满足上述要求,对每一根针应附有国家计量部门的检验单。

（3）试样皿。

应使用最小尺寸符合表 5.3 要求的金属或玻璃的圆柱形平底容器。

表 5.3　试样皿尺寸

针入度范围	直径/mm	深度/mm
小于 40	33 ~ 55	8 ~ 16
小于 200	55	35
200 ~ 350	55 ~ 75	45 ~ 70
350 ~ 500	55	70

（4）恒温水浴。

容量不少于 10 L,能保持温度在试验温度下控制在 ± 0.1 ℃ 范围内的水浴。水浴中距水底部 50 mm 处有一个带孔的支架,这一支架离水面至少有 100 mm。如果针入度测定时在水浴中进行,支架应足够支撑针入度仪。在低温下测定针入度时,水浴中装入盐水。

注:水浴中建议使用蒸馏水,小心不要让表面活性剂、隔离剂或其他化学试剂污染水,

这些物质的存在会影响针入度的测定值。建议测量针入度温度小于或等于 0 ℃时，用盐调整水的凝固点，以满足水浴恒温的要求。

（5）平底玻璃皿。

平底玻璃皿的容量不小于 350 mL，深度要没过最大的样品皿。内设一个不锈钢三角支架，以保证试样皿稳定。

（6）计时器。

刻度为 0.1 s 或小于 0.1 s，60 s 内的准确度达到 ±0.1 s 的任何计时装置均可。直接连到针入度仪上的任何计时设备应进行精确校正以提供 ±0.1 s 的时间间隔。

（7）温度计。

液体玻璃温度计，符合以下标准：刻度范围为 -8 ~55 ℃，分度值为 0.1 ℃，或满足此准确度、精度和灵敏度的测温装置均可用。温度计或测温装置应定期按检验方法进行校正。

4）试样制备

①小心加热样品，不断搅拌以防局部过热，加热到使样品能够易于流动。加热时焦油沥青的加热温度不超过软化点的 60 ℃，石油沥青不超过软化点的 90 ℃。加热时间在保证样品充分流动的基础上尽量少。加热、搅拌过程中避免试样中进入气泡。

②将试样倒入预先选好的试样皿中，试样深度应至少是预计锥入深度的 120%。如果试样皿的直径小于 65 mm，而预期针入度高于 200，每个实验条件都要倒三个样品。如果样品足够，浇注的样品要达到试样皿边缘。

③将试样皿松松地盖住以防灰尘落入。在 15 ~30 ℃的室温下，小的试样皿（ϕ33 mm × 16 mm）中的样品冷却 45 min ~1.5 h，中等试样皿（ϕ55 mm ×35 mm）中的样品冷却 1 ~1.5 h；较大的试样皿中的样品冷却 1.5 ~2.0 h，冷却结束后将试样皿和平底玻璃皿一起放入测试温度下的水浴中，水面应没过试样表面 10 mm 以上。在规定的试验温度下恒温，小试样皿恒温 45 min ~1.5 h，中等试样皿恒温 1 ~1.5 h，更大试样皿恒温 1.5 ~2.0 h。

5）试验步骤

①调节针入度仪的水平，检查针连杆和导轨，确保上面没有水和其他物质。如果预测针入度超过 350 应选择长针，否则用标准针。先用合适的溶剂将针擦干净，再用干净的布擦干，然后将针插入针连杆中固定。按试验条件选择合适的砝码并放好砝码。

②如果测试时针入度仪是在水浴中，则直接将试样皿放在浸在水中的支架上，使试样完全浸在水中。如果实验时针入度仪不在水浴中，将已恒温到试验温度的试样皿放在平底玻璃皿中的三角支架上，用与水浴相同温度的水完全覆盖样品，将平底玻璃皿放置在针入度仪的平台上。慢慢放下针连杆，使针尖刚刚接触到试样的表面，必要时用放置在合适位置的光源观察针头位置使针尖与水中针头的投影刚刚接触为止。轻轻拉下活杆，使其与针连杆顶端相接触，调节针入度仪上的表盘读数指零或归零。

③在规定时间内快速释放针连杆，同时启动秒表或计时装置，使标准针自由下落穿入沥青试样中，到规定时间使标准针停止移动。

④拉下活杆，再使其与针连杆顶端相接触，此时表盘指针的读数即为试样的针入度，或自动方式停止锥入，通过数据显示设备直接读出锥入深度数值，得到针入度，用 1/10 mm

表示。

⑤同一试样至少重复测定三次。每一试验点的距离和试验点与试样皿边缘的距离都不得小于 10 mm。每次试验前都应将试样和平底玻璃皿放入恒温水浴中,每次测定都要用干净的针。当针入度小于 200 时可将针取下用合适的溶剂擦净后继续使用。当针入度超过 200 时,每个试样皿中扎一针,三个试样皿得到三个数据。或者每个试样至少用三根针,每次试验用的针留在试样中,直到三根针扎完时再将针从试样中取出。但是这样测得的针入度的最高值和最低值之差不得超过规定。

6)试验结果

①报告三次测定针入度的平均值,取至整数,作为实验结果。三次测定的针入度值相差不应大于表 5.4 中的数值。

表 5.4　针入度测定允许最大值(1/10 mm)

针入度	0 ~ 49	50 ~ 149	150 ~ 249	250 ~ 350	350 ~ 500
最大差值	2	4	6	8	20

②如果误差超过了这一范围,利用试样制备中的第二个样品重复试验。

③如果结果再次超过允许值,则取消所有的试验结果,重新进行试验。

精密度和偏差:重复性——同一操作者在同一实验室用同一台仪器对同一样品测得的两次结果不超过平均值的 4%;再现性——不同操作者在不同实验室用同一类型的不同仪器对同一样品测得的两次结果不超过平均值的 11%。因为试验测定值由试验方法进行定义,本实验方法得到的数据没有偏差。

5.1.3.2　延度(延伸度)试验(GB/T 4508—2010)

1)方法概要

将熔化的试样注入专用模具中,先在室温冷却,然后放入保持在试验温度下的水浴中冷却,用热刀削去高出模具的试样,把模具重新放回水浴,再经一定时间,然后移到延度仪中进行试验。记录沥青试件在一定温度下以一定速度拉伸至断裂时的长度。试件应符合按下述准备工作 4)规定的尺寸。非经特殊说明,试验温度为 25 ± 0.5 ℃,拉伸速度为 5 ± 0.25 cm/min。

2)试验目的

延度是沥青塑性的指标,通过延度测定可以了解石油沥青的塑性。

3)主要仪器设备

(1)模具。

模具应按图 5.3 中所给样式进行设计。试件模具由黄铜制造,由两个弧形端模和两个侧模组成,组装模具的尺寸变化范围如图 5.3 所示。

(2)水浴。

水浴能保持试验温度变化不大于 0.1 ℃,容量至少为 10 L,试件浸入水中深度不得小于 10 cm,水浴中设置带孔搁架以支撑试件,搁架距水浴底部不得小于 5 cm。

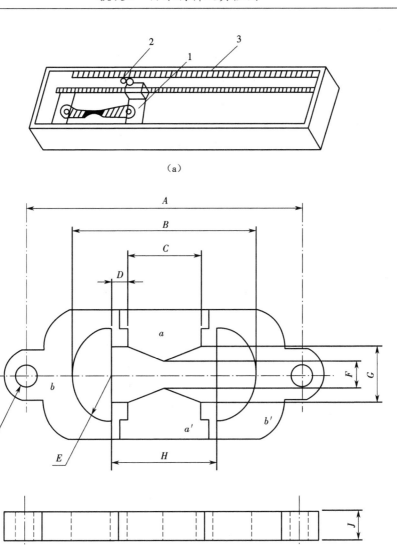

（a）

（b）

图 5.3　沥青延度仪及模具

（a）延度仪　（b）延度模具

1—滑板;2—指针;3—标尺

A——两端模环中心点距离 111.5～113.5 mm;

B——试件总长 74.54～75.5 mm;

C——端模间距 29.7～30.3 mm;

D——肩长 6.8～7.2 mm;

E——半径 15.75～16.25 mm;

F——最小横断面宽 9.9～10.1 mm;

G——端模口宽 19.8～20.2 mm;

H——两半圆心间距离 42.9～43.1 mm;

I——端模孔直径 6.54～6.7 mm;

J——厚度 9.9～10.1 mm。

（3）延度仪。

对于测量沥青的延度来说，凡是能够满足下述试验步骤 5）中规定的将试件持续浸没于水中，能按照一定的速度拉伸试件的仪器均可使用。该仪器在启动时应无明显的振动。

（4）温度计。

0～50 ℃，分度为 0.1 ℃ 和 0.5 ℃ 各一支。

注：如果延度试样放在 25 ℃ 标准的针入度浴中进行恒温时，上述温度计可用 GB/T 4509 中所规定的温度计代替。

（5）隔离剂。

以质量计，由两份甘油和一份滑石粉调制而成。

（6）支撑板。

黄铜板，一面应磨光至表面粗糙度为 $Ra0.63$。

4）准备工作

①将模具组装在支撑板上，将隔离剂涂于支撑板表面及图 5.3 中的侧模的内表面，以防沥青粘在模具上。板上的模具要水平放好，以便模具的底部能够充分与板接触。

②小心加热样品，充分搅拌以防局部过热，直到样品容易倾倒。石油沥青加热温度不超过预计石油沥青软化点 90 ℃；煤焦油沥青样品加热温度不超过煤焦油沥青预计软化点 60 ℃。样品的加热时间在不影响样品性质和在保证样品充分流动的基础上尽量短。将熔化后的样品充分搅拌之后倒入模具中，在组装模具时要小心，不要弄乱了配件。在倒样时使试样呈细流状，自模的一端至另一端往返倒入，使试样略高出模具，将试件在空气中冷却 30～40 min，然后放在规定温度的水浴中保持 30 min 取出，用热的直刀或铲将高出模具的沥青刮出，使试样与模具齐平。

③恒温：将支撑板、模具和试件一起放入水浴中，并在试验温度下保持 85～95 min，然后从板上取下试件，拆掉侧模，立即进行拉伸试验。

5）试验步骤

①将模具两端的孔分别套在实验仪器的柱上，然后以一定的速度拉伸，直到试件拉伸断裂。拉伸速度允许误差在 ±5% 以内，测量试件从拉伸到断裂所经过的距离，以 cm 表示。试验时，试件距水面和水底的距离不小于 2.5 cm，并且要使温度保持在规定温度的 ±0.5 ℃ 范围内。

②如果沥青浮于水面或沉入槽底时，则试验不正常。应使用乙醇或氯化钠调整水的密度，使沥青材料既不浮于水面，又不沉入槽底。

③正常的试验应将试样拉成锥形或线形或柱形，直至在断裂时实际横断面面积接近于零或一均匀断面。如果三次试验得不到正常结果，则报告在该条件下延度无法测定。

6）试验结果

若三个试件测定值在其平均值的 5% 内，取平行测定三个结果的平均值作为测定结果。若三个试件测定值不在其平均值的 5% 以内，但其中两个较高值在平均值的 5% 之内，则弃去最低测定值，取两个较高值的平均值作为测定结果，否则重新测定。

精密度：重复性——同一操作者在同一实验室使用同一实验仪器对在不同时间同一样

品进行试验得到的结果不超过平均值的 10%(置信度 95%);再现性——不同操作者在不同实验室用相同类型的仪器对同一样品进行试验得到的结果不超过平均值的 20%(置信度 95%)。

5.1.3.3　软化点试验(环球法)(GB/T 4507—2014)

1)范围及方法概要

沥青的软化点是试样在测定条件下,因受热而下坠达 25 mm 时的温度,以℃表示。本试验方法适用于环球法测定软化点范围在 30 ~ 157 ℃的石油沥青和煤焦油沥青试样,对于软化点在 30 ~ 80 ℃范围内用蒸馏水做加热介质,软化点在 80 ~ 157 ℃范围内用甘油做加热介质。本试验方法没有规定有关安全方面的问题,如果需要,使用者有责任在使用前制定出适当的人身安全防护措施。

置于肩或锥状黄铜环中两块水平沥青圆片,在加热介质中以一定速度加热,每块沥青片上置有一只钢球。所报告的软化点为当试样软化到使两个放在沥青上的钢球下落 25 mm 距离时的温度的平均值。

2)试验目的

软化点是反映沥青在温度作用下,沥青的温度稳定性,是在不同温度环境下选用沥青的重要的指标之一。

3)主要仪器设备与材料

(1)仪器。

①环:两只黄铜肩或锥环,其尺寸规格如图 5.4(a)所示。

②支撑板:扁平光滑的黄铜板,其尺寸约为 50 mm × 75 mm。

③球:两只直径为 9.5 mm 的钢球,每只质量为 3.50 ± 0.05 g。

④钢球定位器:两只钢球定位器用于使钢球定位于试样中央,其一般形状和尺寸如图 5.4(b)所示。

⑤浴槽:可以加热的玻璃容器,其内径不小于 85 mm,离加热底部的深度不小于 120 mm。

⑥环支撑架和支架:一只铜支撑架用于支撑两个水平位置的环,其形状和尺寸如图 5.4 (c)所示,其安装图形如图 5.4(d)所示。支撑架上的肩环的底部距离下支撑板的上表面为 25 mm,下支撑板的下表面距离浴槽底部为 16 ± 3 mm。

⑦温度计:应符合 GB/T 514 中沥青软化点专用温度计的规格技术要求,即测温范围在 30 ~ 180 ℃,最小分度值为 0.5 ℃的全浸式温度计。

合适的温度计应按图 5.4(d)悬于支架上,使得水银球底部与环底部水平,其距离在 13 mm 以内,但不要接触环或支撑架,不允许使用其他温度计代替。

(2)材料。

①加热介质:新煮沸过的蒸馏水,甘油。

②隔离剂:以重量计,两份甘油和一份滑石粉调制而成。

③刀:切沥青用。

④筛:筛孔为 0.3 ~ 0.5 mm 的金属网。

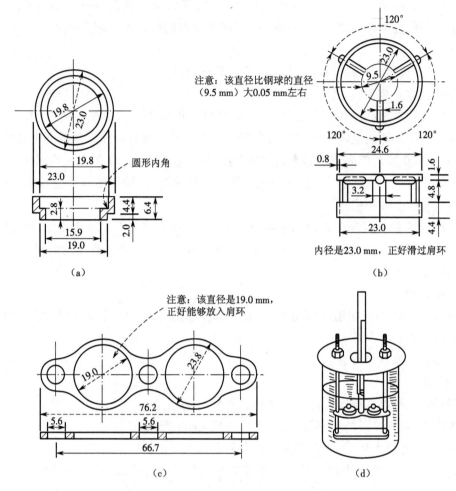

图 5.4 环、钢球定位器、支架、组合装置图
(a)肩环 (b)钢球定位器 (c)支架 (d)组合装置图

4)准备工作

①所有石油沥青试样的准备和测试必须在 6 h 内完成,煤焦油沥青必须在 4.5 h 内完成。小心加热试样,并不断搅拌以防止局部过热,直到样品变得流动。小心搅拌以免气泡进入样品中。

石油沥青样品加热至倾倒温度的时间不超过 2 h,其加热温度不超过预计沥青软化点110 ℃。煤焦油沥青样品加热至倾倒温度的时间不超过 30 min,其加热温度不超过煤焦油沥青预计软化点 55 ℃。如果重复试验,不能重新加热样品,应在干净的容器中用新鲜样品制备试样。

②若估计软化点在 120 ℃以上,应将黄铜环与支撑板预热至 80~100 ℃,然后将铜环放到涂有隔离剂的支撑板上。否则会出现沥青试样从铜环中完全脱落的现象。

③向每个环中倒入略过量的沥青试样,让试件在室温下至少冷却 30 min。对于在室温下较软的样品,应将试件在低于预计软化点 10 ℃以上的环境中冷却 30 min。从开始倒试样

时起至完成试验的时间不得超过 240 min。

④当试样冷却后,用稍加热的小刀或刮刀干净地刮去多余的沥青,使得每一个圆片饱满且和环的顶部齐平。

5)试验步骤

①选择下列一种加热介质。

a. 新煮沸过的蒸馏水适于软化点为 30～80 ℃的沥青,起始加热介质温度应为 5±1 ℃。

b. 甘油适于软化点为 80～157 ℃的沥青,起始加热介质的温度应为 30±1 ℃。

c. 为了进行比较,所有软化点低于 80 ℃的沥青应在水浴中测定,而高于 80 ℃的在甘油浴中测定。

②把仪器放在通风橱内并配置两个样品环、钢球定位器,并将温度计插入合适的位置,浴槽装满加热介质,并使各仪器处于适当位置。用镊子将钢球置于浴槽底部,使其同支架的其他部位达到相同的起始温度。

③如果有必要,将浴槽置于冰水中,或小心加热并维持适当的起始浴温达 15 min,并使仪器处于适当位置,注意不要玷污浴液。

④再次用镊子从浴槽底部将钢球夹住并置于定位器中。

⑤从浴槽底部加热使温度以恒定的速率 5 ℃/min 上升。为防止通风的影响有必要时可用保护装置。试验期间不能取加热速率的平均值,但在 3 min 后,升温速度应达 5±0.5 ℃/min,到若温度上升速率超过此限定范围,则此次试验失败。

⑥当两个试环的球刚触及下支撑板时,分别记录温度计所显示的温度。无须对温度计的浸没部分进行校正。取两个温度的平均值作为沥青的软化点。如果两个温度的差值超过 1 ℃,则重新试验。

6)试验结果

①因为软化点的测定是条件性的试验方法,对于给定的沥青试样,当软化点略高于 80 ℃时,水浴中测定的软化点低于甘油浴中测定的软化点。

②软化点高于 80 ℃时,从水浴变成甘油浴时的变化是不连续的。在甘油浴中所报告的最低可能沥青软化点为 84.5 ℃,而煤焦油沥青的最低可能软化点为 82 ℃。当甘油浴中软化点低于这些值时,应转变为水浴中的软化点,并在报告中注明。

将甘油浴软化点转化为水浴软化点时,石油沥青的校正值为 -4.5 ℃,对煤焦油沥青的为 -2.0 ℃。采用此校正值只能粗略地表示出软化点的高低,欲得到准确的软化点应在水浴中重复试验。

无论在任何情况下,如果甘油浴中所测得的石油沥青软化点的平均值为 80.0 ℃或更低,煤焦油沥青软化点的平均值为 77.5 ℃或更低,则应在水浴中重复试验。

③将水浴中略高于 80 ℃的软化点转化成甘油浴中的软化点时,石油沥青的校正值为 +4.5 ℃,煤焦油沥青的校正值为 +2.0 ℃。采用此校正值只能粗略地表示出软化点的高低,欲得到准确的软化点应在甘油浴中重复试验。

在任何情况下,如果水浴中两次测定温度的平均值为 85.0 ℃或更高,则应在甘油浴中重复试验。

精密度(95%置信度):重复性——重复测定两次结果的差数不得大于1.2 ℃;再现性——同一试样由两个实验室各自提供的试验结果之差不应超过2.0 ℃。

报告取两个结果的平均值作为报告值。报告试验结果时同时报告浴槽中所使用加热介质的种类。

5.1.4　石油沥青的应用与掺配

5.1.4.1　石油沥青的标准

根据《建筑石油沥青》(GB/T 494—2010),建筑石油沥青的技术要求见表5.5。

表5.5　建筑石油沥青技术要求(GB/T 494—2010)

项目		质量指标			试验方法
		10 号	30 号	40 号	
针入度(25 ℃,100 g,5 s)/(1/10 mm)		10~25	26~35	36~50	GB/T 4509
针入度(46 ℃,100 g,5 s)/(1/10 mm)		报告①	报告①	报告①	
针入度(0 ℃,200 g,5 s)/(1/10 mm)	不小于	3	6	6	
延度(25 ℃,5 cm/min)/cm	不小于	1.5	2.5	3.5	GB/T 4508
软化点(环球法)/℃	不低于	95	75	60	GB/T 4507
溶解度(三氯乙烯)/%	不小于	99.0			GB/T 11148
蒸发后质量变化(163 ℃,5 h)/%	不大于	1			GB/T 11964
蒸发后25 ℃针入度比②/%	不小于	65			GB/T 4509
闪点(开口杯法)/℃	不低于	260			GB/T 267

注:①报告应为实测值。
②测定蒸发损失后样品的25 ℃针入度与原25 ℃针入度之比乘以100后,所得的百分比,称为蒸发后针入度比。

根据《道路石油沥青》(NB/SH/T 0522—2010),道路石油沥青技术要求见表5.6。

表5.6　道路石油沥青技术要求(NB/SH/T 0522—2010)

项目		质量指标					试验方法
		200 号	180 号	140 号	100 号	60 号	
针入度(25 ℃,100 g,5 s)/(1/10 mm)		200~300	150~200	110~150	80~110	50~80	GB/T 4509
延度①(25 ℃)/cm	不小于	20	100	100	90	70	GB/T 4508
软化点/℃		30~48	35~48	38~51	42~55	45~58	GB/T 4507
溶解度/%	不小于	99.0					GB/T 11148
闪点(开口)/℃	不低于	180	200	230			GB/T 267
密度(25 ℃)/(g/cm³)		报告					GB/T 8928
蜡含量/%	不大于	4.5					SH/T 0425
薄膜烘箱试验(163 ℃,5 h)		163 ℃,5 h					

项目		质量指标					试验方法
		200 号	180 号	140 号	100 号	60 号	
质量变化/%	不大于	1.3	1.3	1.3	1.2	1.0	GB/T 5304
针入度比/%		报告					GB/T 4509
延度(25 ℃)/cm		报告					GB/T 4508

注:①如 25 ℃延度达不到,15 ℃延度达到时,也认为是合格的,指标要求与 25 ℃延度一致。

根据《防水防潮石油沥青》(SH/T 0002—1990),其技术要求见表 5.7。

表 5.7 防水防潮石油沥青的技术标准(SH/T 0002—1990)

项目		质量指标				试验方法
牌号		3 号	4 号	5 号	6 号	
软化点/℃	不低于	85	90	100	95	GB/T 4507
针入度/(1/10 mm)		25 ~ 45	20 ~ 40	20 ~ 40	30 ~ 50	GB/T 4509
针入度指数	不小于	3	4	5	6	SH/T 0002
蒸发损失(163 ℃,5 h)/%	不大于	1				GB/T 11964
闪点(开口)/℃	不低于	250	270			GB/T 267
溶解度/%	不小于	98	98	95	92	GB/T 11148
脆点/℃	不高于	−5	−10	−15	−20	GB/T 4510
垂度/mm	不大于	—	—	8	10	SH/T 0424
加热安定性/℃	不高于	5				SH/T 0002

表 5.7 中,针入度指数表明沥青的温度特性,通称感温性,代号 PI,此值越大,感温性越小,沥青应用温度范围越宽。

5.1.4.2 石油沥青的选用原则

选用沥青材料时,应根据工程性质及当地气候条件,在满足使用要求的前提下,尽量选用较大牌号的品种,以保证正常使用条件下具有较长的使用年限。

建筑石油沥青主要用于建筑工程的防水和防腐,用于制作油毡、防水涂料、沥青嵌缝油膏等。用于屋面防水的沥青材料,要求黏性大,以便与基层黏结牢固,而且要求软化点高,以防夏季高温流淌,冬季低温脆裂。一般屋面沥青材料的软化点要高于当地历年来最高气温 20 ℃以上。对于夏季气温高、坡度较大的屋面,常选用 10 号或 10 号和 30 号掺配的混合沥青。道路石油沥青主要用于道路路面及厂房地面,用于拌制沥青砂浆和沥青混凝土,也可用作密封材料以及沥青涂料等。一般选用黏性较大和软化点较高的沥青。防水防潮石油沥青,3 号感温性一般,质地较软,用于一般温度下,室内及地下结构部分的防水;4 号感温性较小,用于一般地区可行走的缓坡屋顶防水;5 号感温性小,用于一般地区暴露屋顶或气温较高地区的屋顶;6 号感温性最小,并且质地较软,除一般地区外,主要用于寒冷地区的屋顶及其他防水防潮工程。

5.1.4.3　石油沥青的掺配

在选用沥青时,因生产和供应的限制,如现有沥青不能满足要求时,可按使用要求,对沥青进行掺配,得到满足技术要求的沥青。掺配量可按式(5-1)(5-2)计算:

$$较软沥青渗量(\%) = \frac{较硬沥青的软化点 - 要求沥青的软化点}{较硬沥青的软化点 - 较软沥青的软化点} \times 100 \tag{5-1}$$

$$较硬沥青掺量(\%) = 100 - 较软沥青掺量 \tag{5-2}$$

在实际掺配中,按上式得到的掺配沥青,其软化点总是低于计算软化点。一般来说,以调高软化点为目的的掺配沥青,如两种沥青计算值各占50%,则在实配时其高软化点的沥青应多加10%左右。

如用三种沥青时,可先求出两种沥青的配比,然后再与第三种沥青进行配比计算。

5.2　煤沥青及其检测

5.2.1　煤沥青

煤沥青是炼焦厂和煤气厂的副产品,烟煤干馏时得到煤焦油,煤焦油有高温和低温两种,多用高温煤焦油,由煤焦油经分馏加工提取轻油、中油、重油(其中重油为常用的木材防腐油)等以后所得的残渣。煤沥青按蒸馏程度不同,分低温煤沥青、中温煤沥青和高温煤沥青,建筑工程中多用低温煤沥青。

与石油沥青相比,煤沥青有以下几个特性:防腐能力强;不易脱落;温度稳定性及大气稳定性差;塑性差,容易因变形而开裂。

可见,煤沥青的主要技术性质比石油沥青差,主要适用于木材防腐、制造涂料、铺设路面等。煤沥青不能与石油沥青混合使用,使用时应鉴别分开,鉴别方法可参考表5.8。

表 5.8　石油沥青与煤沥青的鉴别

鉴别方法	石油沥青	煤沥青
密度/(g/cm³)	近于1.0	1.25～1.28
燃烧	烟少、无色、有松香味、无毒	烟多、黄色、臭味大、有毒
锤击	声哑、有弹性、韧性好	声脆、韧性差
颜色	呈辉亮褐色	浓黑色
溶解	易溶于煤油或汽油中,棕黑色	难溶于煤油或汽油,呈黄绿色

5.2.2　煤沥青的技术要求

煤沥青的技术要求应符合表5.9的规定。

表 5.9　煤沥青的技术性质（GB/T 2290—2012）

指标名称	低温沥青		中温沥青		高温沥青	
	1 号	2 号	1 号	2 号	1 号	2 号
软化点/℃	35 ~ 45	46 ~ 75	80 ~ 90	75 ~ 95	95 ~ 100	95 ~ 120
甲苯不溶物含量/%	—	—	15 ~ 25	≤25	≥24	—
灰分/%	—	—	≤0.3	≤0.5	≤0.3	—
水分①/%	—	—	≤5.0	≤5.0	≤4.0	≤5.0
喹啉不溶物②/%	—	—	≤10	—	—	—
结焦值/%	—	—	≥45	—	≥52	—

注：①水分只作生产操作中控制指标，不作质量考核依据。
　　②沥青喹啉不溶物含量每月至少测定一次。

5.2.3　煤沥青的检测

5.2.3.1　试验方法

根据《煤沥青》（GB/T 2290—2012）：软化点的测定按《焦化固体类产品软化点测定方法》（GB/T 2294—1997）规定进行，发生争议时按方法 A 环球法规定进行仲裁；甲苯不溶物含量的测定按《焦化产品甲苯不溶物含量的测定》（GB/T 2292—1997）规定进行；灰分的测定按《焦化固体类产品灰分测定方法》（GB/T 2295—2008）规定进行；水分的测定按《焦化产品水分测定方法》（GB/T 2288—2008）规定进行；喹啉不溶物含量的测定按《焦化沥青类产品喹啉不溶物试验方法》（GB/T 2293—2008）规定进行；结焦值的测定按《煤沥青类产品结焦值的测定方法》（GB/T 8727—2008）规定进行。

5.2.3.2　检验规则

煤沥青的质量检验和验收由质量技术监督部门进行，用户有权按《煤沥青》（GB/T 2290—2012）规定验收产品。试样的采取和制备按《焦化固体类产品取样方法》（GB/T 2000—2000）和《煤沥青试验室试样的制备方法》（GB/T 2291—1980）规定进行。数值修约的规则按《数值修约规则与极限数值的表示和判定》（GB/T 8170—2008）的规定进行。

5.2.3.3　软化点测定

试验的方法包括环球法和杯球法，下面仅介绍环球法。

首先进行试样的采取和试样的制备。

熔样时，采用的仪器包括：空气浴，用白铁皮制成，直径 180 mm，高 110 mm，上面开有直径 52 mm 孔 1 ~ 3 个和直径 24 mm 孔 2 个；熔样勺，容积 50 mL；加热器，可调电炉；玻璃温度计，0 ~ 250 ℃，分格值 1 ℃；温度控制仪，20 ~ 300 ℃，其探头插入空气浴中的深度，应与熔样与底部齐平。

取小于 3 mm 干燥试样约 10 g 置于熔样勺中,使试样熔化,不时搅拌,赶走试样中的空气泡。熔样温度按表 5.10 规定进行。

试验仪器包括:软化点测定仪,由钢球(直径 9.53 mm,质量 3.50 ± 0.05 g)、铜环、钢球定位器等附件组成;金属架,由两个杆和三层平行的金属板组成,上层为一圆盘,直径 120.7 mm(大于烧杯直径),中间有一孔可插温度计,中层是具有三个圆孔的平板,两旁的两孔,安放铜环,中间小孔支持温度计的水银球,距环上面 51 mm 处杆上刻有油高标记,下层的上面距中层铜环的底面为 25.4 mm;环夹,由薄钢条制成;玻璃烧杯,容积 800 mL,直径 105 mm,高 135 mm;温度计,温度范围 0 ~ 100 ℃,50 ~ 150 ℃,分格值 0.2 ℃;光滑金属板;小刀;加热器,煤气灯或可缓慢调整功率的电热器。

试剂包括凡士林或黄油以及甘油。

具体试验步骤如下。

①按规定的方法熔好试样。

②使铜环稍热,置于涂有凡士林的热金属板上,立即将熔好的试样倒入铜环中,至稍高出环上边缘为止。

③待铜环冷却至室温,用环夹夹住铜环,用温热刮刀刮去铜环上多余的试样,刮时要使刀面与环面齐平。低温煤沥青需把装有试样的铜环连同金属板置于 5 ℃水浴中,冷却 5 min,取出刮平后,再放入 5 ℃水浴中冷却 20 min。

④将装有试样的铜环置于金属架中层板上的圆孔中,装上定位器和钢球,将金属架置于盛有规定溶液的烧杯中,任何部分不应附有气泡,然后将温度计插入,使水银球下端与铜环的下面齐平。

⑤将烧杯置于有石棉网的三脚架上,按表 5.10 中规定的起始温度和升温速度开始均匀升温加热,超过规定升温速度试验作废。

⑥当试样软化下垂,刚接触金属架下层板时立即读取温度计温度,取两环试样软化温度的算术平均值,作为试样的软化点。若两环试样软化点超过 1 ℃时,应重做试验。

⑦不同软化点的试样操作按表 5.10 规定进行。

表 5.10　不同软化点试样操作表

操作项目　　　　软化点温度范围	>95 ℃	75 ~ 95 ℃	<75 ℃
规定溶液	纯甘油	密度为 1.12 ~ 1.14g · cm^{-3} 甘油水溶液	5 ℃水浴
熔样温度	在 220 ~ 230 ℃空气浴上加热	在 170 ~ 180 ℃空气浴上加热	在 70 ~ 80 ℃水浴上加热
升温速度	当溶液温度达 70 ℃时,保持 5 ± 0.2 ℃/min	当溶液温度达 45 ℃时,保持 5 ± 0.2 ℃/min	开始升温时保持 5 ± 0.2 ℃/min

5.3　改性沥青和合成高分子防水材料及其检测

5.3.1　改性沥青

沥青必须具有一定的物理性质和黏附性,即在低温下应有弹性和塑性;在高温下要有足够的强度和稳定性;在加工和使用过程中具有抗老化能力;还应与各种矿物料和结构表面有较强的黏附力、对构件变形应有较好的适应性和耐疲劳性等等。而普通石油沥青的性能是难于满足上述要求的,常用橡胶、树脂和矿物填料等石油沥青改性材料对沥青改性。在石油沥青中加入填充料(粉状为滑石粉等;纤维状,如石棉绒),可提高沥青的黏性与耐热性,减少沥青对温度的敏感性。

5.3.1.1　橡胶改性沥青

常用氯丁橡胶、丁基橡胶、再生橡胶与耐热性丁苯橡胶(SBS)等作为石油沥青的改性材料。由于橡胶的品种不同,因而有各种橡胶改性沥青,常用的品种如下。

1)氯丁橡胶改性沥青

沥青中掺入氯丁橡胶,可使其气密性、低温柔性、耐化学腐蚀性、耐光性、耐臭氧性、耐气候性和耐燃烧性得到大大改善。掺入方法有溶剂法和水乳法。溶剂法是将氯丁橡胶溶于一定的溶剂(如甲苯)中,形成溶液,然后掺入沥青液体中;水乳法是分别将橡胶和沥青制成乳液,再混合均匀。

2)丁基橡胶改性沥青

丁基橡胶的抗拉强度度好,耐热性和抗扭曲性强。用其改性的沥青具有优异的耐分解性,并有较好的低温抗裂性和耐热性,多用于道路路面工程和制作密封材料和涂料。其配制方法与氯丁橡胶改性沥青类似。

3)再生橡胶改性沥青

再生橡胶掺入沥青中可大大提高沥青气密性、低温柔性、耐化学腐蚀性、耐光性、耐臭氧性、耐气候性。废旧橡胶的掺量视需要而定,一般为3%~15%。也可在热沥青中加入适量磨细的废橡胶粉并强力搅拌而成。再生橡胶改性沥青可制成卷材、片材、密封材料、胶黏剂和涂料等。

4)苯乙烯—丁二烯—苯乙烯(SBS)改性沥青

SBS是热塑性弹性体,常温下具有橡胶的弹性,高温下又能向塑料那样熔融流动,称为可塑材料。所以用SBS改性的沥青具有热不黏冷不脆、塑性好、抗老化性能高等特性,是目前应用最成功和用量最大的改性沥青。SBS掺量一般为5%~10%。主要用于制作防水卷材,也可用于密封材料和防水涂料等。

5.3.1.2　合成树脂类改性沥青

树脂作为改性材料可使得到的改性沥青提高耐寒性、耐热性、黏性及不透气性。但由于石油沥青中含芳香性化合物很少,树脂与石油沥青的相溶性较差,故可用的树脂品种较少,常用的有:古马隆树脂(又名香豆桐树脂,属热塑性树脂)、聚乙烯树脂、酚醛树脂、天然松香、环氧树脂、无规聚丙烯均聚物(APP)以及 APAO 改性沥青等。

5.3.1.3 橡胶和树脂改性沥青

树脂比橡胶便宜,树脂与橡胶之间有较好的相溶性,故也可同时加入树脂与橡胶来改善石油沥青的性质,使沥青兼具树脂与橡胶的优点与特性。主要有卷材、片材、密封材料等。

5.3.1.4 矿物填充料改性沥青

矿物填充料改性沥青是在沥青中掺入适量粉状或纤维状矿物填充料经均匀混合而成。常用的矿物填充料有粉状和纤维状两大类。粉状的有滑石粉、石灰石粉、白云石粉、磨细砂、粉煤灰和水泥等;纤维状的有石棉等。矿物填充料掺量一般为沥青重量的 20% ~40%。矿物填充料改性沥青主要用于粘贴卷材、嵌缝、接头、补漏及作防水层底层。

5.3.2 高聚物改性沥青防水卷材及其检测

高聚物改性沥青卷材是以改性后的沥青为涂盖层,以纤维织物或纤维毡为胎基,粉状、粒状、片状或薄膜材料为防粘隔离层制成的防水材料。它具有高温不流淌、低温不脆裂、拉伸强度高、延伸率较大等优异性能。常见的有 SBS 改性沥青防水卷材、APP 改性沥青防水卷材、PVC 改性焦油沥青防水卷材、再生胶改性沥青防水卷材等。此类防水材料按厚度可分为 3 mm、4 mm、5 mm 等规格,一般单层铺设,也可复合使用。

根据《弹性体改性沥青防水卷材》(GB 18242—2008)、《塑性体改性沥青防水卷材》(GB 18243—2008),按所用增强材料(胎基)和覆面隔离材料不同,高聚物改性沥青卷材按胎基材料分为聚酯毡(PY)、玻纤毡(G)和玻纤增强聚酯毡(PYG)三种;按上表面隔离材料不同,又分聚乙烯膜(PE)、细砂(S)、矿物粒(片)(M)三种,下表面隔离材料为细砂(S)、聚乙烯膜(PE);按材料性能分Ⅰ型和Ⅱ型两种。卷材按不同胎基、不同表面材料分为以下品种,见表 5.11。

表 5.11　SBS、APP 卷材品种(GB 18242—2008、GB 18243—2008)

胎基 上表面材料	聚酯毡	玻纤毡	玻纤增强聚酯毡
聚乙烯膜(PE)	PY-PE	G-PE	PYG-PE
细砂(S)	PY-S	G-S	PYG-S
矿物粒(片)(M)	PY-M	G-M	PYG-M

细砂为粒径不超过 0.6 mm 的矿物颗粒。表面隔离材料不得采用聚酯膜(PET)和耐高温聚乙烯膜。其规格为:卷材公称宽度为 1 000 mm,聚酯毡卷材公称厚度为 3 mm、4 mm、5 mm,玻纤毡卷材公称厚度为 3 mm、4 mm,玻纤增强聚酯毡卷材公称厚度为 5 mm,每卷卷材公称面积为 7.5 m²、10 m²、15 m²。

其单位面积质量、面积及厚度应符合表 5.12 的规定。

表 5.12　高聚物改性沥青卷材（GB 18242—2008、GB 18243—2008）

规格（公称厚度）/mm		3			4			5		
上表面材料		PE	S	M	PE	S	M	PE	S	M
下表面材料		PE	PE、S		PE	PE、S		PE	PE、S	
面积/ （m²/卷）	公称面积	10、15			10、7.5			7.5		
	偏差	±0.10			±0.10			±0.10		
单位面积质量/（kg/m²）≥		3.3	3.5	4.0	4.3	4.5	5.0	5.3	5.5	6.0
厚度/ mm	平均值 ≥	3.0			4.0			5.0		
	最小单值	2.7			3.7			4.7		

5.3.2.1　弹性体改性沥青防水卷材（SBS 卷材）

弹性体改性沥青防水卷材是以 SBS 热塑性弹性体作改性剂，以聚酯胎（PY）、玻纤胎（G）或玻纤增强聚酯毡（PYG）为胎基，两面覆盖聚乙烯膜（PE）、细砂（S）、粉料或矿物粒（片）料（M）制成的卷材，简称 SBS 卷材。属弹性体沥青防水卷材，具有较高的耐热性、低温柔性、弹性及耐疲劳性等，施工时可以冷粘贴（氯丁黏合剂），也可以热熔粘贴。适合于寒冷地区和结构变形频繁的建筑。

产品按名称、型号、胎基、上表面材料、下表面材料、厚度、面积和标准编号循序标记。例如：10 m² 面积、3 mm 厚上表面为矿物粒料、下表面为聚乙烯膜聚酯毡 I 型弹性体改性沥青防水卷材标记为 SBS I PY M PE 3 10 GB 18242—2008。

根据《弹性体改性沥青防水卷材》（GB 18242—2008），其性能应符合表 5.13。

表 5.13　SBS 卷材材料性能（GB 18242—2008）

序号	项目		指标				
			I		II		
			PY	G	PY	G	PYG
1	可溶物含量/（g/m²） ≥	3 mm	2 100				—
		4 mm	2 900				—
		5 mm	3 500				
		试验现象	—	胎基不燃	—	胎基不燃	—
2	耐热性	℃	90		105		
		≤mm	2				
		试验现象	无流淌、滴落				
3	低温柔性/℃		−20		−25		
			无裂缝				
4	不透水性（30 min）		0.3 MPa	0.2 MPa	0.3 MPa		

序号	项目			指标				
				I		II		
				PY	G	PY	G	PYG
5	拉力	最大峰拉力/(N/50 mm)	≥	500	350	800	500	900
		次高峰拉力/(N/50 mm)	≥	—	—	—	—	800
		试验现象		拉伸过程中,试件中部无沥青涂盖层开裂或与胎基分离现象				
6	延伸率	最大峰时延伸率/%	≥	30		40		—
		第二峰时延伸率/%	≥	—		—		15
7	浸水后质量增加/% ≤	PE、S		1.0				
		M		2.0				
8	热老化	拉力保持率/%	≥	90				
		延伸率保持率/%	≥	80				
		低温柔性/℃		−15		−20		
				无裂缝				
		尺寸变化率/%	≤	0.7		0.7		0.3
		质量损失/%	≤	1.0				
9	掺油性	张数	≤	2				
10	接缝剥离强度/(N/mm)		≥	1.5				
11	钉杆撕裂强度①/N		≥	—				300
12	矿物粒料黏附性②/g		≤	2.0				
13	卷材下表面沥青涂盖层厚度③/mm		≥	1.0				
14	人工气候加速老化	外观		无滑动、流淌、滴落				
		拉力保持率/%	≥	80				
		低温柔性/℃		−15		−20		
				无裂缝				

注:①仅适用于单层机械固定施工方式卷材。

　　②仅适用于矿物粒料表面的卷材。

　　③仅适用于热熔施工的卷材。

5.3.2.2　塑性体改性沥青防水卷材(APP 卷材)

塑性体改性沥青防水卷材是以聚酯毡(PY)、玻纤毡(G)、玻纤增强聚酯毡(PYG)为胎基,无规聚丙烯(APP)或聚烯烃类聚合物作为改性剂,两面覆以隔离材料制成的防水卷材,简称 APP 卷材。

产品按名称、型号、胎基、上表面材料、下表面材料、厚度、面积和标准编号循序标记。例如:10 m² 面积、3 mm 厚上表面为矿物粒料、下表面为聚乙烯膜聚酯毡 I 型塑性体改性沥青防水卷材标记为 APP I PY M PE 3 10 GB 18243—2008。

塑性体沥青防水卷材适合于紫外线辐射强烈及炎热地区屋面使用。广泛用于工业与民用建筑的屋面及地下防水工程,以及道路、桥梁等建筑物的防水,尤其适用于较高气温环境的建筑防水。

《塑性体改性沥青防水卷材》(GB 18243—2008),其性能应符合表 5.14 规定。

表 5.14 APP 卷材材料性能(GB 18243—2008)

序号	项目		指标				
			I		II		
			PY	G	PY	G	PYG
1	可溶物含量/(g/m²) ≥	3 mm	2 100				—
		4 mm	2 900				—
		5 mm	3 500				
		试验现象	—	胎基不燃	—	胎基不燃	—
2	耐热性	℃	110		130		
		≤ mm	2				
		试验现象	无流淌、滴落				
3	低温柔性/℃		−7		−15		
			无裂缝				
4	不透水性(30 min)		0.3 MPa	0.2 MPa	0.3 MPa		
5	拉力	最大峰拉力/(N/50 mm) ≥	500	350	800	500	900
		次高峰拉力/(N/50 mm) ≥	—	—	—	—	800
		试验现象	拉伸过程中,试件中部无沥青涂盖层开裂或与胎基分离现象				
6	延伸率	最大峰时延伸率/% ≥	25	—	40	—	
		第二峰时延伸率/% ≥	—		—		15
7	浸水后质量增加/% ≤	PE、S	1.0				
		M	2.0				
8	热老化	拉力保持率/% ≥	90				
		延伸率保持率/% ≥	80				
		低温柔性/℃	−2		−10		
			无裂缝				
		尺寸变化率/% ≤	0.7	—	0.7	—	0.3
		质量损失/% ≤	1.0				
9	接缝剥离强度/(N/mm) ≥		1.0				
10	钉杆撕裂强度①/N ≥		—				300
11	矿物粒料黏附性②/g ≤		2.0				
12	卷材下表面沥青涂盖层厚度③/mm ≥		1.0				

13	人工气候加速老化	外观	无滑动、流淌、滴落	
		拉力保持率/% ≥	80	
		低温柔性/℃	−2	−10
			无裂缝	

注:①仅适用于单层机械固定施工方式卷材。
　　②仅适用于矿物粒料表面的卷材。
　　③仅适用于热熔施工的卷材。

以上两种改性沥青防水卷材均以 10 m² 卷材的标称重量(kg)作为卷材的标号。玻纤毡胎基的卷材分为 25 号、35 号和 45 号三种标号;聚酯毡胎基的卷材分为 25 号、35 号、45 号和 55 号四种标号。厚度有 2 mm、3 mm、4 mm、5 mm 等规格。

5.3.2.3　弹、塑性体改性沥青防水卷材的检测(GB 18242—2008)(GB 18243—2008)

标准试验条件(23±2)℃,按 GB/T 328.6 测量长度和宽度,以其平均值相乘得到卷材的面积。按 GB/T 328.4 进行,对于细砂面防水卷材,去除测量处表面的砂粒再测量卷材厚度;对矿物粒料防水卷材,在卷材留边处,距边缘 60 mm 处,去除砂粒后在长度 1 m 范围内测量卷材的厚度。称量每卷卷材卷重,根据面积,计算单位面积质量(kg/m²)。外观按 GB/T 328.2 进行。将取样卷材切除距外层卷头 2 500 mm 后,取 1 m 长的卷材按 GB/T 328.4 取样方法均匀分布裁取试件,卷材性能试件的形状和数量按规定裁取。

可溶物含量按 GB/T 328.26 进行,对于标称玻纤毡卷材的产品,可溶物含量试验结束后,取出胎基用火点燃,观察现象。

耐热性按 GB/T 328.11—2007 中 A 法进行,无流淌、滴落。

低温柔性按 GB/T 328.14 进行,3 mm 厚度卷材弯曲直径 30 mm,4 mm、5 mm 厚度卷材弯曲直径 50 mm。

不透水性按 GB/T 328.10—2007 中方法 B 进行,采用 7 孔盘,上表面迎水。上表面为细砂、矿物粒料时,下表面迎水。下表面也为细砂时,试验前,将下表面的细砂沿密封圈一圈除去,然后涂一圈 60 号~100 号热沥青,涂平待冷却 1 h 后检测不透水性。

拉力及延伸率按 GB/T 328.8 进行,夹具间距 200 mm。分别取纵向、横向各五个试件的平均值。试验过程中观察在试件中部是否出现沥青涂盖层与胎基分离或沥青涂盖层开裂现象。对于 PYG 胎基的卷材需要记录两个峰值的拉力和对应延伸率。

5.3.2.4　高聚物改性沥青防水卷材外观质量要求

根据现行标准,高聚物改性沥青防水卷材外观质量要求应符合下列要求:成卷卷材应卷紧卷齐,端面里进外出不得超过 10 mm。成卷卷材在(4~50)℃任一产品温度下展开,在距卷芯 1 000 mm 长度外不应有 10 mm 以上的裂纹或黏结。胎基应浸透,不应有未被浸渍处。卷材表面应平整,不允许有孔洞、缺边和裂口、疙瘩,矿物粒料粒度应均匀一致并紧密地黏附于卷材表面。每卷卷材接头处不应超过一个,较短的一般长度不应少于 1 000 mm,接头应剪切整齐,并加长 150 mm。

5.3.2.5　高聚物改性沥青防水卷材的包装、贮存和运输

卷材可用纸包装、塑胶袋包装、盒包装或塑料袋包装。纸包装时应以全柱面包装，柱面两端未包装长度总计不超过 100 mm。产品应在包装或产品说明书中注明贮存与运输注意事项。贮存与运输时，不同类型、规格的产品应分别存放，不应混杂。避免日晒雨淋，注意通风。贮存温度不应高于 50 ℃，立放贮存只能单层，运输过程中立放不超过两层。运输时防止倾斜或横压，必要时加盖苦布。在正常贮存、运输条件下，贮存期自生产之日起为 1 年。

5.3.3　合成高分子防水卷材及其检测

合成高分子类防水卷材是以合成橡胶、合成树脂或两者的共混体为基料，加入适量的化学助剂和添加剂，经特定工序制成的防水卷材（片材），属高档防水材料。目前品种有橡胶系列（聚氨酯、三元乙丙橡胶、丁基橡胶等）防水卷材、塑料系列（聚乙烯、聚氯乙烯等）和橡胶塑料共混系列防水卷材三大类，其中又可分为加筋增强型和非加筋增强型两种。

合成高分子防水卷材具有拉伸强度和抗撕裂强度高、断裂伸长率大、耐热性和低温柔性好、耐腐蚀、耐老化等一系列优异的性能，是新型高档防水卷材。常见的有三元乙丙橡胶防水卷材、聚氯乙烯防水卷材、氯化聚乙烯防水卷材、氯化聚乙烯—橡胶共混防水卷材等。目前国内这一类卷材每卷长大多为 20 m。

5.3.3.1　高分子防水片材

1）高分子防水片材分类

根据《高分子防水材料第 1 部分：片材》（GB 18173.1—2012），片材分类见表 5.15。

表 5.15　高分子防水材料片材的分类（GB 18173.1—2012）

分类		代号	主要原材料
均质片	硫化橡胶类	JL1	三元乙丙橡胶
		JL2	橡塑共混
		JL3	氯丁橡胶、氯磺化聚乙烯、氯化聚乙烯等
	非硫化橡胶类	JF1	三元乙丙橡胶
		JF2	橡塑共混
		JF3	氯化聚乙烯
	树脂类	JS1	聚氯乙烯等
		JS2	乙烯醋酸乙烯共聚物、聚乙烯等
		JS3	乙烯醋酸乙烯共聚物与改性沥青共混等

续表

	分类	代号	主要原材料
复合片	硫化橡胶类	FL	（三元乙丙、丁基、氯丁橡胶、氯磺化聚乙烯等）/织物
	非硫化橡胶类	FF	（氯化聚乙烯、三元乙丙、丁基、氯丁橡胶、氯磺化聚乙烯等）/织物
	树脂类	FS1	聚氯乙烯/织物
		FS2	（聚乙烯、乙烯醋酸乙烯共聚物等）/织物
自粘片	硫化橡胶类	ZJL1	三元乙丙/自粘料
		ZJL2	橡塑共混/自粘料
		ZJL3	（氯丁橡胶、氯磺化聚乙烯、氯化聚乙烯等）/自粘料
		ZFL	（三元乙丙、丁基、氯丁橡胶、氯磺化聚乙烯等）/织物/自粘料
	非硫化橡胶类	ZJF1	三元乙丙/自粘料
		ZJF2	橡塑共混/自粘料
		ZJF3	氯化聚乙烯/自粘料
		ZFF	（氯化聚乙烯、三元乙丙、丁基、氯丁橡胶、氯磺化聚乙烯等）/织物/自粘料
	树脂类	ZJS1	聚氯乙烯/自粘料
		ZJS2	（乙烯醋酸乙烯共聚物、聚乙烯等）/自粘料
		ZJS3	乙烯醋酸乙烯共聚物与改性沥青共混等/自粘料
		ZFS1	聚氯乙烯/织物/自粘料
		ZFS2	（聚乙烯、乙烯醋酸乙烯共聚物等）/织物/自粘料
异型片	树脂类（防排水保护板）	YS	高密度聚乙烯、改性聚丙烯、高抗冲聚苯乙烯等
点（条）粘片	树脂类	DS1/TS1	聚氯乙烯/织物
		DS2/TS2	（乙烯醋酸乙烯共聚物、聚乙烯等）/织物
		DS3/TS3	乙烯醋酸乙烯共聚物与改性沥青共混等/织物

均质片是以高分子合成材料为主要原料，各部位截面结构一致的防水片材。复合片是以高分子合成材料为主要原料，复合织物等保护或增强层，以改变其尺寸稳定性和力学特性，各部位截面结构一致的防水片材。自粘片是在高分子片材表面复合一层自粘材料和隔离保护层，以改善或提高其与基层的黏结性能，各部位截面结构一致的防水片材。异型片是以高分子合成材料为主要原料，经特殊工艺加工成表面为连续凸凹壳体或特定几何形状的防（排）水片材。点（条）粘片是均质片材与织物等保护层多点（条）黏结在一起，黏结点（条）在规定区域内均匀分布，利用黏结点（条）的间距，使其具有切向排水功能的防水片材。

2）高分子防水片材标记

产品应按下列顺序标记，并可根据需要增加标记内容：类型代号、材质（简称或代号）、规格（长度×宽度×厚度）。

3）高分子防水片材规格尺寸

片材的规格尺寸及允许偏差如表 5.16 和表 5.17 所示，特殊规格由供需双方商定。

表 5.16　合成高分子防水卷材片材的规格尺寸（GB 18173.1—2012）

项目	厚度/mm	宽度/m	长度/m
橡胶类	1.0,1.2,1.5,1.8,2.0	1.0,1.1,1.2	≥20①
树脂类	>0.5	1.0,1.2,1.5,2.0,2.5,3.0,4.0,6.0	

注：①橡胶类片材在每卷 20 m 长度中允许有一处接头，且最小块长度应≥3 m，并应加长 15 cm 备作搭接；树脂类片材在每卷至少 20 m 长度内不允许有接头；自粘片材及异型片材每卷 10 m 长度内不允许有接头。

表 5.17　合成高分子防水卷材片材的允许偏差（GB 18173.1—2012）

项目	厚度		宽度	长度
允许偏差	<1.0 mm	≥1.0 mm	±1%	不允许出现负值
	±10%	±5%		

4）高分子防水片材外观质量

片材表面应平整，不能有影响使用性能的杂质、机械损伤、折痕及异常黏着等缺陷。在不影响使用的条件下，片材表面缺陷应符合下列规定：凹痕深度，橡胶类片材不得超过片材厚度的 20%；树脂类片材不得超过 5%；气泡深度，橡胶类不得超过片材厚度的 20%，每 1 m^2 内气泡面积不得超过 7 mm^2；树脂类片材不允许有。异型片表面应边缘整齐、无裂纹、孔洞、粘连、气泡、疤痕及其他机械损伤缺陷。

5）高分子防水片材的标志、包装、运输和贮存

每一独立包装应有合格证，并注明产品名称、标记、商标、生产许可证编号、制造厂名厂址、生产日期、产品标准编号。片材卷曲为圆柱形，外用适宜材料包装。运输与贮存时，应注意勿使包装损坏，放置于通风、干燥处，贮存垛高不应超过平放五个片材卷高度。堆放时，应置于干燥的水平地面上，避免阳光直射，禁止与酸、碱、油类及有机溶剂等接触，且隔离热源。自生产日期起在不超过一年的保存期内其性能应符合规定。

6）高分子防水片材不透水性的检测

片材的不透水性试验采用图 5.5 所示的十字形压板。试验时按透水仪的操作规程将试样装好，并一次性升压至规定压力，保持 30 min 后观察试样有无渗漏；以三个试样均无渗漏为合格。单位为毫米。

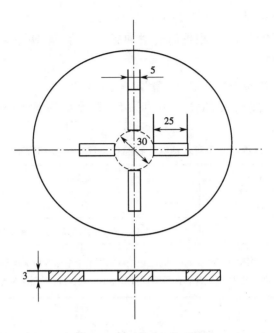

图 5.5　透水仪压板示意图

5.3.3.2　聚氯乙烯防水卷材(PVC 卷材)

以聚氯乙烯树脂为主要基料,掺适量添加剂加工而成,属非硫化型、高档弹性防水材料。拉伸强度高,伸长率大,对基层伸缩和开裂变形适应性强,有良好的尺寸稳定性与耐腐蚀性;卷材幅面宽,可焊接性好;有良好的水蒸气扩散性,冷凝物容易排出;低温柔性与耐老化性较好,耐低、高温。用于各种屋面防水、地下防水及旧屋面维修工程。

1)分类、规格和标记

《聚氯乙烯(PVC)防水卷材》(GB 12952—2011),按产品的组成分为均质卷材(代号 H)、带纤维背衬卷材(代号 L)、织物内增强卷材(代号 P)、玻璃纤维内增强卷材(代号 G)、玻璃纤维内增强带纤维背衬卷材(代号 GL)。

2)性能指标

材料性能指标应符合表 5.18 的规定。

采用机械固定方法施工的单层屋面卷材,抗风揭能力的模拟风压等级应不低于 4.3 kPa (90 psf)(psf 为英制单位:磅每平方英尺,其与 SI 制的换算为 1 psf = 0.047 9 kPa)。

3)标志、包装、贮存和运输

卷材外包装上应包括:生产厂名、地址;商标;产品标记;生产日期或批号;生产许可证号及其标志;贮存与运输注意事项;检验合格标记;复合的纤维或织物种类。外露使用、非外露使用和单层屋面使用的卷材及其包装应有明显的标识。卷材用硬质芯卷取,宜用塑料袋或编织袋包装。卷材应存放在通风、防止日晒雨淋的场所。贮存温度不应高于 45 ℃。不同类型、不同规格的卷材应分别堆放。卷材平放时堆放高度不应超过五层;立放时应单层堆放。禁止与酸、碱、油类及有机溶剂等接触。在正常贮存条件下,贮存期限至少为一年。运输时防止倾斜或横压,必要时加盖苫布。

表 5.18　聚氯乙烯(PVC)防水卷材性能指标(GB 12952—2011)

序号	项目			指标				
				H	L	P	G	GL
1	中间胎基上面树脂层厚度/mm ≥			—		0.40		
2	拉伸性能	最大拉力/(N/cm)	≥	—	120	250	—	120
		拉伸强度/MPa	≥	10.0	—	—	10.0	—
		最大拉力时伸长率/%	≥	—	—	15	—	—
		断裂伸长率/%	≥	200	150	—	200	100
3	热处理尺寸变化率/%		≤	2.0	1.0	0.5	0.1	0.1
4	低温弯折性			−25 ℃无裂纹				
5	不透水性			0.3 MPa,2 h不透水				
6	抗冲击性能			0.5 kg·m,不渗水				
7	抗静态荷载①			—	—	20 kg不渗水		
8	接缝剥离强度/(N/mm)		≥	4.0或卷材破坏		3.0		
9	直角撕裂强度/(N/mm)		≥	50	—	—	50	—
10	梯形撕裂强度/(N/mm)		≥	—	150	250	—	220
11	吸水率(70 ℃,168 h)/%	浸水后	≤	4.0				
		晾置后	≥	−0.40				
12	热老化 (80 ℃)	时间/h		672				
		外观		无起泡、裂纹、分层、黏结和孔洞				
		最大拉力保持率/%	≥	—	85	85	—	85
		拉伸强度保持率/%	≥	85	—	—	85	—
		最大拉力时伸长率保持率/%	≥	—	—	80	—	—
		断裂伸长率保持率/%	≥	80	80	—	80	80
		低温弯折性		−20 ℃无裂纹				
13	耐化学性	外观		无起泡、裂纹、分层、黏结和孔洞				
		最大拉力保持率/%	≥	—	85	85	—	85
		拉伸强度保持率/%	≥	85	—	—	85	—
		最大拉力时伸长率保持率/%	≥	—	—	80	—	—
		断裂伸长率保持率/%	≥	80	80	—	80	80
		低温弯折性		−20 ℃无裂纹				
14	人工气候加速老化③	时间/h		1 500②				
		外观		无起泡、裂纹、分层、黏结和孔洞				
		最大拉力保持率/%	≥	—	85	85	—	85
		拉伸强度保持率/%	≥	85	—	—	85	—
		最大拉力时伸长率保持率/%	≥	—	—	80	—	—
		断裂伸长率保持率/%	≥	80	80	—	80	80
		低温弯折性		−20 ℃无裂纹				

注:①抗静态荷载仅适用于压铺屋面的卷材要求;

　　②单层卷材屋面使用产品的人工气候加速老化时间为 2 500 h;

　　③非外露使用的卷材不要求测定人工气候加速老化。

4)聚氯乙烯防水卷材不透水性的检测

按 GB/T 328.10—2007 的方法 B 进行试验,采用十字金属开缝槽盘,压力为 0.3 MPa,保持 2 h。

5.3.3.3　氯化聚乙烯防水卷材

以氯化聚乙烯树脂为主要原料,加入多种化学助剂,经混炼、挤出成型和硫化制成。

1)分类、规格和标记

根据《氯化聚乙烯防水卷材》(GB 12953—2003),按有无复合层分类,无复合层的为 N 类、用纤维单面复合的为 L 类、织物内增强的为 W 类。每类产品按理化性能分为 Ⅰ 型和 Ⅱ 型。

2)理化性能

N 类无复合层的卷材理化性能应符合表 5.19 的规定。

表 5.19　氯化聚乙烯防水卷材 N 类卷材理化性能(GB 12953—2003)

序号	项目			Ⅰ 型	Ⅱ 型
1	拉伸强度/MPa		≥	5.0	8.0
2	断裂伸长率/%		≥	200	300
3	热处理尺寸变化率/%		≤	3.0	纵向 2.5 横向 1.5
4	低温弯折性			−20 ℃无裂纹	−25 ℃无裂纹
5	抗穿孔性			不渗水	
6	不透水性			不渗水	
7	剪切状态下的黏合性/(N/mm)		≥	3.0 或卷材破坏	
8	热老化处理	外观		无起泡、裂纹、黏结与孔洞	
		拉伸强度变化率/%		+50 −20	±20
		断裂伸长率变化率/%		+50 −30	±20
		低温弯折性		−15 ℃无裂纹	−20 ℃无裂纹
9	耐化学侵蚀	拉伸强度变化率/%		±30	±20
		断裂伸长率变化率/%		±30	±20
		低温弯折性		−15 ℃无裂纹	−20 ℃无裂纹

续表

序号	项目		I 型	II 型
10	人工气候加速老化	拉伸强度变化率/%	+50 −20	±20
		断裂伸长率变化率/%	+50 −30	±20
		低温弯折性	−15 ℃无裂纹	−20 ℃无裂纹

注:非外露使用可以不考核人工气候加速老化性能。

L 类纤维单面复合及 W 类织物内增强的卷材应符合表 5.20 的规定。

表 5.20　氯化聚乙烯防水卷材 L 类及 W 类卷材理化性能(GB 12953—2003)

序号	项目			I 型	II 型
1	拉力/(N/cm)		≥	70	120
2	断裂伸长率/%		≥	125	250
3	热处理尺寸变化率/%		≤	1.0	
4	低温弯折性			−20 ℃无裂纹	−25 ℃无裂纹
5	抗穿孔性			不渗水	
6	不透水性			不渗水	
7	剪切状态下的黏合性/(N/mm) ≥	L 类		3.0 或卷材破坏	
		W 类		6.0 或卷材破坏	
8	热老化处理	外观		无起泡、裂纹、黏结与孔洞	
		拉力/(N/cm)	≥	55	100
		断裂伸长率/%	≥	100	200
		低温弯折性		−15 ℃无裂纹	−20 ℃无裂纹
9	耐化学侵蚀	拉力/(N/cm)	≥	55	100
		断裂伸长率/%	≥	100	200
		低温弯折性		−15 ℃无裂纹	−20 ℃无裂纹
10	人工气候加速老化	拉力/(N/cm)	≥	55	100
		断裂伸长率/%	≥	100	200
		低温弯折性		−15 ℃无裂纹	−20 ℃无裂纹

注:非外露使用可以不考核人工气候加速老化性能。

3)标志、包装、贮存和运输

氯化聚乙烯防水卷材的标志、包装、贮存和运输同聚氯乙烯防水卷材。

4)氯化聚乙烯防水卷材不透水性的检测

采用 GB/T 328 规定的不透水仪,透水盘的压盖板采用图 5.5 所示的金属开缝槽盘。

试验在标准试验条件下进行,按规定裁取试件,按 GB/T 328 进行试验,采用图 5.5 所示的金属开缝槽盘,压力为 0.3 MPa,保持 2 h,观察试件有无渗水现象,试验三块试件。

5.3.3.4　氯化聚乙烯—橡胶共混防水卷材

以氯化聚乙烯树脂和丁苯橡胶的混合体为基料,加入各种添加剂加工而成的防水卷材,简称共混卷材,属硫化型高档防水卷材。此类防水卷材兼有塑料和橡胶的特点,适用于屋面的外露和非外露防水工程、地下室防水工程、水池等建筑物的防水工程。

1)分类、规格和标记

根据《氯化聚乙烯—橡胶共混防水卷材》(JC/T 684—1997),氯化聚乙烯—橡胶共混防水卷材按物理力学性能分为 S 型、N 型两种类型。其规格尺寸见表 5.21。

表 5.21　氯化聚乙烯—橡胶共混防水卷材的规格尺寸(JC/T 684—1997)

厚度/mm	宽度/mm	长度/m
1.0,1.2,1.5,2.0	1 000,1 100,1 200	20

产品按下列顺序标记:产品名称、类型、厚度、标准号。例如,厚度 1.5 mm S 型氯化聚乙烯—橡胶共混防水卷材标记为:CPBR S 1.5 JC/T 684。

2)物理力学性能

氯化聚乙烯—橡胶共混防水卷材的物理力学性能应符合表 5.22 的规定。

表 5.22　氯化聚乙烯—橡胶共混防水卷材的物理力学性能(JC/T 684—1997)

序号	项目			指标	
				S 型	N 型
1	拉伸强度/MPa		≥	7.0	5.0
2	断裂伸长率/%		≥	400	250
3	直角形撕裂强度/(kN/m)		≥	24.5	20.0
4	不透水性(30 min)			0.3 MPa 不透水	0.2 MPa 不透水
5	热老化保持率 (80 ℃±2 ℃,168 h)	拉伸强度/MPa	≥	80	
		断裂伸长率/%	≥	70	
6	脆性温度		≤	−40 ℃	−20 ℃
7	臭氧老化(500 pphm,168 h×40 ℃,静态)			伸长率40%无裂纹	伸长率20%无裂纹
8	黏结剥离强度 (卷材与卷材)	kN/m	≥	2.0	
		浸水 168 h,保持率/%	≥	70	
9	热处理尺寸变化率/%		≤	+1	+2
				−2	−4

3)标志、包装、贮存和运输

每卷产品包装上应清楚标明下列内容:生产厂名、商标、产品标记、生产日期和检查合格的印章。防水卷材在纸芯或其他芯形上用包装纸成卷包装,每卷卷材应沿包装面的整个宽度上包装。不同规格、类型的产品不应混放。卷材应在干燥、通风的环境下平放贮存,垛高不得超过 1 m。运输时产品必须平放成垛,垛高不得超过 1 m,不得倾斜。在正常运输和贮存的条件下,产品自生产之日起计算贮存期为一年。

5.3.3.5 氯丁橡胶卷材

这种防水卷材是以氯丁橡胶为主要原料制成的。其性能与三元乙丙橡胶卷材相比,多数指标虽稍逊但相仿,而耐低温性能要差一些。这种防水卷材已广泛用于地下室混凝土结构、屋面、桥面及蓄水池的防水层。

5.4 建筑防水制品及其检测

5.4.1 沥青防水制品

5.4.1.1 冷底子油

冷底子油是将建筑石油沥青(30% ~40%)与汽油或其他有机溶剂(60% ~70%)相溶合而成。冷底子油实际上是常温下的沥青溶液。其黏度小,渗透性好。在常温下将冷底子油刷涂或喷到混凝土、砂浆或木材等材料表面后,即逐渐渗入毛细孔中,待溶剂挥发后,便形成一层牢固的沥青膜,使在其上做的防水层与基层得以牢固粘贴。对基面,要求洁净、干燥、水泥砂浆找平层的含水率≤10%。

5.4.1.2 沥青胶(玛琋脂)

沥青胶为沥青与矿质填充料的均匀混合物。填充料可为粉状的,如滑石粉、石灰石粉;也可为纤维状的,如石棉屑、木纤维等。

沥青胶分热用与冷用两种。在热用沥青胶中,粉状填充料掺量一般为沥青重量10% ~25%,纤维状填充料一般为 5% ~10%;而冷用沥青胶的配比一般是:沥青 40% ~50%,绿油25% ~30%,矿粉 10% ~30%,有时还加入 5% 以下的石棉。

沥青胶可用来粘贴防水卷材,用作接缝材料等(厚度 1~1.5 mm,≤2 mm)。

沥青胶的标号主要按耐热度划分,对柔韧性和黏结力也作了规定。应根据工程性质、屋面坡度和当地历年最高气温来选择标号。沥青胶的技术性质及选用见表 5.23、表5.24。

表 5.23　沥青胶的技术性质

指标 \ 名称 \ 标号	石油沥青胶						焦油沥青胶		
	S—60	S—65	S—70	S—75	S—80	S—85	J—55	J—60	J—65
耐热度	用 2 mm 厚的沥青胶粘合两张油纸,不低于下列温度(℃)时在 45°角的坡板上停放 5 h,沥青胶不应流出,油纸不滑动								
	60	65	70	75	80	85	55	60	65
柔韧性	涂在沥青油毡上的 2 mm 的沥青胶层,在 18±2 ℃时,围绕下列直径(mm)的圆棒以 5 s 均衡的速度弯曲成半周,沥青胶结材料不应有裂纹								
	10	15	15	20	25	30	25	30	35
黏结力	将两张用沥青胶粘贴在一起的沥青油纸揭开时,若被撕开的面积超过粘贴面积的 1/2 时,则认为黏结力不合格,否则为合格								

表 5.24　沥青胶标号选用表

沥青胶类别	屋面坡度	历年室外极端最高温度	沥青胶标号
石油沥青胶	1% ~3%	低于 38 ℃	S—60
		38 ~41 ℃	S—65
		41 ~45 ℃	S—70
	3% ~15%	低于 38 ℃	S—65
		38 ~41 ℃	S—70
		41 ~45 ℃	S—75
	15% ~25%	低于 38 ℃	S—75
		38 ~41 ℃	S—80
		41 ~45 ℃	S—85
焦油沥青胶	1% ~3%	低于 38 ℃	J—55
		38 ~41 ℃	J—60
		41 ~45 ℃	J—65
	3% ~10%	低于 38 ℃	J—60
		38 ~41 ℃	J—65

5.4.1.3　乳化沥青

乳化沥青是一种冷施工的防水涂料,是沥青微粒(粒径 1 μm 左右)分散在有乳化剂的水中而成的乳胶体。常用的乳化沥青有皂液乳化沥青、石灰乳化沥青、膨润土乳化沥青、石棉乳化沥青等。

5.4.1.4　建筑防水沥青嵌缝油膏

详见 5.4.3。

5.4.1.5　沥青防水卷材

1)常用的石油沥青防水卷材品种

沥青防水卷材是在基胎(原纸或纤维织物等)上浸涂沥青后,在表面撒布粉状或片状隔离材料制成的一种防水卷材。其品种较多,产量较大,主要如下。

（1）沥青纸胎防水卷材。

即常用油毡,是用低软化点石油沥青浸渍原纸,然后用高软化点石油沥青涂盖油纸两面,再涂刷或撒布隔离材料(粉状或片状)制成的纸胎防水卷材,分为石油沥青油毡与煤沥青油毡两类。

按《石油沥青纸胎油毡油纸》(GB 326—2007)规定,油毡幅宽为 1 000 mm,按卷重和物理性能分为Ⅰ型、Ⅱ型、Ⅲ型。油沥青纸胎油毡的重量应符合表 5.25 的规定。

表 5.25　石油沥青纸胎油毡的卷重(GB 326—2007)

类型	Ⅰ型	Ⅱ型	Ⅲ型
卷重/(kg/卷) ≥	17.5	22.5	28.5

需注意的是:在施工时,石油沥青油毡要用石油沥青胶黏结,煤沥青油毡则用煤沥青胶黏结。纸胎的抗拉能力低、易腐烂、耐久性差,可用玻璃纤维毡、黄麻织物、铝箔等作为胎体制作油毡。

运输与贮存时,不同类型、规格的产品应分别堆放,不应混杂。避免日晒雨淋,并注意通风。卷材应在 45 ℃以下立放,其高度不应超过两层。在正常运输、贮存条件下,贮存期自生产之日起为一年。

石油沥青纸胎油毡的物理性能应符合表 5.26 的规定。

表 5.26　石油沥青纸胎油毡的物理性能(GB 326—2007)

项目		指标		
		Ⅰ型	Ⅱ型	Ⅲ型
单位面积浸涂材料总量/(g/cm²) ≥		600	750	1 000
不透水性	压力/MPa ≥	0.02	0.02	0.10
	保持时间/min ≥	20	30	30
吸水率/% ≤		3.0	2.0	1.0
耐热度		(85±2)℃,2 h 涂盖层无滑动、流淌和集中性气泡		
拉力(纵向)/(N/50 mm) ≥		240	270	340
柔度		(18±2)℃,绕 φ20 mm 棒或弯板无裂纹		

注:本标准Ⅲ型产品物理性能要求为强制性的,其余为推荐性的。

（2）石油沥青玻璃纤维油毡和玻璃布油毡。

玻纤油毡是采用玻璃纤维薄毡为胎基,浸涂石油沥青,表面撒以矿物粉或覆盖以聚乙烯薄膜等隔离材料制成。柔性好、耐腐蚀、寿命长,用于防水等级为Ⅲ级的屋面工程。

玻璃布油毡是用玻璃布为胎基制成的一种防水卷材,拉力大,耐霉菌性好,适用于要求强度高及耐霉菌性好的防水工程,柔韧性比纸胎油毡好,易于在复杂部位粘贴和密封。主要用于铺设地下防水、防潮层,金属管道的防腐保护层。

(3)沥青复合胎柔性防水卷材。

沥青复合胎柔性防水卷材是指以改性沥青为基料,以两种材料复合为胎体,细砂、矿物粒料、聚酯膜等为覆面材料,以浸涂、滚压工艺而制成的防水卷材。具有抗拉强度高,柔韧性、耐久性好等特点,可用于防水等级要求较高的工程。

(4)铝箔面油毡。

铝箔面油毡是用玻璃纤维毡为胎基,浸涂氧化沥青,表面用压纹铝箔贴面,底面撒以细颗粒矿物料或覆盖聚乙烯膜制成的防水材料。具有美观效果,能反射热量和紫外线的功能,能降低屋面及室内温度,阻隔蒸汽的渗透,用于多屋防水的面层和隔气层。

(5)沥青再生胶油毡。

沥青再生胶油毡是一种无胎防水卷材,由再生橡胶、10 号石油沥青及碳酸钙填充料,经混炼、压延而成。具有较好的弹性、不透水性与低温柔韧性,以及较高的延伸性、抗拉强度与热稳定性。适用于水工、桥梁、地下建筑管道等重要防水工程,以及建筑物变形缝的防水处理。

2)石油沥青防水卷材的贮存和运输

不同规格、标号、品种、等级的产品不得混放,卷材应保管在规定的温度下(粉毡和玻纤胎毡≤45 ℃,片毡≤50 ℃);运输时卷材必须立放,高度不超过两层;要防止日晒、雨淋、受潮;产品质量保证期为一年。

5.4.2 石油沥青纸胎油毡吸水率检测

5.4.2.1 仪器设备

(1)分析天平。

精度 0.001 g,称量范围不小于 100 g。

(2)毛刷。

(3)容器。

用于浸泡试件于水中。

(4)试件架。

用于放置试件,避免相互之间表面接触,可用金属丝制成。

5.4.2.2 试件制备

试件尺寸 100 mm × 100 mm,共 3 块试件,从卷材表面均匀分布裁取。试验前,试件在 (23 ± 2)℃、相对湿度(50 ± 10)% 条件下放置 24 h。

5.4.2.3 步骤

取三块试件,用毛刷将试件表面的隔离材料尽量刷除干净,然后进行称量(m_1),将试件浸入(23 ± 2)℃的水中,试件放在试件架上相互隔开,避免表面相互接触,水面高出试件上端 20 ~ 30 mm。若试件上浮,可用合适的重物压下,但不应对试件带来损伤和变形,浸泡 4 h

后取出试件用纸巾吸干表面的水分,至试件表面没有水渍为度,立即称量试件质量(m_2)。

为避免浸水后试件中水分蒸发,试件从水中取出至称量完毕的时间不应超过 2 min。

5.4.2.4　结果计算

吸水率按式(5-3)计算:

$$H = (m_2 - m_1)/m_1 \times 100\% \tag{5-3}$$

吸水率取三块试件的算术平均值表示,计算精确到 0.1%。

5.4.3　密封材料

密封材料是嵌入建筑物缝隙中,能承受位移且能达到气密、水密目的的材料,又称嵌缝材料。密封材料有良好的黏结性、耐老化性和对高、低温度的适应性,能长期经受被黏构件的收缩与振动而不被破坏。

5.4.3.1　密封材料的分类

密封材料分为定型密封材料和非定型密封材料两大类。定型密封材料包括密封条与压条等。非定型密封材料即密封膏或嵌缝膏等。不定型密封材料按原材料及其性能可分为三大类:塑性密封膏,是以改性沥青和煤焦油为主要原料制成的,其价格低,具有一定的弹塑性和耐久性,但弹性差,延伸性也较差;弹塑性密封膏,有聚氯乙烯胶泥及各种塑料油膏,其弹性较低,塑性较大,延伸性和黏结性较好;弹性密封膏,是由聚硫橡胶、有机硅橡胶、氯丁橡胶、聚氨酯和丙烯酸萘为主要原料制成,其综合性能较好。

5.4.3.2　密封材料的选用

防水油膏是一种非定型建筑密封材料,也称密封膏、密封胶、密封剂。有时为保证建筑物或某结构部位不渗漏、不透气,必须使用合适的防水油膏。为了保证接缝不渗漏、不透气的密封作用,要求防水油膏与被黏基层具有较高的黏结强度,具备良好的水密性和气密性,良好的耐高低温性和抗老化性能,具有一定的弹塑性和拉伸—压缩循环性能。

防水油膏的选用,应考虑它的黏结性能和使用部位。密封材料与被黏基层的良好黏结,是保证密封的必要条件。因此,应根据被黏基层的材质、表面状态和性质来选择黏结性良好的防水油膏;建筑物中不同部位的接缝,对防水油膏的要求不同,如室外的接缝要求较高的耐候性,而伸缩缝则要求较好的弹性和拉伸—压缩循环性能。

1)沥青嵌缝油膏

沥青嵌缝油膏是一种冷用膏状材料,它以石油沥青为基料,加入改性材料、稀释剂及填充料混合制成的密封膏。沥青嵌缝油膏具有良好的耐热性、黏结性、保油性和低温柔韧性,主要用作屋面、墙面、沟槽等处做防水层的嵌缝材料,也可用于混凝土跑道、道路、桥梁及各种构筑物的伸缩缝、施工缝等的嵌缝密封材料。使用时,缝内应洁净干燥,先刷涂一道冷底子油(建筑石油沥青加入汽油、煤油、轻柴油,或用软化点 50 ~ 70 ℃的煤沥青加入苯,混合而成的沥青溶液,因多在常温下用于防水工程的底部,故称冷底子油),待其干燥后即嵌填油膏。油膏表面可加石油沥青、油毡、砂浆或塑料为覆盖层。

其标号主要按照耐热度与低温柔性来划分。施工时,应注意基层表面的清洁与干燥,用冷底子油打底并干燥后,再用油膏嵌缝。油膏表面可加覆盖层(如油毡塑料等)。

2）聚氯乙烯接缝膏和塑料油膏（即聚氯乙烯胶泥和塑料油膏）

聚氯乙烯接缝膏是以煤焦油和聚氯乙烯（PVC）树脂为基料，按一定比例加入增塑剂、稳定剂及填充料等，在140℃下塑化而成的膏状热施工密封材料，简称 PVC 接缝膏。目前另有一种 PVC—SR 型胶泥，为冷施工型防水材料。

塑料油膏是用废旧聚氯乙烯（PVC）塑料代替聚氯乙烯树脂粉，其他原料和生产方法同聚氯乙烯接缝膏，成本相对较低，有较大发展前途。宜热施工，并可冷用。热用时，将聚氯乙烯接缝膏用文火加热，加热温度不得超过140℃，达到塑化立即浇灌于清洁干燥的缝隙或接头等部位；冷用时，加溶剂稀释。PVC 接缝膏和塑料油膏均有良好的黏结性、防水性、弹塑性，耐热、耐寒、耐腐蚀和抗老化性能也较好。适用于各种层面嵌缝或表面涂布作为防水层，也可用于水渠、管道等输供水系统接缝，工业厂房自防水屋面嵌缝、大型墙板嵌缝等，效果良好。

3）丙烯酸类密封膏

丙烯酸类密封膏是以丙烯酸树脂乳液为基料，掺入增塑剂、分散剂、碳酸钙、增量剂等配制而成的建筑密封膏，有溶剂型和水乳型两种。

丙烯酸类密封膏通常为水乳型，这类密封膏在一般建筑基底上不产生污渍。具有优良的抗紫外线性能，尤其是对于透过玻璃的紫外线。弹性好，能适应一般基层伸缩变形的需要，它延伸率好，初期固化阶段为200%～600%。耐候性能优异，其使用年限在 15 年以上。耐高温性能好，在 -20～100℃情况下，长期保持柔韧性。经过热老化、气候老化试验后达到完全固化时为100%～350%。在 -34～80℃温度范围内具有良好的性能。黏结强度高，耐水、耐酸碱性好，并有良好的着色性。但耐水性不算很好。

适用于混凝土、金属、木材、天然石料、砖、瓦、玻璃之间的密封防水。丙烯酸类密封膏广泛应用于屋面、墙板、门、窗嵌缝隙。由于其耐水性不佳，所以不宜用于经常受水浸湿的工程。使用时，用挤枪嵌缝填于各种清洁、干燥的缝内。

4）聚氨酯密封膏

聚氨酯密封膏一般用双组分配制，甲组分是含有异氰酸酯基的预聚体，乙组分含有多羟基的固化剂与增塑剂、填充料、稀释剂等。使用时，将甲乙两组分按比例混合，经固化反应成弹性体。按流变性能分为两种类型：N 型，非下垂型；L 型，自流平型。

它延伸率大，弹性、黏结性及耐气候老化性能特别好，耐低温、防水性好，具有良好的耐油、耐酸碱性、耐久性及耐磨性，使用年限长。与混凝土的黏结性好，同时不需要打底，故可以作屋面、墙面的水平或垂直接缝，广泛用于各种装配式建筑屋面板、墙面、楼地面、阳台、窗框、卫生间等部位的接缝、施工缝的密封，给排水管道、贮水池等工程的接缝密封，尤其适用于游泳池工程。它还可用于混凝土裂缝的修补，是公路及机场跑道的补缝、接缝的好材料，也可用于玻璃、金属材料的嵌缝密封。

5）聚硫密封膏

是以 LP 液态聚硫橡胶为基料，再加入硫化剂、增塑剂、填充料等拌制成均匀的膏状体。LP 液态聚硫有 LP -2、LP -12、LP -31 和 LP -32 四种牌号；硫化剂有二氧化铅、二氧化镁、二氧化钛以及异丙苯过氧化氢等；增塑剂有氯化石蜡、酯类（二丁酯、二辛酯）、酯醚类（丙二醇二苯甲酸酯)及邻硝基联苯等;填充料有炭黑、碳酸钙粉铝粉等。

聚硫密封膏具有黏结力强、应适应温度范围宽(-40 ~80 ℃)、低温柔韧性好、抗紫外线曝晒以及抗冰雪和水浸能力强等优点。聚硫密封膏是一种优质密封材料,除适用于各种建筑的防水密封,更适合用于长期浸泡在水中的(如水库、堤坝、游泳池等)、严寒地区的工程或冷库、受疲劳荷载作用的工程(如桥梁、公路、机场跑道等)。

6)硅酮密封膏

硅酮密封膏,又称为有机硅密封膏,是以有机硅为基料配成的,它以硅氧烷聚合物为主体,加入硫化剂、硫化促进剂以及增强填料组成的室温固化型密封材料,是建筑用高弹性密封膏。目前大多用单组分(聚硅氧烷)配制,施工后与空气中的水分进行交联反应,形成橡胶弹性体。

硅酮密封膏具有优异的耐热性、耐寒性,使用温度为 -50 ~250 ℃,并具有良好的耐候性,使用寿命为 30 年以上,与各种材料都有较好的黏结性能,耐拉伸—压缩疲劳性强,耐水性好。贮存温度不超过 27 ℃,保质期不少于 6 个月。

根据《硅酮建筑密封胶》(GB/T 14683—2003)的规定,硅酮建筑密封膏按固化机理分为 A 型(脱酸,酸性)和 B 型(脱醇,中性);按用途分为 F 类和 G 类两种类别。其中,F 类为建筑接缝用密封膏,使用于预制混凝土墙板、水泥板、大理石板的外墙接缝,混凝土和金属框架的黏结,卫生间和公路接缝的防水密封等;G 类为镶装用密封膏,主要用于镶嵌玻璃和建筑门、窗的密封。产品按位移能力分为 25、20 两个级别,按拉伸模量分为高模量(HM)和低模量(LM)两个次级别。产品按名称、类型、类别、级别、次级别、标准号顺序标记,例如,镶装玻璃用 25 级高模量酸性硅酮建筑密封胶标记为:硅酮建筑密封胶 A G 25HM GB/T 14683—2003。

硅酮密封膏因性能优良,近年来发展速度很快,品种呈现多样化,广泛应用于玻璃、幕墙、结构、石材、金属屋面、陶瓷面砖等领域。

有必要提及,改革开放以来,我国公路建设发展很快,路面切缝、封缝需要用嵌缝密封材料。由于市场上用于路面嵌缝密封材料质量差异很大,有的公路使用嵌缝密封材料没几年就失去封缝作用,出现断裂、脱开现象,严重影响路面的正常使用和寿命。因此,2004 年我国制定统一的公路混凝土路面嵌缝密封材料技术指标和质量要求,即《水泥混凝土路面嵌缝密封材料》(JT/T 589—2004)行业标准。该标准对常温施工和加热施工式密封材料的主要品种、性能指标要求及试验检测方法都做了明确规定。

5.5 沥青混合料及其检测

以城镇道路工程用沥青混合料为例。

5.5.1 结构组成与分类

5.5.1.1 材料组成

沥青混合料是一种复合材料,主要由沥青、粗骨料、细骨料、矿粉组成,有的还加入聚合物和木纤维素拌和而成的混合料的总称；由这些不同质量和数量的材料混合形成不同的结构，并具有不同的力学性质。

沥青混合料结构是材料单一结构和相互联系结构的概念的总和，包括沥青结构、矿物骨架结构及沥青—矿粉分散系统结构等。沥青混合料的结构取决于下列因素：矿物骨架结构、沥青的结构、矿物材料与沥青相互作用的特点、沥青混合料的密实度及其毛细孔隙结构的特点。

沥青混合料的力学强度，主要由矿物颗粒之间的内摩阻力和嵌挤力，以及沥青胶结料及其与矿料之间的黏结力所构成。

5.5.1.2　基本分类

按材料组成及结构分为连续级配、间断级配混合料。按矿料级配组成及空隙率大小分为密级配、半开级配、开级配混合料。

按公称最大粒径的大小可分为特粗式（公称最大粒径大于 31.5 mm）、粗粒式（公称最大粒径等于或大于 26.5 mm）、中粒式（公称最大粒径 16 mm 或 19 mm）、细粒式（公称最大粒径 9.5 mm 或 13.2 mm）、砂粒式（公称最大粒径小于 9.5 mm）沥青混合料。

按生产工艺分为热拌沥青混合料、冷拌沥青混合料、再生沥青混合料等。

5.5.1.3　结构类型

沥青混合料，可分为按嵌挤原则构成和按密实级配原则构成的两大结构类型。

按嵌挤原则构成的沥青混合料的结构强度，是以矿质颗粒之间的嵌挤力和内摩阻力为主、沥青结合料的黏结作用为辅而构成的。这类路面是以较粗的、颗粒尺寸均匀的矿物构成骨架，沥青结合料填充其空隙，并把矿料黏结成一个整体。这类沥青混合料的结构强度受自然因素（温度）的影响较小。

按密实级配原则构成的沥青混合料的结构强度，是以沥青与矿料之间的黏结力为主、矿质颗粒间的嵌挤力和内摩阻力为辅而构成的。这类沥青混合料的结构强度受温度的影响较大。

按级配原则构成的沥青混合料，其结构组成通常有下列三种形式。

1）密实—悬浮结构

由次级骨料填充前级骨料（较次级骨料粒径稍大）空隙的沥青混凝土具有很大的密度，但由于前级骨料被次级骨料和沥青胶浆分隔，不能直接互相嵌锁形成骨架，因此该结构具有较大的黏聚力 c，但内摩擦角 φ 较小，高温稳定性较差。通常按最佳级配原理进行设计。

2）骨架—空隙结构

粗骨料所占比例大，细骨料很少甚至没有。粗骨料可互相嵌锁形成骨架，嵌挤能力强；但细骨料过少不易填充粗骨料之间形成的较大的空隙。该结构内摩擦角 φ 较高，但黏聚力 c 也较低。沥青碎石混合料（AM）和 OGFC 排水沥青混合料是这种结构典型代表。

3）骨架—密实结构

较多数量的断级配粗骨料形成空间骨架，发挥嵌挤锁结作用，同时由适当数量的细骨料和沥青填充骨架间的空隙形成既嵌紧又密实的结构。该结构不仅内摩擦角 φ 较高，黏聚

力 c 也较高,是综合以上两种结构优点的结构。沥青玛蹄脂混合料(简称 SMA)是这种结构典型代表。

三种结构的沥青混合料由于密度、空隙率、矿料间隙率不同,使它们在稳定性和路用性能上亦有显著差别。它们的典型结构组成示意图如图 5.6 所示。

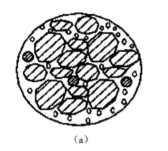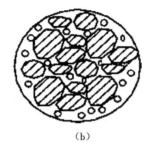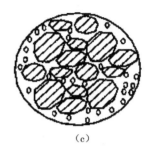

(a)   (b)   (c)

图 5.6　沥青混合料的结构组成示意图

(a)悬浮—密实结构　(b)骨架—空隙结构　(c)骨架—密实结构

5.5.2　沥青混合料的主要材料与性能

5.5.2.1　沥青

我国行业标准《城镇道路工程施工与质量验收规范》(CJJ 1—2008)规定:城镇道路面层宜优先采用 A 级沥青,不宜使用煤沥青。沥青的性能之前已有介绍。

5.5.2.2　粗骨料

粗骨料应洁净、干燥、表面粗糙;质量技术要求应符合有关规定。每种粗骨料的粒径规格(即级配)应符合工程设计的要求。粗骨料应具有较大的表观相对密度,较小的压碎值、洛杉矶磨耗损失、吸水率、针片状颗粒含量、水洗法 <0.075 mm 颗粒含量和软石含量。如城市快速路、主干道路表面层粗骨料压碎值不大于 26%、吸水率不大于 2.0% 等。城市快速路、主干道路的表面层(或磨耗层)的粗骨料的磨光值 PSV 应不少于 36 ~ 42(雨量气候分区中干旱区—潮湿区),以满足沥青路面耐磨的要求。粗骨料与沥青的黏附性应有较大值,城市快速路、主干道的骨料对沥青的黏附性应大于或等于 4 级,次干路及以下道路在潮湿区应大于或等于 3 级。

5.5.2.3　细骨料

细骨料应洁净、干燥、无风化、无杂质,质量技术要求应符合有关规定。热拌密级配沥青混合料中天然砂用量不宜超过骨料总量的 20%,SMA、OGFC 不宜使用天然砂。

5.5.2.4　矿粉

应采用石灰岩等憎水性石料磨成,且应洁净、干燥,不含泥土成分,外观无团粒结块。城市快速路、主干道的沥青路面不宜采用粉煤灰作填料。沥青混合料用矿粉质量要求应符合有关规定。

5.5.2.5　纤维稳定剂

木质纤维技术要求应符合有关规定。不宜使用石棉纤维。纤维稳定剂应在 250 ℃高温条件下不变质。

5.5.3 热拌沥青混合料主要类型

5.5.3.1 普通沥青混合料

普通沥青混合料即 AC 型沥青混合料,适用于城市次干道、辅路或人行道等场所。

5.5.3.2 改性沥青(Modified bitumen)混合料

改性沥青混合料指掺加橡胶、树脂、高分子聚合物、磨细的橡胶粉或其他填料等外掺剂(改性剂),使沥青或沥青混合料的性能得以改善制成的沥青混合料。

与 AC 型混合料相比具有较高的路面抗流动性即高温下抗车辙的能力,良好的路面柔性和弹性即低温下抗开裂的能力,较高的耐磨耗能力和延长使用寿命。

改性沥青混合料面层适用城市主干道和城镇快速路。

5.5.3.3 沥青玛琋脂碎石混合料(Stone mastic asphalt,简称 SMA)

沥青玛琋脂碎石混合料是一种以沥青、矿粉及纤维稳定剂组成的沥青玛琋脂结合料,填充于间断级配的矿料骨架中所形成的混合料。SMA 是一种间断级配的沥青混合料,5 mm 以上的粗骨料比例高达 70% ~ 80%,矿粉的用量达 7% ~ 13%("粉胶比"超出通常值 1.2 的限制);沥青用量较多,高达 6.5% ~ 7%,黏结性要求高,且选用针入度小、软化点高、温度稳定性好的沥青。

SMA 是当前国内外使用较多的一种抗变形能力强、耐久性较好的沥青面层混合料;适用于城市主干道和城镇快速路。

5.5.3.4 改性(沥青)SMA

采用改性沥青,材料配比采用 SMA 结构形式。

路面有非常好的高温抗车辙能力、低温变形性能和水稳定性,且构造深度大,抗滑性能好,耐老化性能及耐久性等路面性能都有较大提高。

适用于交通流量和行驶频度急剧增长,客运车的轴重不断增加,严格实行分车道单向行驶的城镇主干道和城镇快速路。

5.5.4 沥青混合料的检测

根据《公路工程沥青及沥青混合料试验规程》(JTJ E20—2011),沥青混合料的检测包括以下内容。

5.5.4.1 沥青混合料的取样

试样数量根据试验目的决定,宜不少于试验用量的 2 倍。按照现行规范规定进行沥青混合料试验的每一组代表性取样见表 5.27。

表 5.27 常用沥青混合料试验项目的样品数量(JTJ E20—2011)

试验项目	目的	最少试样量/kg	取样量/kg
马歇尔试验、抽提筛分	施工质量检查	12	20
车辙试验	高温稳定性检验	40	60
浸水马歇尔试验	水稳定性检验	12	20
冻融劈裂试验	水稳定性检验	12	20
弯曲试验	低温性能检验	15	25

平行试验应加倍取样。在现场取样直接装入试模或盛样盒成型时,也可等量取样。

沥青混合料取样应是随机的,并具有充分的代表性。以检查拌和质量(如油石比、矿料级配)为目的时,应从拌和机一次放料的下方或提升斗中取样,不得多次取样混合后使用。以评定混合料质量为目的时,必须分几次取样,拌和均匀后作为代表性试样。

5.5.4.2 沥青混合料试样的制作

沥青混合料试件制作方法包括击实法、轮碾法和静压法。

5.5.4.3 沥青混合料渗水试验

1)目的与适用范围

适用于用路面渗水仪测定碾压成型的沥青混合料试件的渗水系数,以检验沥青混合料的配合比设计。

2)仪具与材料

包括路面渗水仪、水筒及大漏斗、秒表、密封材料、接水容器、水、红墨水、粉笔和扫帚等。

3)方法与步骤

在洁净的水筒内滴入几点红墨水,使水成淡红色。组合装妥路面渗水仪。按沥青混合料试件成型方法(轮碾法)制作试件,尺寸为 30 cm×30 cm×5 cm,脱模,揭去成型试件时垫在表面的纸。

将试件放置于坚实的平面上,在试件表面上沿渗水仪底座圆圈位置抹一薄层密封材料,边涂边用手压紧,使密封材料嵌满试件表面混合料的缝隙,且牢固地黏结在试件上,密封料圈的内径与底座内径相同,约 150 mm。将渗水试验仪底座用力压在试件密封材料圈上,再加上压重铁圈压住仪器底座,以防压力水从底座与试件表面间流出。

用适当的垫块如混凝土试件或木块在左右两侧架起试件,试件下方放置一个接水容器。关闭渗水仪细管下方的开关,向仪器的上方量筒中注入淡红色的水至满,总量为 600 mL。

迅速将开关全部打开,水开始从细管下部流出,待水面下降 100 mL 时,立即开动秒表,每间隔 60 s,读记仪器管的刻度一次,至水面下降 500 mL 时为止。测试过程中,应观察渗水的情况,正常情况下水应该通过混合料内部空隙从试件的反面及四周渗出,如水是从底座与密封材料间渗出,说明底座与路面密封不好,应另采用干燥试件重新操作。如水面下降速度很慢,从水面下降至 100 mL 开始,测得 3 min 的渗水量即可停止。若试验时水面下降至一定程度后基本保持不动,说明试件基本不透水或根本不透水,则在报告中注明。

按以上步骤对同一种材料制作三块试件测定渗水系数,取其平均值,作为检测结果。

沥青混合料的渗水系数按式(5-4)计算,计算时以水面从100 mL下降至500 mL所需的时间为标准,若渗水时间过长,亦可采用3 min通过的水量计算。

$$C_w = \frac{V_2 - V_1}{t_2 - t_1} \times 60 \tag{5-4}$$

逐点报告每个试件的渗水系数及三个试件的平均值。若路面不透水,应在报告中注明。

【模块导图】

本模块知识重点串联如图5.7所示。

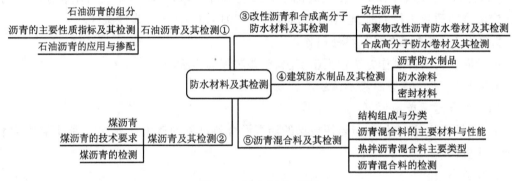

图5.7　知识重点串联

【知识链接】

防水涂料是流态或半流态物质,涂布在基层表面,经溶剂或水分挥发或各组分间的化学反应,形成一定柔性和厚度的连续薄膜,使基层表面与水隔绝,起防水、防潮作用。

防水涂料固化成膜后的防水涂膜具有良好的防水性能,适合于各种复杂、不规则部位的防水,能形成无接缝的完整的防水膜。大多采用冷施工。此外,涂布的防水涂料既是防水层的主体,又是胶黏剂,因而施工质量容易保证,维修也较简单。但是防水涂料须采用刷子或刮板等逐层涂刷(刮),防水膜的厚度较难保持均匀一致。因此,防水涂料广泛适用于工业与民用建筑的屋面防水工程、地下室防水工程和地面防潮、防渗等。

防水涂料按液态类型可分为溶剂型、水乳型和反应型三种;按成膜物质的主要成分可分为沥青类、高聚物改性沥青类和合成高分子类。大多采用冷施工。

1)高聚物改性沥青防水涂料

高聚物改性沥青防水涂料是以沥青为基料,用合成高分子进行改性制成的水乳型或溶剂型防水涂料。这类涂料在柔韧性、抗裂性、拉伸强度、耐高低温性能、使用寿命等方面比沥青基涂料有很大改善。品种有再生橡胶改性沥青防水涂料、水乳型氯丁橡胶沥青防水涂料、SBS橡胶改性沥青防水涂料等。适用于Ⅱ、Ⅲ、Ⅳ级防水等级的屋面、地面、混凝土地下室和卫生间等的防水工程。

(1)再生橡胶沥青防水涂料。

这种防水涂料分为溶剂型再生橡胶沥青防水涂料(又称 JG－1 防水冷胶料)和水乳型再生橡胶沥青防水涂料(又称 JG－2 防水冷胶料)。这两种防水冷胶料具有良好的黏结性、耐热性、抗裂性、不透水性和抗老化性,可以进行冷操作并与中碱玻璃丝布配合使用作为防水层,适用于屋面、墙体、地面及地下室等工程,也可用以嵌缝及防腐工程等。

(2)氯丁橡胶沥青防水涂料。

分为溶剂型氯丁橡胶沥青防水涂料和水乳型氯丁橡胶沥青防水涂料(又名氯丁胶乳沥青防水涂料)。氯丁橡胶沥青防水涂料具有橡胶和沥青双重优点。有较好的耐水性、耐腐蚀性,成膜快、涂膜致密完整、延伸性好、抗基层变形性能较强、能适应多种复杂面层,耐候性能好,能在常温及较低温度条件下施工。

氯丁橡胶沥青防水涂料施工方法为冷施工,可用喷涂或人工涂刷,找平层要求平整、清洁、无积水,非冰冻期晴天即可施工。氯丁橡胶沥青防水涂料性能优良,成本不高,属中档防水涂料。可用于混凝土屋面防水层,防腐蚀地坪的 FM 离层,旧油毡屋面维修,以及厨房、水池、卫生间、地下室等处的抗渗防潮等。

(3)硅橡胶防水涂料。

硅橡胶防水涂料具有良好的防水性、渗透性、成膜性、弹性、黏结性、耐水性和耐湿热低温性。适应基层复形的能力强,可渗入基底,与基底牢固黏结。成膜速度快,可在潮湿基层上施工,无毒、无味、不燃,可配成各种颜色。适用于地下工程、屋面等防水、防渗及渗漏修补工程,也是冷藏库优良的隔汽材料,但价格较高。这种涂料有 1 号和 2 号两种,1 号用于表层和底层,2 号用于中间作为加强层。

2)合成高分子防水涂料

合成高分子类防水涂料是以合成橡胶或合成树脂为主要成膜物质,加入其他辅料制成的单组分或双组分的防水涂料。这类涂料具有高弹性、高耐久性及优良的耐高低温性能,品种有聚氨酯防水涂料、丙烯酸酯防水涂料、聚合物水泥涂料和有机硅防水涂料等。适用于Ⅰ、Ⅱ、Ⅲ级防水等级的屋面、地下室、水池及卫生间等到的防水工程。

(1)聚氨酯防水涂料。

聚氨酯(PU)防水涂料,是以聚氨酯树脂为主要成膜物质的一类高分子防水涂料。聚氨酯防水涂料属橡胶系,是由异氰酸酯基(—NCO)的聚氨酯预聚体和含有多羟基(—OH)或氨基(—NH_2)的固化剂以及其他助剂的混合物按一定比例混合而形成的一种反应型涂膜防水涂料。属双组分反应型涂料。固化的体积收缩小,可形成较厚的防水涂膜,具有弹性高、延伸率大、耐高低温性好、耐油、耐化学药品等优点。为高档防水涂料,价格较高。施工时双组分需准备称量拌和,使用较麻烦,具有一定的毒性和可燃性。

聚氨酯防水涂料适用于各种屋面防水工程(需覆盖保护层)、地下防水工程、厨房厕浴间防水工程及水池游泳池防水防漏、地下管道防水防腐蚀等。

(2)有机硅防水涂料。

有机硅防水涂料具有优良的耐高低温、耐候、耐水、耐各种气体、耐臭氧和耐紫外线降解等性能,涂刷在墙面上,既可以保持墙壁的正常透气,又能抵挡与水的侵蚀,使墙面防潮、防腐、耐冻融并保持光泽,只要施工得当,其防水层的寿命可长达 10～15 年,是一类理想的建筑防水材料。

(3)丙烯酸酯防水涂料。

丙烯酸酯防水涂料是以丙烯酸酯、甲基丙烯酸酯等为主要单体,同其他含有乙烯基的单体共聚合反应而生成的丙烯酸共聚乳液,再调入适当的颜填料、助剂等配制而成的一类防水涂料。丙烯酸酯具有保色性、耐候性好,光泽和硬度高,色浅且保光性好等优点,故已广泛应用于涂膜防水工程。丙烯酸酯防水涂料按其聚合物的形态和性质可分为溶剂型和水乳型等类别。

(4)EVA 防水涂料。

EVA 防水涂料是以水性乙烯—醋酸乙烯共聚乳液为基础,再在基料中加入一定量的改性剂,并配以颜填料、助剂而成的一类水乳型防水涂料。

【拓展与实训】

【职业能力训练】

一、单项选择题

1.石油沥青的组分长期在大气中将会转化,其转化顺序是(　　)。

A.按油分—树脂—地沥青质的顺序递变　　　B.固定不变

C.按地沥青质—树脂—油分的顺序递变　　　D.不断减少

2.石油沥青材料属于(　　)。

A.散粒结构　　　　B.纤维结构　　　　C.胶体结构　　　　D.层状结构

3.沥青组分中的蜡使沥青具有(　　)。

A.良好的流动性能　　　　　　　　　B.良好的黏结性

C.良好的塑性性能　　　　　　　　　D.较差的温度稳定性

4.石油沥青软化点指标反映了沥青的(　　)。

A.耐热性　　　　B.温度敏感性　　　　C.黏滞性　　　　D.强度

5.在石油沥青的主要技术指标中,用延度表示其特性的指标是(　　)。

A.黏度　　　　B.塑性　　　　C.温度稳定性　　　　D.大气稳定性

6.石油沥青在热、阳光、氧气和潮湿等因素的长期综合作用下,其抵抗老化的性能称为(　　)。

A.耐久性　　　　B.抗老化性　　　　C.温度敏感性　　　　D.大气稳定性

7.划分黏稠石油沥青牌号的主要依据是(　　)。

A.闪点　　　　B.燃点　　　　C.针入度　　　　D.耐热度

8.划分石油沥青牌号时不用考虑(　　)。

A.针入度　　　　B.分层度　　　　C.溶解度　　　　D.软化点

9.沥青中的矿物填充料不包括(　　)。

A.石棉粉　　　　B.石灰石粉　　　　C.滑石粉　　　　D.石英粉

10.沥青胶的性质决定于(　　)。

A.沥青的性质　　　　　　　　　　　B.填充料的性质

C. 沥青和填充料的性质　　　　　　　　D. 沥青和填充料的性质及其配合比

二、多项选择题

1. 与油毡相比，合成高分子防水卷材的(　　)。

A. 拉伸强度和抗撕裂强度高　　　　　　B. 耐热性和低温柔韧性好

C. 断裂伸长率小　　　　　　　　　　　D. 耐腐蚀性、耐老化性好

2. 沥青的牌号是根据以下(　　)技术指标来划分的。

A. 针入度　　　　　B. 延度　　　　　C. 软化点　　　　　D. 闪点

3. 常用作沥青矿物填充料的物质有(　　)。

A. 滑石粉　　　　　B. 石灰石粉　　　　C. 磨细砂　　　　　D. 水泥

4. 根据用途不同，沥青分为(　　)。

A. 道路石油沥青　　　　　　　　　　　B. 防水防潮石油沥青

C. 建筑石油沥青　　　　　　　　　　　D. 天然沥青

5. 树脂是沥青的改性材料之一，下列各项(　　)是树脂改性沥青优点。

A. 耐寒性提高　　　　　　　　　　　　B. 耐热性提高

C. 和沥青有较好的相溶性　　　　　　　D. 黏结能力提高

【工程模拟训练】

1. 某防水工程需石油沥青 30 t，要求软化点不低于 80 ℃，现有 60 号和 10 号石油沥青，测得他们的软化点分别是 49 ℃和 98 ℃，问这两种牌号的石油沥青如何掺配？

2. 某地区每到冬天的时候，附近的沥青路面总会出现一些裂缝，裂缝大多是横向的，且几乎为等间距的。试分析其原因。

3. 某住宅楼面于 8 月份施工，铺贴沥青防水卷材全是白天施工，之后卷材出现鼓化、渗漏的现象。试分析其原因。

【链接职考】

2010 年一级注册结构师基础课试题：(单选题)

1. 石油沥青的软化点反映了沥青的(　　)。

A. 黏滞性　　　　　B. 温度敏感性　　　　C. 强度　　　　　D. 耐久性

2010 年一级注册建造师实务试题：(单选题)

2. 防水卷材的耐老化性指标可用来表示防水卷材的(　　)性能。

A. 拉伸　　　　　　B. 大气稳定　　　　　C. 温度稳定　　　　D. 柔韧

3. 当基体含水率不超过 8% 时，可直接在水泥砂浆和混凝土基层上进行涂饰的是(　　)涂料。

A. 过氯乙烯　　　　B. 苯—丙乳胶漆　　　C. 乙—丙乳胶漆　　D. 丙烯酸酯

2010 年一级注册建造师实务试题：(多选题)

4. 沥青防水卷材是传统的建筑防水材料，成本较低，但存在(　　)等缺点。

A. 拉伸强度和延伸率低　　　　　　　　B. 温度稳定性较差

C. 低温易流淌　　　　　　　　　　　　D. 高温易脆裂

E. 耐老化性较差

<u>2009 年一级注册建造师实务试题</u>:(多选题)

5. 下列关于建筑幕墙构(配)件之间黏接密封胶选用的说法中,正确的有( )。

A. 聚硫密封胶用于全玻璃幕墙的传力胶缝

B. 环氧胶黏剂用于石材幕墙板与金属挂件的黏接

C. 云石胶用于石材幕墙板之间的嵌缝

D. 丁基热熔密封胶用于中空玻璃的第一道密封

E. 硅酮结构密封胶用于隐框玻璃幕墙与铝框的黏接

模块 6　保温隔热材料及其检测

【模块概述】

　　保温隔热材料是对冷、热流具有明显阻抗性能的材料或材料复合体,其特点是质轻、多孔、保温、隔热、吸声,导热系数越小,保温隔热性能越好。按其应用目的、使用方式等因素可再加工成各种功能型制品。随着我国经济的快速发展,对能源的需求量越来越大,社会各个领域都在积极地开展节能减排的工作,建筑节能是解决我国能源问题的重要途径之一,也是摆在建筑行业面前的一项紧迫任务,而建筑节能最直接有效的办法就是进行建筑的隔热保温,从而实现降耗减排。选择合适的保温隔热材料不仅能达到节能保温的目的,而且可以延长建筑物的寿命。

　　本模块介绍了建筑工程中常用的耐高温隔热保温涂料、聚苯乙烯泡沫塑料、聚氨酯泡沫塑料、酚醛保温板、胶粉聚苯颗粒保温材料、岩棉共六大类有机、无机隔热保温材料,对其材料特性、分类及应用,进行了详细的讲解,学习者通过本模块的学习可以了解不同种类的隔热保温材料的特性及在建筑保温隔热工程中的选用原则,同时对隔热保温材料的检测做了介绍,便于学习者在实际工程中运用所学的知识进行材料的质量控制。

　　本模块按照材质与形态的分类方法,将建筑工程常用的隔热保温材料分为:耐高温隔热保温涂料、聚苯乙烯泡沫塑料、聚氨酯泡沫塑料、酚醛保温板、胶粉聚苯颗粒保温材料、岩棉六大类分别进行介绍。

【知识目标】

　　(1)常用建筑隔热保温材料有几类,每种材料的特性是怎样的。

　　(2)建筑隔热保温工程中如何根据用途及使用环境来选用恰当的隔热保温材料。

　　(3)建筑常用隔热保温材料的质量要求是怎样的,都有哪些检测指标、适用标准。

　　(4)隔热保温材料进场检测指标有哪些,如何判断产品质量。

【技能目标】

　　(1)认识常用建筑保温隔热材料的种类及各自特点。

　　(2)掌握常用建筑保温隔热材料的适用范围。

　　(3)掌握常用建筑保温隔热材料的主要技术指标及进场检验项目。

【课时建议】

　　6 课时。

【工程导入】

　　内蒙古某住宅小区,总建筑面积 430 000 m²,采用钢筋混凝土剪力墙结构,设计年限 50年,建筑防火等级二级。该项目地处严寒地区 B1 区,采暖期室外设计温度 -19 ℃。

为保证建筑物保温隔热要求,同时满足防火要求,该工程采用 60～100 mm 厚挤塑聚苯乙烯保温板 XPS 制作外墙及屋面的保温隔热层。如图 6.1 所示。

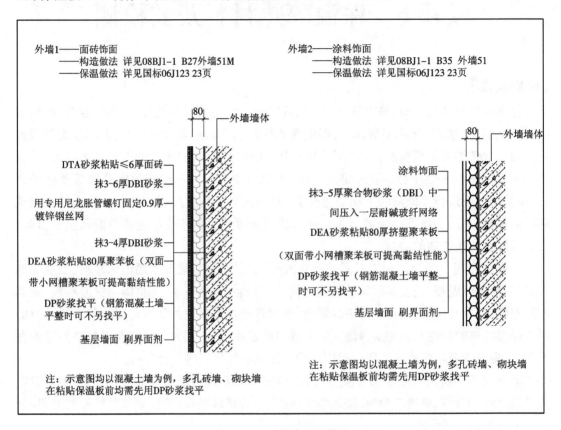

图 6.1　XPS 外墙保温做法

在实际工程中,如何根据设计条件选用恰当的隔热保温材料,满足保温、防火等技术指标,同时又具有最佳的技术经济性,判断选用的隔热保温材料质量是否合格,希望读者通过本模块的学习掌握上述能力。

保温隔热材料按材质可分为无机绝热材料、有机绝热材料和复合型绝热材料三大类;按形态可分为纤维状、微孔状、气泡状、膏(浆)状、粒状、复合型、板状、块状等。

保温隔热材料分类见表 6.1。

表 6.1　保温隔热材料分类表

序号	类别		材料名称
1	纤维状	无机	石棉纤维、岩棉、矿渣棉、玻璃棉、硅酸铝棉、陶瓷纤维等
		有机	软质纤维板(木纤维板、草纤维板等)
2	微孔状	无机	硅藻土、硅藻钙、碳酸镁、硅酸钙、膨胀珍珠岩、膨胀蛭石、加气混凝土等
		有机	软木

序号	类别		材料名称
3	气泡状	无机	泡沫玻璃、火山灰微珠、泡沫黏土、发泡混凝土等
		有机	聚苯乙烯泡沫塑料(EPS,XPS)、聚乙烯泡沫、聚氨酯泡沫、酚醛树脂泡沫、橡胶泡沫等
4	复合增强型	复合板块	水泥聚苯泡沫板、玻璃纤维增强水泥板、水泥珍珠岩板等
		金属与保温板复合	彩钢夹芯泡沫板、彩钢夹芯纤维板、钢丝网夹芯泡沫板
5	膏、块、层、松散状		水泥聚苯颗粒浆料、硅酸盐系复合保温膏、沥青膨胀珍珠岩、干铺炉渣、膨胀珍珠岩、膨胀蛭石、加气混凝土砌块、粉煤灰砌块、耐火砖、膜类材料、夹筋铝箔、反射玻璃、低辐射玻璃等

6.1　耐高温隔热保温涂料及其检测

防火涂料是用于基材表面,能降低被涂材料表面的温度或可燃性,阻滞火灾的迅速蔓延,用以提高被涂材料耐火极限的一种特种涂料。

6.1.1　耐高温隔热保温涂料分类

①根据防火涂料所用基料的性质,可分为有机型防火涂料、无机型防火涂料和有机无机复合型防火涂料三类。

②根据防火涂料所用的分散介质,可分为溶剂型防火涂料和水性防火涂料。

③按涂层受热后的燃烧特性和状态变化,可将防火涂料分为非膨胀型防火涂料和膨胀型防火涂料两类。

④按防火涂料的使用目标来分,可分为饰面型防火涂料、钢结构防火涂料、电缆防火涂料、预应力混凝土楼板防火涂料、隧道防火涂料、船用防火涂料等多种类型。其中,钢结构防火涂料根据其使用场合可分为室内用和室外用两类,根据其涂层厚度和耐火极限又可分为厚质型、薄型和超薄型三类。

6.1.2　工程中常用的几种防火涂料

6.1.2.1　电缆防火涂料 GB 28374—2012

电缆防火涂料是在饰面型防火涂料基础上结合自身要求发展起来的,其理化性能及耐候性能较好,涂层较薄,遇火能生成均匀致密的海绵状泡沫隔热层,有显著的隔热防火效果,从而达到保护电缆、阻止火焰蔓延、防止火灾的发生和发展的目的。电缆防火涂料作为电缆防火保护的一种重要产品,通过近20年来的应用,对减少电缆火灾损失、保护人民财产安全起了积极作用,其应用也从不规范到规范。

6.1.2.2　饰面型防火涂料 GB 12441—2005

饰面型防火涂料是一种集装饰和防火为一体的新型涂料品种,当它涂覆于可燃基材上时,平时可起一定的装饰作用;一旦火灾发生时,则具有阻止火势蔓延,从而达到保护可燃基材的目的。

6.1.2.3 混凝土结构防火涂料 GB 28375—2012

混凝土结构防火涂料是指涂覆在工业与民用建筑物内或公路、铁路(含地铁)隧道等混凝土表面,能形成耐火隔热保护层以提高其结构耐火极限的防火涂料。

混凝土结构防火涂料类似于钢结构防火涂料,但在性能要求上有所不同,由于涂料应用在有碱性的混凝土表面,所以,要求涂料有好的耐碱性或在使用时预先涂刷抗碱封闭底漆。

混凝土防火涂料按使用场所分为混凝土结构防火涂料和隧道防火涂料;按防火机理分为膨胀型(PH)和非膨胀型(FH)。其中,膨胀型按其成膜材料不同,分为溶剂型防火涂料和水性防火涂料。

6.1.2.4 钢结构防火涂料 GB 14907—2002

由于裸露的钢结构耐火极限仅为15 min,在火灾中钢结构温升超过500 ℃时,其强度明显降低,导致建筑物迅速垮塌。因此,钢结构必须采用防火涂料进行涂饰,才能使其达到《建筑设计防火规范》的要求。钢结构防火涂料是涂覆于建筑物或构筑物表面,能形成耐火隔热保护层以提高钢结构耐火极限的涂料。

以下重点介绍钢结构防火涂料。

6.1.3 钢结构防火涂料的分类、特点、原理

6.1.3.1 分类

钢结构防火涂料按照使用厚度可分为:超薄型钢结构防火涂料、薄型钢结构防火涂料、厚型钢结构防火涂料。

①超薄型钢结构防火涂料,涂层厚度小于或等于3 mm。

②薄型钢结构防火涂料,涂层厚度大于3 mm且小于或等于7 mm。

③厚型钢结构防火涂料,涂层厚度大于7 mm且小于或等于45 mm。

6.1.3.2 特点

由于钢结构通常在450～650 ℃温度中就会失去承载能力,发生很大的形变,导致钢柱、钢梁弯曲,结果因过大的形变而不能继续使用,一般不加保护的钢结构的耐火极限为15 min左右。钢结构防火涂料涂覆在钢材表面,可显著提高钢结构材料耐火性能。

6.1.3.3 原理

1)超薄型或薄型钢结构防火涂料的防火隔热原理

涂覆在钢结构上的超薄型或薄型钢结构防火涂料的防火隔热原理是防火涂料层在受火时膨胀发泡,形成泡沫,泡沫层不仅隔绝了氧气,而且因为其质地疏松而具有良好的隔热性能,可延滞热量传向被保护基材的速度;根据物理化学原理分析,涂层膨胀发泡产生的泡沫层的过程因为体积扩大而呈现吸热反应,也消耗了燃烧时的热量,有利于降低体系的温度,这几个方面的作用,使防火涂料产生显著的防火隔热效果。

2）厚型钢结构防火涂料的防火隔热原理

涂覆在钢构件上的厚型钢结构防火涂料的防火隔热原理是防火涂料受火时涂层基本上不发生体积变化，但涂层热导率很低，延滞了热量传向被保基材的速度，防火涂料的涂层本身是不燃的，对钢构件起屏障和防止热辐射作用，避免了火焰和高温直接进攻钢构件。还有涂料中的有些组分遇火相互反应而生成不燃气体的过程是吸热反应，也消耗了大量的热，有利于降低体系温度，故防火效果显著，对钢材起到高效的防火隔热保护。另外该类钢结构防火涂料受火时涂层不发生体积变化形成釉状保护层，它能起隔绝氧气的作用，使氧气不能与被保护的易燃基材接触，从而避免或降低燃烧反应。但这类涂料所生成釉状保护层导热率往往较大，隔热效果差。为了取得一定的防火隔热效果，厚涂型防火涂料一般涂层较厚才能达到一定的防火隔热性能要求。

6.1.4 钢结构防火涂料的技术要求

钢结构防火涂料根据使用的位置分为室内和室外用途，其技术指标各不相同。

6.1.4.1 产品命名

以汉语拼音字母的缩写作为代号，N 和 W 分别代表室内和室外，CB、B 和 H 分别代表超薄型、薄型和厚型三类，各类涂料名称与代号对应关系如下。

室内超薄型钢结构防火涂料——NCB。

室外超薄型钢结构防火涂料——WCB。

室内薄型钢结构防火涂料——NB。

室外薄型钢结构防火涂料——WB。

室内厚型钢结构防火涂料——NH。

室外厚型钢结构防火涂料——WH。

6.1.4.2 室内钢结构防火涂料技术性能

室内钢结构防火涂料技术性能见表6.2。

表6.2 室内钢结构防火涂料技术性能

序号	检验项目	技术指标			缺陷分类
		NCB	NB	NH	
1	在容器中的状态	经搅拌后呈均匀细腻状态，无结块	经搅拌后呈均匀液态或稠厚流体状态，无结块	经搅拌后呈均匀稠厚流体状态，无结块	C
2	干燥时间（表干）/h	≤8	≤12	≤24	C
3	外观与颜色	涂层干燥后，外观与颜色同样品相比应无明显差别	涂层干燥后，外观与颜色同样品相比应无明显差别	—	C
4	初期干燥抗裂性	不应出现裂纹	允许出现1~3条裂纹，其宽度应≤0.5 mm	允许出现1~3条裂纹，其宽度应≤1 mm	C

序号	检验项目		技术指标			缺陷分类
			NCB	NB	NH	
5	黏结强度/MPa		≥0.20	≥0.15	≥0.04	B
6	抗压强度/MPa		—	—	≥0.3	C
7	干密度/(kg/m³)		—	—	≤500	C
8	耐水性/h		≥24 涂层应无起层、发泡、脱落现象	≥24 涂层应无起层、发泡、脱落现象	≥24 涂层应无起层、发泡、脱落现象	B
9	耐冷热循环性/次		≥15 涂层应无开裂、剥落、起泡现象	≥15 涂层应无开裂、剥落、起泡现象	≥15 涂层应无开裂、剥落、起泡现象	B
10	耐火性能	涂层厚度（不大于）/mm	2.00±0.20	5.0±0.5	25±2	A
		耐火极限（不低于）/h（以136b 或140b 标准工字钢梁作基材）	1.0	1.0	2.0	

注：裸露钢梁耐火极限为 15 min（136b、140b 验证数据），作为表中 0 mm 涂层厚度耐火极限基础数据。

6.1.4.3　室外钢结构防火涂料技术性能

室外钢结构防火涂料技术性能见表 6.3。

表 6.3　室外钢结构防火涂料技术性能

序号	检验项目	技术指标			缺陷分类
		WCB	WB	WH	
1	在容器中的状态	经搅拌后呈细腻状态，无结块	经搅拌后呈均匀液态或稠厚流体状态，无结块	经搅拌后呈均匀稠厚流体状态，无结块	C
2	干燥时间（表干）/h	≤8	≤12	≤24	C
3	外观与颜色	涂层干燥后，外观与颜色同样品相比应无明显差别	涂层干燥后，外观与颜色同样品相比应无明显差别	—	C
4	初期干燥抗裂性	不应出现裂纹	允许出现1~3条裂纹，其宽度应≤0.5 mm	允许出现1~3条裂纹，其宽度应≤1 mm	C
5	黏结强度/MPa	≥0.20	≥0.15	≥0.04	B
6	抗压强度/MPa	—	—	≥0.5	C
7	干密度/(kg/m³)	—	—	≤650	C

续表

序号	检验项目		技术指标			缺陷分类
			WCB	WB	WH	
8	耐曝热性/h		≥720 涂层应无起层、脱落、空鼓、开裂现象	≥720 涂层应无起层、脱落、空鼓、开裂现象	≥720 涂层应无起层、脱落、空鼓、开裂现象	B
9	耐湿热性/h		≥504 涂层应无起层、脱落现象	≥504 涂层应无起层、脱落现象	≥504 涂层应无起层、脱落现象	B
10	耐冻融循环性/次		≥15 涂层应无开裂、脱落、起泡现象	≥15 涂层应无开裂、脱落、起泡现象	≥15 涂层应无开裂、脱落、起泡现象	B
11	耐酸性/h		≥360 涂层应无起层、脱落、开裂现象	≥360 涂层应无起层、脱落、开裂现象	≥360 涂层应无起层、脱落、开裂现象	B
12	耐碱性/h		≥360 涂层应无起层、脱落、开裂现象	≥360 涂层应无起层、脱落、开裂现象	≥360 涂层应无起层、脱落、开裂现象	B
13	耐盐雾腐蚀性/次		≥30 涂层应无起泡,明显的变质、软化现象	≥30 涂层应无起泡,明显的变质、软化现象	≥30 涂层应无起泡,明显的变质、软化现象	B
14	耐火性能	涂层厚度（不大于)/mm	2.00±0.20	5.0±0.5	25±2	A
		耐火极限(不低于)/h(以136b 或140b 标准工字钢梁作基材)	1.0	1.0	2.0	

注:裸露钢梁耐火极限为15 min(136b、140b 验证数据),作为表中 0 mm 涂层厚度耐火极限基础数据。耐久性项目(耐曝热性、耐湿热性、耐冻融循环性、耐酸性、耐碱性、耐烟雾腐蚀性)的技术要求除表中规定外,还应满足附加耐火性能的要求,方能判定该对应项性能合格。耐酸性和耐碱性可仅进行其中一项测试。

6.1.4.4 钢结构防火涂料试验方法

1)取样

抽样、检查和试验所需样品的采取,除另有规定外,应按 GB 3186 的规定进行。

2)试验条件

涂层的制备、养护均应在环境温度5~35 ℃,相对湿度50% ~80%的条件下进行;除另有规定外,理化性能试验亦宜在此条件下进行。

3)理化性能试件的制备

除另有规定外,涂层理化性能的试件均应按制备规定如下(试件制作时不应含涂层的加固措施)。

(1)试件底材的尺寸与数量。

试件底材的尺寸与数量见表6.4。

表 6.4　试件底材的尺寸与数量

序号	项目	尺寸/mm	数量/件
1	外观与颜色	$150 \times 70 \times (6 \sim 10)$	1
2	干燥时间	$150 \times 70 \times (6 \sim 10)$	3
3	初期干燥抗裂性	$300 \times 150 \times (6 \sim 10)$	2
4	黏结强度	$70 \times 70 \times (6 \sim 10)$	5
5	耐曝热性	$150 \times 70 \times (6 \sim 10)$	3
6	耐湿热性	$150 \times 70 \times (6 \sim 10)$	3
7	耐冻融循环性	$150 \times 70 \times (6 \sim 10)$	4
8	耐冷热循环性	$150 \times 70 \times (6 \sim 10)$	4
9	耐水性	$150 \times 70 \times (6 \sim 10)$	3
10	耐酸性	$150 \times 70 \times (6 \sim 10)$	3
11	耐碱性	$150 \times 70 \times (6 \sim 10)$	3
12	耐盐雾腐蚀性	$150 \times 70 \times (6 \sim 10)$	3
13	腐蚀性	$150 \times 70 \times (6 \sim 10)$	3

（2）底材及预处理。

采用 Q235 钢材作底材，彻底清除锈迹后，按规定的防锈措施进行防锈处理。若不作防锈处理，应提供权威机构的证明材料证明该防火涂料不腐蚀钢材或增加腐蚀性检验。

（3）试件的涂覆和养护。

按涂料产品规定的施工工艺进行涂覆施工，理化性能试件涂层厚度分别为：CB 类(1.50 ± 0.20) mm，B 类(3.5 ± 0.5) mm，H 类(8 ± 2) mm，达到规定厚度后应抹平和修边，保证均匀平整，其中，对于复层涂料作如下规定：作装饰或增强耐久性等作用的面层涂料厚度不超过 0.2 mm（CB 类）、0.5 mm（B 类）、2 mm（H 类），增强与底材的黏结或作防锈处理的底层涂料厚度不超过 0.5 mm（CB 类）、1 mm（B 类）、3 mm（H 类）。涂好的试件涂层面向上水平放置在试验台上干燥养护，除用于试验表干时间和初期干燥抗裂性的试件外，其余试件的养护期规定为：CB 类不低于 7 d，B 类不低于 10 d，H 类不低于 28 d，产品养护有特殊规定除外。养护期满后方可进行试验。

（4）试件预处理。

将以下准备进行耐水、耐湿热、耐冻融循环、耐酸、耐碱、耐烟雾腐蚀试验的试件养护期满后用 1:1 的石蜡与松香的溶液封堵其周边（封边宽度不得小于 5 mm），养护 24 h 后再进行试验。

4）理化性能

（1）在容器中的状态。

用搅拌器搅拌容器内的试样或按规定的比例调配多组分涂料的试样，观察涂料是否均匀、有无结块。

（2）干燥时间。

将上述制作的试件,按 GB/T 1728—1979 规定的指触法进行。

(3)外观与颜色。

将制作的试件干燥养护期满后,同厂方提供或与用户协商规定的样品相比较,颜色、颗粒大小及分布均匀程度,应无明显差异。

(4)初期干燥抗裂性。

将制作的试件,按 GB/T 9779—2015 的 5.5 进行检验。用目测检查有无裂纹出现或用适当的器具测量裂纹宽度。要求 2 个试件均符合要求。

(5)黏结强度。

将制作的试件的涂层中央约 40 mm×40 mm 面积内,均匀涂刷高黏结力的黏结剂(如溶剂型环氧树脂等),然后将钢制联结件轻轻粘上并压上约 1 kg 重的砝码,小心去除联结件周围溢出的黏结剂,继续在 6.2 规定的条件下放置 3 d 后去掉砝码,沿钢联结件的周边切割涂层至板底面,然后将黏结好的试件安装在试验机上;在沿试件底板垂直方向施加拉力,以(1 500 ~ 2 000)N/min 的速度加载荷,测得最大的拉伸载荷(要求钢制联结件底面平整与试件涂覆面黏结),结果以 5 个试验值中剔除最大和最小值后的平均值表示,结论中应注明破坏形式,如内聚破坏或附着破坏。每一试件黏结强度按式(6-1)求得:

$$f_b = \frac{F}{A} \tag{6-1}$$

式中　f_b——黏结强度(MPa);

　　　F——最大拉伸载荷(N);

　　　A——黏结面积(mm^2)。

(6)抗压强度。

①试件的制作。

先在规格为 70.7 mm × 70.7 mm ×70.7 mm 的金属试模内壁涂一薄层机油,将拌和后的涂料注入试模内,轻轻摇动,并插捣抹平,待基本干燥固化后脱模。在规定的环境条件下,养护期满后,再放置在(60 ± 5)℃的烘箱中干燥 48 h,然后再放置在干燥器内冷却至室温。

②试验程序。

选择试件的某一侧面作为受压面,用卡尺测量其边长,精确至 0.1 mm。将选定试件的受压面向上放在压力试验机(误差 ≤2%)的加压座上,试件的中心线与压力机中心线应重合,以(150 ~ 200)N/min 的速度均匀加载荷至试件破坏。记录试件破坏时的最大载荷。

每一试件的抗压强度按式(6-2)计算:

$$R = \frac{R}{A} \tag{6-2}$$

式中　R——抗压强度(MPa);

　　　P——最大载荷(N);

　　　A——受压面积(mm^2)。

③结果表示。

抗压强度结果以 5 个试验值中剔除最大和最小值后的平均值表示。

（7）干密度。

采用准备做抗压强度的试块，在做抗压强度之前采用卡尺和电子天平测量试件的体积和质量，并按式（6-3）计算干密度。

$$\rho = \frac{G}{V} \tag{6-3}$$

式中　ρ——干密度（kg/m³）；

　　　G——质量（kg）；

　　　V——体积（m³）。

每次试验，取 5 块试件测量，剔除最大和最小值，其结果应取其余 3 块的算术平均值，精确至 1 kg/m³。

（8）耐水性。

将制作的试件按 GB/T 1733—1993 的 9.1 进行检验，试验用水为自来水。要求 3 个试件中至少 2 个合格。

（9）耐冷热循环性。

将上述制作的试件，四周和背面用石蜡和松香的混合溶液（重量比 1：1）涂封，继续在 6.2 规定的条件下放置 1 d 后，将试件置于（23 ±2）℃的空气中 18 h，然后将试件放入（ –20 ±2）℃低温箱中，自箱内温度达到 –18 ℃时起冷冻 3 h 再将试件从低温箱中取出，立即放入（50 ±2）℃的恒温箱中，恒温 3 h。取出试件重复上述操作共 15 个循环。要求 3 个试件中至少 2 个合格。

（10）耐曝热性。

将按理化性能试件制备要求制备的试件垂直放置在（50 ±2）℃的环境中保持 720 h，取出后观察。要求 3 个试件中至少 2 个合格。

（11）耐湿热性。

将按理化性能试件制备要求制作的试件，垂直放置在湿度为（90 ±5）%、温度（45 ±5）℃的试验箱中，至规定时间后，取出试件垂直放置在不受阳光直接照射的环境中，自然干燥。要求 3 个试件中至少 2 个合格。

（12）耐冻融循环性。

将按理化性能试件制备要求制作的试件，按照耐冷热循环性试验相同的程序进行试验，只是将（23 ±2）℃的空气改为水，共进行 15 个循环。要求 3 个试件中至少 2 个合格。

（13）耐酸性。

将按理化性能试件制备要求制作的试件的 2/3 垂直放置于 3% 的盐酸溶液中至规定时间，取出垂直放置在空气中让其自然干燥。要求 3 个试件中至少 2 个合格。

（14）耐碱性。

将按理化性能试件制备要求制作的试件的 2/3 垂直浸入 3% 的氨水溶液中至规定时间，取出垂直放置在空气中让其自然干燥。要求 3 个试件中至少 2 个合格。

（15）耐盐雾腐蚀性。

除另有规定外,将按理化性能试件制备要求制作的试件,按 GB 15930—2007 的 6.3 的规定进行检验;完成规定的周期后,取出试件垂直放置在不受阳光直接照射的环境中自然干燥。要求 3 个试件中至少 2 个合格。

5）耐火性能

（1）试验装置。

符合 GB/T 9978—1999 第 4 部分对试验装置的要求。

（2）试验条件。

除另有规定外,试验条件应符合 GB/T 9978—1999 第 5 部分的要求。

（3）试件制作。

选用工程中有代表性的 136b 或 140b 工字型钢梁,依据涂料产品使用说明书规定的工艺条件对试件受火面进行涂覆,形成涂覆钢梁试件,并放在通风干燥的室内自然环境中干燥养护,养护期规定同 1.5.3 中"试件的涂覆和养护"。

（4）涂层厚度的确定。

对试件涂层厚度的测量应在各受火面沿构件长度方向每米不少于 2 个测点,取所有测点的平均值作为涂层厚度（包括防锈漆、防锈液、面漆及加固措施等厚度在内）。

（5）安装、加载。

试件应简支、水平安装在水平燃烧试验炉上,并按 GB 50017 规定的设计载荷加载,钢梁承受模拟均布载荷或等弯矩四点集中加载,钢梁加载计算见附录 A（标准的附录）;钢梁三面受火,受火段长度不少于 4 000 mm,计算跨度不小于 4 200 mm;试件支点内外非受火部分均不应超过 300 mm。不准用其他型号的钢构件或钢梁承受特定的载荷进行耐火试验的结果来判定该防火涂料的质量,若特定的工程需要进行耐火试验,可提供检验结果且应在检验报告中注明其适用性。

（6）判定条件。

钢结构防火涂料的耐火极限以涂覆钢梁失去承载能力的时间来确定,当试件最大挠度达到 $L_0/20$（L_0 是计算跨度）时试件失去承载能力。

（7）结果表示。

耐火性能以涂覆钢梁的涂层厚度（mm）和耐火极限（h）来表示,并注明涂层构造方式和防锈处理措施。涂层厚度精确至:0.01 mm（CB 类）、0.1 mm（B 类）、1 mm（H 类）;耐火极限精确至 0.1 h。

6）附加耐火性能

室外防火涂料的耐曝热、耐湿热、耐冻融循环、耐酸、耐碱和耐盐雾腐蚀等性能必须分别按 4）理化性能中（10）～（15）项试验合格后,方可进行附加耐火试验。

试件制作步骤如下。

①取 116 热轧普通工字钢梁（长度 500 mm）7 根,按图 6.2 预埋热电偶（由于预埋热电偶产生的孔、洞应作可靠封堵）。

②按涂料规定的施工工艺对 7 根短钢梁的每个表面进行施工,涂层厚度规定为 WCB

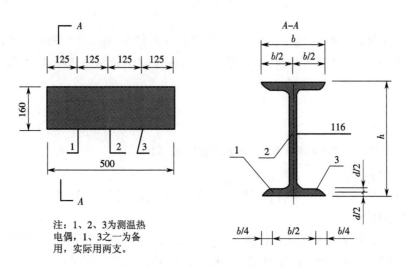

注：1、2、3为测温热电偶，1、3之一为备用，实际用两支。

图6.2 附加耐火试验热电偶埋设图（单位：mm）

(1.5 ~ 2.0)mm、WB(4.0 ~ 5.0)mm、WH(20 ~ 25)mm。但每根短钢梁试件的涂层厚度偏差相互之间不能大于10%。

③试验程序。

a. 取6根达到规定的养护期的钢梁分别按耐曝执性、耐湿热性、耐冻融循环性、耐酸性、耐碱性、耐盐雾腐蚀性进行试验后放在(30 ± 2)℃的环境中养护干燥后同第7根涂覆钢梁一起进行以下耐火试验。

b. 将试件放入试验炉中，水平放置，三面受火，按 GB/T 9978—2008 规定的升温条件升温，同时监测三个受火面相应位置的温度。

④判定条件。

以第7根钢梁内部达到临界温度(平均温度538 ℃，最高温度649 ℃)的时间为基准，第1~6根钢梁试件达到临界温度的时间衰减不大于35%者，可判定该对应项理化性能合格。

6.1.4.5 钢结构防火涂料检验规则

1）检验分类

检验分出厂检验和型式检验。

2）出厂检验

检验项目为外观与颜色、在容器中的状态、干燥时间、初期干燥抗裂性、耐水性、干密度、耐酸性或耐碱性(附加耐火性能除外)。

3）型式检验

检验项目为本标准规定的全部性能指标。有下列情形之一时，产品应进行型式检验。型式检验被抽样品应从分别不少于1 000 kg(超薄型)、2 000 kg(薄型)、3 000 kg(厚型)的产品中随机抽取超薄型100 kg、薄型200 kg、厚型400 kg。

①新产品投产或老产品转厂生产时试制定型鉴定。

②正式生产后，产品的配方或所用原材料有较大改变时。

③正常生产满3年时。

④产品停产一年以上恢复生产时。

⑤出厂检验结果与上次例行试验有较大差异时。

⑥国家质量监督机构或消防监督部门提出例行检验的要求时。

4)组批与抽样

(1)组批。

组成一批的钢结构防火涂料应为同一批材料、同一工艺条件下生产的产品。

(2)抽样。

抽样按 GB 3186—1982 第 3 章的规定进行。

5)判定规则

①钢结构防火涂料的检验结果,各项性能指标均符合本标准要求时,判该产品质量合格。

②钢结构防火涂料除耐火性能(不合格属 A,不允许出现)外,理化性能尚有严重缺陷(B)和轻缺陷(C),当室内防火涂料的 B≤1 且 B+C≤3,室外防火涂料的 B≤2 且 B+C≤4 时,亦可综合判定该产品质量合格,但结论中需注明缺陷性质和数量。

6.1.4.6　钢结构防火涂料的标志、标签、包装、运输、产品说明书

①产品应采取可靠的容器包装,并附有合格证和产品使用说明书。

②产品包装上应注明生产企业名称、地址、产品名称、商标、规格型号、生产日期或批号、保质贮存期等。

③产品放置在通风、干燥、防止日光直接照射等条件适合的场所。

④产品在运输时应防止雨淋、曝晒,并应遵守运输部门的有关规定。

⑤产品出厂和检验时均应附产品说明书,明确产品的使用场所、施工工艺、产品主要性能及保质期限。

6.2　聚苯乙烯泡沫塑料及其检测

聚苯乙烯泡沫塑料是以聚苯乙烯树脂为主体原料,加入发泡剂等辅助材料,经加热发泡而制成的泡沫塑料,按照生产方式及生产工艺的不同,分为绝热用模塑聚苯乙烯泡沫塑料和绝热用挤塑泡沫塑料两大类。下面分别介绍这两个类型的聚苯乙烯泡沫塑料。

6.2.1　绝热用模塑聚苯乙烯泡沫塑料 EPS(GB/T 10801.1—2002)

绝热用模塑聚苯乙烯泡沫塑料,简称 EPS,是用可发性聚苯乙烯珠粒,经加热预发后在模具中加热成型的白色材料。

6.2.1.1　材料特性

吸水性小、耐低温、耐腐蚀、性能稳定。

具有较好的保温隔热性能,导热系数为 0.039 ~ 0.041 W/(m·K)。

高密度的聚苯乙烯泡沫塑料板材具有很好的强度,可以承受一定荷载。

6.2.1.2　分类与产品标记

绝热用模塑聚苯乙烯泡沫塑料根据其阻燃性能分为普通型和阻燃型两类。按照密度又可将其分成Ⅰ、Ⅱ、Ⅲ、Ⅳ、Ⅴ、Ⅵ类,见表6.5。

表6.5　绝热用模塑聚苯乙烯泡沫塑料密度与适用范围

类别	密度范围/(kg/m³)	用途
Ⅰ	≥15 ~ <20	适用于不承受负荷的,如夹芯材料、墙体保温材料
Ⅱ	≥20 ~ <30	承受负荷较小,如地板下的隔热材料
Ⅲ	≥30 ~ <40	承受较大负荷,如停车平台隔热材料
Ⅳ	≥40 ~ <50	冷库铺地材料、公路地基材料及需要较高压缩强度的材料
Ⅴ	≥50 ~ <60	
Ⅵ	≥60	

6.2.1.3　技术要求

1)规格尺寸和允许偏差

规格尺寸有供需双方商定,允许偏差应符合表6.6的要求。

表6.6　绝热用模塑聚苯乙烯泡沫塑料允许尺寸偏差

长度、宽度范围	允许偏差	厚度范围	允许偏差	对角线尺寸范围	对角线差
<1 000	±5	<50	±2	<1 000	5
1 000 ~ 2 000	±8	50 ~ 75	±3	1 000 ~ 2 000	7
>2 000 ~ 4 000	±10	>75 ~ 100	±4	>2 000 ~ 4 000	13
>4 000	正偏差不限, -10	>100	供需双方决定	>4 000	15

2)外观要求

(1)色泽:均匀,阻燃型应掺有颜色颗粒,以示区别。

(2)外形:表面平整,无明显收缩变形和膨胀变形。

(3)熔结:熔结良好。

(4)杂质:无明显油渍和杂质。

3)物理力学性能

应符合表6.7的要求。

表6.7　绝热用模塑聚苯乙烯泡沫塑料物理力学性能

项目	单位	性能指标					
		Ⅰ	Ⅱ	Ⅲ	Ⅳ	Ⅴ	Ⅵ
表观密度不小于	kg/m³	15.0	20.0	30.0	40.0	50.0	60.0

续表

项目		单位	性能指标					
			Ⅰ	Ⅱ	Ⅲ	Ⅳ	Ⅴ	Ⅵ
压缩强度不小于		kPa	60	100	150	200	300	400
导热系数不大于		W/(m·K)	0.041			0.039		
尺寸稳定性		%	4	3	2	2	2	1
水蒸气透过系数		ng/(Pa·m·s)	6	4.5	4.5	4	3	2
吸水率(体积分数)不大于		%	6			4		2
熔结性	断裂弯曲负荷不小于	N	15	25	35	60	90	120
	弯曲变形不小于	mm	20			—		
燃烧性能	氧指数不小于	%	30					
	燃烧分级		达到 B_2 级					

说明:对于熔结性两项指标,只要一项合格即为合格;普通型聚苯乙烯泡沫塑料不要求燃烧性能。

4)试验方法

聚苯乙烯泡沫塑料的检测项目有:尺寸测量、外观检测、表观密度测定、压缩强度测定、导热系数测定、水蒸气透过系数测定、吸水率的测定、尺寸稳定性的测定、熔结性的测定、燃烧性能的测定。在施工现场条件下,通常测量的项目是尺寸测量、外观检测、表观密度测定,其他项目应在实验室条件下进行。以下介绍尺寸测量、外观检测、表观密度测定的现场试验方法及压缩强度、导热系数测定等项目在试验室条件下的试验方法。

样品的时效和状态调节。所有试验按照《塑料试样状态调节和试验的标准环境》GB/T 2918—1998 中 23/50 二级环境条件进行,将样品在温度(23 ±2)℃、相对湿度45% ~55%的条件下进行 16 h 状态调节后方可进行试验。

(1)尺寸测量。

量具的选择,根据被测试件的尺寸与精度要求,可选择测微计、千分尺、游标卡尺、金属直尺或卷尺。见表6.8。

表6.8　绝热用模塑聚苯乙烯泡沫塑料尺寸测量方法

尺寸范围 /mm	精度要求 /mm	推荐量具		读数的中值精度 /mm
		一般用法	若试件形状许可	
<10	0.05	测微计或千分尺	—	0.1
10 ~ 100	0.1	游标卡尺	千分尺或测微计	0.2
>100	0.5	金属直尺或金属卷尺	游标卡尺	1

测量的位置和次数:测量的位置取决于试样的形状和尺寸,但至少为 5 点,为了得到一个可靠的平均值,测量点尽可能分散些,取每一点上 3 个读数的中值,并用 5 个或 5 个以上的中值计算平均值。

(2)外观检测。

在自然光线下目测。

(3)表观密度的测定。

按《泡沫塑料及橡胶 表观密度的测定》GB/T 6343 规定进行,试样尺寸(100 ± 1)mm ×(100 ± 1)mm×(50 ± 1)mm,试样数量 3 个。

(4)压缩强度的测定。

按《硬质泡沫塑料压缩性能的测定》GB/T 8813 规定进行,取相对形变为 10% 的压缩应力作为压缩强度。试样尺寸(100 ± 1)mm×(100 ± 1)mm×(50 ± 1)mm,试样数量 5 个,试验压缩速度 5 mm/min。

(5)导热系数的测定。

按《绝缘材料稳态热阻及有关特性的测定 防护热板法》GB/T 10294 或《绝缘材料稳态热阻及有关特性的测定 热流计法》GB/T 10295 规定进行,试样厚度(25 ± 1)mm,温差 15 ~ 20 ℃,平均温度(25 ± 21)℃。

(6)水蒸气透过系数的测定。

按《硬质泡沫塑料水蒸气透过性能的测定》(QB/T 2411)规定进行,试样厚度(25 ± 1)mm,温度(23 ± 2)℃。相对湿度梯度 0% ~50%,$\Delta p = 1$ 404.4 Pa,试样数量 5 个。

(7)吸水率的测定。

按《硬质泡沫塑料吸水率的测定》GB/T 8810 规定进行,时间 96 h。试样尺寸(100 ± 1)mm ×(100 ± 1)mm×(50 ± 1)mm,试样数量 3 个。

(8)尺寸稳定性的测定。

按《硬质泡沫塑料 尺寸稳定性试验方法》GB/T 8811 规定进行。(70 ± 2)℃,时间 48 h。试样尺寸(100 ± 1)mm×(100 ± 1)mm×(25 ± 1)mm,试样数量 3 个。

(9)熔结性的测定。

按《硬质泡沫塑料 弯曲性能的测定 第 1 部分:基本弯曲试验》GB/T 8812.1 规定进行,跨距为 200 mm,试验速度 50 mm/min。试样尺寸(250 ± 1)mm×(100 ± 1)mm×(20 ± 1)mm,试样数量 5 个。

(10)燃烧性能的测定。

①氧指数的测定。按《塑料 用氧指数法测定燃烧行为 第 1 部分:导则》GB/T 2406.1 规定进行,样品陈化 28 d。试样尺寸(150 ± 1)mm×(12.5 ± 1)mm×(12.5 ± 1)mm,试样数量 3 个。②燃烧分级的测定。按《建筑材料及制品燃烧性能分级》GB/T 8624 规定进行。

5)检验规则

绝热用模塑聚苯乙烯泡沫塑料的检验规则按照表6.9 规定进行。

表 6.9 绝热用模塑聚苯乙烯泡沫塑料出厂检验规则

序号	检测项目		检测项目说明
1	检验分类	出厂检验	出厂检验项目:尺寸、外观、密度、压缩强度、熔结性
		型式检验	型式检验项目:尺寸、外观、密度、压缩强度、熔结性、导热系数、尺寸变化率、水蒸气透过系数、吸水率、燃烧性能 有下列情况之一时,应进行型式试验: (1)正常生产后,原材料、工艺有较大改变时; (2)正常生产时,每年至少检验一次; (3)产品停产六个月以上,恢复生产时
2	检验批次		同一规格的产品数量不超过 2 000 m³ 为一批
3	判定规则		(1)出厂检验的判定。尺寸偏差及外观项目任取 20 块进行检验,其中 2 块以上不合格,该批为不合格。物理力学性能从该批产品中随机取样,任何一项不合格时应重新从原批次中双倍取样,对不合格项目进行复验,复验结果仍不合格时整批为不合格品。 (2)型式检验的判定。从合格品中随机抽取 1 块样品,按上节 4)试验方法要求进行测试,测试结果按上节 3)技术要求规定进行判定。 (3)仲裁。供需双方对产品质量发生异议时,按规定进行仲裁检验

6.2.1.4 模塑聚苯乙烯泡沫塑料进场检验项目及主要物理性能要求

(1)检验项目:表观密度、压缩强度、导热系数、燃烧性能。

(2)模塑聚苯乙烯泡沫塑料的主要物理性能应符合表 6.10 要求。

表 6.10 模塑聚苯乙烯泡沫塑料进场检验的物理性能要求

项目		性能要求
表观密度/(kg/m³)≥		15.0
压缩强度/kPa≥		60
导热系数/[W/(m·K)]≤		0.041
燃烧性能	氧指数/%	≥30
	燃烧分级	达到 B$_2$ 级

6.2.2 绝热用挤塑聚苯乙烯泡沫塑料 XPS(GB/T 10801.2—2002)

绝热用挤塑聚苯乙烯泡沫塑料,简称 XPS,是以聚苯乙烯树脂或其共聚物为主要成分,添加少量添加剂,通过加热挤塑成型而制得的具有闭孔结构的硬质泡沫塑料。挤塑聚苯乙烯泡沫塑料广泛应用于墙体保温、平面混凝土屋顶及钢结构屋顶的保温,低温储藏地面、机场跑道及高速公路等领域的防潮保温、控制地面冻胀。

6.2.2.1 材料特性

①不吸水、防潮、超抗老化、导热系数低。

②质轻、不透气、耐腐蚀。

③内部为独立的密闭式气泡结构。

④压缩强度较高,可以承受一定荷载。

6.2.2.2 分类与产品标记

1)燃烧性能

按照 GB/T 10801.2—2002《绝热用挤塑聚苯乙烯泡沫塑料》,挤塑板的燃烧性能应该达到可燃 B2 级。即至少达到 B2 级,实际生产中通过添加阻燃剂,XPS 可以达到 B2 ~ B1 的防火等级。但该标准中并没有规定挤塑板的氧指数要求。按照 GB/T 10801.2—2002 的要求,XPS 的防火等级评定应参照 GB 8624—1997《建筑材料燃烧性能分级方法》执行,将建材的防火等级分成 A、B1、B2、B3 四个等级。目前该标准更新为 GB 8624—2012,新的《建筑材料及制品燃烧性能分级》将建材的防火等级分成了 A1、A2、B、C、D、E、F 七个等级,试验原理与方法也有较大差异,为确保新旧标准体系的平稳过渡,公安部消防局于 2007 年 5 月 21 日发文〈关于实施国家标准 GB 8624—2006《建筑材料及制品燃烧性能分级》若干问题的通知〉(公消〔2007〕182 号)中规定:"二、目前,现行国家标准《建筑内部装修设计防火规范》GB 50222、《高层民用建筑设计防火规范》GB 50045、《建筑设计防火规范》GB 50016 等关于材料燃烧性能的规定与 GB 8624—1997 的分级方法相对应,在目前这些规范尚未完成相关修订的情况下,为保证现行规范和 GB 8624—2006 的顺利实施,各地可暂参照以下分级对比关系,规范修订后,按规范的相关规定执行:①按 GB 8624—2006 检验判断为 A1 级和 A2 级的,对应于相关规范和 GB 8624—1997 的 A 级;②按 GB 8624—2006 检验判断为 B 级和 C 级的,对应于相关规范和 GB 8624—1997 的 B1 级;③按 GB 8624—2006 检验判断为 D 级和 E 级的,对应于相关规范和 GB 8624—1997 的 B2 级。"

2)绝热用挤塑聚苯乙烯泡沫塑料分类

(1)绝热用模挤塑聚苯乙烯泡沫塑料按制品压缩强度 p 和是否带表皮分为以下 10 类。

①X150 $p \geqslant 150$ kPa,带表皮;

②X200 $p \geqslant 200$ kPa,带表皮;

③X250 $p \geqslant 250$ kPa,带表皮;

④X300 $p \geqslant 300$ kPa,带表皮;

⑤X350 $p \geqslant 350$ kPa,带表皮;

⑥X400 $p \geqslant 400$ kPa,带表皮;

⑦X450 $p \geqslant 450$ kPa,带表皮;

⑧X500 $p \geqslant 500$ kPa,带表皮;

⑨W200 $p \geqslant 200$ kPa,不带表皮;

⑩W300 $p \geqslant 300$ kPa,不带表皮。

（2）按制品边缘结构分为以下四种：SS 平头型，表示四边平头；SL 型搭接，表示两长边搭接；TG 型榫槽，表示两长边为榫槽型；RC 型雨槽，表示两长边为雨槽型。

生产厂家亦可根据需方的要求生产其他类型边缘型式的，如四边搭接、四边榫槽、四边雨槽等。有此需求时，需供需双方协商，并作出特殊说明。

3）产品标记

标记顺序：产品名称—类别—边缘结构型式—长度×宽度×厚度—标准号。例如：类别为 X250，边缘结构为两长边搭接，长度 1 200 mm，宽度 600 mm，厚度 50 mm 的挤塑聚苯乙烯板标记表示为：XPS—X250—SL—1200×600×50—GB/T 10801.2。

6.2.2.3　技术要求

1）规格尺寸和允许偏差

（1）规格尺寸。

泡沫塑料主要规格尺寸见表 6.11，其他规格由供需双方商定，但允许偏差应符合表 6.11 的规定。

表 6.11　绝热用挤塑聚苯乙烯泡沫塑料制品规格

长度	宽度	厚度
L		h
1 200,1 250,2 450,2 500	600,900,1 200	20,25,30,40,50,75,100

（2）允许偏差。

产品允许偏差应符合表 6.12 的规定。

表 6.12　绝热用挤塑聚苯乙烯泡沫塑料制品允许尺寸偏差

长度和宽度 L		厚度 h		对角线差	
尺寸 L	允许偏差	尺寸 h	允许偏差	尺寸 T	对角线差
$L<1 000$	±5	$h<50$	±2	$T<1 000$	5
$1 000 \leqslant L<2 000$	±7.5	$h>50$	±3	$1 000 \leqslant T<2 000$	7
$L \geqslant 2 000$	±10			$T \geqslant 2 000$	13

2）外观质量

产品表面平整，无夹杂物，颜色均匀。不应有明显影响使用的可见缺陷，如起泡、裂缝、变形等。

3）物理力学性能

物理力学性能应符合表 6.13 的要求。

表 6.13　绝热用挤塑聚苯乙烯泡沫塑料制品物理力学性能

项目	单位	性能指标									
		带表皮								不带表皮	
		X150	X200	X250	X300	X350	X400	X450	X500	W200	W300
压缩强度	kPa	≥150	≥200	≥250	≥300	≥350	≥400	≥450	≥500	≥200	≥300
吸水率,浸水 96 h	%(体积分数)	≤1.5		≤1.0						≤2.0	≤1.5
透湿系数,23 ℃ ±1 ℃,RH50% ±5%	ng/(m·s·Pa)	≤3.5		≤3.0					≤2.0	≤3.5	≤3.0
热阻厚度 25 mm 时 平均温度 10 ℃ 25 ℃	(m²·K)/W	≥0.89 ≥0.83							≥0.93 ≥0.86	≥0.76 ≥0.71	≥0.83 ≥0.78
导热系数平均温度 10 ℃ 25 ℃	W/(m·K)	≥0.028 ≥0.030							≥0.027 ≥0.029	≥0.033 ≥0.035	≥0.030 ≥0.032
尺寸稳定性 70 ℃ ± 2 ℃ 下,48 h	%	≤2.0		≤1.5					≤1.0	≤2.0	≤1.5

6.2.2.4　试验方法

1)时效和状态调节

导热系数和热阻试验应将样品自生产之日起在环境条件下放置 90 d 进行,其他物理力学性能应将样品自生产之日起在环境条件下 45d 后进行。试验前应进行状态调节,除试验方法中特殊规定外,试验环境和试样状态调节,按《塑料试样状态调节和试验的标准环境》GB/T 2918—1998 中 23/50 二级环境条件进行,样品在温度(23 ±2)℃,相对湿度 45% ~ 55% 的条件下进行 16 h 状态调节。

2)试样表面特性说明

试件不带表皮试验时,该条件应记录在试验报告中。

3)试件制备

除尺寸和外观检验,其他所有试验的试件制备,均应在距样品边缘 20 mm 处切取试件。可采用电热丝切割试件。

4)尺寸测量

尺寸测量按《泡沫塑料与橡胶 线性尺寸的测定》GB/T 6342 进行。长度、宽度和厚度分别取 5 个点测量结果的平均值。

5)外观质量

外观质量在自然光条件下目测。

6）压缩强度

压缩强度试验按《硬质泡沫塑料压缩性能的测定》GB/T 8813 进行。试件尺寸为(100 ±1)mm×(100 ±1)mm×原厚,对于厚度大于100 mm 的制品,试件的长度和宽度不低于制品厚度。加荷速度为试件厚度的1/10(mm/min),例如厚度为50 mm 的制品,加荷速度为5 mm/min。压缩强度取5 个试验结果的平均值。

7）吸水率

吸水率试验按《硬质泡沫塑料吸水率的测定》GB/T 8810 进行,水温为(23 ±2)℃,浸水试件为96n。试件尺寸为(150.0 ±1.0)mm×(150.0 ±1.0)mm×原厚。吸水率取3 个试件试验结果的平均值。

8）透湿系数

透湿系数试验按《硬质泡沫塑料水蒸气透过性能的测定》QB/T 2411 进行,试验工作室(或恒温恒湿箱)的温度应为(23 ±1)℃,相对湿度为50% ±5%。透湿系数取5 个试件试验结果的平均值。

9）绝热性能

导热系数试验按《绝热材料稳态热阻及有关特性的测定 防护热板法》GB/T 10294 进行,也可按《绝热材料稳态热阻及有关特性的测定 热流计法》GB/T 10295 进行,测定平均温度为(10 ±2)℃和(25 ±2)℃下的导热系数,试验温差为15 ~25 ℃。仲裁时按《绝热材料稳态热阻及有关特性的测定 防护热板法》GB/T 10294 进行。

热阻值按式(6-4)计算:

$$R = \frac{h}{\lambda} \tag{6-4}$$

式中　R——热阻$[(m^2 \cdot K)/W]$;

　　　h——厚度(m);

　　　λ——导热系数$[W/(m \cdot K)]$。

10）尺寸稳定性

尺寸稳定性试验按《硬质泡沫塑料尺寸稳定性试验方法》GB/T 8811 进行,试验温度为(70 ±2)℃,48 h 后测量。试件尺寸为(100.0 ±1.0)mm×(100.0 ±1.0)mm×原厚。尺寸稳定性取3 个试件试验结果绝对值的平均值。

11）燃烧性能

燃烧性能试验按《建筑材料可燃性试验方法》GB/T 8626 进行,按《建筑材料及制品燃烧性能分级》GB/T 8624 确定分级。

6.2.2.5　检验规则

绝热用挤塑聚苯乙烯泡沫塑料的检验规则按照表6.14 规定进行,出厂检验的组批、抽样和判定规则也可按企业标准进行。

表 6.14　绝热用挤塑聚苯乙烯泡沫塑料检验规则

序号	检验分类	项目	检测项目说明
1	出厂检验	检验项目	尺寸、外观、压缩强度、绝热性能
		组批	以出厂的同一类别,同一规格的产品 300 m² 为一批,不足 300 m² 的按一批计
		抽样	尺寸和外观随即抽取 6 块样品进行检验,压缩强度取 3 块样品进行检验,绝热性能取 2 块样品进行检验
		判定规则	尺寸、外观、压缩强度、绝热性能按规定的试验方法进行检验,检验结果应符合上述"技术要求"中的规定。如果有两项指标不合格,则判该批次产品不合格。如果只有一项指标(单块值)不合格,应加倍抽取复验。复验结果仍有一项(单块值)不合格,则判该批产品不合格
2	型式检验	检验项目	(1)有下列情况之一时,应进行型式检验。 ①新产品定型鉴定; ②正式生产后,原材料、工艺有较大改变,可能影响产品性能时; ③正常生产时,每年至少进行一次; ④出厂检验结果与上次型式检验有较大差异时; ⑤产品停产 6 个月以上,恢复生产时。 (2)型式检验的检验项目为上述"技术要求"中规定的各项要求:尺寸、外观、压缩强度、吸水率、透湿系数、绝热性能、燃烧性能、尺寸稳定性
		抽样	型式检验应在工厂仓库的合格品中随机抽取样品,每项性能测试 1 块样品,按规定的试验方法切取试件并进行检验,检验结果应符合上述"技术要求"中的规定

6.2.2.6　标志、包装、运输与储存

1)在标签或使用说明书上应标明

①产品名称、产品标记、商标。

②生产企业名称、详细地址。

③产品的种类、规格及主要性能指标。

④生产日期。

⑤注明指导安全使用的警语或图示。例如:本产品的燃烧性能级别为 B_2 级,在使用中应远离火源。

⑥包装单元中产品的数量。标志文字及图案应醒目清晰,易于识别,且具有一定的耐候性。

2)包装、运输与储存

①产品需用收缩膜或塑料捆扎带等包装,或由供需双方协商,当运输至其他城市时,包装需适应运输的要求。

②产品应按类别、规格分别堆放,避免受重压,库房应保持干燥通风。

③运输与储存中应远离火源、热源和化学溶剂,避免日光曝晒,风吹雨淋,并应避免长期受重压或机械损伤。

6.2.2.7　挤塑聚苯乙烯泡沫塑料进场检验项目及主要物理性能要求

1）检验项目

压缩强度、导热系数、燃烧性能。

2）物理性能

挤塑聚苯乙烯泡沫塑料的主要物理性能应符合表 6.15 要求。

表 6.15　挤塑聚苯乙烯泡沫塑料的主要物理性能

项目	性能要求
压缩强度/kPa,≥	150
导热系数/[W/(m·K)],≤	0.028
燃烧性能	达到 B_2 级

【知识链接】

1）导热系数

导热系数是指在稳定传热条件下,1 m 厚的材料,两侧表面的温差为 1 度(K),在 1 h 内,通过 1 m^2 面积传递的热量,单位为瓦/(米·度)[W/(m·K)],此处的 K 可用℃代替。

2）传热系数

传热系数 K 是指在稳定传热条件下,围护结构两侧空气温差为 1 度(K),1 h 内通过 1 m^2 面积传递的热量,单位是瓦/(平方米·度)[W/(m^2·K)],此处 K 可用℃代替。

3）热桥

热桥也称冷桥,是指处在外墙和屋面等维护结构中的钢筋混凝土或金属梁、柱、肋等部位传热能力强,热流较密集,内表面温度较低,故称为热桥。

6.2.3　聚苯乙烯泡沫塑料吸水率的测定

6.2.3.1　试验目的

吸水率是反映材料在正常大气压下吸水程度的物理量。吸水率是衡量保温材料的一个重要参数。保温材料吸水后保温性能随之下降,在低温情况下,吸入的水极易结冰,破坏了保温材料的结构,从而导致其强度及保温性能下降。

6.2.3.2　主要仪器设备

天平(精度 0.1 g)、网笼、圆筒容器、低渗透塑料薄膜、切片器、载片、投影仪或带标准刻度的投影显微镜。

6.2.3.3　试件

试件数量:3 个,试件尺寸(100 ±1)mm ×(100 ±1)mm ×(50 ±1)mm。

6.2.3.4　试验步骤

①调节环境温度为(23 ±2)℃和(50 ±5)％湿度。

②称量干燥后的试件质量 m_1,精确到 0.1 g。

③测量试件初始长宽厚 l、b、d,用于计算原始体积 V_0。

④将蒸馏水注入圆筒中。

⑤将网笼浸入圆筒中后去除挂在网笼上的气泡后取出,称量质量 m_2,精确到 0.1 g。

⑥将试件装入网笼,浸入水中,试件顶面距水面 50 mm,用软毛刷搅动去除网笼与试件表面气泡。

⑦将低渗透塑料薄膜覆盖在圆筒上。

⑧浸泡 (96 ± 1) h 后,称量浸在水中装有试件的网笼质量 m_3。

此时试件可能存在两种变化,即均匀溶胀和非均匀溶胀,针对两种情况分为 A、B 试验方法不同,此处以均匀溶胀为例。

⑨均匀溶胀,方法 A。从水中取出试件,立即测量其体积 V_1,则试件均匀溶胀系数

$$S_0 = \frac{V_1 - V_0}{V_0} \tag{6-5}$$

⑩按标准附录 A 的方法,从与吸水率试验相同的样品上切片,测量其平均泡孔直径 D,按式(6-6)计算切割表面泡孔体积

$$V_c = \frac{0.54D(l \times d + b \times d)}{500} \tag{6-6}$$

若各面均为切割面,则:

$$V_c = \frac{0.54D(l \times d + l \times b + b \times d)}{500} \tag{6-7}$$

6.2.3.5　结果表示

吸水率 WAv 为:

$$WAv = \frac{m_3 + V_1 \times \rho - (m_1 + m_2 + V_c \times \rho)}{V_0 \times \rho} \times 100 \tag{6-8}$$

其中 ρ 为水的密度 1 g/cm^3。

6.3　聚氨酯泡沫塑料及其检测

聚氨酯泡沫塑料是以聚合物多元醇和异氰酸酯为主要基料,在一定比例的催化剂、稳定剂、发泡剂等助剂的作用下,经混合后发泡反应制成的各类软质、硬质、半软半硬的聚氨酯泡沫塑料。

常用的聚氨酯泡沫塑料分为四类,用途各不相同,见表 6.16。

表 6.16　常用的聚氨酯泡沫塑料分类及用途、适用标准

序号	材料名称	适用标准	主要用途
1	通用软质聚醚型聚氨酯泡沫塑料	GB/T 10802—2006	车辆座椅、床垫、靠背、其他缓冲物
2	软质阻燃聚氨酯泡沫塑料	GA 303—2001	建筑用、铁道客车用、汽车用
3	绝热用喷涂硬质聚氨酯泡沫塑料	GB/T 20219—2015	建筑墙体、屋面保温
4	喷涂聚氨酯硬泡体保温材料	JC/T 998—2006	建筑墙体、屋面保温

表 6.16 中,通用软质聚醚型聚氨酯泡沫塑料、软质阻燃聚氨酯泡沫塑料主要用于座椅、

床垫、缓冲物等的制造,其主要指标为回弹率、燃烧性能等,故不用于建筑的保温隔热领域。绝热用喷涂硬质聚氨酯泡沫塑料、喷涂聚氨酯硬泡体保温材料主要考察其导热系数、密度等指标,可广泛应用于建筑物保温隔热领域。

本节介绍建筑工程中常用的喷涂硬质聚氨酯泡沫塑料、喷涂聚氨酯硬泡体保温材料的特性、检测方法、工程应用。

6.3.1　喷涂硬质聚氨酯泡沫塑料

喷涂硬质聚氨酯泡沫塑料是由多异氰酸酯和多元醇液体原料及添加剂经化学反应通过喷涂工艺现场成型的闭孔型泡沫塑料。

喷涂硬质聚氨酯泡沫塑料具有导热系数小、强度高、质轻、隔音、防震、绝缘、化学稳定性强、施工方便的特点;此外,由于其气孔为低导热系数的发泡剂气体,因而具有一定的自熄性。

6.3.1.1　分类及用途

喷涂硬质聚氨酯泡沫塑料根据使用情况分为非承载面层和承载面层两类。

Ⅰ类:暴露或不暴露于大气中的无荷载隔热面,例如墙体隔热,屋顶内面隔热及其他仅需要类似自体支撑的用途。

Ⅱ类:仅需承受人员行走的主要暴露于大气的负载隔热面,例如屋面隔热或其他类似可能遭受温升和需要耐压缩蠕变的用途。

6.3.1.2　性能要求

1) 物理性能

喷涂硬质聚氨酯泡沫塑料的物理性能应符合表 6.17 的规定。

表 6.17　喷涂硬质聚氨酯泡沫塑料制品的物理性能

项目			单位	性能指标	
				Ⅰ类	Ⅱ类
压缩强度或形变10%的压缩应力		≥	kPa	100	200
初始导热系数	平均温度 10 ℃	≤	W/(m·K)	0.020	0.020
	平均温度 23 ℃	≤	W/(m·K)	0.022	0.022
老化导热系数	10 ℃平均温度,制造后 3~6 个月之间	≤	W/(m·K)	0.024	0.024
	23 ℃平均温度,制造后 3~6 个月之间	≤	W/(m·K)	0.026	0.026
水蒸气透过率	23 ℃,相对湿度 0~50%		ng/(Pa·m·s)	1.5~4.5	1.5~4.5
	38 ℃,相对湿度 0~88.5%		ng/(Pa·m·s)	—	2.0~6.0
尺寸稳定性	(-25±3)℃,48 h		%	-1.5~0	-1.5~0
	(70±2)℃,相对湿度(90±5)%48 h		%	±4	±4
	(100±2)℃,48 h		%	±3	±3
闭孔率		≥	%	85	90
黏结强度试验			—	泡沫体内部破坏	
80 ℃和20 kPa压力下48 h后压缩蠕变		≤	%	—	5

注:(1)必要时供需双方可根据涂层性能商定较高的要求值;

(2)喷涂聚氨酯的绝热性能随发泡剂种类、温度、厚度和时间的变化而变化。表中所列初始导热系数值是在相关规定条件下对新喷制样品的要求。该值仅用于规定材料规范，并不反映建筑物现场条件下的实际保温性能。

2)燃烧性能

无论有否涂层或盖面层都应符合使用场所的防火等级要求。

3)特殊要求

特殊应用的要求由供需双方协商确定。

6.3.1.3 试验方法

1)状态调节

样品在切割或物理性能试验前应在(23±3)℃下至少固化72 h,其他固化条件可由有关各方协商。

2)试样制备

①样品应在施工现场制备,按照供应者关于材料用法的建议,与现场所处的气候、方向、支持表面等实际条件一致;或者直接在现场挖取。仲裁时,现场挖取样品。

②样品应是具有代表性的就地制作的成品材料,其数量和尺寸应足够用来进行规定的试验。一般面积约1.5 m²,厚度不小于30 mm 的样品即可制备一组试样;试样尺寸按相应试验要求决定。

③需要芯样时,其方法应是既除去外表皮又除去在基底界面上的表皮。一般来说,整齐地切除3～5 mm 即足够。芯样可能含有一层或多层在连续喷涂界面上的内表皮。

3)压缩强度或10%形变时的压缩应力

压缩强度试验按《硬质泡沫塑料压缩性能的测定》(GB/T 8813)进行。试样应取试验样品的芯样,测定极限屈服或10%形变时的压缩应力,哪一种情况先出现,就哪一种情况为准。施加负荷的方向应是平行于板厚度(泡沫起发)的方向。

4)导热系数

导热系数试验按《绝热材料稳态热阻及有关特性的测定 防护热板法》(GB/T 10294)进行。也可按《绝热材料稳态热阻及有关特性的测定 热流计法》(GB/T 10295)进行,仲裁时采用《绝热材料稳态热阻及有关特性的测定 防护热板法》(GB/T 10294)。测定平均温度为10 ℃和23 ℃下的导热系数,建议温差不大于25 ℃,试样厚度应达到25 mm。若有导热系数和平均温度关系的文献资料,一个温度的导热系数值可以从另一个平均温度导热系数值算出。有争议时,应在报道值所属的平均温度下检测导热系数。

(1)初始导热系数。

初始导热系数应用经过72 h固化的试验样品,在试验样品制备后最迟不超过28 d进行试验。

(2)老化后的导热系数。

经有关各方商定,老化试验样品可在制备之后的3～6个月的时间内进行导热系数试验。

5)尺寸稳定性

尺寸稳定性试验按《硬质泡沫塑料 尺寸稳定性试验方法》(GB/T 8811)进行。在暴露于下述三组条件 48 h 后测量。

①(-25 ±3)℃；

②(100 ±2)℃；

③(70 ±2)℃和(90 ±5)%的相对湿度。

6）底基黏合(黏结强度)

用适宜的黏合剂将带钩子的直径约 50 mm 的金属圆板黏合于干燥且清洁的受试泡沫表面。沿着金属圆板边缘，垂直于底基作环切，切透泡沫整个厚度。待黏合剂完全固化后，借助于钩子垂直底基逐渐施加拉力(可用手来做)，直至发生破坏。记下破坏的方式。如果该破坏是由泡沫体内(见注)破坏引起，而不是由从底基脱层，黏合层破坏或试验装置与黏合剂黏合缝的破坏引起，则应认为该泡沫体的黏合性是符合要求的。

注："在泡沫体内"意味着距离底或层间黏合缝 1 mm 以上。

7）闭孔率

闭孔率试验按《硬质泡沫塑料　开孔和闭孔体积百分率的测定》(GB/T 10799)进行。

8）水蒸气透湿系数

水蒸气透湿系数试验按《硬质泡沫塑料水蒸气透过性能的测定》(QB/T 2411)进行。使用(25 ±3)mm 厚度的芯样在 23 ℃和 50%相对湿度梯度或者 38 ℃和 0~88.5%相对湿度梯度下测定。

9）压缩蠕变

压缩蠕变试验按《硬质泡沫塑料压缩蠕变试验方法》(GB/T 15048)进行。使用(50 ±1)mm² 的，具有现场喷涂材料原有厚度的试样，若材料厚度大于 50 mm，则应切薄到 50 mm。在标准环境状态下使试样受 20 kPa 压力 48 h 后，测定厚度。然后将试验装置连同试样放入烘箱，在 80 ℃和相同压力下保持 48 h，再测定厚度。由两次测得厚度之差计算相对 23 ℃下厚度变化百分率。

6.3.1.4　检验规则

喷涂硬质聚氨酯泡沫塑料制品检验规则见表 6.18。

表 6.18　喷涂硬质聚氨酯泡沫塑料制品的检验规则

序号	项目		内容说明
1	检验分类	交收检验	交收检验项目包括压缩强度或 10%形变时的压缩应力、初始导热系数、尺寸稳定性、水蒸气透湿系数、黏结强度
		型式检验	型式检验项目包括表 6.17 规定的全部项目。有下列情况之一时，需进行型式检验： (1)新产品的试制定型鉴定； (2)配方、生产工艺或原材料有较大改变可能影响产品性能； (3)交收检验与上次型式检验有较大差异
2	组批		同一原料、同一配方、同一工艺条件下的工程，每批数量不超过 300 m³，不足的按一个批次计算

序号	项目	内容说明
3	抽样	随机抽取现场每批产品的化学原料 A、B 组分,按照施工方规定的配比充分混合均匀,喷涂成型,形成检验样本或者直接从现场挖取样本,然后进行物理力学性能检验
4	判定规则	进行物理力学性能试验中,若试验结果均符合上述"性能要求"中要求时,则判该批产品合格;如果有两项或两项以上检验结果不符合标准时,则判该批产品不合格;有一项检验结果不符合标准,允许重新取样对所有项目进行复检。若复检中所有检验结果符合标准,判该批产品为合格品,仍有一项不合格则判定该批产品为不合格

6.3.2 喷涂聚氨酯硬泡体保温材料(JC/T 998—2006)

喷涂聚氨酯硬泡体保温材料是以异氰酸酯、多元醇(组合聚醚或聚酯)为主要原料加入添加剂组成的双组分,经现场喷涂施工的具有防水和绝热功能的硬质泡沫材料。

喷涂聚氨酯硬泡体保温材料具有导热系数低的特点,仅为 $0.018 \sim 0.024$ W/(m·K),相当于 EPS 的一半,是目前保温材料中导热系数较低的。此外其加工性能好,化学稳定性好,防水防潮性优良并耐老化。

6.3.2.1 分类及用途

1)类别

产品按使用部位不同分为两种类型。

①用于墙体的为 I 型。

②用于屋面的为 II 型,其中用于非上人屋面的为 II - A,上人屋面的为 II - B。

2)产品标记

产品按下列顺序标记:名称、类别、标准号。如 I 型喷涂聚氨酯硬泡体防水保温材料标记为:SPF I JC/T 998—2006。

6.3.2.2 技术要求

1)物理力学性能

产品物理力学性能应符合表 6.19 的要求。

表 6.19 喷涂聚氨酯硬泡体保温材料物理力学性能

项次	项目		指标		
			I	II - A	II - B
1	密度/(kg/m³)	≥	30	35	50
2	导热系数/[W/(m·K)]	≤		0.024	
3	黏结强度/kPa	≥		100	
4	尺寸变化率(70 ℃ ×48 h)/%	≤		1	
5	抗压强度/kPa	≥	150	200	300
6	拉伸强度/kPa	≥		250	

续表

项次	项目		指标		
			I	II - A	II - B
7	断裂伸长率/%	≥	10		
8	闭孔率/%	≥	92		95
9	吸水率/%	≤	3		
10	水蒸气透过率/[ng/(Pa·m·s)]	≤	5		
11	抗渗性/mm(1 000 mm 水柱 ×24 h 静水压)	≤	5		

2)燃烧性能

按《建筑材料及制品燃烧性能分级》(GB 8624—2006)分级应达到 B_2 级。

6.3.2.3　试验方法

试验室标准试验条件为:温度(23 ±2)℃,相对湿度 45% ~55%;试验前所用器具应在标准试验条件下放置 24 h;试样制备如下。

①在喷涂施工现场,用相同的施工工艺条件单独制定一个泡沫体。

②泡沫体的尺寸应满足所有试验样品的要求。

③泡沫体应在标准试验条件下放置 72 h。

④试件的数量与推荐尺寸按表 6.20 从泡沫体切取,所有试件都不带表皮。

⑤黏结强度的试件按《建筑防水涂料试验方法》(GB/T 16777)规定的方法制备,制成 8 字砂浆块,在 2 个砂浆块的端面之间留出 20 mm 的间隙,在施工现场用 SPF 将空隙喷满,在标准试验条件下放置 72 h,然后将喷涂高出的表面层削平。

表 6.20　试件数量及推荐尺寸

项次	检验项目	试样尺寸/mm	数量/个
1	密度	100 × 100 × 30	5
2	导热系数	200 × 200 × 25	2
3	黏结强度	8 字砂浆块	6
4	尺寸变化率	100 × 100 × 25	3
5	抗压强度	100 × 100 × 30	5
6	拉伸强度	哑铃状	5
7	断裂伸长率	哑铃状	5
8	闭孔率	100 × 100 × 30 100 × 100 × 15 100 × 100 × 7.5	各三
9	吸水率	150 × 150 × 25	3
10	水蒸气透过率	100 × 100 × 25	4
11	抗渗性	100 × 100 × 30	3

项次	检验项目		试样尺寸/mm	数量/个
12	燃烧性	水平燃烧	$150 \times 13 \times 50$	6
		氧指数	$100 \times 10 \times 10$	15

（1）密度。

密度试验按《泡沫塑料及橡胶 表观密度的测定》GB/T 6343 规定进行。

（2）导热系数。

导热系数试件切取后即按《绝热材料稳态热阻及有关特性的测定 防护热板法》GB/T 10294 规定进行,试验平均温度为(23 ± 2)℃。

（3）黏接强度。

黏接强度试验按《建筑防水材料试验方法》GB/T 16777 规定进行。

（4）尺寸变化率。

尺寸变化率试验按《硬质泡沫塑料 尺寸稳定性试验方法》GB/T 8811—2008 规定进行,试验条件为(70 ± 2)℃,(48 ± 2)h。

（5）抗压强度。

抗压强度试验按《硬质泡沫塑料压缩性能的测定》GB/T 8813 规定进行。

（6）拉伸强度。拉伸强度试验按《硬质泡沫塑料拉伸性能试验方法》GB/T 9641 规定进行。

（7）断裂拉伸率。

断裂拉伸率试验按《硬质泡沫塑料拉伸性能试验方法》GB/T 9641 规定进行。

（8）闭孔率。

闭孔率试验按《硬质泡沫塑料开孔和闭孔体积百分率的测定》GB/T 10799 规定的体积膨胀法进行。

（9）吸水率。

吸水率的试验按《硬质泡沫塑料吸水率的测定》GB/T 8810 规定进行。

（10）水蒸气透过率。

水蒸气透过率按《硬质泡沫塑料水蒸气透过性能的测定》QB/T 2411 规定进行。

（11）抗渗性。

将试件水平放置,在上面立放直径约 20 mm、长 1 100 mm 的玻璃管,用中性密封材料密封玻璃管与试件间的缝隙,将染色的水溶液加入玻璃管,液面高度 1 000 mm,在液面高度做好标记,并在玻璃管上端放置一玻璃盖板,静置 24 h 后将试件中部切开,用钢直尺测量液面最大渗入深度,记录三个试件的数据,以其中值作为试验结果。

（12）燃烧性能。

燃烧性能试验按《建筑材料及制品燃烧性能分级》GB/T 8624 规定进行。

6.3.2.4　检验规则

喷涂聚氨酯硬泡沫体保温材料检验规则见表 6.21。

表 6.21　喷涂聚氨酯硬泡沫体保温材料检验规则

序号	项目		内容说明
1	检验分类	交收检验	交收检验项目包括密度、导热系数、抗压强度、拉伸强度（Ⅰ型）、断裂伸长率、吸水率、黏结强度（Ⅰ型）
		型式检验	型式检验项目为上述"技术要求"的全部项目。有下列情况之一时,需进行型式检验: (1)正常生产时,每年检验一次(燃烧性能根据使用要求进行); (2)新产品的试制定型鉴定; (3)停产半年以上恢复生产时; (4)配方、生产工艺或原材料有较大改变; (5)交收检验与上次型式检验有较大差异; (6)国家质量技术监督机构提出要求
2	组批		对同一原料、同一配方、同一工艺条件下的同一型号产品为一批,每批数量为 300 m³,不足 300 m³ 也可作为一批计算
3	抽样		在现场的每批产品中随机抽取,按上述 6.3.2.3 中规定制备试件,同时制备备用件
4	判定规则		所有试验结果均符合上述"技术要求"时,则判该批产品合格;有两项或两项以上试验结果不符合要求时,则判该批产品不合格;有一项试验结果不符合要求,允许用备用件对所有项目进行复验,若所有试验结果符合标准时,判该批产品为合格品,否则判定该批产品不合格

6.3.2.5　标志、包装、运输和储存

1)标志

必须标明:异氰酸酯还是多元醇(组合聚醚或聚酯)组分,此外,还应标明下列信息。

①产品名称、标记、商标、型号。

②生产日期或生产批号。

③生产单位及地址。

④净重量。

⑤防潮标记。

⑥贮存期。

2)包装

应用铁桶包装,每个包装中应附有产品合格证和使用说明书。使用说明书应写明配比、施工温度、施工注意事项等内容。

3)运输与贮存

①按一般运输方式运输,运输途中要防止雨淋、火源、包装损坏。贮存时严格防潮。

②应在保质期内使用。

6.3.2.6　聚氨酯保温材料进场检验项目及指标

1)硬质聚氨酯泡沫塑料进场检验项目及指标

①检验项目为表观密度、压缩性能、导热系数、氧指数。

②硬质聚氨酯泡沫塑料的主要物理性能应符合表 6.22 的要求。

表 6.22　硬质聚氨酯泡沫塑料的主要物理性能

项目	性能要求
表观密度/（kg/m³）　≥	30
压缩性能/kPa　≥	100
导热系数/［W/（m·K）］　≤	0.027
氧指数/%　≥	26

2）喷涂硬泡聚氨酯泡沫塑料

①检验项目为密度、抗压强度、导热系数、燃烧性能。

②喷涂硬泡聚氨酯的主要物理性能应符合表 6.23 要求。

表 6.23　喷涂硬泡聚氨酯泡沫塑料的主要物理性能

项目	性能要求
密度/（kg/m³）　≥	35
抗压强度/ kPa　≥	200
导热系数/［W/（m·K）］　≤	0.024
氧指数/%　≥	26

6.4　酚醛保温板及其检测

酚醛保温板是以酚醛泡沫塑料（简称酚醛泡沫（PE））为材料制成的板材。建筑保温隔热工程通常采用酚醛保温板和聚合物水泥砂浆复合酚醛保温板两种板材。

6.4.1　分类及适用标准

6.4.1.1　酚醛保温板

简称酚醛板（phenolic insulation board，简称：PIB），是由酚醛树脂、发泡剂、固化剂和其他助剂共同反应所得到的热固性硬质酚醛泡沫塑料。

6.4.1.2　聚合物水泥砂浆复合酚醛保温板

简称复合酚醛板，由酚醛板单面与聚合物水泥抗裂砂浆面层（中间夹有网格布）复合而成。

6.4.1.3　适用标准

建筑用酚醛保温板的国家标准正在制定中，目前可供参考的有一些地方标准，如北京市地方标准《外墙外保温施工技术规程（复合酚醛保温板聚合物水泥砂浆做法）》DB11/T 943—2012，福建省制定的《酚醛保温板外墙保温工程应用技术规程》DBJ/T 13—126—2010

等,对于材料质量的检测亦可参照国家标准《绝热用硬质酚醛泡沫制品》GB/T 20974—2014。

6.4.2　材料特性

①具有均匀的闭孔结构,导热系数低,绝热性能好,与聚氨酯泡沫塑料相当,优于聚苯乙烯泡沫塑料。

②在火焰直接作用下具有结碳、无滴落物、无卷曲、无熔化现象,火焰燃烧后表面形成一层"石墨泡沫"层,能有效地保护层内的泡沫结构,抗火焰穿透时间可达 1 h。

③适用的温度范围大,短期内可在 -200 ~ 200 ℃ 下使用,可在 140 ~ 160 ℃ 下长期使用,优于聚苯乙烯泡沫(80 ℃)和聚氨酯泡沫(110 ℃)。

④酚醛分子中只含有碳、氢、氧原子,受高温分解时,除了产生少量 CO 分子外,不会再产生其他有毒气体,最大烟密度为 5%。例如:25 mm 厚的酚醛泡沫板在经 1500 ℃ 的火焰喷射 10 min 后,板材未起火或被烧穿,仅表面略有碳化,没有释放出浓烟或毒气。

⑤具有良好的闭孔结构,吸水率低,防蒸汽渗透力强,在作为隔热(保冷)的目的使用时不会出现结露现象。

⑥耐腐蚀、耐老化,除可能被强碱腐蚀外,几乎可承受所有酸、有机溶剂的侵蚀。长期暴露在阳光下也无明显老化。

⑦尺寸稳定,变化率小,在使用温度范围内尺寸变化率小于 4%。

⑧成本低,相当于聚氨酯泡沫的 2/3。

6.4.3　性能指标

各地标准对酚醛保温板的规定不尽相同,以福建省制定的《酚醛保温板外墙保温工程应用技术规程》为例,见表 6.24。

表 6.24　酚醛板性能指标　福建省地方标准 DBJ/T 13—126—2010

项目	指标		试验方法
	酚醛板	复合酚醛板	
表观密度/(kg/m³)	≥60	≤250	GB/T 6343—2009
导热系数/[W/(m·K)] 泡沫平均温度 25 ℃	≤0.025	—	GB/T 10294—2008
传热系数/[W/(m·K)] 泡沫平均温度 25 ℃	—	≤1.0	
压缩强度/kPa	≥100	≥300	GB/T 8813—2008
垂直于板面方向的抗拉强度/MPa	≥0.1		JG 149—2003

项目	指标		试验方法
	酚醛板	复合酚醛板	
吸水率/%	≤7.5		GB/T 8810—2005
透湿系/[ng/(Pa·m·s)]	2~8		GB/T 17146—2015
尺寸稳定性/[W/(m·K)]	≤1.5		GB/T 8811—2008
燃烧性能/[W/(m·K)]	B 级	不低于 B 级	GB 8624—2006
氧指数	45%		
烟密度/[W/(m·K)]	≤5		GB/T 8627—2007
甲醛释放量/[W/(m·K)]	≤0.5		GB 18580—2001

6.4.4 进场检测指标

目前对于酚醛保温板、酚醛复合保温板的进场复试项目与数量,各地的规定基本相同,表6.25列出福建省的规定,供读者参考。

表6.25　酚醛板进场检测指标　福建省地方标准 DBJ/T 13—126—2010

地方	标准	外观、尺寸	导热系数	密度	压缩强度	燃烧性能
福建	《酚醛保温板外墙保温工程应用技术规程》DBJ/T 13—126—2010	品种、外观按照进场批次,每批随即抽取三个试件检查	同一厂家同一品种产品,建筑面积在 20 000 m² 以下时,抽查不少于 3 次,建筑面积在 20 000 m² 以上时,各抽查不少于 6 次			—

6.4.5 典型工程构造

薄抹灰外保温系统的典型工程构造如图6.3所示。

【知识链接】

酚醛泡沫塑料(如图6.4)优点有哪些?

(1)优异的防火性能——酚醛泡沫塑料是一种难燃、低烟、低毒材料,氧指数可高达50,在空气中不燃,不熔融滴落。

(2)优异的保温性能——该材料为微细闭孔结构,泡孔直径50~80 μm,导热系数与聚氨酯泡沫塑料相近(0.018~0.024 W/(m·K)),而其耐热性、阻燃性却远远优于聚氨酯及其他泡沫塑料。

酚醛泡沫塑料缺点有哪些?

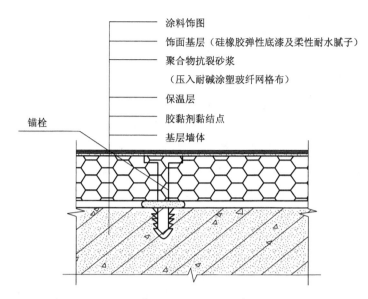

涂料饰图

饰面基层（硅橡胶弹性底漆及柔性耐水腻子）

聚合物抗裂砂浆

（压入耐碱涂塑玻纤网格布）

保温层

胶黏剂黏结点

基层墙体

锚栓

图 6.3　薄抹灰保温系统做法

（1）脆性大，易碎——酚醛泡沫塑料十分脆弱，特别是在密度低时，这会导致一系列问题，如三明治板的脱粘，施工中易破损、掉粉污染等。

（2）有腐蚀性——泡沫中残留的酸对金属材料有腐蚀作用。

图 6.4　酚醛泡沫塑料保温板

6.5　胶粉聚苯颗粒保温材料及其检测（图 6.5）

EPG 胶粉聚苯颗粒保温系统是以预混合型干拌砂浆为主要胶凝材料，加入适当的抗裂纤维及多种添加剂，以聚苯乙烯泡沫颗粒为轻骨料，按比例配置，在现场搅拌均匀即可，外墙内外表面均可使用，施工方便，且保温效果较好。

该材料导热系数低，保温隔热性能好，抗压强度高，黏结力强，附着力强，耐冻融，干燥收缩率及浸水线性变形率小，不易空鼓、开裂。

　　该保温系统采用现场成型抹灰工艺,材料和易性好,易操作,施工效率高,材料成型后整体性能好。避免了块材保温、接缝易开裂的弊病,且在各种转角处无需裁板做处理,施工工艺简单。

　　胶粉聚苯颗粒保温系统总体造价较低,能满足相关节能规范要求,而且特别适合建筑造型复杂的各种外墙保温工程,是目前普及率较高的一种建筑保温节能做法。

　　胶粉聚苯颗粒是以由聚苯乙烯泡沫塑料经粉碎、混合而制成的具有一定粒度级配的轻骨料,与胶粉料和水泥混拌组成的混合料,加水拌和后即制成胶粉聚苯颗粒保温砂浆。

　　建筑隔热保温工程中常用胶粉聚苯颗粒材料来制作外墙保温层,称为胶粉聚苯颗粒外保温系统。它是设置在外墙外侧,由界面层、胶粉聚苯颗粒保温层、抗裂防护层和饰面层构成,起保温隔热、防护和装饰作用的构造系统。

图 6.5　胶粉聚苯颗粒保温材料

6.5.1　分类与标记

6.5.1.1　分类

　　胶粉聚苯颗粒外保温系统分为涂料饰面(缩写为 C)和面砖饰面(缩写为 T)两种类型。

　　C 型胶粉聚苯颗粒外保温系统用于饰面为涂料的胶粉聚苯颗粒外保温系统,宜采用的基本构造见表 6.26。

　　T 型胶粉聚苯颗粒外保温系统用于饰面为面砖的胶粉聚苯颗粒外保温系统,宜采用的基本构造见表 6.27。

表 6.26　涂料饰面胶粉聚苯颗粒外保温系统基本构造

基层墙体	涂料饰面胶粉聚苯颗粒外保温系统基本构造			
	界面层 ①	保温层 ②	抗裂防护层 ③	饰面层 ④
混凝土墙及各种砌体墙	界面砂浆	胶粉聚苯颗粒保温浆料	抗裂砂浆 + 耐碱涂塑玻璃纤维网格布(加强型增设一道加强网格布) + 高分子乳液弹性底层涂料	柔性耐水腻子 + 涂料

表 6.27　面砖饰面胶粉聚苯颗粒外保温系统基本构造

基层墙体	涂料饰面胶粉聚苯颗粒外保温系统基本构造			
	界面层①	保温层②	抗裂防护层③	饰面层④
混凝土墙及各种砌体墙	界面砂浆	胶粉聚苯颗粒保温浆料	第一遍抗裂砂浆 + 热镀锌电焊网(用塑料锚栓与基层锚固) + 第二遍抗裂砂浆	黏接砂浆 + 面砖 + 勾缝料

6.5.1.2　标记

胶粉聚苯颗粒外墙保温系统的标记由代号和类型组成:

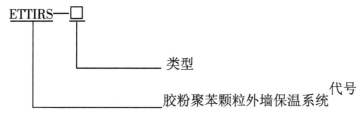

ETTIRS—□

　　　　　　　　　类型

　　　　　　　胶粉聚苯颗粒外墙保温系统　代号

如:ETIRS—C　涂料饰面胶粉聚苯颗粒外墙保温系统。

　　ETIRS—T　面砖饰面胶粉聚苯颗粒外墙保温系统。

6.5.2　技术要求

6.5.2.1　胶粉聚苯颗粒外保温系统

外保温系统应经大型耐候性试验验证。对于面砖饰面外保温系统,还应经抗震试验验证并确保其在设防烈度等级地震下面砖饰面及外保温系统无脱落。

胶粉聚苯颗粒外保温系统的性能应符合表 6.28 要求。

表 6.28　胶粉聚苯颗粒外保温系统的性能指标

试验项目		性能指标	
耐候性		经 80 次高温(70 ℃)—淋水(15 ℃)循环和 20 次加热(50 ℃)—冷冻(−20 ℃)循环后不得出现开裂、空隙和脱落。抗裂防护层与保温层的拉伸黏结强度不应小于 0.1 MPa,破坏界面应位于保温层	
吸水量/(g/m²)浸水 1 h		≤1 000	
抗冲击强度	C 型	普通型(单网)	3 J 冲击合格
		加强型(双网)	10 J 冲击合格
	T 型	3.0 J 冲击合格	
抗风压值		不小于工程项目的风荷载设计值	
耐冻融		严寒及寒冷地区 30 次循环,夏热冬冷地区 10 次循环。表面无裂纹、空鼓、起泡、剥离现象	

续表

试验项目	性能指标
水蒸气湿流密度/[g/(m² · h)]	≥0.85
不透水性	试样防护层内侧无水渗透
耐磨损,500 L砂	无开裂、龟裂或表面保护层剥落、损伤
系统抗拉强度(C型)/MPa	≥0.1并且破坏部位不得位于各层界面
饰面砖黏接强度(T型)/MPa	≥0.4
抗震性能(T型)	设防烈度等级下面层饰面及外保温系统无脱落
火反应性	不应被点燃,试验结束后试件厚度变化不超过10%

6.5.2.2　界面砂浆

界面砂浆是由高分子聚合物乳液与由主剂配制成的界面剂与水泥和中砂按一定比例拌和均匀制成的砂浆,其性能应符合表6.29的要求。

表6.29　界面砂浆性能指标

项目		单位	指标
界面砂浆 压剪黏结强度	原强度	MPa	≥0.7
	耐水	MPa	≥0.5
	耐冻融	MPa	≥0.5

6.5.2.3　胶粉料

胶粉料是由无机凝胶材料与各种外加剂在工厂用预混合干拌技术制成的专门用于配制胶粉苯颗粒保温浆料的复合胶凝材料,其性能应符合表6.30的要求。

表6.30　胶粉料性能指标

项目	单位	指标
初凝时间	h	≥4
终凝时间	h	≤12
安定性(试饼法)	—	合格
拉伸黏结强度	MPa	≥0.6
浸水拉伸黏结强度	MPa	≥0.4

6.5.2.4　聚苯颗粒

聚苯颗粒是由聚苯乙烯泡沫塑料经粉碎、混合而制成的具有一定粒度级配的专门用于配制胶料聚苯颗粒保温浆料的轻骨料,其性能应符合表 6.31 的要求。

表 6.31　聚苯颗粒性能指标

项目	单位	指标
堆积密度	kg/m³	8.0～21.0
粒度(5 mm 筛孔筛余)	%	≤5

6.5.2.5　胶粉聚苯颗粒保温浆料

胶粉聚苯颗粒保温浆料是由胶粉料和聚苯颗粒组成并且聚苯颗粒体积比不小于80%的保温灰浆,其性能应符合表 6.32 的要求。

表 6.32　胶粉聚苯颗粒保温浆料性能指标

项目	单位	指标
湿表观密度	kg/m³	≤420
干表观密度	kg/m³	180～250
导热系数	W/(m·K)	≤0.060
蓄热系数	W/(m²·K)	≥0.95
抗压强度	kPa	≥200
压剪黏结强度	kPa	≥50
线性收缩率	%	≤0.3
软化系数	—	≥0.5
难燃性	—	B1 级

6.5.2.6　抗裂砂浆

抗裂砂浆是指在聚合物乳液中掺和多种外加剂和抗裂物质制得的抗裂剂与普通硅酯盐水泥、中砂按一定比例拌和均匀制成的具有一定柔韧性的砂浆。抗裂剂及抗裂砂浆性能应符合表 6.33 的要求。

表 6.33　抗裂及抗裂砂浆性能指标

项目		单位	指标
抗裂剂	不挥发物含量	%	≥20
	贮存稳定性(20 ℃ ±5 ℃)	—	6 个月,试样无结块凝聚及发霉现象,且拉伸黏结强度满足抗裂砂浆指标要求
抗裂砂浆	可操作时间	h	≥1.5
	可操作时间内拉伸黏结强度	MPa	≥0.7
	拉伸黏结强度(常温 28 d)	MPa	≥0.7
	浸水拉伸黏结强度(常温 28 d,浸水 7 d)	MPa	≥0.5
	压折比	—	≤3.0

注:水泥应采用强度等级 42.5 的普通硅酸盐水泥,并应符合《通用硅酸盐水泥》(GB 175)的要求,砂应符合《普通混凝土用砂、石质量及检验方法标准》(JGJ 52)的规定,筛除大于 2.5 mm 颗粒,含泥量少于 3%。

6.5.2.7　耐碱网布

耐碱网布是耐碱土塑玻璃纤维网格布的简称,是以耐碱玻璃纤维制成的网格布为基布表面涂覆高分子耐碱涂层制成的网格布,其性能应符合表 6.34 的要求。

表 6.34　耐碱网布性能指标

项目		单位	指标
外观		—	合格
长度,宽度		m	50 ~ 100,0.9 ~ 1.2
网孔中心距	普通型	mm	4 × 4
	加强型		6 × 6
单位面积质量	普通型	g/m²	≥160
	加强型		≥500
断裂强力(经纬向)	普通型	N/500 mm	≥1 250
	加强型	N/500 mm	≥3 000
耐碱强力保留率(经纬向)		%	≥90
断裂伸长率(经纬向)		%	≤5
涂塑量	普通型	g/m²	≥20
	加强型		
玻璃成分		%	符合 JC 719 的规定,其中 zro214.5 ±0.8,Tio2 6 ±0.5

6.5.2.8　弹性底涂

弹性底涂是高分子乳液弹性底层涂料的简称,由弹性防水液乳液加入各种助剂,颜填料配置成的具有防水和透气效果的封底涂层,其性能符合 6.35 的要求。

表 6.35　弹性底涂性能指标

项目		单位	指标
容器中状态		—	搅拌后无结块
施工性		—	刷涂无障碍
干燥时间	表干时间	h	≤4
	实干时间	h	≤8
断裂生长率		%	≥100
表面憎水率		%	≥98

6.5.2.9　柔性耐水腻子

柔性耐水腻子是抗裂柔性耐水的简称,由弹性乳液、助剂和粉料等制成的具有一定柔性和耐水性的腻子,其性能应符合表 6.36 的要求。

表 6.36　柔性耐水腻子性能指标

项目		单位	指标
柔性耐水腻子	容器中状态	—	无结块
	施工性	—	刮涂无障碍
	干燥时间	h	≤5
	打磨性	—	手工可以打磨
	耐水性 96 h	—	无异常
	耐碱性 48 h	—	无异常
	黏结强度　标准状态	MPa	≥0.60
	黏结强度　冻融循环 5 次	MPa	≥0.40
	柔韧性	—	直径 50 mm,无裂纹
	低温贮存稳定性	—	−5 ℃冷冻 4 h 无变化,刮涂无困难

6.5.2.10　外墙外保温饰面涂料

外墙外保温饰面涂料必须与胶粉聚苯颗粒外保温系统相容,其性能除应符合国家及行业相关标准外,还应满足 6.37 的抗裂性要求。

表 6.37　外墙外保温饰面涂料抗裂性要求

项目		指标
抗裂性	平涂用涂料	断裂伸长率≥150%
	连续性复层建筑涂料	主涂层的断裂伸长率≥100%
	浮雕类非连续性复层建筑涂料	主涂层初期干燥抗裂性满足要求

6.5.2.11　面砖黏结砂浆

面砖黏结砂浆是由聚合物乳液和外加剂制得的面砖专用胶液,同强度等级 42.5 的通用硅酸盐水泥和建筑砖质砂(一级中砂)按一定质量比混合并搅拌均匀而制成的黏结砂浆。其性能指标应符合表6.38的要求。

表6.38　面砖黏结砂浆的性能指标

项目		单位	指标
拉伸黏结强度		MPa	≥0.60
压折比		—	≤3.0
压剪黏结强度	原强度	MPa	≥0.6
	耐温7 d	MPa	≥0.5
	耐水7 d	MPa	≥0.5
	耐冻融30次	MPa	≥0.5
线性收缩率		%	≤0.3

注:水泥应采用强度等级42.5的普通硅酸盐水泥,并应符合《通用硅酸盐水泥》(GB 175)的要求;砂应符合《普通混凝土用砂、石质量及检验方法标准》(JGJ 52)的规定,筛除大于2.5 mm颗粒,含泥量少于3%。

6.5.2.12　面砖勾缝料

面砖勾缝料是由高分子材料、水泥各种填料、助剂复配而成的陶瓷面砖勾缝材料,其性能指标应符合表6.39的要求。

表6.39　面砖勾缝料性能指标

项目		单位	指标
外观		—	均匀一致
颜色		—	与标准一致
凝结时间		h	大于2 h,小于24 h
拉伸黏结强度	常温常态14 d	MPa	≥0.60
	耐水(常温常态14 d,浸水48 h,放置24 h)	MPa	≥0.50
压折比		—	≤3.0
透水性(24 h)		mL	≤3.0

6.5.2.13　塑料锚栓

塑料锚栓由螺钉和带圆盘的塑料膨胀套管两部分组成。金属螺钉应采用不锈钢或经过表面防腐蚀处理的金属制成,塑料钉和带圆盘的塑料膨胀套管采用聚酰胺、聚乙烯或聚丙烯制成,制作塑料钉和塑料管的材料不得使用回收的再生材料。塑料锚栓的有效锚栓深度不小于25 mm,塑料圆盘直径不小于50 mm,套管外径7~10 mm。单个塑料锚栓抗拉承载力标值(C25混凝土基层)不小于0.8 kN。

6.5.2.14　热镀锌电焊网

热镀锌电焊网(俗称四角网)应符合《镀锌电焊网》性能指标,见表6.40。

表 6.40　热镀锌电焊网性能指标

项目	单位	指标
工艺	—	热镀锌电焊网
丝径	mm	0.90 ± 0.04
网孔大小	mm	12.7 × 12.7
焊点抗拉力	N	> 65
镀锌层质量	g/m²	≥122

6.5.2.15　饰面砖

外保温饰面砖应采用粘贴面带有燕尾的产品并不得带有脱模剂。其性能符合下列现行标准的要求:《建筑卫生陶瓷分类及术语》;并应同时满足表 6.41 性能指标的要求。

表 6.41　饰面砖性能指标

项目		单位	指标
尺寸	6 m 以下墙面 表面面积	cm	≤410
	6 m 以下墙面 厚度	cm	≤1.0
	6 m 及以上墙面 表面面积	cm	≤190
	6 m 及以上墙面 厚度	cm	≤0.75
单位面积质量		kg/m²	≤20
吸水率	Ⅰ、Ⅳ、Ⅶ气候区	%	≤3
	Ⅱ、Ⅲ、Ⅳ、Ⅴ气候区		≤6
抗冻性	Ⅰ、Ⅳ、Ⅶ气候区	—	50 次冻融循环无破坏
	Ⅱ气候区		40 次冻融循环无破坏
	Ⅲ、Ⅳ、Ⅴ气候区		10 次冻融循环无破坏

注:气候区划分级按《建筑气候区划标准》(GB 50178)中一级区划分的Ⅰ~Ⅶ区执行。

6.5.2.16　附件

在符合聚苯颗粒保温系统中采用的附件,包括射钉、密封膏、密封条、金属护角、盖口条等应分别符合相应的产品标准的要求。

6.5.3　试验方法

标准试验室环境为空气温度 23 ± 2℃,相对温度 50 ± 10。在非标准试验室环境下试验时,应记录温度和相对湿度。试验方法中所说脱模剂是采用机油和黄油调制的黏度大于 100 s 的。

6.5.3.1　胶粉聚苯颗粒外保温系统

1)耐候性

(1)试样。

试样由混凝土墙和外保温系统构成,混凝土墙用作外保温系统的基层墙体。

尺寸:试样应不小于 2.5 m,高度应不小于 2.0 m,面积应不小于 6 m,混凝土墙上角处应预留一个宽 0.4 m、高 0.6 m 的洞口,洞口距离边缘 0.4 m。

制备:外保温系统应包住混凝土墙的侧边。侧边保温层最大宽度为 20 mm。预留洞口处应安装窗框。如有必要,可对洞口四角做特殊加强处理。

①C 型单网普通样式:混凝土墙 + 界面砂浆(24 h) + 50 mm 胶粉聚苯颗粒保温层(5 d) + 4 mm 抗裂砂浆(压入一层普通型耐碱网布)(5 d) + 弹性底涂(24 h) + 柔性耐水腻子(24 h) + 涂料饰面,在试验环境下养护 56 d。

②C 型双网加强试样:混凝土墙 + 界面砂浆(24 h) + 50 mm 胶粉聚苯颗粒保温层(5 d) + 4 mm 抗裂砂浆(压入一层加强型耐碱网布) + 3 mm 第二遍抗裂砂浆(在压入一层普通型耐碱网布)(5 d) + 弹性底涂(24 h) + 1 mm 柔性耐水腻子(24 h) + 涂料饰面,在实验室环境下养护 56 d。

③T 型试样:混凝土墙 + 界面砂浆(24 h) + 50 mm 胶粉聚苯颗粒保温层(5 d) + 4 mm 抗裂砂浆(24 h) + 锚固热镀锌电焊网 + 4 mm 抗裂砂浆(5 d) + (5~8) mm 面砖黏结砂浆粘贴面砖(2 d) + 面砖勾缝料勾缝,在试验环境下护养 56d。

(2)实验步骤。

高温—淋水循环 80 次,每次 6 h。

①升温 3 h。使试样表面升温至 70 ℃并恒温在(70 ± 5)℃,恒温时间应不小于 1 h。

②淋水 1 h。向试样表面淋水,水温为(15 ± 5)℃,水量为 1.0~1.5 L/(m² · min)。

③静置 2 h。

状态调节至少 48 h。

加热—冷冻循环 20 次,每次 24 h。

①升温 8 h。使试样表面升温至 50 ℃并恒温在(50 ± 5)℃,恒温时间应不小于 5 h。

降温 16 h。使试样表面降温至 −20 ℃并恒温在(−20 ± 5)℃,恒温时间应不小于 12 h。

②每四次高温—降温循环和每加热—冷冻循环后观察试样是否出现裂缝、空鼓、脱落等情况并做记录。

③试验结束后,状态调节 7 d,检验拉伸黏结强度和抗冲击强度。

(3)试验结果。

经 80 次高温—淋水循环和 20 次加热—冷冻循环后系统未出现开裂、空鼓或脱落,抗裂防护层与保温层的拉伸黏结强度不小于 0.1 MPa 且破坏界面位于保温层则系统耐候性合格。

2)吸水量

(1)试样。

试样由保温层和抗裂防护层构成。

尺寸:200 mm × 200 mm。保温层厚度 50 mm。

制备:50 mm 胶粉聚苯颗粒保温层(7 d) + 4 mm 抗裂浆砂(复合耐碱网布)(5 d) + 弹性底涂,养护 56 d,试样周边涂密封材料密封。试样数量为 3 件。

(2)试验步骤。

①测量试样面积 A。

②称量试样初始面积 m_0。

③使试验抹面层朝下将抹面层浸入水中并使表面完全湿润。分别浸泡 1 h 后取出,在 1 min 内擦去表面水分,称重吸水后的质量 m。

(3)试验结果。

系统吸水量按式(6-9)进行计算。

$$M = (m - m_0)/A \tag{6-9}$$

式中　M——系统吸水量(kg/m^2);

　　　m——试样吸水后的质量(kg);

　　　m_0——试样初始质量(kg);

　　　A——试样面积(m^2)。

试验结果以三个试验的算术平均值表示。

3)抗冲击强度

(1)试样。抗冲击强度试样见表 6.42。

表 6.42　试样

序号	试样	数量	尺寸	制作
1	C 型单网普通试样	2 件,用于 3 J 级冲击试验	1 200 mm×600 mm,保温层厚度 50 mm	50 mm 胶粉聚苯颗粒保温层(7 d)+4 mm 抗裂砂浆(压入耐碱网布,网布不得有搭接缝)(5 d)+弹性底涂(24 h)+柔性耐水腻子,在试验室环境下养护 56 d 后,待用
2	C 型双网加强试样	2 件,每件分别用于 3 J 级和 10 J 级冲击试验	1 200 mm×600 mm,保温层厚度 50 mm	50 mm 胶粉聚苯颗粒保温层(5 d)+4 mm 抗裂砂浆(先压入一些加强型耐碱网布,再压入一层普通型耐碱网布,网布不得有搭接缝)(5 d)+弹性底涂(24 h)+柔性耐水腻子,在试验室环境下养护 56 d 后,涂刷饰面涂料,涂料实干后,待用
3	T 型试样	2 件,用于 3 J 级冲击试验	1 200 mm×600 mm,保温层厚度 50 mm	50 mm 胶粉聚苯颗粒保温层(7 d)+4 mm 抗裂砂浆(压入热镀锌电焊网)(24 h)+4 mm 抗裂砂浆 5 d+粘贴面砖(2 d)+勾缝,在试验室环境下养护 56 d

(2)试验步骤。

①将试样抗裂防护层向上平放于光滑的刚性底板上。

②试验分为 3 J 和 10 J 两级,每级试验冲击 10 个点。3 J 级冲击试验使用质量为 500 g 的钢球,在距离试样上表面 0.61 m 高度自由降落冲击试样。10 J 级冲击试样使用质量为 1 000 g 的钢球,在距离试样上表面 0.61 m 高度自由降落冲击试样。冲击点应离开试样边缘至少 100 mm,冲击点间距不得小于 100 mm。以冲击点及其周围开裂作为破坏的判定标准。

（3）试验结果。

10 J 级试验 10 个冲击点中破坏点不超过 4 个时,判定为 10 J 冲击合格。10 J 级试验 10 个冲击点中破坏超过 4 个,3 J 试验 10 个冲击点中破坏点不超过 4 个时,判定为 3 J 冲击合格。

4）耐冻融

（1）试验仪器。

①低温冷冻箱,最低温度(-30 ±3)℃。

②密封材料、松香、石蜡。

（2）试样。

试样见表 6.43。

表 6.43　试样

序号	试样	数量	尺寸	制作
1	C 型试样	3 个	500 mm ×500 mm;保温层厚度 50 mm	50 mm 胶粉聚苯颗粒保温层(5 d) +4 mm 抗裂砂浆(压入标准耐碱网布)(5 d) +弹性底涂,在试验室环境下养护 56 d。除试件涂料外将其他 5 面用融化的松香、石蜡(1:1)密封
2	T 型试样	3 个	500 mm ×500 mm;保温层厚度 50 mm	50 mm 胶粉聚苯颗粒保温层(5 d) +4 mm 抗裂砂浆(压入热镀锌电焊网)(24 h) +4 mm 抗裂砂浆(5 d) +粘贴面砖(2d) +勾缝,在试验室环境下养护 56 d。除面砖这一面外将其他 5 面用融化的松香、石蜡(1:1)密封

（3）试验步骤。

冻融循环次数为严寒及寒冷地区 30 次,夏热冬冷地区 10 次,每次 24 h。

①在(20 ±2)℃自来水中浸泡 8 h。试样浸入水中时,应使抗裂防护层朝下,使抗裂防护层浸入水中,并排出试样表面气泡。

②在(-20 ±2)℃冰箱中冷冻 6 h。

试验期间如需中断试验,试样应置于冰箱中在(-20 +2)℃下存放。

（4）试验结果。

每 3 次循环后观察试样是否出现裂纹、空鼓、起泡、剥离等情况并做记录。经 10 次冻融试验后观察,试样无裂纹、空鼓、起泡、剥离者为 10 次冻融循环合格;经 30 次冻融循环试验后观察,试样无裂纹、空鼓、起泡、剥离者为 30 次冻融循环合格。

5）水蒸气湿流密度

按《建筑材料水蒸气透过性能试验方法》(GB/T 17146）中水法的规定进行。试样制备同下述 7)（1）中规定,弹性底涂表面朝向湿度小的一侧。

6）不透水性

（1）试样。

尺寸数量:尺寸 65 mm ×200 mm ×200 mm,数量 2 个;制备:60 mm 厚胶粉聚苯颗粒保温层(7 d) +4 mm 抗裂砂浆(复合耐碱网布)(5 d)弹性底料,养护 56 d 后,周边涂密封材料密封。去除试样中心部位的胶粉聚苯颗粒保温浆料,去除部分的尺寸为 100 mm×100 mm,并在试样侧面标记出距抹面胶浆表面 50 mm 的位置。

(2)试验过程。

将试样防护面朝下放入水槽中,使试样防护面位于水面下 50 mm 处(相当于压力 500 Pa),为保证试样在水面以下,可在试样上放置重物图 6.6。试样在水中放置 2 h 后,观察试样内表面。

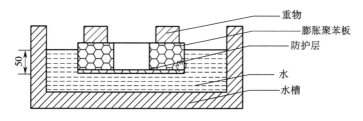

图 6.6　不透水性试验示意图

(3)试验结果。

试样背面去除胶粉聚苯颗粒保温浆料的部分无水渗透为合格。

7)系统抗拉强度

(1)试样。

制备:10 mm 水泥砂浆底板 + 界面砂浆(24 h) +50 mm 胶粉聚苯颗粒保温层(5 d) +4 mm 抗裂砂浆(压入耐碱网布)(5 d) + 弹性底涂(24 h) + 柔性耐水腻子,在试验室环境下养护 56 d 后,涂刷饰面涂料,涂料实干后,待用。

尺寸:切割成尺寸为 100 mm×100 mm 试样 5 个。

(2)试验过程。

①用适当的胶粘剂将试样上下表面分别与尺寸为 100 mm×100 mm 的金属实验板黏结。

②通过万向接头将试样安装于拉力试验机上,拉伸速度为 5 mm/min,拉伸至破坏并记录破坏时的拉力及破坏部位,破坏部位在试验板黏结界面时试验数据无效。

③试验应在以下两种试验状态下进行。

a. 干燥状态。

b. 水中浸泡 48 h,取出后在(50 ±5)℃条件下干燥 7 d。

(3)试验结果。

抗拉强度不小于 0.1 MPa,并且破坏部位不位于各界面为合格。

8)火反应性

(1)试样。

试件设备:10 mm 水泥砂浆底板 + 界面砂浆(24 h) +50 mm 胶粉聚苯颗粒保温层(5 d) +4 mm 抗裂砂浆(压入耐碱网布)(5 d),在试验室环境下养护 56 d 后,待用。

尺寸:切割成尺寸为 100 mm×100 mm 试样 6 个。其中 3 个即为开放试件。另 3 个样的四周用抗裂砂浆封闭,作为封闭试件。

（2）试验设备。

①检测设备采用锥形量热计（Cone Calorimeter）。

②游标卡尺:（0～125）mm;精度0.02 mm。

（3）试验过程。

设定检测条件如下。

辐射能量:50 kW/m²。

排气管道流量:0.024 m³/s。

试件定位方向:水平。

试验前将用游标卡尺测量试件厚度,精确至0.1 mm。采用锥形量热计测量试件的点火型,试验结束后用游标卡尺测量试件厚度,精确至0.1 mm。

（4）试验结果。火反应性试验过程中,开放试件及封闭试件均不应被点燃。试验完毕后,试件厚度变化不应超过10%。

6.5.3.2　界面砂浆

界面砂浆压减黏结强度按《陶瓷墙地砖胶粘剂》（JC/T 547—2005）中6.3.4规定进行测定。

（1）原强度。

在试验室标准条件下养护14 d。

（2）耐水。

在试验室标准条件下养护14 d,然后在标准试验室温度水中浸泡7 d,取出擦干表面水分,进行测定。

（3）耐冻融。

在试验室标准条件下养护14 d,然后按《普通混凝土长期性能和耐久性能试验方法标准》（GB/T 50082）抗冻性能试验循环10次。

6.5.3.3　胶粉料

1）初凝时间、终凝时间和安定性

胶粉料的初凝时间、终凝时间和安定性的检验方法,同水泥的初凝时间,终凝时间和安定性的检验方法（方法见2.7.11）。配料时在胶砂搅拌机中搅拌30 min。

2）拉伸黏结强度、浸水拉伸黏结强度

按《合成树脂乳液砂壁状建筑涂料》（JG/T 24—2000）中6.14的规定进行。

（1）试样。制作:把10个70 mm×70 mm×20 mm水泥砂浆试块用水浸透,擦干表面后,在1.1倍标准稠度用水量条件下按《合成树脂乳液砂壁状建筑涂料》（JG/T 24—2000）中6.14.2.1的规定制备试块。

养护:试块用聚乙烯薄膜覆盖,在试验室温度条件下养护7 d。去掉覆盖物在试验室标准条件下养护48 h,用双组分环氧树脂或其他高强度黏结剂黏结钢制上夹具,放置24 h。

（2）试验过程。

①其中5个试件按《合成树脂乳液砂壁状建筑涂料》（JG/T 24—2000）中6.14.2.2的

规定测抗拉强度即为拉伸黏结强度。

②另5个试件按《合成树脂乳液砂壁状建筑涂料》(JG/T 24—2000)中6.14.3.2的规定测浸水7 d的抗拉强度即为浸水拉伸黏结强度。

6.5.3.4　聚苯颗粒

1)堆积密度

按《膨胀珍珠岩》(JC/T 209—2012)中6.1的规定进行。

2)粒度

按《膨胀珍珠岩》(JC/T 209—2012)中6.3的规定进行。烘干温度为(50±2)℃,筛孔尺寸为5 mm。

6.5.3.5　胶粉聚苯颗粒保温浆料

胶粉聚苯颗粒保温浆料标准试样(简称标准浆料)制备:按厂家产品说明书中规定的比例和方法,在胶砂搅拌机中加入水和胶粉料,搅拌均匀后加入聚苯颗粒继续搅拌至均匀。

1)湿表观密度

(1)仪器设备。

①标准量筒:容积为0.001 m^3。

②天平:精度为0.01 g。

③油灰刀,抹子。

④捣棒:直径10 mm、长350 mm的钢棒,端部磨圆。

(2)试验步骤。

将称量过的标准量筒,用油灰刀将标准浆料填满量筒,使稍有富余,用捣棒均匀插捣25次(插捣过程中如浆料沉落到低于筒口,则应随时添加浆料),然后用抹子抹平,将量筒外壁擦净,称量浆料与量筒的总重,精确至0.001 kg。

(3)结果计算。

湿表观密度按式(6-10)计算:

$$\rho_s = (m_1 - m_0)V \tag{6-10}$$

式中　ρ_s——湿表观密度(kg/m^3);

　　　m_0——标准量筒质量(kg);

　　　m_1——浆料加标准量筒的质量(kg);

　　　V——标准量筒的体积(m^3)。

试验结果取3次试验结果算数平均值,保留3位有效数字。

2)干表观密度

(1)仪器设备。

①烘箱:灵敏度±2 ℃。

②天平:精度为0,01 g。

③干燥管:直径大于300 mm。

④游标卡尺:(0~125)mm;精度0.02 mm。

⑤钢板尺:500 mm;精度1 mm。

⑥油灰刀,抹子。

⑦组合式无底金属试模:300 mm×300 mm×30 mm。

⑧玻璃板:300 mm×400 mm×(3~5)mm。

(2)试件制备。

①成型方法:将3个空腔尺寸为300 mm×300 mm×30 mm的金属试模分别放在玻璃板上,用脱模剂涂刷试模内壁及玻璃板,用油灰刀将标准浆料逐层加满并略高出试模,为防止浆料留下孔隙,用油灰刀沿模壁插数次,然后用抹子抹平,制成3个试件。

②养护方法:试件成型后用聚乙烯薄膜覆盖,在实验室温度条件下养护7 d后拆模,拆模后在实验室标准条件下养护21 d,然后将试件放入(65±2)℃的烘箱中,烘干至恒重,取出放入干燥器中冷却至室温备用。

(3)实验步骤。

取制备好的3块试件分别磨平并称量质量,精确至1 g。按顺序用钢板尺在试件两端距边缘20 mm处和中间位置分别测量其长度和宽度,精确至1mm,取三个测量数据的平均值。

用游标卡尺在试件任何一边的两端距边缘20 mm和中间处分别测量厚度,在相对的另一边重复以上测量,精确至0.1 mm,要求试件厚度差小于2%,否则重新打磨试件,直至达到要求。最后取6个测量数据的平均值。

由以上测量数据求得每个试件的质量与体积。

(4)结果计算。

干表观密度按式(6-11)计算:

$$\rho_g = m/V \tag{6-11}$$

式中　ρ_g——干密度(kg/m³);

　　　　m——试件质量(kg);

　　　　V——试件体积(m³)。

实验结果取3个试件实验结果的算数平均值,保留3位有效数字。

3)导热系数

测量干表观密度后的试件,按《绝热材料稳态热阻及有关特性的测定　放热护板法》(GB/T 10294)的规定测试导热系。

4)蓄热系数

按《轻骨料混凝土技术规程》(JGJ 51—2002)中7.5的规定进行。

5)抗压强度

(1)仪器设备。

①钢质有底试模100 mm×100 mm×100 mm,应具有足够的刚度并拆卸方便。试模的内表面不平整度应为每100 mm不超过0.05 mm,组装后各相邻面的不垂直度小于0.5°。

②捣棒:直径10 mm、长度350 mm的钢棒,端部应磨圆。

③压力试验机:精度(试值的相对误差)小于±2%,量程应选择在材料的预期破坏荷载相当于仪器刻度的20%~80%之间;试验机的上、下压板的尺寸应大于试件的承压面,其不平整度应为每100 mm不超过0.02 mm。

（2）试件制备。

①成型方法：将金属模具内壁涂刷脱模剂，向试模内注满标准浆料并略高于试模的上表面，用捣棒均匀由外向里按螺旋方向插捣25次，为防止浆料留下孔隙，用油灰刀沿模壁插数次，然后将高出的浆料沿试模顶面削去用抹子抹平。须按相同的方法同时成型10块试件，其中5个测软化系数。

②养护方法：试块成型后用聚乙烯薄膜覆盖，在实验室温度条件下养护7 d后去掉覆盖物，在实验室标准条件下继续养护48 d。放入(65 ± 2)℃的烘箱内烘24 h，从烘箱中取出放入干燥箱备用。

（3）试验步骤。

抗压强度：从干燥器中取出的试件应尽快进行试验，以免试件内部的温湿度发生显著变化。取出其中的5块测量试件的承压面积，长宽测量精确到1 mm，并据此计算试件的受压面积。将试件安放在压力试验机的下压板上，试件的承压面应与成型时的顶面垂直，试件中心应与试验机下压板中心对准。开动试验机，当上压板与试件接近时，调整球座，使接触面均衡受压。承压试验应连续而均匀地加荷，加荷速度应为每秒钟$(0.5 \sim 1.5)$kN，直至试件破坏，然后记录破坏荷载N_0。

（4）结果计算。

抗压强度按式（6-12）计算：

$$f_0 = N_0 / A \tag{6-12}$$

式中　f_0——抗压强度（kPa）；

　　　N_0——破坏压力（kN）；

　　　A——试件的承压面积（mm^2）。

（5）实验结果。

以5个试件检测值的算数平均值来确定，保留3位有效数字。当5个试件的最大值或最小值与平均值的差超过20%时，以中间3个试件的平均值作为该组试件的抗压强度值。

6）软化系数

取上述5）中余下的5块试件，将其浸入到(20 ± 5)℃的水中（用铁篦子将试件压入水面下20 mm处），48 h后取出擦干，测饱水状态下胶粉聚苯颗粒保温砂浆的抗压强度f_1。

软化系数按式（6-13）计算：

$$\Psi = f_1 / f_0 \tag{6-13}$$

式中　Ψ——软化系数；

　　　f_0——绝干状态下的抗压强度（kPa）；

　　　f_1——饱水状态下的抗压强度（kPa）。

7）压剪黏结强度

按《陶瓷墙面砖胶黏剂》（JC/T 547—2005）中6.3.4进行。

8）线性收缩率

按《建筑砂浆基本性能试验方法标准》（JGJ/T 70—2009）中第10章进行。

9) 难燃性

按《建筑材料难燃性试验方法》(GB/T 8625)的规定进行。

6.5.3.6　抗裂剂及抗裂砂浆

标准抗裂砂浆的制备:按厂家产品说明书中规定的比例和方法配置的抗裂砂浆即为标准抗裂砂浆。抗裂砂浆的性能均应采用抗裂砂浆进行测试。

1) 抗裂剂不挥发物含量

按《胶粘剂不挥发物含量的测定》(GB/T 2793)的规定进行,实验温度(180 ±5)min,取样量2.0 g。

2) 抗裂剂贮存稳定性

从刚生产的抗裂剂中取样,装满3个容量为500 mL有盖容器。在(20 ±5)℃条件下放置6个月,观察试样有无结块、凝结及发霉现象,并按下述(4)中的规定测抗裂砂浆的拉伸黏结强度,黏结强度不低于表6.44拉伸黏结强度的要求。

表6.44　抗裂砂浆及抗裂砂浆性能指标

项目		单位	指标
抗裂剂	不挥发物含量	%	≥20
	贮存稳定性(20 ±5 ℃)	—	6个月,试样无结块凝聚发霉现象,且拉伸黏结强度满足抗裂砂浆指标要求
抗裂砂浆	可使用时间　可操作时间	h	≥1.5
	在可操作时间内拉伸黏结强度	MPa	≥0.7
	拉伸黏结强度(常温28 d)	MPa	≥0.7
	拉伸黏结强度(常温28 d,浸水7 d)	MPa	≥0.5
	压折比	%	≤3.0

注:水泥应采用强度等级42.5的普通硅酸盐水泥,并应符合GB175—2007的要求;砂应符合JGJ 52—2006的规定,筛除大于2.5 mm颗粒,含泥量少于3%。

3) 抗裂砂浆可使用时间

可操作时间:标准抗裂砂浆配制好后,在实验室标准条件下按制造商提供的可操作时间(没有规定时1.5 h)放置,此时应具有良好的操作性。然后按下述4)中拉伸黏结强度测试的规定进行,实验结果以5个试验数据的算术平均值表示,平均黏结强度不低于表6.44拉伸黏结强度的要求。

4) 抗裂砂浆拉伸黏结强度、进水拉伸黏结强度

按《合成树脂乳液壁状建筑涂料》(JG/T 24—2000)中6.14的规定进行。

(1) 试样。

在10个70 mm×70 mm×20 mm水泥砂浆试块上,用标准抗裂砂浆按《合成树脂乳液

砂壁状建筑涂料》(JG/T 24—2000)中 6.14.2.2 的规定成型试块,成型时注意刮到压实。试块用聚乙烯薄膜覆盖,在实验室温度条件下养护 7 d,取出实验室标准条件下继续养护 20 d。用双组分环氧树脂或其他高强度黏结剂黏结钢质上夹具,放置 24 h。

(2)实验过程。

①其中 5 个试件按《合成树脂乳液砂壁状建筑涂料》(JG/T 24—2000)中 6.14.2.2 的规定测抗拉强度即为拉伸黏结强度。

②另 5 个试件按《合成树脂乳液砂壁状建筑涂料》(JG/T 24—2000)中 6.14.2.2 的规定测浸水 7 d 的抗拉强度即为进水拉伸黏结强度。

5)抗裂砂浆压折比

抗压强度、抗折强度测定按《水泥胶砂强度检测方法(ISO 法)》(GB/T 17671)的规定进行。养护方法:采用标准抗裂砂浆成型,用聚乙烯薄膜覆盖,在实验室标准条件下养护 2 d 后脱模,继续用聚乙烯薄膜覆盖养护 5 d,去掉覆盖物在试验室温度条件下养护 21 d。

压着比按式(6-14)计算:

$$T = R_c/R_f \tag{6-14}$$

式中　R——压折比;

　　　R_c——抗压强度(N/mm^2);

　　　F_f——抗折强度(N/mm^2)。

6.5.3.7　耐碱网布

1)外观

按《耐碱玻璃纤维网布》(JC/T 841—2007)中 5.2 的规定进行。

2)长度及宽度

按《增强材料　机织物试验方法　第 3 部分:宽度和长度的测定》(GB/T 7689.3)的规定进行。

3)网孔中心距

用直尺测量连续 10 个孔的平均值。

4)单位面积质量

按《增强制品试验方法　第 3 部分:单位面积质量的测定》(GB/T 9914.3)的规定进行。

5)断裂强力

按《增强材料　机织物试验方法　第 5 部分:玻璃纤维拉伸断裂强力和断裂伸长的测定》(GB/T 7689.5)中类型 I 的规定测经向和纬向的断裂能力。

6)耐碱强力保留率

①由上述 5)中规定测试经向和纬向初始断裂强力。

②水泥浆液的配制。取一份强度等级 42.5 的普通硅酸盐水泥与 10 份水搅拌 30 min 后,静置过夜。取上层澄清液作为试验用水泥浆液。

③试验过程。

a.方法一:在实验室条件下,将试件平放在水泥浆液中,浸泡时间 28 d。

方法二(快速法):将试件平放在(80 ±2)℃的水泥浆液中,浸泡时间 4 h。

b. 取出试件,用清水浸泡 5 min,然后在(60 ±5)℃的烘箱中烘 1 h 后,在试验环境中存放 24 h。

c. 按《增强材料　机织物试验方法　第 5 部分:玻璃纤维拉伸断裂强力和断裂伸长的测定》(GB/T 7689.5)测试经向和纬向耐碱断裂强力

注:如有争议以方法一为准。

④试验结果。耐碱强力保留率应按式(6-15)计算:

$$B = (F_1/F_0) \times 100\% \tag{6-15}$$

式中　B——耐碱强力保留率(%);

　　　F_1——耐碱断裂强力(N);

　　　F_0——初始断裂强力(N)。

7)断裂伸长率

(1)试验步骤。按《增强材料　机织物试验方法　第 5 部分:玻璃纤维拉伸断裂强力和断裂伸长的测定》(GB/T 7689.5)测定断裂强力并记录断裂伸长值 ΔL。

(2)试验结果。断裂伸长率按式(6-16)计算:

$$D = (\Delta L/L) \times 100\% \tag{6-16}$$

式中　D——断裂伸长率(%);

　　　ΔL——断裂伸长值(mm)。

8)涂塑量

按《增强制品试验方法　第 2 部分:玻璃纤维可燃物含量的测定》(GB/T 9914.2)的规定进行。试样涂塑量 $G(g/m^2)$ 按式(6-17)计算。

$$G = \left[(m_1 - m_2)/(L \cdot B) \right] \times 10^6 \tag{6-17}$$

式中　m_1——干燥试管加试样皿的质量(g);

　　　m_2——灼烧后试样加试样皿的质量(g);

　　　L——小样长度(mm);

　　　B——小样宽度(mm)。

9)玻璃成分

按《玻璃纤维工业用玻璃球》(JC 935)规定进行。

6.5.3.8　弹性底涂

1)容器中状态

打开容器允许在容器底部有沉淀,经搅拌易于混合均匀时,可评为"搅拌均匀后无硬块,呈均匀状态"。

2)施工性

用刷子在平滑面上刷涂试样,涂布量为湿膜厚度,约 100 μm,使试板的长边呈水平方向,短边与水平方向成约 85°竖放,放置 6 h 后再用同样方法涂刷第二道试样,在第二道涂刷时,刷子运行无困难,则可判为"刷涂无障碍"。

3)干燥时间

(1)表干时间。按《建筑防水涂料试验方法》(GB/T 16777—2008)中 12.2.1B 法进行,试件制备时,用规格为 250 μm 的线棒涂布器进行制膜。

（2）实干时间。按《建筑防水涂料试验方法》（GB/T 16777—2008）中 12.2.2B 法进行,试件制备时,用规格为 250 μm 的线棒涂布器进行制膜。

4）断裂伸长率。

（1）试验步骤。按《建筑防水涂料试验方法》（GB/T 16777—2008）中 8.2.2 进行。拉伸速度为 200 mm/min,并记录断裂时标线距离 L_1。

（2）结果计算。断裂伸长率应按式（6-18）计算:

$$L = (L_1 - 25)/25 \tag{6-18}$$

式中　L——试件断裂时的伸长率（%）;

　　　L_1——试件断裂时标线间的距离（mm）;

　　　25——拉伸前标线间的距离（mm）。

5）表面憎水率

（1）试样。试样尺寸:300 mm × 150 mm。保温层厚度 50 mm。

试样制备:50 mm 胶粉聚苯颗粒保温层（7 d）+ 4 mm 抗裂砂浆（复合耐碱网布）（5 d）+ 弹性底涂。实干后放入（65 ± 2）℃的烘箱中烘至恒重。

（2）试验步骤。按《保温材料憎水性试验方法》（GB/T 10299 – 2011）中第 7 章进行。

（3）结果计算。表面憎水率按式（6-19）计算:

$$表面憎水率 = (1 - V_1/V) \times 100 = [1 - (m_1 - m_2)/V \times \rho] \times 100 \tag{6-19}$$

式中　V_1——试样中吸入水的体积（cm³）;

　　　V——试样的体积（cm³）;

　　　m_2——淋水后试样的质量（g）;

　　　m_1——淋水前试样的质量（g）;

　　　ρ——水的密度,取 1 g/cm³。

6.5.3.9　柔性耐水腻子

标准腻子的制备:按厂家产品说明书中规定的比例和方法配置的柔性耐水腻子作为标准腻子,柔性耐水腻子的性能检测均须采用标准腻子。标准中除黏结强度、柔韧性外,所用的试板均为石棉水泥板。石棉水泥板、砂浆块要求同《建筑外墙用腻子》（JG/T 157—2009）中 6.3 规定。柔韧性试板采用马口铁板。

1）容器中状态

按《建筑外墙用腻子》（JG/T 157—2009）中 6.5 的规定进行。

2）施工性

按《建筑外墙用腻子》（JG/T 157—2009）中 6.6 的规定进行。

3）干燥时间

按《建筑外墙用腻子》（JG/T 157—2009）中 6.7 的规定进行。

4）打磨性

按《建筑外墙用腻子》（JG/T 157—2009）中 6.9 的规定进行。制板要求两次成型,第一道刮涂厚度约为 1 mm,第二道刮涂厚度约为 1 mm,每道间隔 5 h。

5）耐水性

按《建筑外墙用腻子》（JG/T 157—2009）中 6.11 的规定进行。制板要求同 6.9.4。

6）耐碱性

按《建筑外墙用腻子》（JG/T 157—2009）中 6.12 的规定进行。制板要求同 6.9.4。

7）黏结强度

按《建筑外墙用腻子》（JG/T 157—2009）中 6.13 的规定进行。

8）柔韧性

按《腻子膜柔韧性测定法》［GB1748—1979］中的规定进行。制板要求两次成型，第一次刮涂厚度约为 0.5 mm，第二次刮涂厚度约为 0.5 mm，每道间隔 5 h。

9）低温贮存稳定性

按《建筑外墙用腻子》（JG/T 157—2009）中 6.15 的规定进行。

6.5.3.10　外墙外保温饰面涂料

1）断裂伸长率

按《建筑防水涂料试验方法》（GB/T 16777）的规定进行。

2）初期干燥抗裂性

按《复层建筑涂料》（GB/T 9779）的规定进行。

3）其他性能指标

按建筑外墙涂料相关标准的规定进行。

6.5.3.11　面砖黏结砂浆

标准黏结砂浆的制备，按厂家产品说明书中规定的比例和方法配置的面砖黏结砂浆为标准黏结砂浆，面砖黏结砂浆的性能检测均须采用标准黏结砂浆。

1）拉伸黏结强度

按《陶瓷墙地砖胶黏剂》（JC/T 547）的规定进行。试件成型后用聚乙烯薄膜覆盖，在实验室温度条件下养护 7 d，将试件取出继续在实验室标准下养护 7 d。按《陶瓷墙地砖胶黏剂》（JC/T 547—2005）中的 6.3.1.3 和 6.3.1.4 的规定进行测试和评定。标准黏结砂浆厚度控制在 3 mm。测试时，如果是 G 型砖与钢夹具之间分开，应重新测定。

2）压折比

按上述 6.5.3.6 中 5）的规定进行。养护条件：采用标准黏结砂浆成型，用聚乙烯薄膜覆盖，在实验室标准条件下养护 2 d 后脱模，继续用聚乙烯薄膜盖养护 5 d，去掉覆盖物在实验室标准条件下养护 7 d。

3）压剪黏结强度

按《陶瓷墙地砖胶黏剂》（JC/T 547—2005）中 6.3.4 进行。标准黏结砂浆厚度控制在 3 mm。

4）线性收缩率

按《陶瓷墙地砖胶黏剂》（JC/T 547—2005）中 6.3.3 进行。

6.5.3.12　面砖勾缝料

标准面砖勾缝料的制备：按厂家产品说明书中规定的比例和方法配置的面砖勾缝料为

标准黏结砂浆,面砖勾缝料的性能检测均须采用标准面砖勾缝料。

1)外观

目测,无明显混合不匀物及杂质等异常情况。

2)颜色

取(300 ±5)g,按厂家产品说明书中规定的比例加水混合均匀后,在 80 ℃下烘干,目测颜色是否与标样一致。

3)凝结时间

按《建筑砂浆基本性能试验方法标准》(JGJ/T 70—2009)中第 6 章的规定进行。

4)拉伸黏结强度

按上述 6.5.3.6 中 4)的规定进行。养护条件:采用标准面砖勾缝料成型,用聚乙烯薄膜覆盖,在试验室标准条件下养护 7 d 后去掉覆盖物,继续在实验室标准条件下养护 7 d。

5)压折比

按上述 6.5.3.6 中 5)的规定进行。养护条件:采用标准面砖勾缝料成型,用聚乙烯薄膜覆盖,在试验室标准条件下养护 2 d 后脱模,继续用聚乙烯薄膜覆盖养护 5 d,去掉覆盖物在试验室标准条件下养护 7 d。

6)透水性

(1)试件。

尺寸:200 mm ×200 mm。制备:50 mm 胶粉聚苯颗粒保温层 +5 mm 面砖勾缝料,用聚乙烯薄膜覆盖,在试验室温度条件下养护 7 d。去掉覆盖物在试验室标准条件下盖护 21 d。

(2)试验装置。

由带刻度的玻璃试管(卡斯通管 Carsten—Rohrchen)组成,容积 10 mL,试管刻度为 0.05 mL。

(3)试验过程。

将试件置于水平状态,将卡斯通管放于试件的中心位置,用密封材料密封试件和玻璃试管间的缝隙,确保水不会从试件和玻璃试管间的缝隙渗出,往玻璃管内注水,直至刻度的 0 刻度,在试验的条件下放置 24 h,再读取试管的刻度。如图 6.7 所示。

(4)试验结果。

试验前后试管的刻度之差即为透水量,取两个试件的平均值,精确至 0.1 mL。

6.5.3.13 塑料锚栓

塑料锚栓按《膨胀聚苯板薄抹灰外墙外保温系统》(JG 149—2003)附录 F 中的 F.1 的规定进行。

6.5.3.14 热镀锌电焊网

热镀锌电焊网按《镀锌电焊网》(QB/T 3897—1999)的规定进行。

6.5.3.15 饰面砖

1)尺寸

按《陶瓷砖试验方法 第 1 部分:抽样和接收条件》(GB/T 3810.1—2016)的规定抽取 10 块整砖为试件。按《陶瓷砖试验方法 第 2 部分:尺寸和表面质量的检验》(GB/T

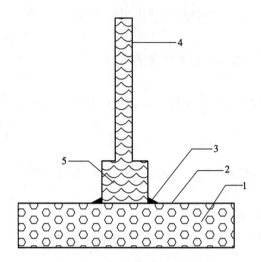

图 6.7　透水性试验示意图

胀聚苯板;2—抹面砂浆;3—密封材料;4—卡斯通道管;5—水

3810.2—2016)的规定进行检测。

2)单位面积质量

(1)干砖的质量:将上述 1)中所测的 10 块整砖,放在(110 ±5)℃的烘箱中干燥至恒重后,放在有硅胶或者其他干燥剂的干燥器内冷却至室温。采用能称量精确到试样质量0.01% 的天平称重。以 10 块整砖的平均值作为干砖的质量 W。

(2)表面积的测量:以上述 1)中所测得的平均长和宽,作为试样长 L 和 B。

(3)单位面积质量:单位面积质量按式(6-20)进行:

$$M = W \times 10^3 / (L \times B) \tag{6-20}$$

式中　M——单位面积质量(kg/m^2);

　　　　W——干砖的质量(g);

　　　　L——饰面砖长度(mm);

　　　　B——饰面砖宽度(mm)。

3)吸水率

按《陶瓷砖试验方法　第 3 部分:吸水率、显气孔率、表观相对密度和容重的测定》(GB/T 3810.3—2016)的规定进行。

4)抗冻性

按《陶瓷砖试验方法　第 12 部分:抗冻性的测定》(GB/T 3810.12—2016)的规定进行,其中低温环境温度采用(-30 ±2)℃,保持 2 h 后放入不低于 10 ℃的清水融化 2 h 为一个循环。

5)其他项目

按国家或行业相关产品标准进行。

6.5.4　检测规则

胶粉聚苯颗粒外墙外保温系统检验规则见表 6.45。

表 6.45　胶粉聚苯颗粒外墙外保温系统检验规则

序号	项目	内容说明
1	检验分类	以下指示为出场必检项目,企业可根据实际增加其他出厂检验项目。出场检验按上述"试验方法"中的要求进行,并应进行净含量检验,检验合格并附有合格证方可出厂。 (1)界面砂浆:压剪黏结原强度; (2)胶粉粒:初凝结时间、终凝结时间、安定; (3)聚苯颗粒:堆积密度、粒度; (4)胶粉聚苯颗粒保温浆料:湿表观密度; (5)抗裂剂:不挥发物含量及抗裂砂浆的可操作时间; (6)耐碱网布:外观、长度及宽度、网孔中心距、单位面积质量、断裂强度、断裂伸长率; (7)弹性底涂:容器中状态、施工性、表干时间; (8)柔性耐水腻子:容器中状态、施工性、表干时间、抗裂性; (9)饰面层涂料:涂膜外观、施工性、表干时间、抗裂性; (10)面砖黏结砂浆:拉伸黏结强度、压剪胶接原强度; (11)面砖勾缝料:外观、颜色、凝结时间; (12)塑料锚栓:塑料圆盘直径、单个塑料锚栓抗位承载力标准值; (13)热镀锌电焊网:《镀锌电焊网》(QB/T 3897—1999)中 6.2 规定的项目; (14)饰面砖:表面面积、厚度、单位面积质量、吸水量及国家或行业相关产品标准规定的出厂检验项目
1	型式检测	表 6.31 ~ 表 6.44 所列性能指标(除抗震试验外)及所用涂面层涂料、塑料锚栓、热镀锌电焊网及饰面砖相关标准所规定的型式检验项目。在正常情况下,型式检验项目每两年进行一次,在外保温系统粘贴面砖时应提供抗震试验报告。有下列情况之一时,应进行型式检验: (1)新产品定型鉴定时; (2)产品主要原材料及用量或生产工艺有重大变更,影响产品性能指标时; (3)停产半年以上恢复生产时; (4)国家质量监督机构提出型式检验要求时
2	批次规定与抽样方法	(1)粉状粉料:以同种产品、同一级别、同一规格产品 30 t 为一批,不足一批以一批计。从每批任抽 10 袋,从每袋中分别取试样不少于 500 g,混合均匀,按四分法缩取出比试验所需量大 1.5 倍的试样为检验样; 　　(2)液态剂类材料:以同种产品、同一级别、同一规格产品 30 t 为一批,不足一批以一批计。取样方法按《色漆、清漆和色漆与清漆用原材料取样》(GB/T 3186)的规定进行
3	判定规则	若全部检验项目符合规定的技术指标,则判定为合格;若有两项或两项以上指标不符合规定时,则判定为不合格;若有一项指标不符合规定时,应对同一批产品进行加倍抽样复检不合格项,如该项指标仍不合格,则判定为不合格。若复检项目符合规格的技术指标,则判定为合格

6.5.5 标志、包装、运输与贮存

6.5.5.1 标志和标签

（1）包装或标签上应标明材料名称、标准编号、商标、生产企业名称、地址、产品规格型号、等级、数量、净含量、生产日期、质量保质期。

（2）包装或标签上还可标明对保证产品质量有益的具有提示或警示作用的其他信息。

6.5.5.2 包装

①液态产品可根据情况采用塑料桶或铁桶盛装并注意密封。

②粉状产品可根据情况采用有内衬防潮塑料袋的编织袋或防潮纸袋包装。

③聚苯颗粒轻骨料包装应为塑料编织袋包装,包装应无破损。

④耐碱网布应紧密整齐地卷在硬质纸管上,不得有折扣和不均匀等现象,用结实的防水防潮材料包装。

⑤热镀锌电焊网单件用防潮材料包装。

⑥塑料锚栓、饰面砖用纸盒/箱包装。

6.5.5.3 运输

①界面剂、抗裂剂、水性涂料、腻子胶、面砖专用胶液等产品可按一般运输方式办理。运输、装卸过程中,应整齐码装。应注意防冻并防止雨淋、暴晒、挤压、碰撞、扔摔,保持包装完好无损。

②胶粉料、腻子粉、面砖勾缝料、粉状涂料及聚苯颗粒轻骨料等产品可按一般运输方式办理。运输、装卸过程中,应整齐码装包装不得破损,应防潮、防雨、防暴晒。

③耐碱网布在运输时,应防止雨淋和过度挤压。

④热镀锌电焊网在运输中避免冲击、挤压、雨淋、受损及化学品的腐蚀。

⑤塑料锚栓、饰面砖在运输中避免扔摔、雨淋,保持包装完好。

6.5.5.4 贮存

①所有材料均应贮存在防雨库房内。

②界面剂、抗裂剂、水性涂料、腻子胶、瓷砖胶等产品还应注意防冻,包装桶的分层码放高度不宜超过三层。

③粉状材料及热镀锌电焊网应注意防潮。

④聚苯颗粒应防止飞散,应远离火源及化学药品。

⑤饰面砖应整齐码放,码放高度以不压坏包装箱及产品为宜。

⑥所有材料应按型号、规格分类贮存。贮存期限不得超过材料保质期。

6.5.5.5 产品随行文件的要求

①产品合格证。

②使用说明书。

③其他有关技术资料。

6.6　岩棉及其检测

6.6.1　概述

岩棉是无机纤维保温隔热材料,属于矿物棉的一种。岩棉是以天然岩石,如优质玄武岩、安山岩、白云石、铁矿石等为主要原材,经高温熔化、纤维化制成的硅酸盐非连续的絮状纤维材料,其质地松软,经加工可制成板、管、毡、带等各种制品。

矿物棉按生产原料不同分为岩棉、矿渣棉、玻璃棉、硅酸铝耐火纤维等品种。矿物棉发明至今已有 160 余年的使用历史,但是由于其具有原料丰富、生产能耗相对较低,保温隔热性能较好(优于水泥珍珠岩、泡沫玻璃制品),物理化学稳定性好,耐高温(岩棉最高使用温度为 820 ~ 870 ℃)技术经济指标较好等特点,因此直至今日,依然是应用最为广泛的保温材料。

目前在美国和日本等国因炼铁工业发达,矿渣排放量大,以生产矿渣棉产品为主;在北欧各国矿石蕴藏丰富,所以大量生产岩棉制品。工业发达国家玻璃棉制品在建筑上的用量占玻璃棉产量的 80% 以上。硅酸铝纤维制品是 20 世纪 60 年代发展起来的一种轻质耐火材料,该类材料在建筑、机械、冶金以及原子能等尖端科技技术领域应用。

6.6.2　产品标准

《绝热用岩棉、矿渣棉及其制品》(GB/T 11835—2007)。

6.6.3　岩棉制品特点

岩棉制品具有如下特点。

6.6.3.1　使用温度高

岩棉最高使用温度为 820 ~ 870 ℃,是其允许长期使用的最高温度,长期使用不会发生任何变化。

6.6.3.2　优良的绝热性

岩棉纤维细长柔软,纤维长达 200 mm,纤维直径 4 ~ 7 mm,绝热绝冷性能优良。

6.6.3.3　不可燃烧性

岩棉是矿物纤维,具有不燃、不蛀、耐腐蚀等特点,是比较理想的防火材料。岩棉制品的燃烧性能取决于其中可燃性黏结剂的多少,岩棉本身是无机质硅酸盐纤维不可燃,但在加工成制品的过程中,有时要加入有机黏结剂或添加物等,这些对制品的燃烧性有一定的影响。

6.6.3.4　良好的耐低温性

在相对较低温度下使用,岩棉、矿渣棉各项指标稳定,技术性能不会改变。

6.6.4　分类与标记

6.6.4.1　分类

岩棉、矿渣棉及其制品按形式分为:岩棉、矿渣棉;岩棉板、矿渣棉板;岩棉带、矿渣棉带;岩棉毡、矿渣棉毡;岩棉缝毡、矿渣棉缝毡;岩棉贴面毡、矿渣棉贴面毡和岩棉管壳、矿渣棉管壳(以下简略称棉、板、带、毡、缝毡、贴面毡和管壳)。

6.6.4.2　标记

岩棉、矿渣棉及其制品标记由三部分组成:产品名称、产品技术特征(密度、尺寸)、标准号,商业代号也可列于其后。

如矿渣棉 GB/T 11835(商业代号);密度为 150 kg/m³,长度×宽度×厚度为 1 000 mm×800 mm×60 mm 的岩棉板:岩棉板 150-1000×800×60 GB/T 11835(商业代号);密度为 130 kg/m³,内径×长度×壁厚为 Φ89 mm×910 mm×50 mm 的矿渣棉管壳:矿渣棉管壳 130Φ89×910×50 GB/T 11835(商业代号)。

6.6.5　技术要求

6.6.5.1　棉

棉的物理性能应符合表 6.46 的规定。

表 6.46　棉的物理性能指标

性能		指标
密度/(kg/m³)	≤	150
导热系数(平均温度70 ℃,试验密度150 kg/m³)/[W/(m·K)]	≤	0.044
热荷重收缩温度/℃	≥	650

注:密度系指表观密度,压缩包装密度不适用。

6.6.5.2　板

①板的外观质量要求表面平整,不得有妨碍使用的伤痕、污迹、破损。

②板的尺寸及允许偏差应符合表 6.47 的规定,其他尺寸可由供需双方商定。

表 6.47　板的尺寸及允许偏差　　　　　　　　　　　　　　mm

长度	长度允许偏差	宽度	宽度允许偏差	厚度	厚度允许偏差
910		600			
1 000	+15	630	+5	30~150	+5
1 200	-13	910	-3		-3
1 500					

③板的物理性能应符合表 6.48 的规定。

表 6.48　板的物理性能指标

密度 /(kg/m³)	密度允许偏差/%		导热系数 /[W/(m·K)] （平均温度70℃）	有机物含量 /%	燃烧性能	热荷重收缩温度 /℃
	平均值与标称值	单值与平均值				
40~80	±15	±15	≤0.044	≤4.0	不燃材料	≥500
81~100						
101~160			≤0.043			≥600
161~300			≤0.044			

注:其他密度产品,其指标由供需双方商定。

6.6.5.3　带

①带的外观质量要求表面平整,不得有妨碍使用的伤痕、污迹、破损,板条间隙均匀,无脱落。

②带的尺寸及允许偏差应符合表 6.49 的规定,其他尺寸可由供需双方商定。

表 6.49　带的尺寸及允许偏差　　　　mm

长度	宽度	宽度允许偏差	厚度	厚度允许偏差
1 200 2 400	910	+10 -5	30 50 75 100 150	+4 -2

注:长度允许偏差由供需双方商定。

③带的物理性能应符合表 6.50 的规定。

表 6.50　带的物理性能指标

密度 /(kg/m³)	密度允许偏差/%		导热系数 /[W/(m·K)] （平均温度70_0^{+5}℃）	有机物含量 /%	燃烧性能	热荷重收缩温度[①] /℃
	平均值与标称值	单值与平均值				
40~100	±15	±15	≤0.052	≤4.0	不燃材料	≥600
101~160			≤0.049			

注:①系指基材。

6.6.5.4　毡、缝毡和贴面毡

①毡、缝毡和贴面毡的外观质量要求表面平整,不得有妨碍使用的伤痕、污迹、破损,贴面毡的贴面与基材的粘贴应平整、牢固。

②毡、缝毡和贴面毡的尺寸及允许偏差应符合表 6.51 的规定,其他尺寸可由供需双方

商定。

表 6.51 毡、缝毡和贴面毡的尺寸及允许偏差

长度/mm	长度允许偏差/%	宽度/mm	宽度允许偏差/mm	厚度/mm	厚度允许偏差/mm
910					
3 000		600	+5		正偏差不限
4 000	±2	630	−3	30~150	−3
5 000		910			
6 000					

③毡、缝毡和贴面毡基材的物理性能应符合表 6.52 的规定。

表 6.52 毡、缝毡和贴面毡基材的物理性能指标

密度① /(kg/m³)	密度允许偏差/%		导热系数 /[W/(m·K)] (平均温度 70_0^{+5}℃)	有机物含量 /%	燃烧性能	热荷重收缩温度 /℃
	平均值与标称值	单值与平均值				
40~100			≤0.044			≥400
101~160	15	±15	≤0.043	≤1.5	不燃材料	≥600

注:①密度为正偏差时,密度用标称厚度计算。

④缝毡用基材应铺放均匀,其缝合质量应符合表 6.53 的规定。根据缝毡贴面的不同,缝合质量也可由供需双方商定。

表 6.53 缝毡的缝合质量指标

项目	指标
边线与边缘距离/mm	≤75
缝线行距/mm	≤100
开线长度/mm	≤240
开线根数(开线长度不小于 160 mm)/根	≤3
针脚间距/mm	≤80

6.6.5.5 管壳

①管壳的外观质量要求,表面平整,不得有妨碍使用的伤痕、污迹、破损,轴向无翘曲且端面垂直。管壳的偏心度应不大于 10%。

②管壳的尺寸及允许偏差应符合表 6.54 的规定,其他尺寸可由需供双方商定。

表 6.54　管壳的尺寸及允许偏差　　　　　　　　　　mm

长度	长度允许偏差	厚度	厚度允许偏差	内径	内径允许偏差
		30	+4	22~89	+3
910	+5	40	−2		−1
1 000	3				
1 200			+5		
		60	+5	102~325	+4
		80	−3		−1
		100			

③管壳的物理性能应符合表 6.55 的规定。

表 6.55　管壳的物理性能指标

密度 /(kg/m³)	密度允许偏差/%		导热系数 /[W/(m·K)] (平均温度 70_0^{+5}℃)	有机物含量 /%	燃烧性能	热荷重收缩温度 /℃
	平均值与标称值	单值与平均值				
40~200	±15	±15	≤0.044	≤5.0	不燃材料	≥600

6.6.6　实验方法

6.6.6.1　外观及管壳偏心度试验方法

1)外观质量的检验

在光照明亮的条件下,距试样 1 m 处对其逐个进行目测检查,记录观察到的缺陷。

2)管壳偏心度试验方法

用分度值为 1 mm 的金属直尺在管壳的端面测量管壳的厚度,每个端面测 4 点,位置均布,各端面的管壳偏心度按式(6-21)计算。

$$C = \frac{h_1 - h_2}{h_0} \times 100 \tag{6-21}$$

式中　C——管壳的偏心度(%);

　　　h_1——管壳的最大厚度(mm);

　　　h_2——管壳的最小厚度(mm);

　　　h_0——管壳的标称厚度(mm)。

整管的管壳偏心度取两个端面管壳偏心度的平均值,结果取至整数。

6.6.6.2　有机物含量试验方法

1）原理

在规定的条件下,干燥试样在标准温度下灼烧,测出试样质量的变化,失重占原质量的百分数,即为有机物含量。

2）设备

(1)天平:分度值不大于 0.001 g。

(2)鼓风干燥箱:50 ~ 250 ℃。

(3)马弗炉:使用温度 900 ℃以上,精度 ±20 ℃。

(4)干燥器:内盛合适的干燥剂。

(5)蒸发皿或坩埚。

3）试样

试样由取样器在样本上随机钻取 10 g 以上。

4）试验程序

(1)称蒸发皿或坩埚的质量。将蒸发皿或坩埚放入马弗炉中灼烧至恒重(称量间隔 2 h,质量变化率 < 0.1%),灼烧温度见表 6.56。使蒸发皿或坩埚在干燥器内冷却 30 min 以上,称其重量 m_0。

表 6.56　灼烧的标准温度

产品名称	灼烧标准温度/℃
玻璃棉	500 ± 20
岩棉、矿渣棉	550 ± 20
硅酸铝棉	700 ± 20

(2)称取干燥试样和蒸发皿或坩埚的质量。将试样放入已灼烧后的蒸发皿或坩埚内,再将盛有试样的蒸发皿或坩埚放入 105 ~ 110 ℃的鼓风干燥箱内,烘干至恒重。将试样连同蒸发皿或坩埚一起从鼓风干燥箱内取出,放在干燥器中冷却至室温,称其质量 m_1。

(3)称取灼烧后的试样加蒸发皿或坩埚的质量。将试样连同蒸发皿或坩埚放入通风的马弗炉内在表 6.56 的标准温度下,灼烧 30 min 以上,取出放入干燥器中冷却至室温,称取灼烧过的试样加蒸发皿或坩埚的质量 m_2。

(4)结果计算。试样有机物含量按式(6-22)计算,结果保留至小数点后一位。

$$S = \frac{m_1 - m_2}{m_1 - m_0} \times 100 \tag{6-22}$$

式中　S——试样的有机物含量(%)。

　　　m_0——蒸发皿或坩埚恒重后的质量(g);

　　　m_1——干燥试样连同蒸发皿或坩埚的质量(g);

　　　m_2——灼烧后试样连同蒸发皿或坩埚的质量(g)。

（5）试验报告。试验报告应包括下列内容：

①说明按本办法进行试验；

②试样的名称或标记；

③采用的抽样方法；

④试验数量；

⑤试验结果。

6.6.6.3　热荷重收缩温度试验方法

1）原理

在固定的载荷作用下，以一定的升温速率加热试样，达到规定的厚度收缩率，通过计算，用内插法求出热荷重收缩温度。

2）设备

热荷重试验装置由加热炉、加热容器和热电偶等组成。

3）试样

①岩棉、矿渣棉取密度为 150 kg/m³ 的试样，玻璃棉取密度为 64 kg/m³ 的试样。

②岩棉、矿渣棉和玻璃棉制品取实际密度的试样。

③岩棉管壳、矿渣棉管壳和玻璃棉管壳可取和管壳相同密度的板材作试样。

④有贴面的制品，应去除贴面材料。

⑤试样为直径 47 ~ 50 mm、厚度 50 ~ 80 mm 的圆柱体。

4）试验程序

①将试样放入加热容器，其上加荷重板和荷重棒，使试样上达到 490 Pa 的压力。

②检查热电偶热端的位置，使其在垂直方向位于加热容器中心部位，在水平方向距加热容器外表面 20 mm 处。记下炉内温度和试样厚度的初始值。

③开始加热时，升温速率为 5 ℃/min，每隔 10 min 测量一次炉内温度和荷重棒顶端的高度。当温度升到比预定的热荷重收缩温度低约 200 ℃ 时，升温速率为 3 ℃/min，每隔 3 min 测量一次，直至试样厚度收缩率超过 10%。停止升温，记录有无冒烟、颜色变化以及气味等现象。

④结果计算。温度为 t 时试样厚度的收缩率按式（6-23）计算：

$$d = \frac{A - B}{A} \times 100 \tag{6-23}$$

式中　　d——试样厚度的收缩率（%）；

　　　　A——在室温加荷重时的试样厚度（mm）；

　　　　B——温度为 t 时的试样厚度（mm）。

由试样厚度收缩率与温度关系的计算，以内插法求出试样厚度收缩率为 10% 的炉内温度，取两次测量的算术平均值，精确到 10 ℃，作为试样的热荷重收缩温度。

⑤试验报告。试验报告应包括下列内容：说明按本方法进行试验；试样的名称或标记；试验时升温速率；热荷重收缩温度；说明在试验过程中可见的变化，如冒烟、试样颜色以及气味等。

6.6.6.4 缝毡缝合质量试验

①缝毡缝合质量包括边线(与边缘最靠近的缝线)与边缘(与缝线平行的两边)距离、缝线行距(相邻缝线的间距)、开线长度(端部全部缝线中缝线没有缝合的最大长度)和针脚间距,其测量分度值为1 mm的金属尺。

②边线边缘距离,在被测毡上离两端部100 mm以上取4个测量位置,两边各2个,每个位置测量1次,以4次测量的算术平均值表示。

③缝线行距,在毡的两端及中间各测1次,以3次测量的算术平均值表示。

④针脚间距,以3次测量的算术平均值表示。

⑤开线长度,以毡的端部缝线脱开的最大长度表示。

6.6.6.5 对金属的腐蚀性测定

1)方法提要

矿渣棉制品中的纤维及其黏结剂在有水或水蒸气存在的时会对金属产生潜在的腐蚀作用。本实验方法用于测定在高湿度条件下,矿渣棉制品对特定金属的相对腐蚀潜力。

在矿渣棉制品中夹入钢、铜和铝等金属试板,在消毒棉之间亦夹入相同的金属石板,将两者同时置于一定温度的试验箱内,保持一定试验周期。已消毒棉内夹入的金属试板为对照样,比较夹入矿渣棉制品中金属试板的腐蚀程度,并通过90%的置信度的秩和检验法确定验收判据,从而可使矿渣棉对金属的腐蚀性做出定性判别。

2)材料及仪器

试板:所有金属试板的尺寸都为100 mm×25 mm,每种金属试板各10块。

铜板:厚为(0.8±0.13)mm,型号为《铜及铜合金带材》GB/T 2059中的紫铜带。

铝板:厚为(0.6±0.13)mm,型号为《一般工业用铝及铝合金板、带材》(GB/T 3880)中的3003—型铝板材。

钢板:厚为(0.5±0.13)mm,型号为《低碳钢冷轧钢带》(YB/T 5059)中的低硬度、经热处理的低碳冷轧钢带。

橡皮筋。

金属丝筛网。由不锈钢制成,筛网尺寸为114 mm×38 mm,丝粗(1.6±0.13)mm,筛孔尺寸为(11±1.6)mm。

试验箱。温度为(49±2)℃,相对湿度为(95±3)%。

3)试件

每个试件的尺寸为114 mm×38 mm。通常,板状材料厚度为(12.7±1.6)mm,毡状材料厚度为(25.4±1.6)mm。对每种金属试板,矿物棉材料及洗后的消毒棉对照样应分别制成上述尺寸的试件10个。

4)试验程序

①清洗金属试板,直到表面无水膜残迹为止。注意避免过度地擦洗金属表面。一旦清洗完毕,应避免再去触摸金属板表面。建议在组装试板及试件时戴上外科用塑胶手套。对每种金属的清洗说明见表6.57。

表 6.57　金属清洗说明

序号	金属	清洗说明
1	钢	首先用 1,1,1 - 三氯乙烷或氯丁乙烯对试板进行蒸气脱脂 5 min,用实验室纸巾擦去试板两面的残留物,然后浸于质量分数为 15% 的 KOH 热碱溶液中 15 min,之后在蒸馏水中彻底漂洗,再用实验室纸巾擦干
2	铜	以与钢板相同方式对试板进行脱脂。然后溶于体积分数为 10% 的热硝酸溶液 15 min,再按上述清洗钢中所述方式对试件进行清洗和擦干
3	吕	以 5% 含量的实验室洗涤剂和水溶液清洗试板。然后在蒸馏水中漂洗,再用实验室纸巾擦干
4	金属丝筛网	清洗方法同铝板

②制备 5 个组合试件。将每块金属试板置于两片绝热材料试件之间,再将其在金属丝筛网之间,用橡皮筋捆扎端部。保证压缩后每个组合试件的厚度为(25 ± 3)mm。

③制备 5 个对照组合试件。将每块金属试板置于两片消毒棉之间,消毒棉事先应用试剂级丙酮进行溶剂提取 48 h,然后在低温下真空干燥。在放置时应辨清棉的外表面,使其面向金属试板。用与绝热材料试件完全相同的方式,用金属丝筛网的橡皮筋固定试件并保持一定厚度。

将 5 个组合试件及 5 个对照组合试件垂直挂在相对湿度为(95 ± 3)%,温度为(49 ± 2)℃试验箱内,持续一定的试验周期(钢为(96 ± 3)h,钢和铝为(720 ± 5)h)。在整个试验周期内应关闭试验箱,如果必须打开,应确保不致因相对湿度变化而引起箱内冷凝。

试验周期结束时,从箱内取下试件,拆开,并对每块试板及对照试板仔细检查表面特征,检查要点见表 6.58。

表 6.58　对照试板检查要点

序号	项目	检查要点
1	钢	红色锈迹、点蚀的存在及严重程度。表面变红没有重大影响
2	铝	点蚀、锈皮或其他侵蚀的存在及严重程度。生成氧化物时铝的保护机理,应予忽略。该氧化物可在流水下用非磨削性橡皮擦去或浸于 10% 硝酸溶液中除去
3	铜	锈皮、点蚀、沉积或结垢、严重变色或一般均匀的侵蚀存在及相对严重程度。表面发红或轻微变色应予以忽略。它们可以在流水下用非磨削性橡皮擦去或浸于 10% 的硫酸溶液中除去

5)实验结果判定

采用 90% 置信度的秩和检验法,若对照样的秩和不小于 21,则判试件合格,否则应判不合格。

6.6.7 不同温度下导热系数方程

岩棉、矿渣及其他制品在不同温度下的导热系数方程见表 6.59,供使用方参比选用。

表 6.59 导热系数参考方程

序号	名称	密度范围 /(kg/m³)	导热系数 /[W/(m·K)] (平均温度70℃)	导热系数参考方程/[W/(m·K)] t:温度/℃
1	板	40 ~ 100	0.044	$0.0337 + 0.00015t\ (-20 \leqslant t \leqslant 100)$ $0.0395 + 4.71 \times 10^{-5}t + 5.03 \times 10^{-7}t^2\ (100 < t \leqslant 600)$
		101 ~ 160	0.043	$0.0337 + 0.000128t\ (-20 \leqslant t \leqslant 100)$ $0.0407 + 2.52 \times 10^{-5}t + 3.34 \times 10^{-7}t^2\ (100 < t \leqslant 600)$
		161 ~ 300	0.044	$0.0360 + 0.000116t\ (-20 \leqslant t \leqslant 100)$ $0.0419 + 3.28 \times 10^{-5}t + 2.63 \times 10^{-7}t^2\ (100 < t \leqslant 600)$
2	毡	40 ~ 100	0.044	与同密度板相同
		101 ~ 160	0.043	与同密度板相同
3	带	40 ~ 100	0.052	$0.0349 + 0.000244t\ (-20 \leqslant t \leqslant 100)$ $0.0407 + 1.16 \times 10^{-4}t + 7.67 \times 10^{-7}t^2\ (100 < t \leqslant 600)$
		101 ~ 160	0.049	$0.0360 + 0.000174t\ (-20 \leqslant t \leqslant 100)$ $0.0453 + 3.58 \times 10^{-5}t + 4.15 \times 10^{-7}t^2\ (100 < t \leqslant 600)$
4	管壳	40 ~ 200	0.044	$0.0314 + 0.000174t\ (-20 \leqslant t \leqslant 100)$ $0.0384 + 7.13 \times 10^{-5}t + 3.51 \times 10^{-7}t^2\ (100 < t \leqslant 600)$

6.6.8 检验规则

6.6.8.1 绝热用岩棉、矿渣棉及其制品检验规则

相关内容见表 6.60。

表 6.60 绝热用岩棉、矿渣棉及其制品检验规则相关内容

序号	项目		内容说明
1	检验分类	出厂检验	产品出厂时,必须进行出厂检验,出厂检验的检查项目见表6.61
		型式检验	有下列情况之一时,应进行型式检验。 (1)新产品定性鉴定; (2)正式生产后,原材料、工艺有较大的改变,可能影响产品性能时; (3)正常生产时,每年至少进行一次; (4)出厂检验结果与上次型式检验要求时有较大差异时; (5)国家质量监督机构提出进行型式检验要求时。 型式检验的检查项目见表6.61

序号	项目	内容说明
2	组批与抽样	(1)以同一原料,同一生产工艺,同一品种,稳定连续生产的产品为一个检查批。同一批被检产品的生产时限不得超过一周。 (2)出厂检验、型式检验的抽样方案按表6.62规定进行。 ①样本的抽取。单位产品应从检查批中随机抽取。样本可以由一个或几个单位产品构成。所有的单位产品被认为是质量相同的,必需的试样可随机地从单位产品中切取。 ②抽样方案。型式检验和出厂检验的批量大小和样本大小的二次抽样方案见表6.62,对于出厂检验,批量大小可根据生产时限确定,取较大者
3	判定规则	(1)所有的性能应看做独立的。品质要求以测定结果的修约值进行判定。 (2)外观、尺寸、管壳偏心度及缝合质量(缝毡)等性能采用计数判定。 一项性能不符合技术要求,计一个缺陷。合格质量水平(AQL)为15,其判定规则见表6.63。 根据样本检查结果,若第一样本中相关性能的缺陷系数小于或等于第一接收数Ac(表6.63中第Ⅲ栏),则判该批不合格。 若第一样本中相关性能的缺陷数在第一接收数(Ac)和拒收数(Re)之间,则样本数应增至总样本数,并以总样本检查结果去判定。 若样本中缺陷数小于或等于总样本接收数Ac(表6.63中第Ⅴ栏),则判该批计数检查可接收。若总样本中缺陷数大于或等于总样本拒收数Re(表6.63中第Ⅵ栏),则判该批不合格。 (3)密度、纤维平均直径、渣球含量、有机物含量、导热系数、燃烧性能、热荷重收缩温度、腐蚀性、吸湿率、憎水率、吸水性、最高使用温度等性能按测定结果的平均值或单值进行单项判定。 (4)批质量的综合判定规则是:合格批的所有品质指标,必须同时符合上述"(2)"和"(3)"规定的可接收的合格要求,否则判该批产品不合格

6.6.8.2　不同型式石棉制品检验项目

相关内容见表6.61～表6.63。

表6.61　检查项目

项目		棉		板		带		毡		管壳	
		出厂	型式	出厂	型式	出厂	型式	出厂	型式	出厂	型式
尺寸	长度				√	√	√	√	√		√
	宽度			√	√	√	√	√	√		√
	厚度			√	√	√	√	√	√	√	√
	内径			√		√	√	√	√	√	
外观		√	√	√	√	√	√	√	√	√	√

续表

项目	棉		板		带		毡		管壳	
	出厂	型式	出厂	型式	出厂	型式	出厂	型式	出厂	型式
密度	√	√	√	√	√	√	√	√	√	√
管壳偏心度									√	√
缝合质量(缝毡)							√	√		
纤维平均直径	√	√	√	√	√	√	√	√	√	√
渣球含量	√	√	√	√	√	√	√	√	√	√
导热系数		√		√		√		√		√
有机物含量			√	√	√	√	√	√	√	√
燃烧性能级别				√		√		√		√
热荷重收缩温度		√		√		√		√		√

注:"√"表示应检查项目

表 6.62　二次抽样方案

型式检验					出厂检验					
批量大小			样本量		批量大小				样本量	
管壳/包	棉/包	板、带、毡/m²	第一样本	总样本	管壳/包	棉/包	板、带、毡/m²	生产天数	第一样本	总样本
15	150	1 500	2	4	30	300	3 000	1	2	4
25	250	2 500	3	6	50	500	5 000	2	3	6
50	500	5 000	5	10	100	1 000	10 000	3	5	10
90	900	9 000	8	16	180	1 800	18 000	7	8	16
150	1 500	15 000	13	26						
280	2 800	28 000	20	40						
>280	>2 800	>28 000	32	64						

表 6.63　计数检查的判定规则

样本大小		第一样本		总样本	
第一样本	总样本	Ac	Re	Ac	Re
Ⅰ	Ⅱ	Ⅲ	Ⅳ	Ⅴ	Ⅵ
2	4	0	2	1	2
3	6	0	3	3	4
5	10	1	4	4	5
8	16	2	5	6	7
13	26	3	7	8	9
20	40	5	9	12	13
32	64	7	11	18	19

注:Ac—接收数,Re—拒收数。样本量为单位产品。

6.6.9 标志、包装、运输与贮存

6.6.9.1 标志

在标志、标签上应标明如下内容:产品标记及商标;净重或数量;生产日期或批号;制造厂商的名称、详细地址;注明"怕雨"等标志;注明指导安全使用的警语。例如:使用本产品,热面温度通常应小于×××℃,超出此温度使用时,请与制造厂商联系。

6.6.9.2 包装

包装材料应具有防潮性能,每一包装应放入同一规格的产品,特殊包装由供需双方商定。

6.6.9.3 运输

应采用干燥防雨的工具运输,运输时应轻拿轻放。

6.6.9.4 贮存

应在干燥通风的库房里贮存,并按品种分别在室内垫高堆放,避免重压。

6.6.10 进场检验项目

对岩棉、矿渣棉制品进场检验项目有密度、导热系数、燃烧性能。岩棉、矿渣棉制品的主要物理性能应符合表6.64要求。

表6.64 岩棉、矿渣棉制品的物理性能指标

项目	性能要求
密度/(kg/m³) ≤	200
热阻,R/(m² · K/W) (平均温度,25±1 ℃) ≥	3.75
燃烧性能	不燃烧体

【模块导图】

本模块知识重点串联如图6.8所示。

【拓展与实训】

【职业能力训练】

一、单项选择题

1. 以下说法正确的是(　　　)。

A. 导热系数愈小,则材料的绝热性能愈好　　B. 导热系数愈大,则材料的绝热性能愈好

C. 强度愈低则材料的绝热性能愈好　　D. 强度愈高则材料的绝热性能愈好

2. 矿棉具有如下特征(　　　)。

A. 强度高　　　　B. 不燃　　　　C. 气泡状　　　　D. 不耐腐蚀

3. 石棉纤维的形态呈(　　　)。

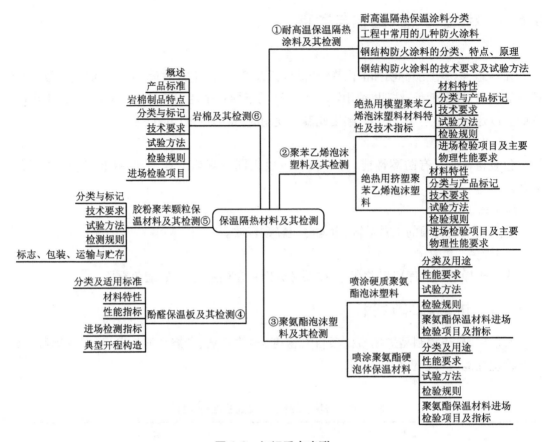

图 6.8　知识重点串联

A. 纤维状　　　　　　B. 微孔状　　　　　　C. 气泡状　　　　　　D. 层状

4. 选用材料时,通常要求其导热系数不宜大于(　　　)W/(m·K),表观密度不宜大于(　　　)kg/m³。

A. 0. 45,700　　　　B. 0. 23,600　　　　C. 0. 17,500　　　　D. 0. 01,600

5. 下列材料中,导热系数最小的是(　　　)。

A. 膨胀珍珠岩　　　　B. 泡沫混凝土　　　　C. 浮石　　　　　　D. 炉渣

6. 已知 A 材料的导热系数比 B 材料小,则 A 材料的保温性能比 B 材料(　　　)。

A. 好　　　　　　　　B. 差　　　　　　　　C. 一样　　　　　　D. 无法判断

7. 用于吸声的材料,要求其具有(　　　)孔隙,其吸音的效果最好(　　　)。

A. 大孔　　　　　　　B. 内部联通而表面封死　C. 封闭小孔　　　　D. 内部联通的细孔

8. 下列材料中,使用温度最高的是(　　　)。

A. 膨胀珍珠岩及其制品　　　　　　　　B. 膨胀蛭石及其制品

C. 硅藻土　　　　　　　　　　　　　　D. 泡沫玻璃

9. 关于钢结构防火涂料,薄型和超薄型防火涂料的耐火极限与(　　　)有关。

A. 涂层厚度　　　　　B. 涂层层数　　　　　C. 发泡层厚度　　　D. 膨胀系数

10.薄型防火涂料的厚度最大值是(　　　)mm。

A.3　　　　　　　　B.4　　　　　　　　C.5　　　　　　　　D.6

二、多项选择题

1.下列选项中不属于有机绝热材料的是(　　　)。

A.石棉保温板　　　B.酚醛保温板　　　C.植物纤维类绝热板　D.泡沫玻璃

2.绝热、吸声材料按材料形态分类可分为(　　　)。

A.层状　　　　　　B.纤维状　　　　　C.粉状　　　　　　D.气泡状

3.影响绝热材料导热系数的因素中,与导热系数成正比的是(　　　)。

A.表观密度　　　　B.温、湿度　　　　C.气孔数量　　　　D.颗粒数量

【链接职考】

1999 年一级注册建筑师材料与构造考题:(单选题)

1.一般减小多空材料的导热系数,采用哪种方法?

A.增加气孔数量　　B.增加含水量　　C.增加温湿度　　D.把气孔相连

2004 年一级注册建筑师材料与构造考题:(单选题)

2.我国生产的下列保温材料中,何者导热系数最小,保温性能最好?

A.聚苯乙烯泡沫塑料 B.玻璃棉　　　C.岩棉　　　　　D.矿渣棉

2005 年一级注册建筑师材料与构造考题:(单选题)

3.岩棉是以下列何种精选的岩石为主要原料,经高温熔融后,由高速离心设备加工制成的?

A.白云岩　　　　　B.石灰岩　　　　C.玄武岩　　　　D.松脂岩

【工程模拟训练】

常州地区某工程总建筑面积为 8 万 m²,由下部商业裙房和上部两幢椭圆型塔楼 30 层(住宅)构成,楼顶为电梯间机房。该工程住宅为外墙涂料面层,设计为(由内到外):15 mm厚水泥砂浆;钢筋混凝土墙体;15 mm 厚 1:2.5 水泥防水砂浆找平;15 mm 厚 ZL 聚氨酯硬泡保温材料,界面剂;20 mm 厚 ZL 胶粉聚氨酯颗粒保温浆料,界面剂;5 mm 厚 ZL 抗裂砂浆,内设涂塑玻纤网格布,弹性底涂,柔性耐水腻子;外墙涂料。从设计图中可以看出,设计院是按 06 J121—3《外墙外保温建筑构造(三)》中的聚氨酯外墙外保温涂料面层构造要求设计的。即

(1)该系统没有锚固件固定(即膨胀螺栓固定);

(2)体系采用了聚氨酯防潮处理;

(3)体系采用了聚氨酯专用界面剂;

(4)体系的网格布是涂塑耐碱玻璃纤维网格布;

(5)体系的专用腻子是柔性耐水腻子。

某日监理在例行巡查中发现,南北塔 27 层以上外墙抗裂砂浆及腻子层出现较多规则及不规则裂缝。

试分析裂缝产生的原因。

模块 7　建筑装饰材料及其检测

【模块概述】

建筑装饰是依据一定的方法对建筑进行美化的活动。建筑装饰效果的体现很大程度上受到建筑装饰材料的制约,尤其是受到材料的光泽、质地、质感、图案等装饰特性的影响。因此,建筑装饰材料是建筑装饰工程的物质基础。

【知识目标】

(1)了解木材、墙面涂料、装饰材料及玻璃、装饰面砖的基本知识。

(2)能正确表述玻璃钢装饰板材的性质、建筑装饰用钢质板材的性质和应用。

(3)能正确表述常用玻璃的技术特性及制品的应用,能根据不同装饰要求需要正确选择玻璃。

(4)能正确表述常用装饰面砖的性质和应用。

(5)能表述铝合金装饰板材的应用以及人造石材的应用。

【技能目标】

(1)能正确应用各种建筑装饰材料的基本知识和理论,分析各种建筑装饰材料性能、特点和用途,以及对建筑物的影响。

(2)掌握各类建筑装饰材料性能的变化规律,能够在不同的建筑装饰工程、不同的使用条件和部位正确选择建筑装饰材料。

【课时建议】

8 课时。

【工程导入】

2011 年 7 月 26 日,重庆渝北某小区 3 栋 14 楼的住户家中落地窗(钢化玻璃)"嘣"的一声炸裂,抛洒出去的碎玻璃将停放在楼下的 4 辆小车砸坏,其中一辆本田轿车的车身玻璃几乎全碎。2012 年 5 月 5 日凌晨,该小区 2 栋 13 楼住户的落地玻璃窗再次发生爆裂,所幸无人受伤。该小区近两年来已有 11 家住户的落地玻璃窗发生炸裂,另外还有 3 家商业门面的玻璃出现炸裂。

【分析】

钢化玻璃自爆原因有以下几种:第一,玻璃在受到风荷载即风压的作用后,风压的作用力超过玻璃的强度允许范围发生炸裂;第二,钢化玻璃的自爆导致玻璃发生炸裂;第三,玻璃安装时存在较大应力,随着时间的推移玻璃发生炸裂;第四,玻璃在安装之前或安装过程中边部受到损伤或存在裂纹,当受到其他外力时发生炸裂;第五,在地震、冰雪等其他因素的作用下发生破碎或炸裂。炸裂后的玻璃都可能发生脱落而成为不安全因素。

7.1　木材的检测与应用

木材是人类最早使用的建筑材料之一,已有悠久的历史。它曾与钢材、水泥并称为三大建筑材料。我国在木材建筑技术和木材装饰艺术上都有很高的水平和独特的风格。近年来,我国为保护有限的林木资源,在建筑工程中,木材大部分已被钢材、混凝土、塑料等取代,已很少用做外部结构材料,但由于木材具有美丽的天然纹理、良好的装饰效果,被广泛用作装饰与装修材料。

木材是天然生长的有机高分子材料,具有轻质高强、耐冲击和振动、导热性低、保温性好、易于加工及装饰性好等优点。同时,由于木材的组成和构造是由树木生长的需要而决定的,所以具有构造不均匀,各向异性;湿胀干缩性大,易翘曲开裂;耐火性差,易燃烧;天然疵病多,易腐朽、虫蛀。不过这些缺点经过适当的加工和处理,可以得到一定程度的改善。此外,木材的生长周期长,因此要采用新技术、新工艺对木材进行综合利用。

7.1.1　木材的分类、构造和性质

7.1.1.1　木材的分类

树木的种类很多,木材是取自于树木躯干或枝干的材料,按树种的不同常分为针叶树材和阔叶树材。

1)针叶树材

针叶树树叶细长如针,多为常绿树,树干通直而高大,易得大材,纹理平顺,材质均匀,木质较软,易于加工,故又称软木材。针叶树表观密度和胀缩变形较小,强度较高,耐腐蚀性较好,多用作承重构件。针叶树常用的品种有松、柏、杉等。

2)阔叶树材

阔叶树树叶宽大,叶脉呈网状,多为落叶树,树干通直部分一般较短,其木质较硬,疤结较多,难以加工,故又称硬木材。阔叶树表观密度较大,强度较高,经湿度变化后变形较大,容易产生翘曲或开裂,在建筑中常用作尺寸较小的装饰和装修构件。阔叶树常用的材质较硬的品种有榆木、水曲柳、柞木等,材质较软的品种有椴木、杨木、桦木等。

7.1.1.2　木材的构造

木材的构造是决定木材性能的重要因素,由于树种和树木生长环境不同,木材的构造差别很大,通常从宏观与微观两方面研究木材的构造。

1)木材的宏观构造

木材的宏观构造是指用肉眼或借助放大镜能观察到的构造特征。木材在各个切面上的构造不同,具有各向异性,通常从树干的横切面(垂直于树轴的面)、径切面(通过树轴的纵切面)和弦切面(平行于树轴的纵切面)三个切面上进行剖析,如图 7.1 所示。

(1)横切面。

与树干主轴或木纹相垂直的切面,在这个面上可观察若干以髓心为中心呈同心圈的年轮以及木髓线。

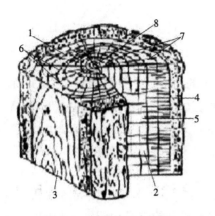

图 7.1 树干的三个切面
1—横切面;2—径切面;3—弦切面;4—树皮;
5—木质部;6—年轮;7—髓线;8—髓心

（2）径切面。

通过树轴的纵切面,年轮在这个面上呈互相平行的带状。

（3）弦切面。

平行于树轴的纵切面,年轮在这个面上成"V"字形。

树木是由树皮、木质部和髓心三个主要部分组成。树皮覆盖在木质部的外表面,起保护树木的作用。厚的树皮有内外两层,外层即为外皮（粗皮）,内层为韧皮,紧靠着木质部。木质部是工程使用的主要部分。靠近树皮的部分,材色较浅,水分较多,称为边材;在髓心周围部分,材色较深,水分较少,称为心材。心材材质较硬,密度增大,渗透性降低,耐久性、耐腐性均较边材高。一般来说,心材比边材的利用价值大些。髓心是树干的中心,是树木最早形成的木质部分,它质松软无强度,易腐朽,干燥时会增加木材的开裂程度,故一般不用。从髓心向外的辐射线称髓线。髓线的细胞壁很薄,质软,它与周围细胞的结合力弱,木材干燥时易沿髓线开裂。

在横切面上所显示的深浅相间的同心圈为年轮,一般树木每年生长一圈。在同一年轮中,春天生长的木质,色较浅,质松软,强度低,称为春材（早材）;夏秋二季生长的木质,色较深,质坚硬,强度高,称为夏材（晚材）。相同树种,年轮越密而均匀,材质越好,夏材部分愈多,木材强度愈高。

2）木材的微观构造

木材的微观构造是指木材在显微镜下可观察到的组织结构。在显微镜下可以观察到,木材是由大量的紧密联结的冠状细胞构成的,且细胞沿纵向排列成纤维状,木纤维中的细胞是由细胞壁与细胞腔构成的,细胞壁是由更细的纤维组成的,各纤维间可以吸附或渗透水分,构成独特的壁状结构。构成木材的细胞壁越厚时,细胞腔的尺寸就越小,表现出细胞越致密,承受外力的能力越强,细胞壁吸附水分的能力也越强,从而表现出湿胀干缩性更大。

木材的显微构造随树种而异,针叶树与阔叶树的微观构造有较大的差别,如图 7.2 和图 7.3 所示。针叶树的主要组成部分是管胞、髓线和树脂道,针叶树的髓线比较细小。阔叶树的主要组成部分是木纤维、导管和髓线,阔叶树的髓线比较发达。阔叶树可分环孔材与散孔材,环孔材春材中导管很大并成环状排列,散孔材导管大小相差不多且散乱分布。就木纤维或管胞而言,细胞壁厚的木材,其表观密度大,强度高。但这种木材不易干燥,胀缩性大,容易开裂。

7.1.1.3 木材的性质

1）化学性质

木材的化学成分可归纳为:构成细胞壁的主要化学组成;存在于细胞壁和细胞腔中的

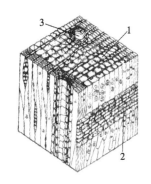

图 7.2　马尾松的显微构造图
1—管胞;2—髓线;3—树脂道

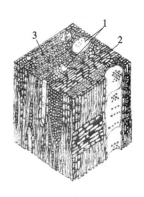

图 7.3　柞木的显微构造
1—导管;2—髓线;3—木纤维

少量有机可提取物;含量极少的无机物。

细胞壁的主要化学组成是纤维素(约 50%)、半纤维素(约 24%)和木质素(约 25%)。

木材中的有机可提取物一般有:树脂(松脂)、树胶(黏液)、单宁(鞣料)、精油(樟脑油)、生物碱(可作药用)、蜡、色素、糖和淀粉等。

木材的化学性质复杂多变。在常温下木材对稀的盐溶液、稀酸、弱碱有一定的抵抗能力,但在强酸、强碱作用下,会使木材发生变色、湿胀、水解、氧化、酯化、降解、交联等反应。随着温度升高,木材的抵抗能力显著降低,即使是中性水也会使木材发生水解等反应。木材的上述化学性质也正是木材进行处理、改性以及综合利用的工艺基础。

2)物理性质

(1)木材的密度与表观密度。

各种树种的木材其分子构造基本相同,所以木材的密度基本相等,平均值约为 1 550 kg/m³。

木材的表观密度是指木材单位体积质量,随木材孔隙率、含水量以及其他一些因素的变化而不同。因为木材细胞组织中的细胞腔及细胞壁中存在大量微小的孔隙,所以木材的表观密度较小,一般只有 400 ~ 600 kg/m³。

(2)木材的含水率与吸湿性。

木材中所含的水根据其存在形式可分为三类。

结合水是木纤维中有机高分子形成过程中所吸收的化学结合水,是构成木材必不可少的组分,也是木材中最稳定的水分。

吸附水是吸附在木材细胞壁内各木纤维之间的水分,其含量多少与细胞壁厚度有关。木材受潮时,细胞壁会首先吸水而使体积膨胀,而木材干燥时吸附水会缓慢蒸发而使体积收缩。因此,吸附水含量的变化将直接影响木材体积的大小和强度的高低。

自由水是填充于细胞腔或细胞间隙中的水分,木细胞对其约束很弱。当木材处于较干燥环境时,自由水首先蒸发。通常自由水含量随环境湿度的变化幅度很大,它会直接影响木材的表观密度、抗腐蚀性和燃烧性。

木材含水量与木材的表观密度、强度、耐久性、加工性、导热性、导电性等有着一定关系。木材的含水率是指木材中的水分质量与干燥木材质量的百分率。新伐木材含水率常在35%以上,风干木材含水率为15%~25%,室内干燥的木材含水率常为8%~15%。

①木材的纤维饱和点。

木材干燥时首先是自由水蒸发,而后是吸附水蒸发。木材吸潮时,先是细胞壁吸水,细胞壁吸水达到饱和后,自由水开始吸入。木材的纤维饱和点是指木材中吸附水达到饱和,并且尚无自由水时的含水率。木材的纤维饱和点是木材物理力学性质的转折点,一般木材多为25%~35%,平均为30%左右。

②木材的平衡含水率。

木材的含水率随环境温度、湿度的改变而变化。木材含水率较低时,会吸收潮湿环境空气中的水分。当木材的含水率较高时,其中的水分就会向周围较干燥的环境中释放水分。当木材长时间处于一定温度和湿度的空气中,则会达到相对稳定的含水率,亦即水分的蒸发和吸收趋于平衡,此时木材的含水率称为平衡含水率。

当环境的温度和湿度变化时,木材的平衡含水率会发生较大的变化,如图7.4所示。达到平衡含水率的木材,其性能保持相对稳定,因此在木材加工和使用之前,应将木材干燥至使用周围环境的平衡含水率。

③湿胀干缩。

当木材从潮湿状态干燥至纤维饱和点时,其尺寸并不改变,继续干燥,亦即当细胞壁中的水分蒸发时,木材将发生收缩。反之,干燥木材吸湿后,将发生膨胀,直到含水率达到纤维饱和点时为止,此后即使含水率继续增大,也不再膨胀。木材含水率与胀缩变形的关系如图7.5所示。

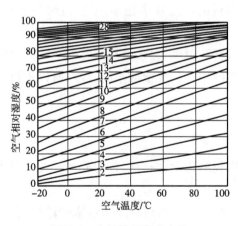

图7.4　木材的平衡含水率

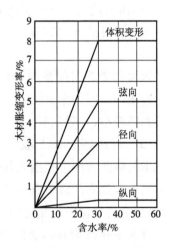

图7.5　木材含水率与胀缩变形

木材的湿胀干缩变形随树种的不同而异,一般情况下表观密度大的,夏材含量多的木材胀缩变形较大。木材由于构造不均匀,使各方向胀缩也不一样,在同一木材中,这种变化沿弦向最大,径向次之,纤维方向最小。木材干燥后的干缩变形如图7.6所示。木材的湿胀干缩对木材的使用有严重的影响,干缩使木结构构件连接处发生隙缝而松弛,湿胀则造成凸起。为了避免这种情况,在木材制作前将其进行干燥处理,使木材的含水率与使用环境常年平均含水率相一致。

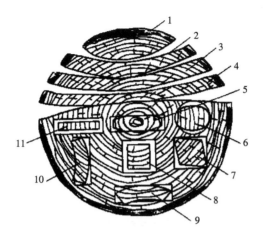

图 7.6　木材的干缩变形

1—边板呈橄榄核形;2、3、4—弦锯板呈瓦形反翘;5—通
过髓心的径锯板呈纺锤形;6—圆形变椭圆形;7—与年轮
成对角线的正方形变菱形;8—两边与年轮平行的正方形
变长方形;9—弦锯板翘曲成瓦形;10—与年轮成 40°角的
长方形呈不规则翘曲;11—边材径锯板收缩较均匀

3)木材的力学性质

(1)木材的强度。

木材的强度按受力状态分为抗拉、抗压、抗弯和抗剪四种强度。其中抗拉、抗压、抗剪强度又有顺纹和横纹之分。顺纹是指作用力方向与木材纤维方向平行,横纹是指作用力方向与木材纤维方向垂直。

①抗压强度。

顺纹受压破坏是木材细胞壁丧失稳定性的结果,并非纤维的断裂。木材的顺纹抗压强度较高,仅次于顺纹抗拉和抗弯强度,且木材的疵病对其影响较小。工程中常用柱、桩、斜撑及桁架等构件均为顺纹受压。

木材横纹受压时,开始细胞壁产生弹性变形,变形与外力成正比。当超过比例极限时,细胞壁失去稳定,细胞腔被压扁,随即产生大量变形。木材横纹抗压强度比顺纹抗压强度低得多,通常只有其顺纹抗压强度的 10% ~20%。

②抗拉强度。

木材的顺纹抗拉强度是木材各种力学强度中最高的。顺纹受拉破坏时往往不是纤维被拉断而是纤维间被撕裂。木材的疵病如木节、斜纹、裂缝等都会使顺纹抗拉强度显著降低。同时,木材受拉杆件连接处应力复杂,使顺纹抗拉强度难以被充分利用。

木材的横纹抗拉强度很小,仅为顺纹抗拉强度的 1/10 ~1/40,因为木材纤维之间的横向连接薄弱,工程中一般不使用。

③抗弯强度。

　　木材受弯曲时会产生压、拉、剪等复杂的内部应力。受弯构件上部是顺纹抗压,下部是顺纹抗拉,而在水平面中则有剪切力。木材受弯破坏时,通常在受压区首先达到强度极限,开始形成微小的不明显的皱纹,但不会立即破坏,随着外力增大,皱纹慢慢在受压区扩展,产生大量塑性变形,以后当受拉区内许多纤维达到强度极限时,则因纤维本身及纤维间联结的断裂而最后破坏。木材的抗弯强度很高,为顺纹抗压强度的 1.5~2.0 倍,因此在建筑工程中常用作桁架、梁、桥梁、地板等。用于抗弯的木构件应尽量避免在受弯区有木节和斜纹等缺陷。

　　④抗剪强度。

　　木材的剪切分为顺纹剪切、横纹剪切和横纹剪断三种,如图 7.7 所示。

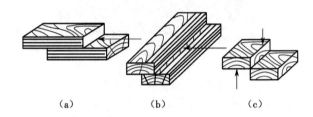

（a）　　　　　　　（b）　　　　　　　（c）

图 7.7　木材的剪切

（a）顺纹剪切　（b）横纹剪切　（c）横纹剪断

　　顺纹剪切破坏是破坏剪切面中纤维间的连接,绝大部分纤维本身并不发生破坏,所以木材的顺纹抗剪强度很小。

　　横纹剪切破坏是因剪切面中纤维的横向连接被撕裂,因此木材的横纹剪切强度比顺纹剪切强度还要低。

　　横纹切断破坏是将木纤维切断,因此强度较大,一般为顺纹剪切强度的 4~5 倍。

　　木材是非匀质的各向异性材料,所以各向强度差异很大。木材各种强度的关系见表7.1,建筑工程上常用木材的主要物理力学性质见表 7.2。

表 7.1　木材各种强度之间的关系

抗拉		抗压		抗剪		弯曲
顺纹	横纹	顺纹	横纹	顺纹	横纹	1.5~2.0
2~3	1/20~1/3	1	1/10~1/3	1/7~1/3	1/2~1	

表 7.2　主要树种的物理力学性质

树种品名	树种别名	产地	气干表观密度/(kg/m³)	顺纹抗压/MPa	顺纹抗拉/MPa	顺纹抗剪/MPa 径面	顺纹抗剪/MPa 弦面	弯曲(弦向)强度/MPa	弯曲(弦向)弹性模量/(×100 MPa)
针叶树:									
红松	海松、果松	东北	440	32.8	98.1	6.3	6.9	65.3	99
长白落叶松	黄花落叶松	东北	594	52.2	122.6	8.8	7.1	99.3	126
鱼鳞云杉	鱼鳞杉	东北	451	42.4	100.9	6.2	6.5	75.1	106
马尾松		安徽	533	41.9	99.0	7.3	7.1	80.7	105

续表

树种品名	树种别名	产地	气干表观密度/(kg/m³)	顺纹抗压/MPa	顺纹抗拉/MPa	顺纹抗剪/MPa		弯曲(弦向)	
						径面	弦面	强度/MPa	弹性模量/(×100 MPa)
杉木	西湖木	湖南	371	38.8	77.2	4.2	4.9	63.8	95
		湖北	600	54.3	117.1	9.6	11.1	100.5	101
柏木	柏香树、香扁树	四川	581	45.1	117.8	9.4	12.2	98.0	113
阔叶树: 水曲柳	渠柳、秦皮	东北	686	52.5	138.7	11.2	10.5	118.6	145
山杨	明杨	东北	486	34.0	107.4	6.4	8.1	71.0	95
大叶榆	杨木	陕西	486	42.1	107.0	9.5	7.3	79.6	116
	青榆	东北	548	37.1	116.4	7.5	8.2	81.0	92

⑤影响木材强度的主要因素。

a.木材纤维组织。

木材受力时,主要是靠细胞壁承受外力,细胞壁越厚,纤维组织越密实,强度就越高。当夏材含量越高,木材强度越高,因为夏材比春材的结构密实、坚硬。

b.含水量。

木材的强度随其含水量变化而异。含水量在纤维饱和点以上变化时,木材强度不变,在纤维饱和点以下时,随含水量降低,即吸附水减少,细胞壁趋于紧密,木材强度增大,反之强度减小。实验证明,木材含水量的变化,对木材各种强度的影响是不同的,对抗弯和顺纹抗压影响较大,对顺纹抗剪影响较小,而对顺纹抗拉几乎没有影响,如图7.8所示。故此对木材各种强度的评价必须在统一的含水率下进行,目前采用的标准含水率为12%。

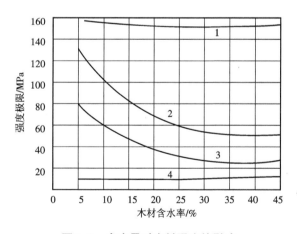

图7.8　含水量对木材强度的影响

1—顺纹抗拉;2—弯曲;3—顺纹抗压;4—顺纹抗剪

c.温度。

随环境温度升高木材的强度随之降低,因为高温会使木材纤维中的胶结物质处于软化状态。当木材长期处于40~60 ℃的环境中,木材会发生缓慢的炭化。当温度在100 ℃以上时,木材中部分组成会分解、挥发,木材颜色变黑,强度明显下降。因此如果环境温度可能长期超过 50 ℃时,不应采用木结构。

d. 负荷时间。

木材的长期承载能力低于暂时承载能力。木材在外力长期作用下,只有当其应力远低于强度极限的某一范围以下时,才可避免木材因长期负荷而破坏。这是因为木材在外力作用下产生等速蠕滑,经过长时间以后,急剧产生大量连续变形的结果。

木材在长期荷载作用下不致引起破坏的最大强度,称为持久强度。木材的持久强度比极限强度小得多,一般为极限强度的 50% ~ 60%。一切木结构都处于某一种负荷的长期作用下,因此在设计木结构时,应考虑负荷时间对木材强度的影响。

e. 疵病。

木材在生长、采伐、保存过程中,所产生的内部或外部的缺陷,统称为疵病。木材的疵病包括天然生长的缺陷(如木节、斜纹、裂纹、腐朽、虫害等)和加工后产生的缺陷(如裂缝、翘曲等)。一般木材或多或少都存在一些疵病,使木材的物理力学性能受到影响。

木节使木材顺纹抗拉强度显著降低,对顺纹抗压强度影响较小。在木材受横纹抗压和剪切时,木节反而增加其强度。斜纹为木纤维与树轴成一定夹角,斜纹木材严重降低其顺纹抗拉强度,抗弯次之,对顺纹抗压影响较小。裂纹、腐朽、虫害等疵病,会造成木材构造的不连续性或破坏其组织,因此严重地影响木材的力学性质,有时甚至能使木材完全失去使用价值。

完全消除木材的各种缺陷是不可能的,也是不经济的。应当根据木材的使用要求,正确地选用,减少各种缺陷所带来的影响。

(2)木材的韧性。

木材的韧性较好,因而木结构具有较好的抗震性。木材的韧性受到很多因素影响,如木材的密度越大,冲击韧性越好;高温会使木材变脆,韧性降低;任何缺陷的存在都会严重影响木材的冲击韧性。

(3)木材的硬度和耐磨性。

木材的硬度和耐磨性主要取决于细胞组织的紧密度,各个截面上相差显著。木材横截面上的硬度和耐磨性都较径切面和弦切面为高。木髓线发达的木材其弦切面的硬度和耐磨性比径切面高。

7.1.2 木材的规格和等级标准

我国木材供应的形式主要有原条、原木和板枋三种。根据不同的用途,要求木材采用不同的形式。

原条是指除去皮、根、树梢的木材,但尚未按一定尺寸加工成规定直径和长度的材料。主要用途:建筑工程的脚手架、建筑用材、家具等。

原木是指除去皮、根、树梢的木材,并已按一定尺寸加工成规定直径和长度的材料。主要用途:直接使用的原木,如建筑工程(屋架、檩、椽等)、桩木、电杆、坑木等;加工原木,如用于胶合板、造船、车辆、机械模型及一般加工用材等。

　　板枋是指原木经锯解加工而成的木材,宽度为厚度 3 倍或 3 倍以上的称为板材,不足 3 倍的称为枋材。锯木用途:建筑工程、桥梁、家具、造船、车辆、包装箱板等。枕木用途:铁道工程。

　　各种木材的规格见表 7.3。

表 7.3　常用建筑木材分类

序号	分类名称			规格
1	原条			小头直径≤60 mm,长度>5 m(根部锯口到梢头直径60处)
2	原木			小头直径≥40 mm,长度2~10 m
3	板枋	板材	薄板	厚度≤18 mm
			中板	厚度19~35 mm
			厚板	厚度35~65 mm
			特厚板	厚度≥66 mm
		枋材	小枋	宽×厚≤54 mm²
			中枋	宽×厚55~100 mm²
			大枋	宽×厚101~225 mm²
			特大枋	宽×厚≥226 mm²

　　按承重结构的受力情况和缺陷的多少,对承重结构木构件材质等级分成三级,见表 7.4。设计时应根据构件受力种类选用适当等级的木材。

表 7.4　承重木结构板材等级标准

项次	缺陷名称	木材等级		
		Ⅰ等材	Ⅱ等材	Ⅲ等材
		受拉构件或拉弯构件	受弯构件或压弯构件	受压构件
1	腐朽	不允许	不允许	不允许
2	木节:在构件任一面任何 15 cm 长度上所有木节尺寸总和不得大于所在面宽的	1/4 (连接部位为1/5)	1/3	2/5
3	斜纹:斜率不大于/%	5	8	12
4	裂缝:连接部位的受剪面及其附近	不允许	不允许	不允许
5	髓心	不允许	不允许	不允许

7.1.3 木材的应用

木材是传统的建筑材料,我国许多古建筑物均为木结构,它们在建筑技术和艺术上均有很高的水平,并具有独特的风格。尽管现在已经研发生产了许多种新型建筑材料,但由于木材具有其独特的优点,特别是木材具有美丽的天然纹理,是其他装饰材料无法比拟的。所以木材在建筑工程尤其是装饰领域中始终保持着重要的地位。

7.1.3.1 木材在建筑中的应用

在结构上木材主要用于构架和屋顶,如梁、柱、桁檩、望板、斗拱、椽等。木材表面经加工后,被广泛应用于房屋的门窗、地板、墙裙、天花板、扶手、栏杆、隔断等。另外,木材在建筑工程中还常用作混凝土模板及木桩等。

7.1.3.2 木材的综合加工利用

我国是木材资源贫乏的国家。为了保护和扩大现有森林面积,必须合理综合地利用木材。充分利用木材加工后的边角废料以及废木材,加工制成各种人造板材是综合利用木材的主要途径。

人造板材幅面宽、表面平整光滑、不翘曲、不开裂,经加工处理后具有防水、防火、耐酸等性能。主要的人造板材如下。

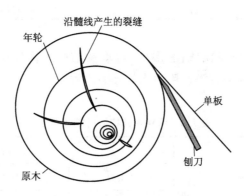

图 7.9 木段旋切单板示意图

1)胶合板

胶合板又称层压板,是由木段旋切成单板(如图 7.9 所示)或方木刨成薄木,再用胶黏剂胶合而成的三层以上的板状材料。胶合板的层数为 3~13 不等,并以层数取名,如三合板、五合板等。所用胶料有动植物胶和耐水性好的酚醛、脲醛等合成树脂胶。

为了改善天然木材各向异性的特性,使胶合板性质均匀、形状稳定,一般胶合板在结构上都要遵守两个基本原则:一是对称,二是相邻层单板纤维相互垂直。对称原则就是要求胶合板对称中心平面两侧的单板,无论木材性质、单板厚度、层数、纤维方向、含水率等,都应该互相对称。在同一张胶合板中,可以使用单一树种和厚度的单板,也可以使用不同树种和厚度的单板,但对称中心平面两侧任何两层互相对称的单板树种和厚度要一样。

胶合板可用于隔墙板、天花板、门芯板、室内装修和家具。

2）纤维板

纤维板是用木材或植物纤维作为主要原料,经机械分离成单体纤维,加入添加剂制成板坯,通过热压或胶黏剂组合成人造板。纤维板因做过防水处理,其吸湿性比木材小,形状稳定性、抗菌性都较好,并且构造均匀,克服了木材各向异性和有天然疵病的缺陷,不易翘曲和开裂,表面适于粉刷各种涂料或粘贴装裱。按容重纤维板可分为:硬质纤维板(又称高密度纤维板,密度大于 800 kg/m³)、半硬质纤维板(又称中密度纤维板,密度为 500～700 kg/m³)、软质纤维板(又称低密度纤维板,密度小于 400 kg/m³)。

硬质纤维板强度高,在建筑工程应用最广,可代替木板使用,主要用做室内壁板、门板、地板、家具等,通常在板表面施以仿木油漆处理,可达到以假乱真的效果;半硬质纤维板,常制成带有一定孔型的盲孔板,板表面常施以白色涂料,这种板兼具吸声和装饰效果,多用于宾馆等室内顶棚材料;软质纤维板具有良好吸音和隔热性能,主要用于高级建筑的吸音结构或作保温隔热材料。

3）细木工板

细木工板是由两片单板中间黏压拼接木板而成,如图 7.10 所示。由于芯板是用已处理过的小木条拼成,因此,它的特点是结构稳定,不像整板那样易翘曲变形,上下面覆以单板或胶合板,所以强度高。与同厚度的胶合板相比,耗胶量少,重量轻,成本低等,可利用木材加工厂内的加工剩余物或小规格材作芯板原料,节省了材料,提高了木材利用率。

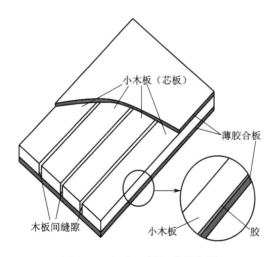

小木板（芯板）

薄胶合板

木板间缝隙　　　小木板　　　胶

图 7.10　细木工板组成示意图

4）刨花板、木丝板、木屑板

刨花板、木丝板、木屑板是利用刨花碎片、短小废料刨制的木丝、木屑等为原料,经干燥后拌入胶凝材料,再经热压而制成的人造板材。所用胶凝材料可以是合成树脂,也可为水泥、菱苦土等无机胶凝材料。这类板材一般体积密度小,强度低,主要用做绝热和吸声材料,也可做隔墙。其中热压树脂刨花板和木屑板,其表面可粘贴塑料贴面或胶合板做饰面层,这样既增加了板材的强度,又使板材具有装饰性,可用做吊顶、隔墙、家具等材料。

7.1.4 木材的防腐与防火

木材最大的缺点是易腐和易燃,因此木材在加工与应用时,必须考虑木材的防腐和防火问题。

7.1.4.1 木材的腐朽

木材是天然有机材料,易受真菌侵害而腐朽。侵蚀木材的真菌主要有三种:变色菌、霉菌和腐朽菌。其中变色菌和霉菌对木材的危害较小,而腐朽菌寄生在木材的细胞壁中,它能分泌出一种酵素,把细胞壁物质分解成简单的养料,供自身在木材中生长繁殖,从而使木材产生腐朽,并逐渐破坏。真菌在木材中生存和繁殖,必须同时具备三个条件。

1)水分

木材的含水率在20% ~30%时最适宜真菌繁殖生存,若低于20%或高于纤维饱和点,不利于腐朽菌的生长。

2)空气

真菌生存和繁殖需要氧气,所以完全浸入水中或深埋在泥土中的木材则因缺氧而不易腐朽。

3)温度

一般真菌生长的最适宜温度为25 ~30 ℃,当温度低于5 ℃时,真菌停止繁殖,而高于60 ℃时,真菌不能生存。

7.1.4.2 木材的防腐

根据木材产生腐朽的原因,防止木材腐朽的措施主要有以下两种。

1)对木材进行干燥处理

木材加工使用之前,为提高木材的耐久性,必须进行干燥,将其含水率降至20%以下。木制品和木结构在使用和储存中必须注意通风、排湿,使其经常处于干燥状态。对木结构和木制品表面进行油漆处理,油漆涂层既使木材隔绝了空气和水分,又增添了美观。

2)对木材进行防腐剂处理

用化学防腐剂对木材进行处理,使木材变为有毒的物质而使真菌无法寄生。木材防腐剂种类很多,一般分为水溶性、油质和膏状三类。水溶性防腐剂主要用于室内木结构的防腐处理。油质防腐剂毒杀伤效力强,毒性持久,有刺激性臭味,处理后木材变黑,常用于室外、地下或水下木构件,如枕木、木桩等。膏状防腐剂由粉状防腐剂、油质防腐剂,填料和胶结料(煤沥青、水玻璃等)按一定比例配制而成,用于室外木结构防腐。

对木材进行防腐处理的方法很多,主要有涂刷或喷涂法、压力渗透法、常压浸渍法、冷热槽浸透法等。其中表面涂刷或喷涂法简单易行,但防腐剂不能渗入木材内部,故防腐效果较差。

7.1.4.3　木材的防火

木材的防火,是指用具有阻燃性能的化学物质对木材进行处理,经处理后的木材变成难燃的材料,以达到遇小火能自熄,遇大火能延缓或阻止燃烧蔓延,从而赢得补救时间的目的。

1)木材燃烧及阻燃机理

木材在热的作用下发生热分解反应,随着温度升高,热分解加快,当温度升高至220 ℃以上达木材燃点时,木材燃烧放出大量可燃气体,这些可燃气体中有着大量高能量的活化基,活化基氧化燃烧后继续放出新的活化基,如此形成一种燃烧链反应,于是火焰在链状反应中得到迅速传播,使火越烧越旺,此称气相燃烧。当温度达450 ℃以上时,木材形成固相燃烧。在实际火灾中,木材燃烧温度可达800 ~ 1 300 ℃。

由上可知,要阻止和延缓木材燃烧,可有以下几种措施。

(1)抑制木材在高温下的热分解。

某些含磷化合物能降低木材的热稳定性,使其在较低温度下即发生分解,从而减少可燃气体的生成,抑制气相燃烧。

(2)阻止热传递。

一些盐类,特别是含有结晶水的盐类,具有阻燃作用。例如含结晶水的硼化物、氢氧化钙、含水氧化铝和氢氧化镁等,遇热后则吸收热量而放出蒸汽,从而减少了热量传递。磷酸盐遇热缩聚成强酸,使木材迅速脱水炭化,而木炭的导热系数仅为木材的$1/3 \sim 1/2$,从而有效抑制了热的传递。同时,磷酸盐在高温下形成玻璃状液体物质覆盖在木材表面,也起到隔热层的作用。

(3)增加隔氧作用。

稀释木材燃烧面周围空气中的氧气和热分解产生的可燃气体,增加隔氧作用。如采用含结晶水的硼化物和含水氧化铝等,遇热放出水蒸气,能稀释氧气及可燃气体的浓度,从而抑制木材的气相燃烧。而磷酸盐和硼化物等在高温下形成玻璃状覆盖层,则阻止了木材的固相燃烧。另外,卤化物遇热分解生成的卤化氢能稀释可燃气体,卤化氢还可与活化基作用而切断燃烧链,阻止气相燃烧。

一般情况下,木材阻燃措施不单独采用,而是多种措施并用,亦即在配制木材阻燃剂时,通常选用两种以上的成分复合使用,使其互相补充,增强阻燃效果,以达到一种阻燃剂可同时具有几种阻燃作用。

2)木材防火处理方法

木材防火处理方法有表面涂敷法和溶液浸注法。

(1)表面涂敷法。

在木材表面涂敷防火涂料,即防火又具有防腐和装饰作用。木材防火涂料分为溶剂型防火涂料和水乳型防火涂料两类。其主要品种、特性和用途见表7.5。

表7.5　木材防火涂料主要品种、特性及应用

品种		防火特征	应用
溶剂型防火涂料	A60－1型改性氨基膨胀防火涂料	遇火生成均匀致密的海绵状泡沫隔热层,防止初期火灾和减缓火灾蔓延扩大	高层建筑、商店、影剧院、地下工程等可燃部位防火
	A60－501膨胀防火涂料	涂层遇火体积迅速膨胀100倍以上,形成连续蜂窝状隔热层,释放出阻燃气体,具有优异的阻燃隔热效果	广泛用于木板、纤维板、胶合板等的防火保护
	A60－KG型快干氨基膨胀防火涂料	遇火膨胀生成均匀致密的泡沫状炭质隔热层,有极其良好的阻燃隔热效果	公共建筑、高层建筑、地下建筑等有防火要求的场所
	AE60－1膨胀型透明防火涂料	涂膜透明光亮,能显示基材原有纹理,遇火时涂膜膨胀发泡,形成防火隔热层。即有装饰性,又有防火性	广泛用于各种建筑室内的木质、纤维板、胶合板等结构构件及家具的防火保护和装饰
水乳型防火涂料	B60－1膨胀型丙烯酸水性防火涂料	在火焰和高温作用下,涂层受热分解出大量灭火性气体,抑制燃烧。同时,涂层膨胀发泡,形成隔热覆盖层,阻止火势蔓延	公共建筑、高级宾馆、酒店、学校、医院、影剧院、商场等建筑物的木板、纤维板、胶合板结构构件及制品的表面防火保护
	B60－2木结构防火涂料	遇火时涂层发生理化反应,构成绝热的炭化泡膜	建筑物木墙、木屋架、木吊顶以及纤维板、胶合板构件的表面防火阻燃处理
	B878膨胀型丙烯酸乳胶防火涂料	涂膜遇火立即生成均匀致密的蜂窝状隔热层,延缓火焰的蔓延,无毒无臭,不污染环境	学校、影剧院、宾馆、商场等公共建筑和民用住宅等内部可燃性基材的防火保护及装饰

（2）溶液浸注法。

分为常压浸注和加压浸注两种,后者阻燃剂吸入量及透入深度均大大高于前者。浸注处理前,要求木材必须达到充分气干,并经初步加工成型,以免防火处理后进行大量锯、刨等加工,使木料中具有阻燃剂的部分被除去。

7.2　墙面涂料的检测与应用

7.2.1　墙面涂料概述

7.2.1.1　墙面涂料的定义

墙面涂料是指用于建筑墙面,使建筑墙面美观整洁,同时也能够起到保护建筑墙面,延长其使用寿命的材料。墙面涂料按建筑墙面分类包括内墙涂料和外墙涂料两大部分。内墙涂料注重装饰和环保,外墙涂料注重防护和耐久。

7.2.1.2　墙面涂料的技术性质

1）干燥时间

涂料从液体层变成固态涂膜所需时间称为干燥时间,根据干燥程度的不同,又可分为表干时间、实干时间和完全干燥时间三项。每一种涂料都有其一定的干燥时间,但实际干燥过程的长短还要受气候条件、环境湿度等因素的影响。

2）流平性

流平性是指涂料被涂于基层表面后能自动流展成平滑表面的性能。流平性好的涂料,在干燥后不会在涂膜上留下刷痕,这对于罩面层涂料来讲是很重要的。

3）遮盖力

遮盖力是指有色涂料所成涂膜遮盖被涂表面底色的能力。遮盖力的大小,与涂料中所用颜料的种类、颜料颗粒的大小和颜料在涂料中分散程度等有关。涂料的遮盖力越大,则在同等条件下的涂装面积也越大。

4）附着力

附着力是指涂料涂膜与被涂饰物体表面间的黏附能力。附着强度的产生是由于涂料中的聚合物与被涂表面间极性基团的相互作用。因此,一切有碍这种极性结合的因素都将使附着力下降。

5）硬度

硬度是指涂膜耐刻划、刮、磨等的能力大小,它是表示涂膜力学强度的重要性能之一。一般来说,有光涂料比各种平光涂料的硬度高,而各种双组分涂料的硬度更高。

7.2.2　外墙涂料的检测与应用

7.2.2.1　外墙涂料的特点

外墙涂料是施涂于建筑物外立面或构筑物的涂料。外墙涂料长期暴露在外界环境中,须经受日晒雨淋、冻融交替、干湿变化、有害物质侵蚀和空气污染等。为了获得良好的装饰与保护效果,外墙涂料应具备以下特点。

1）装饰性好

要求外墙涂料色彩丰富且保色性优良,能较长时间保持原有的装饰性能。

2）耐候性好

外墙涂料,因涂层暴露于大气中,要经受风吹、日晒、盐雾腐蚀、雨淋、冷热变化等作用,在这些外界自然环境的长期反复作用下,涂层易发生开裂、粉化、剥落、变色等现象,使涂层失去原有的装饰保护功能。因此,要求外墙在规定的使用年限内,涂层应不发生上述破坏现象。

3）耐水性好

外墙涂料饰面暴露在大气中,会经常受到雨水的冲刷。因此,外墙涂料涂层应具有较好的耐水性。某些防水型外墙涂料,其抗水性能更佳,当基层墙发生小裂缝时,涂层仍有防水的功能。

4)耐沾污性好

大气中灰尘及其他悬浮物质会沾污涂层失去原有的装饰效果,从而影响建筑物外貌。因此,外墙涂料应具有较好的耐沾污性,使涂层不易被污染或污染后容易清洗掉。

5)耐霉变性好

外墙涂料饰面在潮湿环境中易长霉。因此,要求涂膜抑制霉菌和藻类繁殖生长。

6)施工及维修容易

一般建筑物外墙面积很大,要求外墙涂料施工操作简便。为了保持涂层良好的装饰效果,要求重涂施工容易。

另外,根据设计功能要求不同,对外墙涂料也提出了更高要求:如在各种外墙外保温系统涂层应用,要求外墙涂层具有较好的弹性延伸率,以更好地适应由于基层的变形而出现面层开裂,对基层的细小裂缝具有遮盖作用;对于仿铝塑板装饰效果的外墙涂料还应具有更好金属质感、超长的户外耐久性等。

7.2.2.2 外墙涂料的分类

外墙涂料按照装饰质感分为四类。

1)薄质外墙涂料

大部分彩色丙烯酸有光乳胶漆,均系薄质涂料。它是有机高分子材料为主要成膜物质,加上不同的颜料、填料和骨料而制成的薄涂料。其特点是耐水、耐酸、耐碱、抗冻融等特点。

使用注意事项:施工后4~8 h避免雨淋,预计有雨则停止施工;风力在4级以上时不宜施工;气温在5 ℃以上方可施工;施工器具不能沾上水泥、石灰等。

2)复层花纹涂料

复层花纹类外墙涂料,是以丙烯酸酯乳液和高分子材料为主要成膜物质的有骨料的新型建筑涂料。分为底釉涂料、骨架涂料、面釉涂料三种。底釉涂料,起对底材表面进行封闭的作用,同时增加骨料和基材之间的结合力。骨架材料,是涂料特有的一层成型层,是主要构成部分,它增加了喷塑涂层的耐久性、耐水性及强度。面釉材料,是喷塑涂层的表面层,其内加入各种耐晒彩色颜料,使其面层带柔和的色彩。按不同的需要,深层分为有光和平光两种。面釉材料起美化喷塑深层和增加耐久性的作用。其耐候能力好;对墙面有很好的渗透作用,结合牢固;使用不受温度限制,零度以下也可施工;施工方便,可采用多种喷涂工艺;可以按照要求配置成各种颜色。

3)彩砂涂料

彩砂涂料是以丙烯酸共聚乳液为胶黏剂,由高温燃结的彩色陶瓷粒或以天然带色的石屑作为骨料,外加添加剂等多种助剂配置而成。

该涂料无毒,无溶剂污染,快干,不燃,耐强光,不褪色,耐污染性能好。利用骨料的不同组配可以使深层色彩形成不同层次,取得类似天然石材的丰富色彩的质感。彩砂涂料的品种有单色和复色两种。彩砂涂料主要用于各种板材及水泥砂浆抹面的外墙面装饰。

4)厚质涂料

厚质类外墙涂料是指丙烯酸凹凸乳胶底漆,它是以有机高分子材料苯乙烯、丙烯酸、乳胶液为主要成膜物质,加上不同的颜料、填料和骨料而制成的厚涂料。特点是耐水性好、耐碱性、耐污染、耐候性好,施工维修容易。

7.2.2.3　外墙涂料的选用

外墙涂料的选用见表7.6。

表7.6　外墙涂料选用

技术与产品类别		性能指标	优选	推荐	限制	淘汰	备注
T2 外墙涂料	T21 丙烯酸共聚乳液薄质外墙涂料(含苯丙、纯丙烯酸乳液外墙涂料)	应符合现行 GB/T 9755 优等品的要求	√				适用于住宅、公共建筑、工业建筑和构筑物的各类装修工程
		应符合现行 GB/T 9755 的要求		√			
	T22 有机硅丙烯酸乳液薄质外墙乳胶涂料	应符合现行 GB/T 9755 优等品的要求	√				适用于住宅、公共建筑、工业建筑和构筑物的各类装修工程
		应符合现行 GB/T 9755 的要求		√			
	T23 水性聚氨酯外墙涂料	应符合现行 GB/T 9755 的要求		√			适用于住宅、公共建筑、工业建筑和构筑物的各类装修工程
	T24 丙烯酸共聚乳液厚质外墙涂料(含复层、砂壁状等外墙涂料)	应符合现行 GB/T 9779 或 JG/T 24 的要求		√			适用于住宅、公共建筑、工业建筑的各类装修工程
	T25 溶剂型有机硅改性丙烯酸树脂外墙涂料	应符合现行 GB/T 9757 优等品的要求	√				适用于高层住宅、公共建筑、工业建筑和构筑物中抗沾污性要求高的各类装修工程
T2 外墙涂料	T26 溶剂型丙烯酸外墙涂料(低毒性溶剂)	应符合现行 GB/T 9757 优等品的要求		√			适用于高层住宅、公共建筑、工业建筑和构筑物的各类装修工程
	T27 溶剂型丙烯酸聚氨酯外墙涂料	应符合现行 GB/T 9757 优等品的要求		√			适用于高层住宅、公共建筑、工业建筑和构筑物的各类装修工程

7.2.3　内墙涂料的检测与应用

7.2.3.1　内墙涂料的特点

内墙涂料主要的功能是装饰和保护室内墙面,使其美观整洁,让人们处于愉悦的居住环境中。内墙涂料使用环境条件比外墙涂料好,因此在耐候性、耐水性、耐沾污性和涂膜耐温变性等方面要求较外墙涂料要低,但内墙涂料在环保性方面要求往往比外墙涂料高。为了获得良好的装饰与保护效果,内墙涂料应具备以下特点。

1)色彩丰富,质地优良

内墙的装饰效果主要由质感、线条和色彩三个因素构成。采用涂料装饰则色彩为主要因素。内墙涂料的颜色一般应浅淡、明亮,由于众多的居住者对颜色的喜爱不同,因此建筑内墙涂料的色彩要求品种丰富。内墙涂层与人们的距离比外墙涂层近,因而要求内墙装饰涂层质地平滑、细洁,色彩调和。

2)耐碱性、耐水性、耐粉化性良好

由于墙面基层常带有碱性,因而涂料的耐碱性应良好。室内湿度一般比室外高,同时为清洁内墙,涂层常要与水接触,因此,要求涂料具有一定的耐水性及耐刷洗性。脱粉型的内墙涂料是不可取的,它会给居住着带来极大的不适感。

3)透气性良好

室内常有水汽,透气性不好的墙面材料易结露、挂水,使人们居住有不舒服感,因而透气性良好的材料配置内墙涂料是可取的。

4)涂刷方便,重涂容易。

人们为了保持优雅的居住环境,内墙面翻修的次数较多,因此要求内墙涂料涂刷施工方便、维修重涂容易。

7.2.3.2　内墙涂料的分类

1)合成树脂乳液内墙涂料(内墙乳胶漆)

是以合成树脂乳液为基料加入颜料、填料及各种助剂配制而成的一类水性涂料。内墙乳胶漆的主要特点是以水为分散介质,因而安全无毒,不污染环境,属环境友好型涂料。

2)水溶性内墙涂料

水溶性内墙涂料是以水溶性聚合物为基料,加入一定量的颜料、填料、助剂和水,经研磨、分散后制成的,如聚乙烯醇水玻璃内墙涂料、聚乙烯醇缩甲醛内墙涂料和仿瓷内墙涂料等都是水溶性内墙涂料。

3)多彩内墙涂料

多彩内墙涂料是一种两相分散体系,其中一相是涂料,称为分散相,另一相为分散介质。它最突出的特点是一次喷涂即可达到多彩效果,但它含有有机溶剂,对环境是有污染的。

4)其他内墙涂料

内墙涂料的品种较多,除上述三大类外,还有质感内墙涂料、马来漆、溶剂型内墙涂料、梦幻内墙涂料、纤维质内墙涂料等。

7.2.3.3　内墙涂料的选用

内墙涂料的选用见表7.7。

表7.7 内墙涂料选用

技术与产品类别		性能指标	优选	推荐	限制	淘汰	备注
T1 内墙涂料	T11 丙烯酸共聚乳液系列内墙涂料(纯丙、苯丙、醋丙等乳液涂料)	除符合现行 GB/T 9756 优等品的要求外,还应符合 HJBZ4 环境标志产品技术要求(水性涂料)	√				适用于住宅、工业建筑和公共建筑装修工程
		应符合现行 GB/T 9756 的要求		√			
	T12 乙烯—醋酸乙烯共聚乳液系列内墙涂料(含醋酸乙烯乳液涂料)	应符合现行 GB/T 9756 的要求		√			适用于住宅装修工程(普通内墙装修)
	T13 水溶性树脂涂料	参照执行现行 JC/T 423			√		不允许用于住宅、公共建筑和工业建筑的高级装修工程

7.3 装饰板材的检测与应用

随着建筑结构体系的改革、墙体材料的发展,各种墙用板材、轻质墙板迅速兴起,以板材为围护墙体的建筑体系具有轻质、节能、施工便捷、开间布置灵活、节约空间等特点,具有很好的发展前景。

7.3.1 玻璃钢装饰板材的检测与应用

玻璃纤维增强塑料(Glass fiber reinforced Plastics,GRP,又称玻璃钢)是以不饱和聚酯树脂、环氧树脂、酚醛树脂、有机硅等为基体,以熔融的玻璃液拉制成的细丝——玻璃纤维及其制品(玻璃布、带和毡等)为增强体制成的复合材料。

7.3.1.1 玻璃钢的特点

①玻璃钢的性能主要取决于合成树脂和玻璃纤维的性能,即取决于它们的相对含量以及它们间的黏结力。合成树脂和玻璃纤维的强度越高,特别是玻璃纤维的强度越高,则玻璃钢的强度越高。

②玻璃钢属于各向异性材料,其强度与玻璃纤维密切相关,以纤维方向的强度最高,玻璃布层与层之间的强度最低。

③玻璃钢制品具有基材和加强材的双重特性,具有良好的透光性和装饰性,可制成色彩绚丽的透光或不透光构件或饰件。

④成型性好、制作工艺简单,可制成复杂的构件,也可以现场制作。

⑤强度高(可超过普通碳素钢)、重量轻(密度仅为钢的 1/5 ~ 1/4),是典型的轻质高强

材料,可以在满足设计要求的条件下,大大减轻建筑物的自重。

⑥具有良好的耐化学腐蚀性和电绝缘性;耐湿、防潮,可用于有耐湿要求的建筑物的某些部位。

7.3.1.2　玻璃钢的应用

主要用作装饰材料、屋面及围护材料、防水材料、采光材料、排水管等。同时玻璃钢还可与钢结构结合,制成公园中的山景,如北京世界公园的科罗拉多大峡谷,天津儿童乐园的峡谷漂流等,都是玻璃钢制品的成功应用。

7.3.1.3　玻璃钢的规格

玻璃钢的规格见表7.8。

表7.8　玻璃钢装饰板规格及花色

规格尺寸/mm	花色	产地
1 700×920、700×500	粗、细木纹、有米黄、深黄等色石纹、花纹图案	贵州
1 850×850	木纹、石纹、花纹,各种颜色	昆明
2 000×850	木纹、石纹、花纹,各种颜色	江西
1 700×850	木纹、石纹、花纹,各种颜色	江西
1 850×850	木纹、石纹、花纹,各种颜色	安徽
1 800×850	木纹、石纹、花纹,各种颜色	安徽
(1 000~850)×(100~200)	木纹、石纹、花纹,各种颜色	江苏
1 000×900、1 500×900 1 800×900、2 000×900	各种花色	新疆
150×150、500×500	人造大理石贴面	江苏
1 970×970	各种花色	广西
500×500	各种花色	江苏

7.3.2　建筑装饰用钢制板材的检测与应用

作为独特的建筑装饰材料,各种金属很早就已经开始使用,例如我国云南昆明的金殿、北京颐和园的铜亭、泰山的铜殿等,布达拉宫和泰国皇宫等建筑金碧辉煌的装饰都给人们留下极为美好的印象。

7.3.2.1　不锈钢及其制品

普通钢材易锈蚀,每年大量钢材遭锈蚀损坏。而不锈钢装饰是近期较流行的一种建筑装饰方法,其应用范围已从小型不锈钢五金装饰件和不锈钢建筑雕塑拓展为柱面、栏杆和扶手装饰的领域中。不锈钢制品是以铬为主要合金元素的合金钢,铬含量越高,钢的耐腐蚀性就越好。这是因为铬合金元素的性质比铁元素活泼,它首先与环境中的氧结合,生成一层与钢基体牢固结合而又致密的氧化膜层——钝化膜。钝化膜可以很好地保护合金钢不被腐蚀。为改善不锈钢的强度、塑性、韧性和耐腐蚀性等,通常在不锈钢中加入镍、锰、钛等元素。

不锈钢饰件具有金属光泽和质感,装饰板表面光洁度高,具有镜面般的效果,同时具有强度高、硬度大、维修简单、易于清理等特点。

建筑装饰用不锈钢制品主要是薄钢板,常用的产品有不锈钢镜面板、不锈钢刻花板、不锈钢花纹板、彩色不锈钢板等。其中厚度小于 1 mm 的薄钢板用得最多,常用来做包柱装饰。不锈钢包柱就是将不锈钢进行技术和艺术处理后广泛用于建筑柱面的一种装饰,其主要工艺过程包括:混凝土柱面修整,不锈钢板的安装、定位、焊接、打磨修光等。它通过不锈钢的高反射性和金属质地的强烈时代感,从而起到点缀、烘托、强化的作用,广泛用于大型商店、宾馆的入口、门厅和中庭等处。可取得与周围环境中的各种色彩、景物交相辉映的效果。同时在灯光的配合下,还可形成晶莹明亮的高光部分。

在不锈钢钢板上用化学镀膜、化学浸渍的方法对普通不锈钢板进行表面处理,可制得各种颜色的彩色不锈钢制品,其颜色有蓝、灰、紫、红、青、绿、金黄、橙、茶色等,其色泽能随着光照角度改变而产生变幻的色调,主要适用于各类高档装饰领域,如高级建筑物的电梯厢板、厅堂墙板、顶棚、柱等处,也可作车厢板、扶梯侧帮、建筑物装潢和招牌。采用彩色不锈钢板装饰墙面,不仅坚固耐用,美观新颖,而且有很强的时代感。

不锈钢包覆钢板是在普通钢板的表面包覆不锈钢而成,不仅可节省价格昂贵的不锈钢而且具有更好的可加工性,使用效果和应用领域同不锈钢板。彩色不锈钢板的规格见表 7.9。

表 7.9　彩色不锈钢板的规格

品名		彩色不锈钢板(有槽型、角型、方管、圆管等型材)						
规格	厚度/mm	0.2	0.3	0.4	0.5	0.6	0.7	0.8
	长×宽/mm	2 000×1 000,1 000×500,可根据用户需要规格尺寸加工						

7.3.2.2　彩色涂层钢板

彩色涂层钢板是以冷轧板或镀锌钢板为基板,采用表面化学处理和涂漆等工艺处理方法,使基板表面覆盖一层或多层高性能的涂层制作成的产品。钢板的涂层可分为有机涂层、无机涂层和复合涂层,它一方面起到保护金属的作用,另一方面又可起到装饰作用。有机涂层可以加工成各种不同色彩和花纹,所以又常被称为彩色钢板或彩板。彩色涂层钢板最大特点是同时利用金属材料和有机材料的各自特性,例如金属板材的可加工性和延性,有机涂层附着力强、色泽鲜艳不变色,具有良好的装饰性能、防腐蚀性能、耐污染性能、耐热耐低温性能以及可加工性能,丰富的颜色和图案等,是近年来发展较快的一种装饰板材,常用于建筑外墙板、屋面板和护壁板系统等。另外,还可以做防水渗透板、排气管、通风管道、耐腐油管道和电气设备罩等。

其主要技术性质包括涂层厚度、涂层光泽度、硬度、弯曲、反向冲击、耐盐雾等,应满足《彩色涂层钢板及钢带》(GB/T 12754—2006)的有关规定要求。

7.3.2.3　建筑用压型钢板

将薄钢板经辊压、冷弯，截面呈 V 形、U 形、梯形等形状的波形钢板，称为压型钢板(俗称彩钢板)。压型钢板具有质量轻、色彩鲜艳丰富、造型美观、耐久性好、加工方便、施工方便等特点，广泛用于工业、公用、民用建筑物的内外墙面、屋面、吊顶装饰和轻质夹芯板材的面板等。例如金属面聚苯乙烯夹芯板就是以阻燃型聚苯乙烯泡沫塑料作芯材，以彩色涂层钢板为面材，用黏结剂复合而成金属夹芯板。

7.3.2.4　塑料复合板

塑料复合板是在 Q215 和 Q235 钢板上覆以 0.2 ~ 0.4 mm 的半硬质聚氯乙烯薄膜而成。它具有良好的绝缘性、耐磨性、抗冲击性和可加工性等，又可在其表面绘制图案和艺术条纹，主要用于地板、门板和天花板等。

7.3.3　铝合金装饰板材的检测与应用

7.3.3.1　铝的特性

铝为银白色轻金属，强度低，但塑性好，导热、电热性能强。其化学性质很活跃，在空气中易和空气反应，在表面生成一层氧化铝薄膜，可阻止铝继续被腐蚀。其缺点是弹性模量低、热膨胀系数大、不易焊接、价格较高。

铝具有良好的可塑性，可加工成管材、板材、薄壁空腹型材，还可以压延成极薄的铝箔，并具有极高的光、热反射比，但铝的强度和硬度较低，不能作为结构材料使用。

7.3.3.2　铝合金的特性与分类

铝的强度很低，为了提高铝的实用价值，在纯铝中加入铜、镁、锰、锌、硅、铬等合金元素可制成铝合金。铝合金有防锈铝合金、硬铝合金、超硬铝合金、锻铝合金、铸铝合金。铝加入合金元素既保持了铝质量轻、耐腐蚀、易加工的特点，同时也提高了力学性能，屈服强度可达 210 ~ 500 MPa，抗拉强度可达 380 ~ 550 MPa，比强度较高，是一种典型的轻质高强材料。铝合金延伸性好，硬度低，可锯可刨，可通过热轧、冷轧、冲压、挤压、弯曲、卷边等加工，制成不同尺寸、不同形状和截面的型材。

铝合金进行着色处理(氧化着色或电解着色)，可获得不同的色彩，常见的有青铜、棕、金等色。还有化学涂膜法，用特殊的树脂涂料，在铝材表面形成稳定、牢固的薄膜，起着色和保护作用。

7.3.3.3　铝合金装饰板材

用于装饰工程的铝合金板材，其品种和规格很多。通常有银白色、古铜色、金色、红色、蓝色、灰色等多种颜色。一般常用于厨房、浴室、卫生间顶棚的吊顶和家具、操作台以及玻璃幕墙饰面等处的装饰装修。在现代建筑中，常用的铝合金制品有铝合金门窗，铝合金装饰板及吊顶，铝及铝合金波纹板、压型板、铝箔等，具有承重、耐用、装饰、保温、隔热等优良性能。

1)铝合金装饰板

铝合金装饰板属于现代较为流行的建筑装饰板材，具有质量轻、不燃烧、耐久性好、施工方便、装饰效果好等优点。装饰工程中主要使用了铝合金花纹板及浅花纹板、铝合金压型板、铝合金穿孔板等铝合金装饰板。

①铝合金花纹板及浅花纹板:铝合金花纹板是采用防锈铝合金坯料,用特殊花纹的轧辊轧制而成。花纹美观大方,筋高适中,不易磨损,防滑性好,耐腐蚀性强,便于冲洗,通过表面处理可以获得各种颜色。花纹板板材平整,裁剪尺寸精确,便于安装,常用于现代建筑的墙面装饰以及楼梯踏步处。

以冷作硬化后的铝材为基础,表面加以浅花纹处理后得到的装饰板,称为铝合金浅花纹板。铝合金浅花纹板是优良的建筑装饰材料之一,其花纹精巧别致,色泽美观大方,同普通铝合金相比,刚度高出 20%,抗污垢、抗划伤、抗擦伤能力均有所提高,尤其是增加了立体图案和美丽的色彩,是我国特有的建筑装饰产品。

②铝合金压型板:铝合金压型板重量轻、外形美、耐腐蚀好,经久耐用,安装容易,施工快速,经表面处理可得到各种优美的色彩,是现代广泛应用的一种新型建筑装饰材料。主要用于墙面装饰,也可用作屋面,用于屋面时,一般采用强度高、耐腐蚀性好的防锈铝制成。

③铝合金穿孔板:铝合金穿孔板是用各种铝合金平板经机械穿孔而成。孔型根据需要有圆孔、方孔、长圆孔、三角孔等。这是近年来开发的一种降低噪声并兼有装饰效果的新产品。铝合金穿孔板材质轻、耐高温、耐高压、耐腐蚀、防火、防潮、防震,化学稳定性好,造型美观,色泽幽雅,立体感强,可用于宾馆、饭店、影院等公共建筑中,也可用于各类车间厂房、机房等作减噪材料。

2)铝箔

铝箔是用纯铝或铝合金加工成的 0.002 ~ 0.006 3 mm 薄片制品,具有良好的防潮、绝热和电磁屏蔽的作用。建筑上常用铝箔布、铝箔泡沫塑料板、铝箔波形板以及铝箔牛皮纸等。铝箔牛皮纸多用作绝热材料,铝箔布多用在寒冷地区做保温窗帘、炎热地区做隔热窗帘以及太阳房和农业温室中做活动隔热屏。铝箔泡沫塑料板、铝箔波形板,其强度较高、刚度较好,常用于室内或者设备中,起装饰作用。

铝箔用在围护结构外表面,在炎热地区可以反射掉大部分太阳辐射能,产生"冷房效应",在寒冷地区可减少室内向室外散热损失,提高墙体保温能力。

①铝合金墙板:以防锈铝合金为基材,用氟炭液体涂料进行表面喷涂,经高温处理后制得。可用于现代办公楼、商场、车站、会堂、机场等公共场所的外墙装饰。

②铝塑板:将表面经过氟化乙烯树脂处理过的铝片,用黏结剂覆贴到聚乙烯板上制得。具有耐腐性、耐污性和耐候性较好的特点,有红、黄、蓝、白、灰等板面色彩,装饰效果好,施工时可弯折、截割,加工灵活方便。与铝合金板比,具有质量小、施工简便、造价低等特点。

7.4　建筑玻璃的检测与应用

玻璃是以石英砂、纯碱、长石和石灰石等为主要原料,经熔融成型、冷却固化而成的无机材料,是一种透明的无定形硅酸盐固体物质。

玻璃是一种典型的脆性材料,其抗压强度高,一般为 600 ~ 1 200 MPa,抗拉强度很小,为 40 ~ 80 MPa,故玻璃在冲击作用下易破碎。脆性是玻璃的主要缺点。玻璃具有特别良好的透明性和透光性,透明性用透光率表示,透光率越大,其透明性越好。透明性与玻璃的化学成分及厚度有关。质量好的 2 mm 厚的窗用玻璃,其透光率可达 90%。所以广泛用于建筑采光和装饰,也可用于光学仪器和日用器皿。

玻璃的导热系数较低,普通玻璃耐急冷急热性差。

玻璃具有较高的化学稳定性,通常情况下对水、酸以及化学试剂或气体具有较强的抵抗能力,能抵抗除氢氟酸以外的各种酸类的侵蚀。但碱液和金属碳酸盐能溶蚀玻璃。

7.4.1　常用的玻璃

7.4.1.1　普通平板玻璃

普通平板玻璃是指未经加工的平板玻璃制品,也称白片玻璃或净片玻璃,是建筑玻璃中用量最大的一种。主要用于普通建筑的门窗,起透光、挡风雨、保温和隔音等作用,同时也是深加工为具有特殊功能玻璃的基础材料。

1)平板玻璃的规格

按照《平板玻璃》(GB 11614—2009)规定,平板玻璃按颜色分为无色透明平板玻璃和本体着色平板玻璃;按外观质量分为合格品、一等品和优等品;按公称厚度分为:2 mm、3 mm、4 mm、5 mm、6 mm、8 mm、10 mm、12 mm、15 mm、19 mm、22 mm、25 mm。

2)平板玻璃的允许偏差

平板玻璃的尺寸偏差、厚度偏差和厚薄差规定见表 7.10、表 7.11。

表 7.10　平板玻璃尺寸偏差　　　　　　　　　　　　　　　　　　　　mm

公称厚度	尺寸偏差	
	尺寸≤3 000	尺寸>3 000
2~6	±2	±3
8~10	+2,-3	+3,-4
12~15	±3	±4
19~25	±5	±5

表 7.11　厚度偏差和厚薄差　　　　　　　　　　　　　　　　　　　　mm

公称厚度	厚度偏差	厚薄差
2~6	±0.2	0.2
8~12	±0.3	0.3
15	±0.5	0.5
19	±0.7	0.7
22~25	±1.0	1.0

平板玻璃对角线差应大于其平均长度的 0.2%。

3）平板玻璃的质量标准

平板玻璃优等品、一等品、合格品的外观质量要求见《平板玻璃》（GB 11614—2009）的规定。

4）运输与存放

平板玻璃属于易碎品，在运输时，箱头朝向车辆运动方向，防止箱倾倒滑动。运输和装卸时箱盖朝上，垂直立放，不得倒放或斜放，并应有防雨措施。

玻璃应入库或入棚保管，并在干燥通风的库房中存放，防止发霉。玻璃发霉后产生彩色花斑，大大降低了光线的透射率。

平板玻璃的特点和用途见表 7.12。

表 7.12　平板玻璃的特点和用途

品种	工艺过程	特点	用途
普通窗用玻璃	未经研磨加工	透明度好，板面平整	用于建筑门窗装配
磨砂玻璃	用机械喷砂和研磨方法处理	表面粗糙，使光产生漫射，有透光不透视的特点	用于卫生间、厕所、浴室的门窗
压花玻璃	在玻璃硬化前用刻纹的滚筒面压出花纹	折射光线不规则，透光不透视，有使用功能又有装饰功能	用于宾馆、办公楼、会议室的门窗
透明彩色玻璃	在玻璃的原料中加入金属氧化物而带色	耐腐蚀、抗冲、易清洗、装饰美观 用于建筑物内外墙面、门窗及对光波作特殊要求的采光部位	
不透明彩色玻璃	在一面喷以色釉，再经烘制而成		
钢化玻璃	加热到一定温度后迅速冷却或用化学方法进行钢化处理的玻璃	强度比普通玻璃大 3~5 倍，抗冲击性及抗弯性好，耐酸碱侵蚀	用于建筑的门窗、隔墙、幕墙、汽车窗玻璃、汽车挡风玻璃、暖房
夹丝玻璃	将预先编好的钢丝网压入软化的玻璃中	破碎时，玻璃碎片附在金属网上，具有一定防火性能	用于厂房天窗、仓库门窗、地下采光及防火门窗
夹层玻璃	两片或多片平板玻璃中嵌夹透明塑料薄片，经加热而成的复合玻璃	透明度好，抗冲击机械强度高，碎后安全、耐火、耐热、耐湿、耐寒	用于汽车、飞机的挡风玻璃，防弹玻璃和有特殊要求的门窗、工厂厂房的天窗及一些水下工程

7.4.1.2　保温绝热玻璃

1）吸热玻璃

吸热玻璃是既能吸收大量红外线辐射，又能吸收太阳的紫外线，还能保持良好光透过率的平板玻璃。吸热玻璃有灰色、茶色、蓝色、绿色等颜色。常见厚度为 3 mm、5 mm、6 mm、7 mm、8 mm 等规格。

当太阳光照射在吸热玻璃上时，相当一部分的太阳辐射能被吸热玻璃吸收（可达70%以上），因此，吸热玻璃可明显降低夏季室内的温度，避免由于使用普通玻璃而带来的暖房效应(即由于太阳能过多进入室内而引起室内温度升高的现象)从而降低空调费用。同时,吸热玻璃吸收可见光的能力也较强,使室内的照度降低,使刺眼的阳光变得柔和、舒适。吸热玻璃除常用的茶色、灰色、蓝色外,还有绿色、古铜色、青铜色、金色、粉红色、棕色等。

吸热玻璃在建筑工程中应用广泛,可用于既需采光又需隔热之处。如炎热地区需设置空调机避免眩光建筑物的门窗、外墙以及用作火车、汽车、轮船挡风玻璃等,起隔热、防眩光、调节空气、采光及装饰等作用。

2)热反射玻璃

热反射玻璃具有较高的热反射能力,又能保持良好的透光性能,又称镀膜玻璃或镜面玻璃。热反射玻璃是在玻璃表面用热解、蒸发、化学处理等方法喷涂金、银、铜、镍、铬、铁等金属或金属氧化物薄膜而成。热反射玻璃的颜色有金色、茶色、灰色、紫色、褐色等多种颜色。

其反射率为30%~40%,因而常用它制成中空玻璃或夹层玻璃,以增加其绝热性能。

热反射玻璃的装饰性好,具有单向透像作用,即白天能在室内看到室外景物,而看不到室内景物,对建筑物的内部起到遮蔽和帷幕的作用。还有良好的耐磨性、耐化学腐蚀性和耐候性,高层建筑的幕墙用得较多。

3)中空玻璃

中空玻璃由两片或多片平板玻璃构成,用边框隔开,四周边缘部分用密封胶密封,玻璃层间充有干燥气体或其他惰性气体。中空玻璃使用的玻璃原片有平板玻璃、吸热玻璃、热反射玻璃等。玻璃原片厚度通常为3 mm、4 mm、5 mm、6 mm,空气层厚度一般为6 mm、9 mm、12 mm。

中空玻璃的颜色有无色、茶色、蓝色、灰色、紫色、金色、绿色等。中空玻璃的特性是保温绝热、节能性好,隔声性能优良,一般可使噪声下降30~40 dB,即能将街道汽车噪声降低到学校教室的安静程度;并能有效地防止结露,中空玻璃的露点很低,在通常情况下,中空玻璃接触室内高湿度空气的时候,玻璃表面温度较高,而外层玻璃虽然温度低,但接触的空气湿度也低,所以不会结露。

中空玻璃主要用于需要采暖、安装空调、防止噪声、结露及需要无直射阳光和需特殊光线的建筑物,如住宅、饭店、宾馆、办公楼、学校、医院、商店等。

绝热玻璃的特点和用途见表7.13。

表7.13　绝热玻璃的特点和用途

品种	工艺过程	特点	用途
热反射玻璃	在玻璃表面涂以金属或金属氧化膜、非金属氧化膜	具有较高的热反射性能而又保持良好的透光性能	多用于制造中空玻璃或夹层玻璃
吸热玻璃	在玻璃中引入有着色作用的氧化物,或在玻璃表面喷涂着色氧化物	能吸收大量红外线辐射而又保持良好可见光透过率	适用于需要隔热又需要采光的部位,如商品陈列窗、冷库、机房等

品种	工艺过程	特点	用途
光致变色玻璃	在玻璃中加入卤化银,或在玻璃夹层中加入钼和钨的感光化合物	在太阳或其他光线照射时,玻璃的颜色随光线增强渐渐变暗,当停止照射又恢复原来颜色	主要用于汽车和建筑物上
中空玻璃	用两层或两层以上的平板玻璃,四周封严、中间充入干燥气体	具有良好的保温、隔热、隔声性能	用于需要采暖、空调、防止噪声及无直射光的建筑,广泛用于高级住宅、饭店、办公楼、学校等

7.4.1.3 安全玻璃

安全玻璃是指具有良好安全性能的玻璃。普通玻璃属脆性材料,当外力超过一定数值时就会破碎成为棱角尖锐的碎片,容易造成人身伤害。为减少玻璃的脆性,提高其强度,常采用物理、化学、夹层、夹丝等方法将普通玻璃加工成安全玻璃,加工后的主要特征是力学强度较高,抗冲击能力较好。被击碎时,碎块不会飞溅伤人,并兼有防火的功能。安全玻璃包括钢化玻璃、夹丝玻璃、夹层玻璃。

1) 钢化玻璃

钢化玻璃又称强化玻璃,它是利用加热到一定温度后迅速冷却的方法或化学方法进行特殊钢化处理的玻璃。它的力学强度比未经钢化的玻璃要大 4 ~ 5 倍,抗冲击性能好、弹性好、热稳定性高,当玻璃破碎时,裂成圆钝的小碎片,不致伤人。钢化玻璃的厚度有 4 mm、5 mm、6 mm、8 mm、10 mm、12 mm、15 mm、19 mm 等尺寸。根据外观质量等方面的测定结果,分为优等品和合格品两个等级。外观质量测定的缺陷主要有爆边、划伤、棱角、夹钳伤、结石、裂纹、波筋、气泡等。

钢化玻璃可用作高层建筑物的门窗、幕墙、隔墙、商店橱窗、架子隔板等。但是钢化玻璃不能任意切割、磨削,边角不能碰击,不能现场加工,使用时只能选择现有规格尺寸的成品,或提供具体设计图纸加工定做。

2) 夹丝玻璃

夹丝玻璃也称防碎玻璃或钢丝玻璃,指预先将编织好的钢丝网压入已软化的红热玻璃中制成的。其表面可以是磨光或压花,颜色可以是透明或彩色的,抗折强度高、防火性能好,在外力作用和温度剧变时破而不散,即使有许多裂缝,其碎片仍能附着在钢丝上,不致四处飞溅而伤人。当火灾蔓延,夹丝玻璃受热炸裂时,仍能保持完整,起到隔热火焰的作用,所以也称防火玻璃。

夹丝玻璃厚度一般在 3 ~ 19 mm 之间,根据是否有气泡、花纹变形、异物、裂纹、磨伤等外观质量方面的测定结果,分为优等品、一级品和合格品三个等级。

夹丝玻璃与普通平板玻璃相比,具有耐冲击性、耐热性好及防火性的优点,在外力作用和温度急剧变化时破而不裂、不散,且具有一定的防火性能。多用于公共建筑的阳台、楼梯、电梯间、厂房天窗、各种采光屋顶和防火门窗等。

3）夹层玻璃

夹层玻璃是两片或多片平板玻璃之间嵌夹透明塑料（聚乙烯醇缩丁醛）薄衬片，经加热、加压黏合成平面或曲面的复合玻璃制品。夹层玻璃的层数有 2、3、5、7 层，最多可达 9 层。根据是否有胶合层气泡、胶合层杂质、裂痕、爆边等外观质量方面的测定结果，分为优等品和合格品两个等级。夹层玻璃具有较高的强度，受到破坏时产生辐射状或同心圆裂纹和少量玻璃碎屑，碎片仍黏结在膜片上，不会伤人，同时不影响透明度，不产生折光现象。它还具有耐久、耐热、耐湿、耐寒和隔音等性能，主要用于有特殊安全要求的门窗、隔墙、工业厂房的天窗以及某些水下工程等。

7.4.1.4　装饰玻璃

1）压花玻璃

压花玻璃是将熔融的玻璃液在冷却过程中，通过带图案的花纹辊轴连续对辊压延而成。可一面压花，也可两面压花。其颜色有浅黄色、浅蓝色、橄榄色等。喷涂处理后的压花玻璃，一方面立体感强，可增强图案花纹的艺术装饰效果，另一方面强度可提高 50% ~ 70%。具有透光不透视、艺术装饰效果好等特点，常用于办公室、会议室、浴室、卫生间等的门窗和隔断，安装时应将花纹朝向室内。

2）有色玻璃

有色玻璃又称颜色玻璃、彩色玻璃，分透明和不透明两种。透明颜色玻璃是在原料中加入着色金属氧化物使玻璃带色。不透明颜色玻璃是在一定形状的玻璃表面，喷以色釉，经过烘烤而成。它具有耐腐蚀、抗冲刷、易清洗并可拼成图案、花纹等特点，适用于门窗及对光有特殊要求的采光部位和装饰内外墙面之用。

不透明颜色玻璃也叫饰面玻璃。经退火处理的饰面玻璃可以裁切；经钢化处理的饰面玻璃不能进行裁切等再加工。

3）磨砂玻璃

磨砂玻璃是一种毛玻璃，它是用硅砂、金刚石、石榴石粉等研磨材料加水采用机械喷砂、手工研磨或氢氟酸溶蚀等方法，把普通玻璃表面处理成均匀毛面而成。它具有透光不透视，使室内光线不炫目、不刺眼的特点。多用于建筑物的卫生间、浴室、办公室等的门窗及隔断。

7.4.2　常用玻璃制品的应用

7.4.2.1　玻璃空心砖

玻璃空心砖一般是由两块压铸成凹形的玻璃经熔结或胶结成整块的空心砖，砖面可为光滑平面，也可在内外压铸多种花纹。砖内腔可为空气，也可填充玻璃棉等。

玻璃空心砖一般厚度为 20 ~ 160 mm，短边长度为 1 200 mm、800 mm 及 600 mm。玻璃空心砖具有透光不透视，抗压强度较高，保温隔热性、隔声性、防火性、装饰性好等特点，可用来砌筑透光墙壁、隔断、门厅、通道等。

7.4.2.2　玻璃马赛克

玻璃马赛克又称玻璃锦砖或锦玻璃，是一种小规格的饰面玻璃。其颜色有红、黄、蓝、白、黑等多种。玻璃马赛克具有色调柔和、美观大方、化学稳定性好、冷热稳定性好、不变色、易清洗、便于施工等优点。适用于宾馆、医院、办公楼、礼堂、住宅等建筑的内外墙饰面。

7.4.2.3 光栅玻璃

光栅玻璃有两种：一种是以普通平板玻璃为基材；另一种是以钢化玻璃为基材。前一种主要用于墙面、窗户、顶棚等部位的装饰。后一种主要用于地面装饰。此外，也有专门用于柱面装饰的曲面光栅玻璃、专门用于大面积幕墙的夹层光栅玻璃、光栅玻璃砖等产品。光栅玻璃的主要特点是具有优良的抗老化性能。

7.4.2.4 玻璃幕墙

玻璃幕墙是现代建筑的重要组成部分，是以铝合金型材为边框，玻璃为内外复面，其中填充绝热材料的复合墙体。目前，玻璃幕墙所采用的玻璃已由浮法玻璃、钢化玻璃等较为单一品种，发展到吸热玻璃、热反射玻璃、中空玻璃、夹层玻璃、釉面钢化玻璃等。其优点是：轻质，绝热、隔声性好，可光控以及具有单向透视以及装饰性能好等特点。在玻璃幕墙中大量采用热反射玻璃，将建筑物周围景物及蓝天、白云等自然现象都反映到建筑物表面，使建筑物外表情景交融、层层交错，产生变幻莫测的感觉。近看景物丰富，远看又有熠熠生辉、光彩照人的效果。使用玻璃幕墙代替不透明的墙壁，使建筑物具有现代化气息，更具有轻快感和机能美，营造一种积极向上的空间气息。

玻璃制品的特点和用途见表7.14。

表7.14 玻璃制品的特点和用途

品种	工艺过程	特点	用途
玻璃空心砖	由两块压铸成凹形的玻璃经熔接或胶结而成的空心玻璃制品	具有较高的强度、绝热隔声、透明度高、耐火等优点	用来砌筑透光的内外墙壁、分隔墙、地下室、采光舞厅地面及装有灯光设备的音乐舞台等
玻璃马赛克	由乳浊状透明玻璃质材料制成的小尺寸玻璃 制品拼贴于纸上成联	具有色彩柔和、朴实典雅、美观大方、化学稳定性好、热稳定性好，易洗涤等特点	适于宾馆、医院、办公楼、住宅等外墙饰面

7.5 装饰面砖的检测与应用

我国建筑陶瓷源远流长，自古以来就作为建筑物的优良装饰材料之一。传统的陶瓷产品如日用陶瓷、建筑陶瓷、卫生陶瓷都是以黏土类及其他天然矿物为主要原料经过坯料制备、成型、焙烧等过程得到的产品。

7.5.1 陶瓷分类

按原料和烧制温度不同陶瓷制品可分为陶质、瓷质和炻质三大类，是以黏土为主要原料,经配料、制坯、干燥和焙烧制得的制品。

7.5.1.1 陶质制品

陶质制品烧结程度相对较低,为多孔结构,通常吸水率较大(10% ~22%)强度较低、抗冻性较差、断面粗糙无光、不透明、敲击时声粗哑,分无釉和施釉两种制品,适于室内使用。

根据原料杂质含量不同,陶器可分为粗陶和精陶。粗陶一般以含杂质较多的砂黏土为原料,表面不施釉,如黏土砖、瓦等。精陶是以可塑性黏土、长石为原料,经素烧和釉烧而成。坯体呈白色或象牙色,如釉面内墙砖和卫生陶瓷等。

7.5.1.2 瓷质制品

瓷质制品烧结程度高,结构致密、断面细致并有光泽、强度高、坚硬耐磨、基本上不吸水(吸水率 <1%)、有一定的半透明性,通常施有釉层。如日用餐具、茶具等多为瓷质制品。

7.5.1.3 炻质制品

炻质制品介于两者之间,其构造比陶质致密,吸水率较小(1% ~10%),但又不如瓷器洁白,其坯体多带有颜色,且无半透明性。可采用质量较差的黏土烧成,成本较低。

饰面烧结制品与坯体性质之间的关系见表7.15。

表7.15 饰面烧结制品与坯体性质之间的关系

坯体种类		颜色	质地	烧结程度	吸水率	饰面烧结制品种类
陶器	粗陶	有色	多孔坚硬	较低	>10	砖、瓦、陶管、盆
	精陶	白色或象牙色				釉面砖、琉璃制品、日用陶瓷、美术陶瓷
炻器	粗炻器	有色	致密坚硬	较充分	4 ~8	外墙地砖、地砖
	精炻器	白色			1 ~3	外墙地砖、地砖、锦砖
瓷器		白色、半透明	致密坚硬	充分	<1	锦砖、茶具、美术陈列品

7.5.2 釉面砖的检测与应用

釉面内墙砖简称内墙砖或瓷砖,以烧结后成白色的耐火黏土、叶蜡石或高岭土等为原材料制成坯体,面层为釉料,经高温烧结而成,属多孔精陶类。多用于建筑物内部的墙面装饰。

7.5.2.1 釉面砖的品种和特点

釉面砖的种类极其丰富,主要含有单色、彩色、印花和图案砖等品种。釉面砖正面施釉,背面吸水率高且有凹槽纹,利于粘贴。正面所施釉料品种很多,有白色釉、彩色釉、结晶釉等。其品种与特点见表7.16。

表 7.16　釉面砖的品种与特点

种类		代号	特点
白色釉面砖		FJ	色纯白,釉面光亮,简洁大方
彩色釉面砖	有光彩色釉面砖	YG	釉面光亮晶莹,色彩丰富雅致
	无光彩色釉面砖	SHG	釉面半无光,不晃眼,色泽一致柔和
装饰釉面砖	华釉砖	HY	在同一砖上施以多种彩釉,经高温烧成;色釉互相渗透,花纹千姿百态,装饰效果好
	结晶釉面砖	JJ	晶化辉映,纹理多姿
	斑纹釉面砖	BW	斑纹釉面,丰富多彩
	理石釉面砖	LSH	具有天然大理石花纹,颜色丰富
图案砖	白地图案砖	BT	在白色釉面砖上装饰各种图案,经高温烧成,纹样清晰,优美
	色地图案砖	SHGT	在有光或无光彩色釉砖上装饰各种图案,经高温烧成,产生浮雕等效果
字画釉面砖		—	以各种釉面砖拼接成各种瓷砖字画,或根据已有画稿烧制成釉面砖,色彩丰富,永不褪色

7.5.2.2　釉面砖的形状和规格

1)釉面砖的外观质量

釉面砖按釉面颜色分为单色(包括白色)、花色和图案色三种。按正面形状分为正方形、长方形和异型配件砖三类。为增强与基层的黏结力,釉面砖的背面均有凹槽纹,背纹深度一般不小于0.2 mm。釉面砖的规格尺寸很多,有300 mm×200 mm×5 mm、150 mm×150 mm×5 mm、100 mm×100 mm×5 mm、300 mm×150 mm×5 mm 等。异型配件砖的外形及规格尺寸更多,可根据需要选配。

2)釉面砖的主要技术性能

釉面砖的主要技术性能应符合《釉面内墙砖》(GB/T 4100—2006)的有关规定,主要包括以下几方面。

①尺寸偏差。通常要求在0.5 mm 以内。

②外观质量。釉面砖根据表面缺陷、色差、平整度、边直度和直角度、白度等分为优等品、一级品和合格品,其外观质量规定见表7.17。

表 7.17　釉面内墙砖表面缺陷允许范围

缺陷名称	优等品	一等品	合格品
开裂、夹层、釉裂	不允许		
背面磕碰	深度为砖厚的1/2	不影响使用	
剥边、落脏、釉泡、斑点、坯粉釉缕、波纹、缺釉、棕眼裂纹、图案缺陷、正面磕碰	距离砖面1 m处目测无可见缺陷	距离砖面2 m处目测缺陷不明显	距离砖面3 m处目测缺陷不明显

③物理力学性能。釉面砖的物理力学性能主要包括：吸水率不大于21%；弯曲强度不小于16 MPa；当厚度大于或等于7.5 mm时，弯曲强度应不小于13 MPa；经急冷急热试验和抗龟裂试验后，釉面不应出现裂纹。

7.5.2.3　瓷砖好坏的鉴别

瓷砖好坏的鉴别一般通过看、掂、听、拼、试5个步骤。

1）看

主要是看瓷砖表面是否有黑点、气泡、针孔、裂纹、划痕、色斑、缺边、缺角，查看底坯商标标记，正规厂家生产的产品底坯上都有清晰的产品商标标记。

2）掂

就是掂分量，试瓷砖的手感，同一规格产品、质量好、密度高的瓷砖手感都比较沉；反之，质轻的产品手感较轻。

3）听

通过敲击瓷砖，通过听声音来鉴别瓷砖的好坏。墙砖或者小规格瓷砖，一般是用一只手五指分开，托起瓷砖，另一只手敲击瓷砖面部，如果发出的声音有金属质感，则瓷砖的质量较好。对于大瓷砖，可用一只手提起瓷砖的一边，用另一只手的手心上部敲击瓷砖的中间，如果发出的声音浑厚，且回音绵长如敲击铜钟之声，则瓷砖的瓷化程度较高，耐磨性强、抗折强度高、吸水率低，不易受污染。

4）拼

将相同规格型号的产品随意取出4片进行拼铺，检查瓷砖的尺寸、平整度和直角度。

检查瓷砖的尺寸时，取出两片同样型号的产品置于水平面上，用两手的手尖部位来回地沿瓷砖的边缘部位滑动，如果在经过瓷砖的接封处时没有明显的滞手感觉，则说明瓷砖的尺寸比较好。

检查瓷砖的平整度时，将2片或者4片相同型号的瓷砖，按照相同的纹路拼铺在一水平面上，用手在砖面上来回地滑动，如果经过瓷砖的接缝部位时没有明显的高低感，则说明瓷砖的平整度好。

检查瓷砖的直角度时，取4片相同型号的瓷砖进行拼接，如果出现4片砖不能接缝紧密，总是一条或者两条接缝出现缝隙，则说明瓷砖的直角度不是特别好。

5）试

这一步骤主要是针对地砖的防滑问题。在砖面上加水、不加水，然后再在上面踩试，看是否防滑。

7.5.2.4　釉面砖的应用

因其釉面光泽度好，装饰手法丰富，色彩鲜艳、易于清洁，防火、防水、耐磨、耐腐蚀，被广泛用于建筑内墙装饰。成为厨房、卫生间不可替代的装饰和维护材料。

釉面砖一般不宜用于室外，因为釉面砖为多孔坯体，坯体吸水率较大，吸水后将产生湿涨现象，而面层釉料吸水率较小，当坯体吸水后产生的膨胀应力大于釉面抗拉强度时，会导致釉面层的开裂或剥落，严重影响装饰效果。

釉面砖在粘贴前通常要求浸水2 h以上，浸泡至不冒泡为止，取出晾干至表面干燥，才可进行粘贴。否则,干坯将吸走水泥砂浆中的大量水分,影响水泥砂浆的凝结硬化,降低黏结强度,造成空鼓、脱落等现象。通常在水泥砂浆中掺入一定量的建筑胶水,以改善水泥砂浆的和易性、延缓凝结时间、提高铺贴质量、提高与基层的黏结强度。

7.5.3　墙地砖的检测与应用

墙地砖包括建筑外墙装饰贴面砖和室内外地面装饰砖,它们均属于炻器材料。由于这类材料可墙、地两用,故称为墙地砖。

墙地砖以优质陶土为原料,经半干压成型后在 1 100 ℃左右焙烧而成。墙地砖具有强度高、致密坚实、耐磨、吸水率小、抗冻、耐污染、易清洗、耐腐蚀、经久耐用等特点。

7.5.3.1　墙地砖类别

墙地砖按表面是否施釉分为彩色釉面陶瓷地砖和无釉陶瓷墙地砖两类。

1)彩色釉面陶瓷墙地砖

彩色釉面陶瓷墙地砖是指适用于建筑物墙面、地面装饰用的彩色釉面陶瓷墙地砖,简称彩釉砖,是以陶土为主要原料,配料制浆后,经半干压成型、施釉、高温焙烧制成的饰面陶瓷。彩釉砖的主要规格尺寸见表 7.18。

表 7.18　彩色釉面陶瓷墙地砖的主要规格尺寸

大型	500 × 500	600 × 600	800 × 800	900 × 900	1 000 × 1 000	1 200 × 600
中型	100 × 100	150 × 150	200 × 200	250 × 250	300 × 300	400 × 400
	150 × 75	200 × 100	200 × 150	250 × 150	300 × 150	300 × 200
小型	115 × 65	240 × 65	130 × 65	260 × 65	其他规格和异型产品由供需双方自定	

2)无釉陶瓷墙地砖

无釉陶瓷墙地砖简称无釉砖,是以优质瓷土为主要原料的基料加着色喷雾料经混合、冲压、烧制所得的制品,是专用于铺地的耐磨炻质无釉砖。

7.5.3.2　墙地砖的主要性能指标

墙地砖的表面质感可以通过配料和制作工艺制成平面、麻面、毛面、磨面、抛光面、纹点面、仿花岗石面、压花浮雕面、无光釉面、金属光泽面、防滑面和耐磨面等,且均可通过着色颜料制成各种色彩。

1)产品等级和规格

通常按表面质量和变形允许偏差分为优等品、一级品和合格品等。规格尺寸很多,可根据要求选用。

2)外观质量

墙地砖的外观质量主要包括表面缺陷、色差、平整度、边直度和直角度等。同时在产品的侧面和背面不允许有妨碍黏结的明显附着釉及其他缺陷。尺寸偏差应符合标准的规定,且背纹深度一般不小于 0.5 mm。表面质量要求见表 7.19。

表 7.19　彩色釉面砖陶瓷墙地砖的表面质量要求

缺陷名称	优等品	一等品	合格品
缺釉、斑点、裂纹、落脏、棕眼、熔洞、釉缕、釉泡、开裂、波纹	距砖面 1 m 处目测,有可见缺陷的砖数不超过 5%	距砖面 2 m 处目测,有可见缺陷砖数不超过 5%	距砖面 3 m 处目测,缺陷不明显
色差	距砖面 3 m 目测不明显		
分层(坯体里的夹层或上下分离现象)	不允许		

3)物理力学性能

①吸水率:无釉面墙地砖吸水率 3% ~ 6%,彩釉墙地砖不宜大于 10%。吸水率越小,抗变形能力和抗冻性越好,寒冷地区应选用吸水率较低的产品。

②耐急冷急热性:经 3 次急冷急热循环不出现裂纹或炸裂。

③抗冻性:经 20 次冻融循环不出现破裂、剥落或裂纹。

④抗弯强度:平均值不低于 24.5 MPa。

⑤耐磨性:仅指地砖,根据釉面出现可见磨损时的研磨转数,将墙地砖分为 Ⅰ 类(< 150r)、Ⅱ 类(300 ~ 600 r)、Ⅲ 类(750 ~ 1 500 r)、Ⅳ 类(> 1 500 r)四个级别。

⑥耐化学腐蚀性:根据耐酸和耐腐蚀试验,分为 AA,A,B,C,D 共 5 个等级。

7.5.3.3　新型墙地砖

新型墙地砖主要有劈离砖、彩胎砖、麻面砖、金属光泽釉面砖、玻化砖、陶瓷艺术砖、大型陶瓷装饰面板等。

7.5.3.4　墙地砖的特性和应用

墙地砖质地较致密,强度高、吸水率小、热稳定性好、耐磨性和抗冻性均较好。主要用于室内外地面装饰和外墙装饰。用于室外铺装的墙地砖吸水率一般不宜大于 6%,严寒地区,吸水率应更小。

墙地砖通过垂直或水平、错缝或齐缝、宽缝或密缝等不同排列组合,可获得各种不同的装饰效果。

7.5.4　陶瓷锦砖的检测与应用

陶瓷锦砖又称马赛克(Mosaic),是用优质陶土烧制的边长不大于 50 mm 的片状小瓷砖,可施釉或不施釉。它是普通锦砖陶瓷中烧结程度最高的材料,质地致密,属于瓷质材料。陶瓷锦砖烧结过程中的变形大,通常只能制成小尺寸产品,直接粘贴很困难,故需预先反贴在牛皮纸上,故又称纸皮砖,所形成的一张张的产品,称为"联",每 40 联为一箱。

7.5.4.1　陶瓷锦砖的品种和规格

陶瓷锦砖按表面性质分为有釉、无釉两种;按砖联分为单色、混色和拼花三种。单块砖边长不大于 95 mm,表面面积不大于 55 cm²;砖联分正方形、长方形和其他形状。

7.5.4.2　陶瓷锦砖的特点与应用

陶瓷锦砖的基本特点是质地坚硬、色泽美观、图案多样,而且耐酸、耐碱、耐磨、耐水、耐压、耐冲击。另外,由于陶瓷锦砖在材质、颜色方面可选择种类多,可拼接图案相当丰富,只要设计得当,就可以创作出不俗的视觉效果产品,在建筑物的内、外装饰工程中获得广泛的应用。陶瓷锦砖具有不渗水、不吸水、易清洗、防滑等特点,特别适合湿滑环境的地面铺设,如浴室、厨房、餐厅、化验室等地面。还可拼接成风景名胜和花鸟动物图案的壁画,形成别具风格的锦砖壁画艺术,其装饰性和艺术性均较好,且可增强建筑物的耐久性。

7.6　人造石材的检测与应用

用人工方法加工制造的具有天然石材花纹和纹理的合成石材,称为人造石材。以人造大理石、人造花岗岩和水磨石最多。人造石材具有天然石材的花纹和质感、美观、大方、仿真效果好,具有很好的装饰性,并且具有重量轻、强度高、耐腐蚀、耐污染、施工方便、良好的可加工性等优点,因而得到了广泛的应用。人造石材的缺点是色泽、纹理不及天然石材自然、柔和。

7.6.1　人造石材的类型

应用不同配方、品种繁多的添加剂,使人造石材的性能日趋完善。胶黏剂不局限于聚合物(如不饱和聚酯树脂、环氧化合物),也可用无机胶黏剂(如水泥、石灰等硅酸盐),骨料也从大理石、方解石、石英砂发展到利用工业废渣(如高炉废渣、铜渣、镍渣、废玻璃等)。

按照人造石材生产所用原料,可分为以下四类。

7.6.1.1　树脂型人造石材

树脂型人造石材是以不饱和聚酯树脂为胶黏剂,与天然大理碎石、石英砂、方解石、石粉或其他无机填料按一定的比例配合,再加入催化剂、固化剂、颜料等外加剂,经混合搅拌、固化成型、脱模烘干、表面抛光等工序加工而成。

7.6.1.2　水泥型人造石材

它是以水泥为胶黏剂,砂为细集料,碎大理石、花岗岩、工业废渣等为粗集料,必要时再加入适量的耐碱颜料,经配料、搅拌、成型和养护硬化后再磨平抛光而制成。这种人造石材表面光洁度高、花纹耐久、抗风化、耐久性均较好。按其使用部位不同可分为墙面柱面水磨石(Q),地面、楼面水磨石(D),踢脚板、立板和三角板类水磨石(T),隔断板、窗台板、台面板类水磨石(C);按制品表面加工程度分为磨面水磨石(M)和抛光面水磨石(P)。水磨石的常用规格尺寸为 300 mm × 300 mm、305 mm × 305 mm、400 mm × 400 mm、500 mm × 500 mm,其他规格尺寸由供需双方商定。水磨石按其外观质量、尺寸偏差和物理力学性能分为优等品(A)、一等品(B)、合格品(C)。

7.6.1.3　复合型人造石材

该类人造石材的胶黏剂中既有无机材料,又有高分子材料。它是先用无机胶凝材料将碎石和石粉等集料胶结成型并硬化后,再将硬化体浸渍于有机体中,使其在特定条件下聚合而成。若为板材,其底层就用廉价而性能稳定的无机材料制成,而面层则采用聚酯和大理石粉制作。如在廉价的水泥型板材表层复合聚酯型薄层,组成复合型板材,以获得最佳的装饰效果和经济指标;也可先将无机填料用无机胶黏剂胶结成型、养护后,再将坯体浸渍于具有聚合性能的有机单体中加以聚合,以提高制品的性能和档次。复合型人造石材既有树脂型人造大理石的外在质量,又有水泥型人造大理石成本低的特点,是工程中较受欢迎的贴面人造石材。

7.6.1.4　烧结型人造石材

烧结型人造装饰石材的生产方法与陶瓷工艺相似,这种人造石材是把斜长石、石英、辉石石粉和赤铁矿以及高岭土等混合成矿粉,再配以40%左右的黏土混合制成泥浆,经制坯、成型和艺术加工后,再经1 000 ℃左右的高温焙烧而成,如仿花岗岩瓷砖、仿大理石陶瓷艺术板等。这种人造石材因采用高温焙烧,所以能耗大,造价较高,实际应用较少。

7.6.2　人造石材的性能与应用

在以上四类人造石材中,树脂型人造石材是目前国内外使用较多的一种人造石材,其主要性能如下。

①色彩花纹仿真性强,其质感和装饰效果可以和天然石材媲美。

②质量轻,强度高,不易碎,便于粘贴施工和降低建筑物结构的自重。

③具有良好的耐酸性、耐腐蚀性和抗污染性。

④可加工性好,比天然石材易于锯切、钻孔,便于安装施工。成本很低,一般只有天然石材的10% ~20%。

⑤易老化,树脂型人造石材由于采用了有机胶黏料,在大气中长期受到光、热、氧、水分等综合作用后,会逐渐产生老化,使表面褪色、失去光泽而降低装饰效果。

目前树脂型人造石材主要用于室内的装饰与装修,如厨房、厕所等台面。

【模块导图】

本模块知识重点串联如图7.11所示。

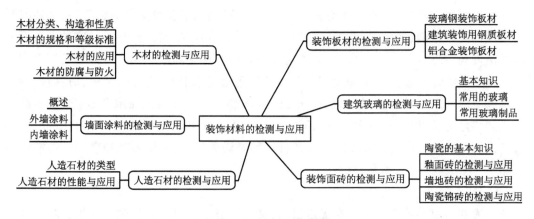

图7.11　知识重点串联

【拓展与实训】

【职业能力训练】

一、单项选择题

1. 大量吸收红外线辐射的节能玻璃是(　　)。

A. 夹层玻璃　　　　B. 吸热玻璃　　　　C. 中空玻璃　　　　D. 热反射玻璃

2. 以下玻璃属于安全玻璃的是(　　)。

A. 夹层玻璃　　　　B. 浮法玻璃　　　　C. 中空玻璃　　　　D. 磨砂玻璃

3. 釉面砖又称内墙面砖,不能用于(　　)。

A. 室内、卫生间的内墙面　　　　　　　B. 实验室的工作台面

C. 厨房的内墙面　　　　　　　　　　　D. 建筑物外墙面

4. 陶瓷锦砖为(　　)。

A. 炻质或瓷质　　　B. 陶质或瓷质　　　C. 炻质或陶质　　　D. 陶质

5. 下列玻璃中属于特种玻璃的是(　　)。

A. 普通平板玻璃　　B. 磨砂玻璃　　　　C. 夹丝玻璃　　　　D. 吸热玻璃

6. 以厚度为(　　)的平板玻璃,每 10 m^2 为一标准箱。

A. 2 mm　　　　　　B. 3 mm　　　　　　C. 4 mm　　　　　　D. 5 mm

7. 木材强度中最大的是(　　)。

A. 顺纹抗拉　　　　B. 顺纹抗压　　　　C. 顺纹抗剪　　　　D. 抗弯

8. (　　)是木材物理、力学性质发生变化的转折点。

A. 纤维饱和点　　　B. 平衡含水率　　　C. 标准含水率　　　D. 气干状态

9. 选用绝热材料时,通常要求其导热系数不宜大于(　　)W/(m·K)。

A. 0.45　　　　　　B. 0.23　　　　　　C. 0.17　　　　　　D. 0.10

10. 木材之所以成为重要的建筑材料,是因为它具有很多特性。下列(　　)不是它的优点。

A. 质轻而强度高,易于加工　　　　　　B. 随空气的温湿度变化,形状及强度改变

C. 有较高的弹性和韧性,能承受冲击和振动 D. 分布广,可以就地取材

二、多项选择题

1. 下列属于装饰玻璃的是(　　)。

A. 压花玻璃　　　　B. 磨砂玻璃　　　　C. 中空玻璃　　　　D. 钢化玻璃

E. 夹丝玻璃

2. 玻璃钢具有(　　)的性能。

A. 强度低　　　　　B. 质量轻　　　　　C. 电绝缘性好　　　　D. 制作复杂

E. 透光性好

3. 铝的缺点是(　　)。

A. 弹性模量低　　　B. 热膨胀系数小　　C. 易焊接　　　　　D. 价格较高

E. 塑性好

4. 玻璃具有( )的特点。

A. 抗压强度高 　　　　　　　　　　B. 抗拉强度高

C. 透光性好 　　　　　　　　　　　D. 玻璃的导热系数较高

E. 耐急冷急热性差

5. 中空玻璃的特性是( )。

A. 保温绝热 　　　B. 节能性好 　　　C. 隔声性能优良 　　　D. 降噪

E. 防止结露

6. 木材的腐朽主要由真菌引起。而真菌生存必须具备如下条件( )。

A. 水分 　　　　B. 温度 　　　　C. 空气 　　　　D. 土壤

E. 阳光

7. 在下列人造板材中,属于型压板的是( )。

A. 胶合板 　　　B. 纤维板 　　　C. 刨花板 　　　D. 木丝板

E. 木工板

8. 下列选项中关于绝热和吸声材料的说法正确的是( )。

A. 导热系数越小,绝热效果越好 　　　B. 导热系数越小,绝热效果越差

C. 吸声系数越小,吸声效果越好 　　　D. 吸声系数越小,吸声效果越差

E. 吸声系数越大,吸声效果越差

9. 木材中的水分有( )。

A. 自由水 　　　B. 吸附水 　　　C. 结合水 　　　D. 游离水

E. 蒸养水

10. 使用墙面砖的主要目的是( )。

A. 免遭大气腐蚀 　　　　　　　　　B. 使墙、柱具有更好的保温和隔热性能

C. 免受机械伤害 　　　　　　　　　D. 提高建筑物的艺术效果

E. 增大墙体的刚度和强度

【工程模拟训练】

1. 一块松木试件长期置于相对湿度为 60%、温度为 20 ℃的空气中,其平衡含水率为 12.8%,测得其顺纹抗压强度为 49.4 MPa,问此木材在标准含水率情况下抗压强度为多少?

2. 如果让你为自己设计居室,你会选择怎样的风格? 会考虑选择哪些特质的材料来体现你的设计?

【链接职考】

1. 2012 年度试验员资格考试:(单选题)

外墙饰面砖的必试项目为( )。

A. 黏结强度、抗折强度 　　　　　　B. 黏结强度、吸水率

C. 吸水率、抗冻性 　　　　　　　　D. 黏结强度、抗冻性

2. 2011 年土建材料员岗位实务知识试题:(单选题)

木材吸湿时,会产生体积膨胀,由于木材构造不均匀,这种变化沿(　　　)。

A.径向方向最大

B.弦向方向最大

C.纤维方向最大

D.任意方向都一样大

3.2011 年土建材料员岗位实务知识试题:(单选题)

下面属于内墙涂料的是(　　　)。

A.氯化橡胶　　　B.苯—丙乳胶漆　　　C.过氯乙烯　　　D.环氧树脂

参考文献

[1]　吴科如,张雄.土木工程材料.2版.上海:同济大学出版社,2008.

[2]　王光炎,温传河.建筑材料.北京:国防工业出版社,2008.

[3]　梅杨,夏文杰,于全发.建筑材料与检测.北京:北京大学出版社,2010.

[4]　范文昭.建筑材料.3版.北京:中国建筑工程出版社,2010.

[5]　张健.建筑材料与检测.北京:化学工业出版社,2003.

[6]　柳俊哲.土木工程材料.北京:科学出版社,2006.

[7]　建设部干部学院.建筑材料及试验.武汉:华中科技大学出版社,2009.

[8]　中国建设执业网.建筑材料与构造.3版.北京:中国建筑工业出版社,2007.

[9]　葛勇.土木工程材料学.北京:中国建材工业出版社,2007.

[10]　田萤,柳志萍,吴丽萍.土建工程材料.北京:中国计量出版社,2009.

[11]　中华人民共和国国家质量监督检验检疫总局,国家标准化管理委员会.建筑石油沥青(GB/T 494—2010).北京:中国标准出版社,2011.

[12]　国家能源局.道路石油沥青(NB/SH/T 0522—2010).北京:中国标准出版社,2010.

[13]　《防水防潮石油沥青》(SH/T 0002—1990).北京:中国标准出版社,1991.

[14]　中华人民共和国国家质量监督检验检疫总局,中国国家标准化管理委员会.煤沥青(GB/T 2290—2012).北京:中国标准出版社,2012.

[15]　中华人民共和国国家质量监督检验检疫总局,中国国家标准化管理委员会.弹性体改性沥青防水卷材(GB 18242—2008).北京:中国标准出版社,2008.

[16]　中华人民共和国国家质量监督检验检疫总局,中国国家标准化管理委员会.塑性体改性沥青防水卷材(GB 18243—2008).北京:中国标准出版社,2008.

[17]　中华人民共和国国家质量监督检验检疫总局,中国国家标准化管理委员会.高分子防水材料第1部分:片材(GB 18173.1—2012).北京:中国标准出版社,2012.

[18]　中华人民共和国国家质量监督检验检疫总局,中国国家标准化管理委员会.聚氯乙烯(PVC)防水卷材(GB 12952—2011).北京:中国标准出版社,2011.

[19]　中华人民共和国国家质量监督检验检疫总局.氯化聚乙烯防水卷材(GB 12953—2003).北京:中国标准出版社,2003.

[20]　国家建筑材料工业局.氯化聚乙烯-橡胶共混防水卷材(JC/T 684—1997).北京:中国标准出版社,1997.

[21]　国家技术监督局.石油沥青纸胎油毡(GB 326—2007).北京:中国标准出版社,2007.

[22]　中华人民共和国住房和城乡建设部.屋面工程质量验收规范(GB 50207—2002).

[23]　中华人民共和国国家质量监督检验检疫总局.硅酮建筑密封膏(GB/T 14683—

2003）. 北京:中国标准出版社,2003.

[24] 中华人民共和国交通部. 水泥混凝土路面嵌缝密封材料（JT/T 589—2004）. 北京:中国标准出版社,2004.

[25] 中华人民共和国住房和城乡建设部. 城镇道路工程施工与质量验收规范（CJJ 1—2008）. 北京:中国标准化出版社,2008.

[26] 中华人民共和国交通部. 公路工程沥青及沥青混合料试验规程（JTJ 052—2000）. 北京:中国标准出版社,2000.

[27] 沈春林,杨炳元,李春林. 建筑保温隔热材料标准手册. 北京:中国标准出版社,2009.

[28] 徐美芳. 保温隔热材料标准速查与选用指南. 北京:中国建材工业出版社,2011

[29] 安峻. 材料员考试题库. 武汉:华中科技大学出版社,2009.

[30] 建筑工程管理与实务复习题库. 北京:中国建筑工业出版社,2013.

[31] 张德信. 建筑保温隔热材料. 北京:化学工业出版社,2006.

[32] 岳翠贞. 建筑工程材料员入门与提高. 长沙:湖南大学出版社,2012.

[33] 张凌燕. 矿物保温隔热材料及应用. 北京:化学工业出版社,2007.

[34] 张冬秀. 建筑工程材料的检测与选择. 天津:天津大学出版社,2010.

[35] 游普元. 建筑工程材料的检测与选择学习辅导与练习册[M]. 天津:天津大学出版社,2010.

[36] 周明月. 建筑材料与检测. 北京:化学工业出版社,2010.

[37] 曹亚玲. 建筑材料. 北京:化学工业出版社,2011.

[38] 张健. 建筑材料与检测. 北京:化学工业出版社,2011.

[39] 李业兰. 建筑材料. 北京:中国建筑工业出版社,2011.

[40] 吕智英,徐英,宋晓辉. 建筑材料. 武汉:武汉理工大学出版社,2011.

[41] 盛培基,董迎霞,郝华文. 建筑材料. 北京:中央广播电视大学出版社,2011.

[42] 殷凡勤,张瑞红. 建筑材料与检测. 北京:机械工业出版社,2011.

[43] 王光炎. 土木工程材料. 哈尔滨:哈尔滨工业大学出版社,2014.